# 조경재료학

Materials for Landscape Design & Construction

# 머리말

조경산업에 대한 사회적 수요가 증가하면서 조경재료산업은 양적·질적으로 크게 발전해 왔다. 아울러 신소재의 개발 및 제품의 품질에 대한 요구가 높아지면서 뛰어난 성능과 특화된 기능을 가진 조경재료 역시 꾸준히 증가하고 있다. 조경재료는 외부공간을 창출하는 결정적 매체로 조경 분야에서 이루어진 많은 학술적 연구와 신기술은 조경재료 분야에 집중되어 있다. 이와 같이 학문적 연구와 산업적 수요가 많음에도 불구하고 대학 및 실무에서 조경재료에 대한 관심과 노력이 부족한 형편이다.

이 책에서는 지금까지 재료학 분야에서 보편적으로 다루었던 과학적 측면뿐만 아니라, 조경의 특성인 미학적이고 친환경적 측면을 크게 보완하였으며, 다양한 적용 사례를 사진으로 제시하여 독자들이 쉽게 이해하고 널리 활용할 수 있도록 하였다.

책은 전체적으로 세 개의 편으로 구성되어 있다. 제1편 '조경재료의 일반'에서는 조경재료에 대한 이해 및 접근방법, 조경재료산업의 현황 및 관련 제도에 대하여 다루고 있으며, 조경재료를 과학적 측면, 미학적 측면, 친환경적 측면에서 다각적으로 접근하고 있다. 제2편 '조경재료별 특성'에서는 목재, 석재, 금속재, 콘크리트, 점토, 합성수지, 유리, 도료 등 대표적인 재료를 대상으로 각각의 특성, 생산과정, 공법, 관련제품 등을 설명하였다. 제3편 '조경재료의 응용'에서는 조경 분야의 대표적 제품인 조경수목과 부대시설, 조경포장, 놀이시설, 인공지반녹화, 생태환경복원 등을 대상으로 각각의 특성 및 기준, 그리고 적용 사례를 설명하였다.

학생들은 이 책을 통하여 조경재료학의 이론적 지식을 배우고 조경재료 실무를 이해하는 데 많은 도움을 얻을 수 있을 것이다. 아울러 실무 분야의 전문가들이 조경재료를 이해하고 신제품 개발 및 생산, 설계, 시공을 하는 데에도 기여할 수 있을 것이다. 이 책이 학생들에게 조경재료를 배우는 데 필수적인 교과서가 되기를 바라고 실무에서도 널리 활용되기를 기대하며, 앞으로도 미비한 점은 독자 여러분의 충고와 제언에 힘입어 수정 보완해 나갈 것을 약속드린다.

이 책에 있는 중요한 정보는 많은 기관, 연구소와 제품생산회사의 도움이 있어 가능하였다. 지면 관계로 일일이 기록하지 못하지만 귀한 자료를 제공해 준 많은 분께 진심으로 감사드린다. 또한 자료 정리를 도와준 서울시립대학교 대학원 조경시공구조연구실의 진용미, 전진완, 정명묵, 유주은 대학원생과 조경 분야의 지인들께도 감사한다. 늘 옆에서 관심과 도움을 아끼지 않는 아내와 딸 송이에게 고마움을 표하며, 출판을 맡아 준 (주)일조각 김시연 사장님과 편집부 손다현, 황인아 씨에게 사의를 표하는 바이다.

2013년 8월

배봉관에서 저자 씀.

# 차례

## II 조경재료별 특성

# 조경재료 일반

# 1 조경재료의 개요

## 1. 조경재료학의 목적

조경은 주거단지, 정원, 공원, 광장, 가로공간, 역사공간, 생태환경 등을 대상으로 하여 자연 및 인문 환경을 조사·분석하고 이를 토대로 계획·설계·시공·관리하여 아름다운 환경을 만들고 가꾸는 것으로 정의할 수 있다.

조경재료와 관련시켜 보면 조경은 과학에 기반을 둔 공학(工學)과 예술(藝術)이 종합된 응용분야로 외부공간을 대상으로 한다. 따라서 조경재료를 사용함에 있어 공학적 측면과 미적인 측면을 함께 고려해야 하고, 외부공간에 설치되므로 사용환경을 신중히 고려해야 한다.

조경뿐만 아니라 건축, 토목, 조각, 공공디자인, 재료공학 등 다양한 분야에서 목재, 석재, 금속, 점토, 합성수지 등 공통된 재료를 사용하고 있다. 그러나 조경재료는 외부공간에 설치된다는 점에서 건축재료와 다르며, 미적인 측면을 중요시한다는 점에서 토목재료와 차별성을 갖는다고 하겠다. 또한 친환경적이고 공학적인 측면을 동시에 고려한다는 점에서 예술재료와 차이를 갖고 있다. 이와 같이 조경재료는 다른 분야 재료와 공통성을 지닐 뿐만 아니라 조경재료만의 독자성이 있으므로 이러한 특성을 적절히 활용해야 한다.

조경재료학에서는 재료의 본질적인 구조, 성질, 처리에 대해 연구하는 재료과학(材料科學, materials science), 재료의 용도와 활용에 대한 지식으로서의 재료공학(材料工學, materials engineering), 재료를 이용하여 아름다운 외부공간을 창출하기 위한 재료미학(材料美學, materials aesthetics), 지속가능한 사회를 만들어 가기 위한 재료의 친환경성 등에 부단한 관심을 가져야 하며, 아울러 계속 개발되고 있는 신소재 및 신공법을 활용하는 실험정신이 필요하다.

이러한 점을 고려할 때 조경재료학의 주요 관심분야로 다음과 같은 5가지를 제시할 수 있다.

① 목재, 석재, 금속, 콘크리트 등과 같은 개개의 재료에 관한 기본적인 성질을 연구하는 기본재료학
② 시설의 용도(부위)별 요구조건을 분석하고 이러한 요구조건을 만족시키는 재료를 선정하기 위한 용도별 재료학
③ 강우, 기온, 빛, 힘 등 외부환경조건에 대응하는 재료를 선정하기 위한 성능별 재료학
④ 형식미, 감성미, 상징미 등 재료의 아름다움과 관련된 미학적 재료학
⑤ 친환경성, 지역성, 혁신성 등 시대적 패러다임에 부합하는 조경 제품 및 신기술 개발 연구

## 2. 조경재료와 관련된 주요한 관점

### 가. 재료의 지역적 전통성과 세계화

문명이 시작된 이래로 인류는 삶을 영위하기 위해 자연에서 흙, 돌, 나무 등 재료를 얻어 도구를 만들어 사용했으며, 지역의 전통성(vernacular tradition)을 보여주는 구조물을 만들었다. 석기, 청동기, 철기 시대 등 재료에 따라 역사를 구분하듯이 재료는 인류의 삶에 많은 영향을 끼쳤고, 재료의 이용 수준이 그 시대의 기술과 양식을 대변했다.

18세기 후반 산업혁명이 일어나고 과학기술이 발달하면서 새로운 제품이 개발되어 대량 생산되기 시작했고, 19세기부터는 강철, 스테인리스강, 알루미늄, 합성수지, 유리 등 새로운 소재가 개발되었다. 아울러 철도, 도로, 선박 등 대량 수송수단이 발달하면서 장거리 대규모 물류수송이 가능해졌다. 20세기에는 이러한 물류체계가 더욱 발달하고 운반비용이 낮아짐에 따라 중국, 인도, 동남아시아 등에서 생산된 값싼 재료가 전 세계적으로 공급되어 사용되는 조경재료의 세계화 현상(globalization)이 나타나고 있다.

| A | B |
|---|---|
| C | D |

1-1 재료에 나타난 지역적 전통성과 세계화

A. 순천 선암사 승선교
B. 아유타야 왓프라시산펫 사원(Wat Phra Si Sanphet in Ayuthaya, Thailand)
C. 수입산 화산석
D. 수입산 재료로 만든 어린이놀이시설

## 나. 재료의 개발과 사용에 있어서 장인기술의 중요성

인류는 오랜 시간에 걸쳐 돌, 나무, 흙, 철, 구리 등을 사용해 왔다. 때로는 이러한 재료가 석기시대, 청동기시대, 철기시대 등 문명을 대표하는 매체이기도 했다. 이러한 재료의 개발과 사용에 있어서 인간은 끊임없는 기술 발전을 이루어 왔는데, 이것을 장인기술(匠人技術, craftmanship)로 부를 수 있다. 현대에는 대량생산을 하고 경제성을 높이기 위해 기계화된 생산과정을 거친 제품을 주로 사용하고 있으나, 조경에서 추구하는 아름다움과 장소성을 구현하기 위해서는 화강암, 벽돌, 나무 등 재료의 물성을 충분히 이해하고 가공하는 장인기술의 중요성을 간과할 수 없다.

## 다. 재료의 지속가능성

조경재료는 재료의 구득, 생산 및 가공, 운반, 시공, 사용, 폐기 및 재활용에 있어 에너지를 소모하고 환경오염을 유발할 수 있으며, 동시에 스스로 오염된 환경 및 파괴된 생태계를 복원하는 직접적 수단이 될 수 있기 때문에, 지속가능성(Sustainability) 측면에서 조경가에게 제약과 기회를 함께 준다.

조경수를 사용함으로써 대기오염 완화, 소음 감소, 오수 및 빗물의 정화, 기후 조절, 탄소배출 저감, 생물의 서식처 보호, 종다양성 증진, 지역적 정체성의 고양 등 친환경적 효과를 얻을 수 있다. 그러나 조경수의 생산, 식재, 관리 단계에서 오염이나 에너지 낭비 등 환경적 문제를 야기할 수 있다. 더구나 대형목 식재는 유통, 식재, 관리에 있어서 많은 에너지와 비용이 소모되므로 에너지와 비용이 적게 들고 현장 적응력이 높은 작은 조경수를 식재하는 것이 바람직하다. 아울러 외래종보다는 지역 기후 및 토양 조건에 적합한 자생종을 식재하면 건강하게 생육할 수 있고 유지관리비용을 절감할 수 있으며 지역성을 잘 보여줄 수 있다.

조경시설재료는 조경수목보다 더욱 광범위하기 때문에 재료의 생산, 운반, 시공, 사용, 폐기 및 재활용에 있어 발생할 수 있는 환경적 이슈는 더 다양하다. 재료를 생산하고 시공하는 과정에서 사용되는 체화에너지(embodied energy)[1]를 낮추어 에너지 효율성을 높이고, 지구온난화를 일으키는 온실가스인 이산화탄소, 메탄, 산화이질소, 염화불화탄소(CFC; chloro fluoro carbon, 상표명 프레온) 등을 줄여야 하며, 열섬효과(熱島效果, heat island effect)를 완화하는 방안을 강구해야 한다.

## 라. 혁신적 재료의 개발을 위한 노력

정도의 차이, 즉 점진적이냐 급진적이냐의 차이는 있을지라도 혁신(革新, innovation)적인 조경 재료 및 기술에 대한 사회적 수요는 계속될 것이다.

1 천연자원으로부터의 채취, 생산, 운송, 설치 등 건설재료의 사용과 관련된 전 과정에서 소비되는 에너지의 합으로 제품 자체에 포함된 에너지이다. 에너지 투입은 온실가스를 방출하므로 에너지 생산의 효율성 및 에너지 절약 제품이 지구온난화를 줄이는 데 기여하는 정도를 평가하는 데 사용한다. 체화에너지의 단위는 MJ/kg〔1kg의 생산품을 만드는 데 필요한 에너지(MJ: megajule)〕이며, 골재 0.083, 콘크리트 1.11, 테라조타일 1.4, 대리석 2, 점토벽돌 3, 목재 10, 합판 및 유리 15, 강 20.1, 철 25, 구리 42, 스테인리스강 56.7, PVC 77.2 등이다.

A | B

1-2 새로운 기능을 가진 조경제품의 사례

A. 재해 시 사용하는 방재 퍼걸러(도쿄 임해광역방재공원東京 臨海広域防災公園, Japan)

B. 태양광 발전된 전기를 이용한 분수

그런데 이러한 혁신은 새로운 제품이나 기술의 개발 및 발명에 그치지 않고 시장에서 성공적 판매를 거둘 수 있어야 한다. 초기에는 기술적 영향이 크지만 점차 개발이 진행되면서 위험성 및 과다한 개발비용을 줄여 나가야 하며, 소비단계에서는 시장의 수요와 반응에 주목해야 한다.

건설산업에서는 다른 산업에 비해 혁신적인 신소재의 사용이 제한적이지만, 재료의 효용성을 높이는 새로운 기술 및 제품을 개발하는 데 많은 노력을 기울이고 있다. 최근 GFRP, GRC, 에코콘크리트, 광촉매콘크리트, 생분해성 플라스틱 등 혁신적인 소재가 개발되어 사용되고 있으며, 에너지 관리, 경량재, 친환경재 분야에서 다양한 연구가 이루어지고 있다.

### 마. 새로운 기능의 수용

인간을 둘러싼 환경과 그 속에서 살아가는 방식, 그리고 사회체계에 많은 변화가 일어나고 있으므로 조경재료에 요구되는 기능 역시 변화되고 새로운 조경제품이 개발되고 있다. 기후변화 대응, 생태 복원, 인공지반녹화, 재해 방지, 디지털 사회 등과 관련된 사회적 수요가 발생하면서 새로운 조경 기술 및 제품에 대한 요구가 많아지고 있으며, 이러한 시대적 패러다임에 대응하여 제품을 개발하는 것은 조경산업 발전에 중요한 이슈가 되고 있다.

## 3. 조경재료의 분류

조경재료는 범위가 넓기 때문에 다양하게 분류할 수 있는데, 일반적으로 생산소재, 화학조성, 용도에 따라 분류할 수 있다.

### 가. 생산소재에 의한 분류

① 천연재료: 사람의 힘을 가하지 않은 자연상태의 물질이나 다소간 형태의 변화는 있으나 본래의 물성은 변하지 않은 물질로, 석재, 목재, 골재, 점토, 흙 등이 있다.

② 인공재료: 자연상태의 물질에 인위적인 힘을 가하여 만든 것으로, 자연상태에는 없는 물질이다. 콘크리트 및 그 제품, 금속제품, 요업제품, 석유화학제품 등이 있다.

### 나. 화학조성에 의한 분류

① 무기재료: 생활기능이 없는 물질 및 그것을 원료로 하여 인공적으로 만든 물질이다. 철강, 알루미늄, 동, 아연, 합금류 등의 금속재료와 석재, 시멘트, 콘크리트, 석회, 도자기류 등의 비금속재료로 나눌 수 있다.

② 유기재료: 생체 안에서 생명력에 의해 만들어지는 물질이다. 목재, 아스팔트, 섬유류 등의 천연재료와 플라스틱재, 도료, 접착제 등의 합성재료로 나눌 수 있다.

### 다. 용도에 의한 분류

① 구조재: 조경구조물의 뼈대를 구성하여 구조물의 근간을 형성하는 재료로, 목조구조용, 철구조용, 철근콘크리트구조용, 조적구조용 등이 있다.

② 마감재: 구조재 표면을 마감하여 표면을 보호하고 미관적 효과를 높이는 재료로, 도장재, 모르타르, 합성수지, 석재 등이 있다.

③ 연결재: 시설 부재를 서로 연결하는 볼트 · 너트, 리벳, 못 등의 금속재료이다.

④ 옥외포장재: 보행로, 산책로, 광장, 주차장 등 외부공간에서 보행성, 미관성, 안전성, 내구성이 있는 표면을 만들기 위해 포설되는 재료이다. 마사토포장, 석재포장, 타일포장, 콘크리트포장, 조립블록포장, 우레탄포장, 아스콘포장 등이 있다.

⑤ 놀이시설재: 주택단지, 어린이공원 및 근린공원, 학교 운동장, 유원지 등에 제작된 그네, 미끄럼틀, 복합놀이시설, 주제형 놀이시설 등을 말한

다. 어린이가 놀이를 하면서 신체, 정서, 창의성을 발달시키는 데 도움이 되도록 제작해야 한다.

⑥ 배수시설재: 정원, 공원, 생태습지, 보행로, 광장 등에서 빗물을 집수, 배수, 저류, 재사용하는 과정에 사용되는 배수판, 콘크리트관, HDPE관, 유공관 등을 말한다.

⑦ 인공지반녹화재: 자연지반이 아닌 실내, 인공지반, 옥상, 벽면의 조경 및 녹화를 위해 사용하는 식물, 식생기반재, 토양, 녹화용 구조물 등을 말한다.

⑧ 생태환경복원재: 연못이나 습지의 조성, 훼손된 생태계의 복원, 폐기된 재료의 활용과 관련된 식물부산물, 목재, 다공성 콘크리트, 재활용 합성수지 등을 말한다.

⑨ 경관조형재: 조경시설물이나 예술적인 작품을 만드는 데 사용되는 금속재, 석재, 목재, 합성수지 등을 말한다.

## 4. 조경재료의 사용조건

조경재료는 재료별로 특성이 다양하며 각 재료마다 장단점을 가지고 있으므로 모든 조건을 만족시키는 재료를 찾기는 불가능하다. 따라서 보편적 조건을 충족시키는 재료를 선정하되 공사의 특성, 예산, 사용목적, 공간성격 등을 고려하여 적합한 것을 선택하도록 한다. 적합한 재료를 선정하기 위해서는 재료의 다양한 특성을 이해해야 하는데, 이것은 조경재료학을 배우는 주요한 목적이기도 하다.

### 가. 조경재료의 구비조건

① 사용목적에 부합되는 품질을 가질 것
② 외부공간에 적절한 내구성을 가질 것
③ 사용목적에 부합되는 미적 성질을 가질 것
④ 대량 생산 및 공급이 가능할 것
⑤ 가공 및 운반이 용이할 것
⑥ 가격의 경제성이 높을 것
⑦ 친환경성이 높을 것

### 나. 조경재료 선정 시 고려사항

① 재료의 산출상태, 제조 및 가공 방법

② 재료의 역학적 · 물리적 · 화학적 · 미관적 · 친환경적 성질
③ 재료의 사용조건에 따른 품질기준 및 시험방법
④ 재료의 가공, 시공, 보관 방법
⑤ 제품의 생산규격, 가격, 생산 및 수요 상황
⑥ 재료의 내구성 및 유지관리비용

## 5. 재료 선택 과정

재료선택은 요구되는 성능에 적합한 특성을 갖는 재료를 합리적으로 선택하는 의사결정 과정이다. 이러한 과정에서 재료의 선택은 이용자의 경험이나 개인적인 선호, 그리고 기능성, 생산성, 경제성, 미관성 등 재료의 다양한 성능에 의해 달라지므로 획일적인 기준을 설정하기는 곤란하다. 최근에는 제품이 다양해지고, 박람회 등 다양한 행사 및 인터넷 등을 통해 이용자의 제품 선택 기회가 넓어지고 있다.
재료공학에서 재료선택을 위해 사용하는 정량적 방법으로는 단위특성치 비용법, 가중특성요인법, 핸리홉슨법, 와이불 해석 등이 있다.

① 단위특성치 비용법(CUP Method; cost per unit property method): 각각의 특성에서 단위당 얻을 수 있는 성능가치와 비용을 비교하여 선택하는 방법으로, 강도와 관련된 재료를 선택하는 경우 많이 적용한다.
② 가중특성요인법(WPF Method; weighted property factor method): 재료의 다양한 특성 중 중요성이 높은 특성인 강도, 비용, 독성, 비열 등에 가중치를 부여하여 재료를 결정한다.
③ 핸리홉슨법(hanley-hobson method): 데이터베이스에서 재료를 선택할 때, 후보재료의 특성치와 요구하는 규정치의 차이의 합이 최소인 것을 선택하는 방법이다.
④ 와이불(Weibull) 해석: 세라믹과 같이 실험자료의 폭이 넓어 사용에 위험성이 있는 재료에 대한 응력의 안전한계를 정확하게 예측하기 위한 통계적 방법이다.

조경분야에서는 일반적으로 경험적 방법과 합리적 방법을 사용하고 있다. 경험적 방법은 사용자, 설계자, 기술자가 지금까지의 경험을 토대로 하여 재료를 선택하는 방법이다. 재료선택이 신속하고 용이하며 그 결과를 어느 정도 확신할 수 있지만, 개인의 주관적 선호가 크게 작용하고 편향된 정보에 의해 왜곡된 재료선택을 할 수 있으며 새로 개발된 재료의 경우 적용

이 어려운 단점이 있다. 합리적 방법은 재료에 요구되는 품질이나 성능, 비용 조건을 파악하고 각 재료에 대한 정보를 토대로 하여 이러한 조건에 적합한 재료를 선택하는 방법이다. 과학적이고 합리적으로 재료를 선택할 수 있으나, 다양한 평가항목 간 우열을 가리기 쉽지 않으며 검증되지 않은 재료에 대한 정보가 부족할 경우 선택의 오류가 발생할 수 있다.
재료 선정 과정을 알아보면 다음과 같다.

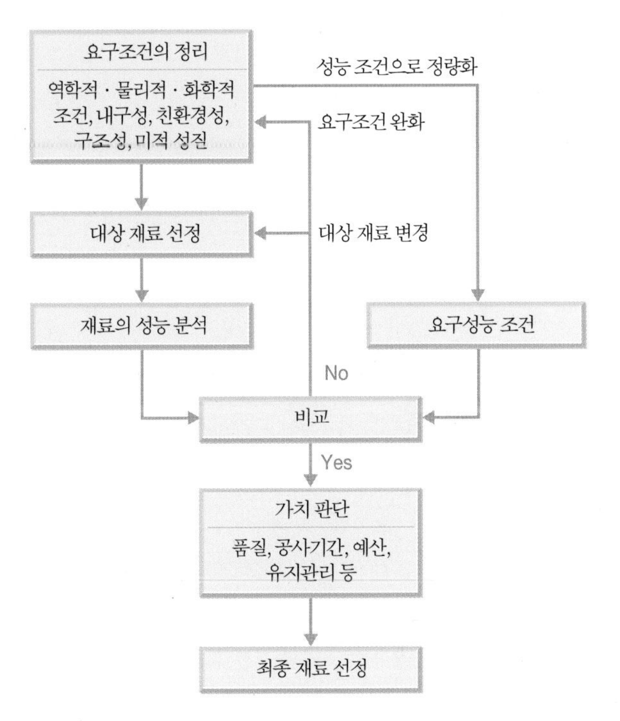


1-3 조경재료의 선정 과정

## 6. 조경재료에 대한 접근방법

조경재료를 이해함에 있어 크게 공학적 측면, 미학적 측면, 그리고 친환경적 측면의 3가지 접근방법을 취할 수 있다. 재료의 공학적 측면은 역학적·물리적·화학적 성질에 기초한 가장 오래되고 보편적인 접근방법으로, 조경시설의 구조적 성능을 결정할 때 주로 사용한다. 미학적 측면은 재료 및 제품의 색채, 질감 등을 통해 아름다움을 느끼는 형식미, 재료의 물성인 녹슬음, 깨지기 쉬움, 거칠고 고움, 자연스러움 등의 감성미, 그리고 재료의 물성을 통해 영속성, 생명감, 장소성 등 설계 개념이나 의도를 표현하는 상징미 등으로, 조경의 예술성을 구현하기 위해 조경가들이 재료에 관심을 갖는 주요한 이유이기도 하다. 친환경적인 측면은 지속가능한 발전을 도모하기 위한 접근방법으로, 자연에너지 이용, 생태적 효율성, 생태 복원, 물의 친환경 가치 증대, 재활용, 환경오염 감소 등의 다양한 개념이 포함되어 있다.

일반적으로 토목은 공학적 측면, 건축은 공학적 · 미학적 측면, 환경조각과 같은 예술분야에서는 미학적 측면에 관심이 집중되고 있다. 한편 조경분야는 지속가능한 친환경 조성과 예술적 아름다움을 추구하므로 공학적 측면뿐만 아니라 재료의 미학적 측면이나 친환경적 측면에도 관심을 가져야 한다.

## ※ 연습문제

1. 조경재료의 사용에 있어 지역성과 친환경성을 구현하는 방법에 대해 생각해 보시오.
2. 조경재료의 사용조건은 무엇인지 설명하시오.
3. 조경재료를 생산소재, 화학조성, 용도에 따라 분류해 보시오.
4. 조경재료는 건축, 토목, 예술 분야와 유사한 재료를 사용하고 있으나, 재료를 사용하는 데 있어 많은 차이가 있다. 분야별로 재료에 대한 접근방법이 다른 이유를 설명하시오.
5. 최근 다양한 신제품이 등장하고 있는데, 각각의 제품의 주요한 개념을 설명하시오.
6. 재료공학에서 적용하는 재료 선택 방법에 대해 설명하시오.
7. 조경재료의 선정 과정에 대해 설명하시오.
8. 조경재료 선정 시 열섬효과를 줄이기 위한 다양한 방법을 알아보시오.

## ※ 참고문헌


建築材料設計硏究會編著. 『建築材料設計用教材』. 東京: 彰國社, 1996, 8~32, 219~221쪽.

Applo, P. M.. *Selection System for Engineering Materials: Quantitative Technique, Concise Encyclopedia of Building Construction Materials*. Oxford: Pergamon Press, 1990.

Benson, John F.; Maggie, H. Roe(ed.). *Landscape and sustainability*. London: Spon Press, 2000, p. 186.

Dunnett, Nigel; Andy, Clayden. 'Resources: The Raw Materials of Landscape'. *Landscape and sustainability*. London: Spon Press, 2000, pp. 192−195.

Hegger, Manfred; Volker, Auch−Schweik; Matthias, Fuchs; Thorsten Rosenkranz. *Construction Materials Manual*. Basel: Birkhäuser, 2006, pp. 18−36.

Holden, Robert; Jamie, Liversedge. *Costruction for Landscape Architecture*. London: Laurence King Publishing Ltd., 2011, pp. 6−12.

Sauer, Christiance. *Made of... (New Materials Sourcebook for Architecture and Design)*. Berlin: Gestalten, 2010, p. 118.

Sovinski, Rob W.. *Materials and their Applications in Landscape Design*. New Jersey: John Wiley & Sons, Inc., 2009, pp. 1−4.

Zimmermannm, Astrid(ed.). *Constructing Landscape: Materials, Techniques, Structural Components*. Basel: Birkhäuser, 2008.

Density ρ [kg/m$^3$, kg/dm$^3$]
Compressive strength $f_c$ [N/mm$^2$]
Tensile strength $f_t$ [N/mm$^2$]
Tensile bending strength $f_m$ [N/mm$^2$]
Modulus of elasticity E (Young's modulus) [N/mm$^2$]
Mohs hardness HM [–]
Melting point $T_{SM}$ [°C]
Boiling point $T_S$ [°C]
Thermal conductivity λ [W/mk]
Heat storage capacity $Q_{sp}$ [Wh/m$^2$K]
Coefficient of thermal expansion α [K$^{-1}$]
Thermal transmittance U (U–value) [W/m$^2$K]
Water absorption coefficient w [kg/m$^2$h$^{0.5}$]
Sound absorption coefficient $α_S$ [–]
pH value [–]
Electrical conductivity K [m/mm$^2$]
Light transmittance τ (optical transparency) [–]
Yield point (yield stress) $R_e$ [N/mm$^2$]

Density ρ [kg/m$^3$, kg/dm$^3$]
Compressive strength $f_c$ [N/mm$^2$]
Tensile strength $f_t$ [N/mm$^2$]
Tensile bending strength $f_m$ [N/mm$^2$]
Modulus of elasticity E (Young's modulus) [N/mm$^2$]
Mohs hardness HM [–]
Melting point $T_{SM}$ [°C]
Boiling point $T_S$ [°C]
Thermal conductivity λ [W/mk]
Heat storage capacity $Q_{sp}$ [Wh/m$^2$K]
Coefficient of thermal expansion α [K$^{-1}$]
Thermal transmittance U (U–value) [W/m$^2$K]
Water absorption coefficient w [kg/m$^2$h$^{0.5}$]
Sound absorption coefficient $α_S$ [–]
pH value [–]
Electrical conductivity K [m/mm$^2$]
Light transmittance τ (optical transparency) [–]
Yield point (yield stress) $R_e$ [N/mm$^2$]

Density ρ [kg/m
Compressive strength f
Tensile strength f
Tensile bending strength f
Modulus of elasticity E (Young's modulus)
Mohs hardnes
Melting poin
Boiling poi
Thermal conductivity
Heat storage capacity $Q_{sp}$ [
Coefficient of thermal expansic
Thermal transmittance U (U–value)
Water absorption coefficient w [k
Sound absorption coefficie
pH
Electrical conductivity K
Light transmittance τ (optical transpar
Yield point (yield stress) R

Density ρ [kg/m$^3$, kg/dm$^3$]
Compressive strength $f_c$ [N/mm$^2$]
Tensile strength $f_t$ [N/mm$^2$]
Tensile bending strength $f_m$ [N/mm$^2$]
Modulus of elasticity E (Young's modulus) [N/mm$^2$]
Mohs hardness HM [–]
Melting point $T_{SM}$ [°C]
Boiling point $T_S$ [°C]
Thermal conductivity λ [W/mk]
Heat storage capacity $Q_{sp}$ [Wh/m$^2$K]
Coefficient of thermal expansion α [K$^{-1}$]
Thermal transmittance U (U–value) [W/m$^2$K]
Water absorption coefficient w [kg/m$^2$h$^{0.5}$]
Sound absorption coefficient $α_S$ [–]
pH value [–]
Electrical conductivity K [m/mm$^2$]
Light transmittance τ (optical transparency) [–]
Yield point (yield stress) $R_e$ [N/mm$^2$]

Density ρ [kg/m$^3$, kg/dm$^3$]
Compressive strength $f_c$ [N/mm$^2$]
Tensile strength $f_t$ [N/mm$^2$]
Tensile bending strength $f_m$ [N/mm$^2$]
Modulus of elasticity E (Young's modulus) [N/mm$^2$]
Mohs hardness HM [–]
Melting point $T_{SM}$ [°C]
Boiling point $T_S$ [°C]
Thermal conductivity λ [W/mk]
Heat storage capacity $Q_{sp}$ [Wh/m$^2$K]
Coefficient of thermal expansion α [K$^{-1}$]
Thermal transmittance U (U–value) [W/m$^2$K]
Water absorption coefficient w [kg/m$^2$h$^{0.5}$]
Sound absorption coefficient $α_S$ [–]
pH value [–]
Electrical conductivity K [m/mm$^2$]
Light transmittance τ (optical transparency) [–]
Yield point (yield stress) $R_e$ [N/mm$^2$]

Density ρ [kg/m$^3$, kg/dm$^3$]
Compressive strength $f_c$ [N/mm$^2$]
Tensile strength $f_t$ [N/mm$^2$]
Tensile bending strength $f_m$ [N/mm
Modulus of elasticity E (Young's modulus)
Mohs hardness HM [–]
Melting point $T_{SM}$ [°C]
Boiling point $T_S$ [°C]
Thermal conductivity λ [W/mk]
Heat storage capacity $Q_{sp}$ [Wh/m$^2$
Coefficient of thermal expansion α [
Thermal transmittance U (U–value) [W
Water absorption coefficient w [kg/m$^2$
Sound absorption coefficient $α_S$ [–
pH value [–]
Electrical conductivity K [m/mm$^2$]
Light transmittance τ (optical transparer
Yield point (yield stress) $R_e$ [N/mm

Density ρ [kg/m$^3$, kg/dm$^3$]
Compressive strength $f_c$ [N/mm$^2$]
Tensile strength $f_t$ [N/mm$^2$]
Tensile bending strength $f_m$ [N/mm$^2$]
Modulus of elasticity E (Young's modulus) [N/mm$^2$]
Mohs hardness HM [–]
Melting point $T_{SM}$ [°C]
Boiling point $T_S$ [°C]
Thermal conductivity λ [W/mk]
Heat storage capacity $Q_{sp}$ [Wh/m$^2$K]
Coefficient of thermal expansion α [K$^{-1}$]
Thermal transmittance U (U–value) [W/m$^2$K]
Water absorption coefficient w [kg/m$^2$h$^{0.5}$]
Sound absorption coefficient $α_S$ [–]
pH value [–]
Electrical conductivity K [m/mm$^2$]
Light transmittance τ (optical transparency) [–]
Yield point (yield stress) $R_e$ [N/mm$^2$]

Density ρ [kg/m$^3$, kg/dm$^3$]
Compressive strength $f_c$ [N/mm$^2$]
Tensile strength $f_t$ [N/mm$^2$]
Tensile bending strength $f_m$ [N/mm$^2$]
Modulus of elasticity E (Young's modulus) [N/mm$^2$]
Mohs hardness HM [–]
Melting point $T_{SM}$ [°C]
Boiling point $T_S$ [°C]
Thermal conductivity λ [W/mk]
Heat storage capacity $Q_{sp}$ [Wh/m$^2$K]
Coefficient of thermal expansion α [K$^{-1}$]
Thermal transmittance U (U–value) [W/m$^2$K]
Water absorption coefficient w [kg/m$^2$h$^{0.5}$]
Sound absorption coefficient $α_S$ [–]
pH value [–]
Electrical conductivity K [m/mm$^2$]
Light transmittance τ (optical transparency) [–]
Yield point (yield stress) $R_e$ [N/mm$^2$]

Density ρ [kg/m
Compressive strength f
Tensile strength f
Tensile bending strength f
Modulus of elasticity E (Young's modulus)
Mohs hardnes
Melting poin
Boiling poi
Thermal conductivity
Heat storage capacity $Q_{sp}$ [
Coefficient of thermal expansio
Thermal transmittance U (U–value)
Water absorption coefficient w [k
Sound absorption coefficie
pH
Electrical conductivity K
Light transmittance τ (optical transpar
Yield point (yield stress) R

# 2 조경재료의 일반적 특성

## 1. 개요

조경재료의 일반적 특성은 역학적 성질, 물리적 성질, 화학적 성질, 내구성으로 나눌 수 있으며, 그 성질을 나타내는 일반적인 용어를 정의하고자 한다.

## 2. 역학적 성질

### 가. 탄성(彈性, elasticity)과 소성(塑性, plasticity)

고무공이나 반죽된 진흙을 손으로 누르면 움푹 들어가면서 변형이 생기는데, 외부의 힘을 제거하면 고무공은 원상으로 돌아오나 진흙은 눌린 자국이 그냥 남는다. 이와 같이 물체에 외력이 작용하면 순간적으로 변형이 생기나 그 힘을 제거하면 원래의 형태로 회복되는 성질을 탄성, 변형이 그대로 남아 있는 성질을 소성이라 한다. 일반적으로 재료는 완전 탄성체나 완전 소성체는 없고 양쪽의 성질을 다 가진 경우가 많으며, 탄성 변형을 하는 외력의 한도가 큰 물체를 탄성재료, 작은 것을 소성재료라고 한다. 탄성계수는 인장 또는 압축에 대한 탄성계수(영률Young's modulus), 전단 또는 비틀림에 대한 탄성계수 등이 있으며, 탄성계수가 클수록 그 물체는 변형하기 어렵다. 조경분야에서는 구조재료의 사용이나 어린이놀이터의 고무매트, 보행로의 탄성포장과 같이 옥외포장을 할 때 고려해야 하는 성질이다.

※ 응력-변형도 곡선
구조용 재료를 인장재로 사용하는 경우가 많으므로 인장응력과 변형의 관계는 중요하다. 구조용 강재를 당겨서 외력인 인장력을 가하면 강재는 늘어난다. 이때 외력을 강재의 단면적으로 나눈 값이 응력(應力, stress)이고, 늘어난 길이를 원래 길이로 나눈 값이 변형도(變形度, strain)이다. 재료공학에서는 시험편의 초기 치수로 계산한 '공칭응력($\sigma$)'과 '공칭변형도($\varepsilon$)'를 사용한다.
일반적인 금속의 인장시험에서 얻어진 전형적인 응력-변형도 곡선(그림 2-1)을 보면, 탄성한계에 해당하는 응력값을 항복강도(yield strength, $\sigma_{ys}$), 이에 해당하는 변형도를 항복점 변형도(yield point strain, $\varepsilon_{yp}$), 시험 중에 도달하는 가장 높은 공칭응력을 최대 인장강도(ultimate tensile

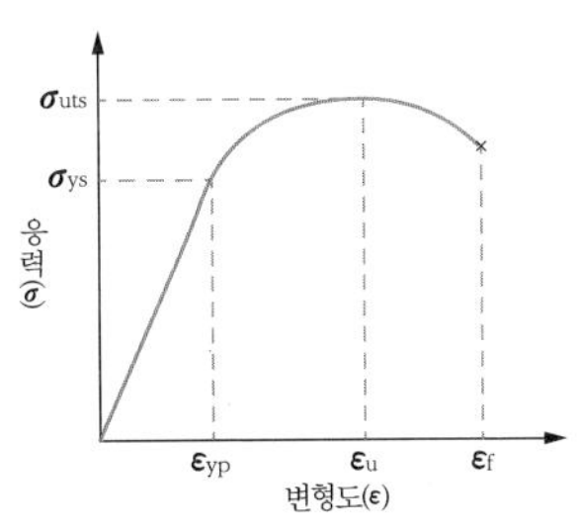

2-1 인장시험에서 얻은 응력-변형도 곡선

strength, σuts), 이에 해당하는 변형도를 균일변형도(uniform strain, εu)라고 한다. 균일변형도라고 부르는 것은 이 점까지는 변형이 시편의 전 표점구간에 걸쳐 균일하게 일어나기 때문이다. 이 점 이후에는 '네킹(necking)' 이라 하여 변형이 시편의 일부분에 집중되는 불균형 변형이 발생하며, 재료의 파괴로 이어진다. 탄소강에서는 그림 2-2와 같이 다소 복잡한 항복거동을 보이는데, 탄성변형으로부터 소성변형으로 갑작스런 천이가 일어나며 응력이 감소되고, 계속 변형되면 응력값은 한동안 일정하게 유지되다가 다시 증가한다. 소성변형이 처음 발생하는 점을 상부항복점(上部降伏點), 이후 소성변형이 일어나는 최저응력 점을 하부항복점(下部降伏點)으로 부른다. 보통 상부항복점까지는 탄성구간으로, 이 구간에서는 외력을 제거하면 원상으로 되돌아간다. 한편 콘크리트에서는 그림 2-3에서처럼 직선구간이 없고 변형도축 방향으로 기울어지는 곡선이 된다. 예를 들어, A점에서 외력을 제거하면 원상으로 돌아가지 않고 A′점으로 돌아가 변형이 잔류하게 되는데, 이것을 잔류변형도(殘留變形度, d)라 한다. 이것을 통해 콘크리트는 불완전 소성체 또는 불완전 탄성체임을 알 수 있다.

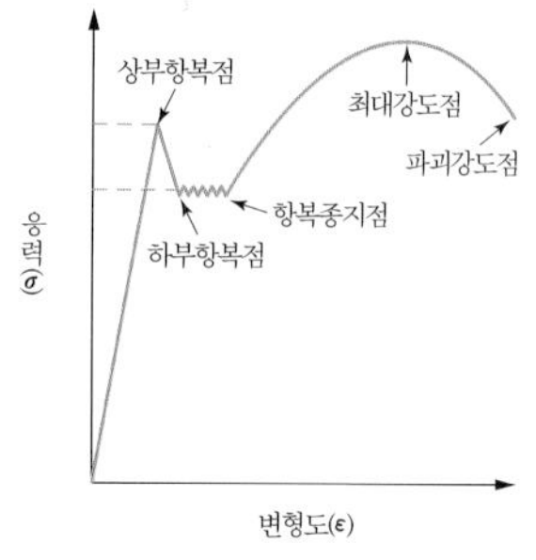

2-2 탄소강에서의 응력-변형도 곡선

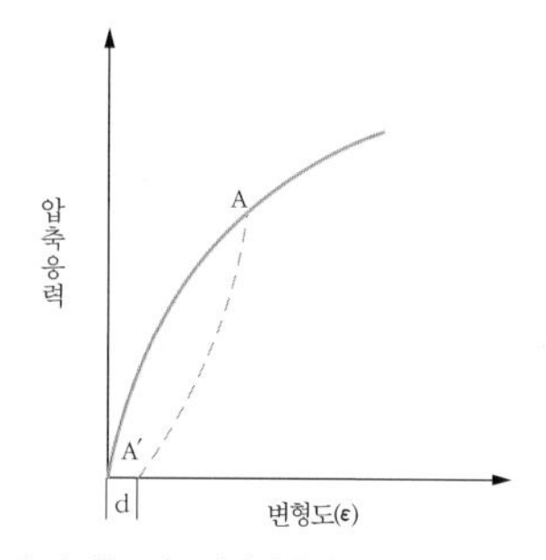

2-3 콘크리트에서의 응력-변형도 곡선

$$E = \frac{\sigma}{\varepsilon} = \frac{P/A}{\Delta l / l}$$

$E$: 영률(Pa), $\varepsilon$: 인장 또는 압축 변형, $\sigma$: 인장 또는 압축 응력(MPa 또는 Pa),
$\Delta l$ : 재료의 길이 변화량(mm, cm), $l$ : 재료의 원래 길이(mm, cm)
$P$: 인장력 또는 압축력(N, kN), $A$ : 단면적($mm^2$, $cm^2$),

## 나. 강도(强度, strength)

재료에 외력(하중)이 작용했을 때 그 외력에 저항하는 능력을 말한다. 외력을 받은 재료의 내부에 생기는 저항하는 힘을 응력(stress)이라 하고, 단위면적에 대한 응력을 응력도(stress intensity)라 하며, 어떤 재료의 최대 응력도를 최대강도[SI 단위: MPa(=N/$mm^2$), 1MPa=10.2kgf/$cm^2$, 1kgf=9.8N]라 한다.

외력의 작용상태에 따라 압축강도(compressive strength), 인장강도(tensile strength), 휨강도(bending strength), 전단강도(shearing strength), 비틀림강도(torsional strength)로 구분되며, 외력 속도 및 작용에 따라 정적강도(static strength), 충격강도(impact strength), 피로강도(fatigue strength), 크리프강도(creep strength)로 구분된다.

① 압축강도: 부재에 상하나 좌우에서 압축을 가할 때 견디는 강도이다.
② 인장강도: 부재를 양쪽에서 잡아당길 때 견디는 강도이다.
③ 휨강도: 수평 부재가 휨에 견디는 강도이다.
④ 전단강도: 부재의 한쪽 또는 양쪽이 고정되어 있을 때 중립축의 직각방향의 하중에 의해서 부재가 파괴되지 않고 견디는 강도이다.
⑤ 비틀림강도: 재료를 비틀어서 파괴했을 때, 그 최대 비틀림 모멘트로부터 계산에 의해 구한 바깥표면의 최대 응력이다.
⑥ 정적강도: 재료에 비교적 느린 속도로 하중이 작용할 때 이에 대한 저항성을 정적강도라 한다. 일반적으로 재료의 강도는 정적강도를 말한다.
⑦ 충격강도: 재료에 충격적인 하중이 작용할 때 이에 대한 저항성을 충격강도라 한다. 충격강도는 재료를 파괴하는 데 요구되는 에너지로 나타내며, 이것을 충격치(impact value)라 한다.
⑧ 피로강도: 재료가 정하중(靜荷重)에서는 충분한 강도를 가지고 있으나 반복하중이나 교번하중을 지속적으로 받으면 하중이 작아도 파괴되는 현상이 나타나는데, 이에 견디는 강도이다.
⑨ 크리프강도: 재료가 정하중에서 시간이 경과할수록 변형이 증가하는 현상으로, 저온에서는 볼 수 없고 고온에서 변형이 커지는 현상을 볼 수 있다.

## 다. 경도(硬度, hardness)

재료의 단단한 정도를 말하는데, 한국산업규격에 방법별로는 브리넬 경도 시험 방법(KS B 0805), 로크웰 경도 시험 방법(KS B 0806), 쇼어 경도 시험 방법(KS B 0807), 재료별로는 목재의 경도 시험방법(KS F 2212), 금속재료의 비커스 경도(Vickers hardness) 시험 방법(KS B 0811) 및 누프 경도 시험 방법(KS B ISO 4545), 유리 및 도자기의 누프 경도 시험방법(KS L ISO 9385), 플라스틱의 경도측정을 위한 강구 압입법(KS M ISO 2039-1) 및 로크웰(Rockwell) 경도(KS M ISO 2039-2), 유리섬유강화플라스틱(GFRP) 바콜 경도(barcol hardness) 시험 방법(KS M 3387), 가황고무 및 열가소성고무의 경도 시험 방법(KS M 6784) 등이 규정되어 있다. 일반적으로 건설재료는 브리넬 경도(Brinell hardness)와 모스 경도(Mohs hardness)를 많이 이용하는데, 브리넬 경도는 강구압자(鋼球壓子)로 시료 표면에 정하중을 가하여 하중을 제거한 후에 남는 압입 자국의 표면적으로 하중을 나눈 값으로, 구조강, 알루미늄 합금, 주철, 목재 등에 적용된다. 모스 경도는 스크래치에 대한 재료의 상대적 저항성을 가장 무른 것부터 1~10으로 분류한 손쉬운 방법이다. 모스 경도에서는 1도가 활석(滑石, talc), 2도가 석고(石膏, gypsum), 3도가 방해석(方解石, calcite), 4도가 형석(螢石, fluorite), 5도가 인회석(燐灰石, apatite), 6도가 정장석(正長石, orthoclase), 7도가 석영(石英, quartz), 8도가 황옥(黃玉, topaz), 9도가 강옥(鋼玉, corundum), 10도가 금강석(金剛石, diamond)이다. 조경재료는 외부공간에 노출되어 이용자가 직접 접촉하는 경우가 많으므로 사전에 각 재료의 경도에 대해 이해해야 한다.

## 라. 강성(剛性, rigidity)

재료에 외부에서 변형을 가할 때 그 재료가 주어진 변형에 저항하는 정도를 수치화한 것으로, 외력을 받아도 변형을 적게 일으키는 재료를 강성이 큰 재료라 한다. 일반적으로 재료의 강성은 단위 변화량에 대한 외력의 값으로 나타낸다. 재료의 강성과 강도는 종종 혼동되기도 하나 전혀 다른 성질의 것이다. 외력을 받고 변형을 적게 일으키는 경우를 강성이 크다고 말하는데, 파괴에 저항하는 강도의 대소와는 직접적인 관계가 없으며 탄성계수와 밀접한 관계가 있다. 외부의 힘이 가해졌을 때의 변형은 힘이나 모멘트의 크기 외에 탄성체의 형상, 지지방법, 재료의 탄성계수 등에 따라 달라진다.

## 마. 연성(延性, ductility)과 전성(展性, malleability)

재료가 탄성한계 이상의 힘을 받아도 파괴되지 않고 가늘고 길게 늘어나는 성질을 연성이라 한다. 따라서 연성이 풍부한 재료는 인장력을 주어 가늘고 길게 늘어나게 할 수 있다. 한편 전성은 재료가 압력이나 타격에 의해서 파괴되지 않고 넓은 판으로 얇게 펴지는 성질을 말한다. 연성과 전성은 금속재의 일반적 성질의 하나로, 금속을 두드리면 금속의 원자핵의 배열은 달라지지만 금속 내의 자유전자가 금속이 깨지는 것을 방지하기 때문이다.
금, 은, 구리, 청동, 순철은 연성이 큰 금속으로 경도가 큰 물질은 연성이 작으며, 동종금속일지라도 순도가 높거나 온도를 높이면 연성이 커진다.

#### 바. 인성(靭性, toughness)과 취성(脆性, brittleness)

재료가 외력을 받아 변형하면서도 갈라진다든지 잘 깨지지 않고 견딜 수 있는 성질을 인성이라 하며, 외력을 받아도 변형되지 않거나 극히 미미하게 변형하고는 파괴되는 성질을 취성이라 한다. 압연강은 인성이 큰 재료이며, 주철 및 유리는 취성이 큰 재료이다.

### 3. 물리적 성질

#### 가. 밀도(密度, density)

물질의 조밀한 정도를 표시하는 지표로서 단위체적당 질량(kg/$l$, kg/m$^3$)으로 나타내며, 물질마다 고유한 값을 갖고 있다. 일반적으로 고체상태의 물질은 분자들이 매우 빽빽하게 모여 있는 상태이므로 밀도가 크고, 액체상태의 물질은 고체상태에 비해 분자 간의 거리가 멀기 때문에 같은 수의 분자라도 좀 더 큰 부피를 차지하고 고체보다 작은 밀도를 갖는다. 기체상태의 물질은 분자 간의 거리가 매우 멀어 같은 수의 분자가 차지하는 부피가 고체나 액체에 비해 훨씬 크므로 밀도가 매우 작은 편이다. 따라서 밀도는 고체 > 액체 > 기체의 순이다.

#### 나. 비중(比重, specific gravity)

재료의 중량을 그와 동일한 체적의 4°C 물의 중량으로 나눈 값을 비중이라 한다. 재료의 비중은 공극, 수분을 포함하지 않는 실질적인 비중인 진비중(true specific gravity)과 공극, 수분을 포함시킨 겉보기비중(apparent specific gravity)으로 구분한다. 일반적인 재료의 비중은 겉보기비중으로 표시하는 경우가 많으며, 진비중과 겉보기비중을 알면 그 재료 내부의 공극률 및 실적률을 알 수 있다. 한편 비강도는 강도를 비중으로 나눈 값으로, 목재의 비강도는 철강보다 크다.

$$공극률(\%) = (1 - \frac{G_a}{G_t}) \times 100$$

$$실적률(\%) = (\frac{G_a}{G_t}) \times 100$$

공극률(%) + 실적률(%) = 100(%)

$G_t$ : 진비중, $G_a$ : 겉보기비중

### 다. 함수율(含水率, moisture content)과 흡수율(吸水率, water absorption)

함수율은 재료 속에 포함되어 있는 수분의 중량을 그 재료의 절대건조 시 중량으로 나눈 값이다. 절대건조상태는 물체를 가열해도 더 이상 중량변화가 없는 상태로, 이때 재료의 함수율은 0%이다. 목재 및 콘크리트 등은 함수율에 따라 강도 및 성질이 달라지므로 사용에 주의해야 한다. 흡수율은 재료를 일정시간 물속에 넣었을 때 재료의 건조중량에 대한 흡수량의 비율로, 중량 백분율로 표시한다. 재료의 흡수율은 물질의 다공성, 조직, 침수기간, 압력상태에 따라 달라진다.

### 라. 열에 대한 성질

#### 1) 비열(比熱, specific heat)

중량이 1g인 재료의 온도를 1°C 높이는 데 필요한 열량을 그 재료의 비열이라 한다. 비열의 단위는 MKS 단위에서는 cal/g · °C, kcal/kg · °C이며, SI 단위에서는 J/g · K, kJ/kg · K이다. 물의 비열은 1cal/g · °C이다.

#### 2) 열전도율(熱傳導率, thermal conductivity)

열전도란 동일한 재료 내에서 온도 차가 있을 경우, 높은 온도의 분자에서 인접한 낮은 온도의 다른 분자로 열이 전달되는 현상이다. 열은 존재하는 장소에서 가장 가까운 곳의 분자로 이동되고 그 분자의 열은 또 다시 다른 분자로 이동되는데, 이러한 열 이동의 반복현상을 통해 동일한 재료 내부에서 열이 발생한 장소로부터 가장 먼 부분까지 이동하게 된다. 열전도율($\lambda$)은 재료의 열전도 특성을 나타내는 비례정수로, 단위길이당 1°C의 온도차가 있을 때 단위시간 동안 단위면적을 통과하는 열량을 나타내며, MKS 단위는 kcal/m · h · °C(SI 단위는 W/m · K)로 표시한다.

#### 3) 열팽창계수(熱膨脹係數, coefficient of thermal expansion)

온도의 변화에 따라 재료가 팽창 수축하는 비율을 열팽창계수라 하며, 단위는 $l$/°C이다. 열팽창계수는 길이에 대한 비율인 선팽창계수와 용적에 관한 비율인 체팽창계수가 있는데, 선팽창계수로 체팽창계수를 알 수 있으며 일반적으로 체팽창계수는 선팽창계수의 3배이다. 콘크리트는 수축 팽창을 완화하기 위해 구조체에 신축줄눈을 삽입해야 하며, 플라스틱 및 금속도 외부공간에 사용할 때에는 열팽창현상을 주의해야 한다.

4) 열용량(熱容量, heat capacity)

재료에 열을 저장할 수 있는 용량을 열용량이라고 한다. 비열에다 질량(비중)을 곱하여 구하며, MKS 단위는 kcal/°C(SI 단위는 J/K, kJ/K)로 표시한다. 따라서 비열이나 비중이 큰 재료일수록 많은 열이 축적된다. 예를 들어 목재와 콘크리트를 비교해 보면, 적송은 비열 0.55, 비중 0.55이므로 열용량은 0.55×0.55 = 0.30이고, 콘크리트는 비열 0.23, 비중 2.65이므로 열용량은 0.23×2.65 = 0.61이 되므로 콘크리트가 약 2배에 달한다. 이것은 여름날 공원에 있는 콘크리트가 쉽게 냉각되지 않는 이유이다.

5) 연화점(軟化點, softening point)과 용융점(熔融點, melting point)

재료에 열을 가하면 곧 연화하거나 용융하여 고체에서 액체로 변화하는데, 이 상태에 도달할 때의 온도를 연화점 또는 용융점이라 한다. 금속재료와 같이 열에 의해 고체에서 액체로 변하는 경계점이 뚜렷한 것과 아스팔트나 유리와 같이 경계점이 불분명한 것이 있는데, 전자에서는 용융점, 후자에서는 연화점을 사용하여 표시한다. 이러한 성질은 금속재료 및 합성수지의 생산 및 가공에 활용된다.

### 마. 빛에 대한 성질

재료의 빛에 대한 물리적인 성질로 광선의 투과, 반사, 굴절 등이 있는데, 인간의 눈에는 광택 및 색채로 지각된다. 조경재료의 빛에 대한 성질은 재료의 색채 및 포장공간의 반사율을 결정하는 데 이용될 수 있으며, 최근에는 태양광 집광에 대한 관심이 높아지고 있다.

1) 투과율(透過率, transmission factor)

광선이 채광재료를 얼마나 투과하느냐의 정도, 즉 투과율은 입사하는 광속에너지에 대해 투과하는 광속에너지의 비율로 단위는 %로 표시한다. 투과율은 재료 표면의 평활도, 두께 및 가시광선, 적외선, 자외선 등의 파장에 따라 달라진다. 따라서 채광재료를 합리적으로 사용하면 광선을 선택적으로 흡수 또는 투과할 수 있다.

2) 반사율(反射率, reflection factor)

재료에 대한 빛의 반사는 정반사와 난반사로 구분할 수 있는데, 난반사는 재료의 색깔을 표현하고 정반사는 재료의 광택을 나타낸다. 반사율은 재료에 입사하는 광속에너지에 대해 반사하는 광속에너지의 비율로 단위는 %

로 표시한다. 반사는 재료의 성질이나 표면 상태에 따라 달라지는데, 잘 닦인 유리나 금속 표면은 정반사에 가까운 반사를 하지만, 일반적인 재료는 조면이므로 완전 확산반사로 볼 수 있다. 외부공간에서 포장의 질감, 스테인리스강의 광택, 워터스크린의 반사는 이러한 효과를 이용한 것이다.

3) 흡수율(吸收率, absorption factor)

물체에 입사(入射)한 빛은 일부분이 흡수된다. 흰색은 빛을 반사하고 검은색은 빛을 흡수하므로, 도시의 열섬효과를 완화하기 위해 열흡수율이 낮은(열반사율이 높은) 흰색을 옥외포장 및 옥상공간에 사용할 수 있다.

### 바. 음에 대한 성질

음이 재료에 부딪쳤을 경우, 음의 일부는 표면에서 반사되고 나머지는 재료 자체에 흡수 또는 투과된다. 이러한 음의 세기는 dB(데시벨)을 단위로 하며, 인간이 귀로 들을 수 있는 최저음의 세기를 0dB, 최고음의 세기를 120dB로 한다. 일반적으로 건설재료에서는 흡음률이나 차음도가 많이 이용된다.

1) 흡음률(吸音率, sound absorption coefficient)

재료가 어느 주파수의 음에 대해 음의 에너지를 흡수하는 효율을 그 주파수에 있어서의 흡음률이라 부르고, 입사음파의 에너지에 대한 흡수에너지의 비율로 표시한다. 흡음률은 재료 자체의 성질에도 영향을 많이 받지만 재료의 두께, 설치방법, 재료 배후의 공기층의 두께 등에 의해서도 좌우된다.

$$\text{흡음률}(\alpha s) = 1 - \frac{Er}{Ei}$$

*Ei* : 흡음재료의 표면에 입사하는 음의 에너지
*Er*: 흡음재료의 표면에 반사하는 음의 에너지

2) 차음도(遮音度, NIF; noise insulation fator)

차음도는 재료의 한편에서 투사된 음의 세기가 반대편에서 얼마나 약화되었는가, 즉 재료가 음을 얼마나 차단하는가의 정도로서 단위는 dB로 표시한다. 일반적으로 차음도는 비중이 클수록 커지며 음의 진동수에 따라 다르지만, 대개 두께 5cm의 콘크리트벽의 차음률은 약 40dB, 두께 15mm의 합판의 차음률은 10~25dB이다. 한편 한국산업표준 KS F 4770-1(방음판-금속재) 및 KS F 4770-4(방음판-목재)에서는 방음판 투과 손실을 500Hz 음에 대해 25dB 이상, 1,000Hz 음에 대해 30dB 이상으로 규정하고 있다.

### 3) 방음(防音, sound isolation)

방음은 소리가 새어 나가지 않게 하는 것으로, 흡음과 차음을 동시에 말한다. 교통소음이나 공장소음을 완화하기 위해 도로변이나 공장 주변에 목재 방음벽, 콘크리트 방음벽, 식생 방음벽을 설치하여 소음을 차단하고 있다.

## 4. 화학적 성질

물리적 성질은 재료의 형태와 구조를 알려주지만, 화학적 성질은 물질의 구성상태와 함량을 알려준다. 재료는 구성 성분과 조성에 따라 화학적 반응 및 화학약품에 대한 저항성 등 여러 가지 화학적 성질이 달라진다.
합성수지는 화학결합 구조에 따라 고유한 물성을 갖는 열가소성 수지와 열경화성 수지로 분류하고, 시멘트 입자는 물과 화학적으로 반응하는 수화과정을 통해 강도를 얻게 되며, 점토는 고열에서 화학적 반응에 의해 소성된다. 이와 같이 재료의 화학적 성질은 재료의 물리·역학적 성질을 결정하는 동시에 재료의 생산 및 가공, 시공 과정에 영향을 준다.
또한 재료는 산, 알칼리, 염류, 기름 등의 작용에 의해 영향을 받는데, 예를 들면 철강재는 대기 중에서 녹이 슬고 염분이 많은 해안지방에서 빨리 부식된다. 알루미늄은 알칼리성인 콘크리트나 모르타르에 접하면 부식되고, 대리석은 오랜 시간 빗물에 노출되면 화학적 작용에 의해 표면침식이 일어나거나 장식적 효과가 감소된다. 이 밖에 CCA 목재 방부제의 유해성, 발파 가공석에 함유된 석면의 위험성, 오염된 토양의 정화 등과 같이 재료의 화학적 성질이 인체 및 환경에 영향을 주는 사례가 최근 큰 사회적 이슈가 되고 있다. 이와 같이 화학적 성질은 재료의 물성을 결정하고 생산, 가공, 시공, 유지관리 전반에 걸쳐 영향을 주므로 각 재료의 화학적 성질을 제대로 알고 사용해야 한다.

## 5. 내구성

내구성(耐久性, durability)은 기대수명 동안 구조물이 가져야 할 안전성이나 정해진 시간 동안 제품이나 시설이 적정한 기능을 유지할 수 있는 능력으로 정의할 수 있다. 재료 및 시설이 장기간에 걸쳐 외부로부터의 기후요인, 생물학적 작용, 외력 등에 저항하여 적정한 기능을 발휘하는 능력을 내구성이라 한다. 재료의 내구성은 기온, 습도, 물, 오염물질 등 기후적 요인, 침식 및

〈표 2-1〉 **재료의 수명에 영향을 주는 요인**

| 분류 | 세부요인 |
| --- | --- |
| 기후적 요인 | • 태양광, 태양열 등 에너지 |
| | • 기온의 변화 |
| | • 눈, 빗물의 작용 |
| | • 대기 중 산소, 오존, 이산화탄소 |
| | • 대기오염 물질 |
| | • 바람 |
| 생물학적 요인 | • 미생물의 작용 |
| | • 박테리아의 작용 |
| | • 곰팡이의 작용 |
| 구조적 요인 | • 구조체에 작용하는 장기하중 |
| | • 눈, 비, 바람 등의 단기하중 |
| | • 사람 및 자동차 등의 이동하중 |
| 부적합 요인 | • 화학적 부적합 요인 |
| | • 물리적 부적합 요인 |
| 이용자 조건 | • 체계적인 설계 |
| | • 시공 및 유지관리 조건 |
| | • 규칙적인 이용에 의한 마찰 |
| | • 이용자의 오·남용 |

마모 등 물리적 작용, 해충이나 균류에 의한 생물학적 작용 등 다양한 요인의 영향을 받는다. 재료의 수명에 영향을 주는 요인은 〈표 2-1〉과 같다.

조경재료는 외부공간에 설치되기 때문에 환경요인에 많은 영향을 받으므로 다양한 영향요인을 고려하여 내후성(耐朽性), 내식성(耐蝕性), 내마모성(耐磨耗性), 내화학 약품성(耐化學藥品性), 내생물성(耐生物性) 등이 있는 재료를 사용해야 한다.

① 내후성: 건습, 온도변화, 동해 등의 풍화작용에 저항하는 성질
② 내식성: 목재의 부패, 철강의 녹 등의 작용에 저항하는 성질
③ 내마모성: 기계적 반복작용, 마모작용에 저항하는 성질
④ 내화학 약품성: 산, 알칼리, 염류, 기름 등의 작용에 저항하는 성질
⑤ 내생물성: 충류, 균류 등의 작용에 저항하는 성질

향후 유지관리시대에 대비하여 조경재료의 내구성과 물리적·경제적·기능적·사회적 내구수명에 대한 지속적 연구가 필요하며, 다음에 대한 관심이 필요하다.

① 조경재료의 내구성 및 성능에 대한 인식 개선이 필요하다.

② 조경 재료 및 제품의 기대수명에 대한 객관적 지표가 설정되어야 한다. 이때 사용조건을 고려해야 한다.

③ 시간의 경과에 따른 노화현상을 설명하고 그 원인을 명확하게 밝혀야 한다.

④ 노화상태 및 성능을 평가하기 위한 객관적 평가기준이 마련되어야 한다.

⑤ 기대수명 달성을 위해 실용적이고 상세한 유지관리 프로그램이 개발되어야 한다.

⑥ 내구수명에 대한 객관적인 국가 기준을 마련해야 한다.

## ※ 연습문제

1. 탄성과 소성을 사례를 들어 설명하시오.
2. 외력의 작용상태에 따른 강도의 종류를 설명하시오.
3. 다음 그림은 3가지 재료의 응력-변형도 곡선이다. 가장 탄성계수가 높은 재료, 가장 연성이 높은 재료, 가장 인성이 높은 재료를 고르고 그렇게 고른 이유를 설명하시오.

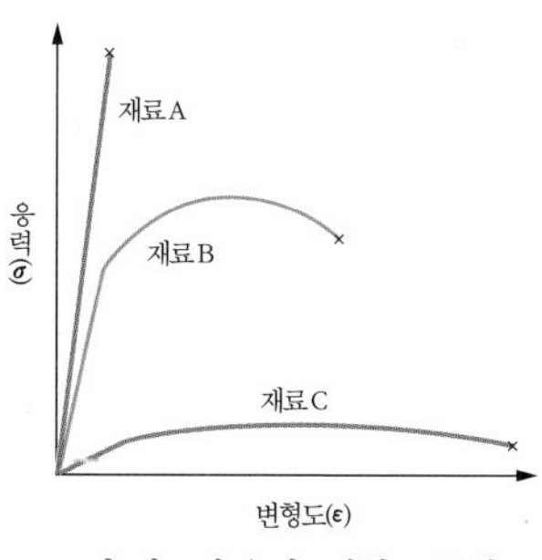


각 재료의 응력–변형도 곡선

4. 경도의 다양한 시험방법에 대해 알아보시오.
5. 함수율을 정의하고 시험방법에 대해 설명하시오.
6. 도로변에 설치된 방음벽의 소음 감소 효과에 대해 설명하시오.
7. 재료가 외부공간에 노출되었을 때 일어나는 화학적 변화를 사례를 들어 설명하시오.
8. 재료의 내구성에 영향을 주는 요인을 설명하시오.
9. 향후 유지관리시대에 대비하여 조경재료의 내구성을 증진시킬 수 있는 방안을 제시하시오.

## ※ 참고문헌

김무한 · 신현식 · 김문한. 『건축재료학』. 서울: 문운당, 1995.
대한건축학회. 『건축 텍스트북 건축재료』. 서울: 기문당, 2010.
정용식. 『건축재료학』. 서울: 서울산업대학 출판부, 1989.
조준현. 『건축재료학』. 서울: 기문당, 1994.
한국조경학회. 『조경공사 표준시방서』. 2008.
한국조경학회. 『조경설계기준』. 서울: 기문당, 2013.
建築材料設計硏究會編著. 『建築材料設計用教材』. 東京: 彰國社, 1996, 8–32쪽.
Askeland, Donald R.. *The Science and Engineering of Materials* (3rd ed.). Boston: PWS Publishing Company, 1994.
Frohnsdorff, Geoffrey; Masters, L. W.. 'The Meaning of Durability and Durability Prediction'. Sereda, P. J.; Litvan, G. G.(ed.). Durability of Building Materials and Components, Proceedings of the First International Conference, A Symposium presented at Ottawa, Canada, 21–23 Aug, 1978, p. 23.
Shaffer, James P.; Ashok Saxena; Stephen D. Antolovich; Thomas H. Sanders Jr.; Steven B. Warner. *The Science and Design of Engineering Materials*. Illinois:

Richard D. Irwin Inc., 1995.
Sovinski, Rob W.. *Materials and their Applications in Landscape Design*. New Jersey: John Wiley & Sons, Inc., 2009, pp. 1−4.

### ※ 관련 웹사이트

국가표준인증종합정보센터(http://www.standard.go.kr)
한국표준협회(http://www.istandard.or.kr)

### ※ 관련 규정

한국산업규격

KS B 0805 브리넬 경도 시험 방법
KS B 0806 로크웰 경도 시험 방법
KS B 0807 쇼어 경도 시험 방법
KS B 0811 금속재료의 비커스 경도 시험 방법
KS B ISO 4545 금속재료의 누프 경도 시험 방법
KS D 3312 소결 금속 − 영률의 측정 방법
KS F 2198 목재의 밀도 및 비중 측정 방법
KS F 2199 목재의 함수율 측정 방법
KS F 2212 목재의 경도 시험 방법
KS F 2518 석재의 흡수율 및 비중 시험 방법
KS F 2552 골재의 함수율 및 표면수율 시험 방법
KS F 2805 잔향실법 흡음률 측정방법
KS F 4722 조립용 콘크리트 벽판
KS F 4770−1 방음판−금속재
KS F 4770−2 방음판−칼라 금속재
KS F 4770−3 방음판−비금속재 칼라
KS F 4770−4 방음판−목재
KS F ISO 15186−1 음향세기를 이용한 건축물과 건축물 부재의 차음성능 측정 방법−제1부: 실험실 측정 방법
KS I ISO 10847 음향−옥외 방음벽의 삽입손실 측정
KS I ISO 11546−2 음향−방음상자의 차음 성능측정−제2부: 현장측정(승인 및 검증)
KS L 5100 시멘트의 비중 시험 방법
KS L ISO 9385 유리 및 도자기의 누프 경도 시험 방법
KS L ISO 9869 단열−건물요소−열 저항가 열투과율의 현장 측정
KS L ISO 17561 파인세라믹스−음파공진에 의한 단일체 세라믹스의 실온 탄성계수 시험 방법
KS M 3016 플라스틱의 밀도 및 비중 시험 방법
KS M 3387 유리섬유강화플라스틱(GFRP) 바콜 경도(barcol hardness) 시험 방법

KS M 6784 가황고무 및 열가소성고무의 경도 시험 방법
KS M ISO 2039-1 플라스틱-경도의 측정-제1부: 강구 압입법
KS M ISO 2039-2 플라스틱-경도의 측정-제2부:로크웰(Rockwell) 경도
KS M ISO 10051 단열재-열 전달에 미치는 수분 효과-습윤상태의 열 투과율 측정

A-11

# 3 조경재료의 미학적 특성

## 1. 개요

조경분야에서 물성(物性, materiality)이라는 말은 그동안 많이 사용되지 않았기 때문인지 낯선 면이 있다. 물성은 물질의 고유한 특성으로, 미적 측면에서 본다면 재료의 본성에 의해 표현되는 미적 특성으로 정의할 수 있다. 즉, 재료는 공간을 점유하고 감성(senses)이나 느낌(feeling)을 갖게 하는 물리적 실체(bodies)라는 것이다. 따라서 재료공학적으로만 접근해서는 미학적 측면에서의 재료의 물성을 제대로 이해하기 어렵다.

작가 도로시 수처(Dorothy Sucher)는 "돌은 지구의 뼈대이며, 많은 정원의 얼개와 같은 것이다. 돌은 산과 강, 그리고 다른 경관요소를 상징하고 영적인 성질을 갖는 요소로서 작은 정원을 지구와, 심지어는 우주와 연결하는 매체이다. 현대의 실용주의적 사고가 우리의 감성을 억누를지라도 강도, 단단함, 내구성과 같은 공학적 성질 이상의 영적인 힘과 경외감을 잃지 않고 있다"라고 하여 돌에 대한 작가의 심상을 잘 드러내고 있다.

이러한 재료의 물성에 대한 미학적 접근은 흙, 물, 나무, 금속, 유리 등으로 확대할 수 있다. 외부공간에 노출된 청동이 부식되어 청록색의 아름다운 녹이 생기는 것처럼 금속은 고유한 색을 가지고 있어 그 아름다움을 보여주며, 녹슬음의 시간성과 이 밖에 구조성, 강인함, 인공성을 느끼게 해준다. 한편 유리는 깨지기 쉽지만 색을 넣거나 표면마감을 다양하게 할 수 있으며, 빛에 대한 성질이 뛰어나 반사, 굴절, 투시의 효과를 얻을 수 있다. 이러한 물성은 사람들에게 투명성이 가져다주는 진솔함, 깨진 유리의 날카로움에서 오는 긴장감, 쉽게 깨지는 연약함을 느끼게 한다. 이와 같이 각 재료가 갖는 고유한 물성은 조경, 건축, 조각이라는 행위를 통해 사람의 감성을 자극하고, 이러한 자극을 통해 상징적 의미를 전달하는 매체로서의 역할을 한다. 그러므로 재료는 물리적 실체로서 형식미학적(形式美學的) 특성뿐만 아니라 개인에게 고유한 심상을 갖게 하는 상징적 요소이며, 조경가가 가지고 있는 생각을 전달하는 표현매체로서 중요하다.

## 2. 조경재료가 갖는 미의 종류

조경재료의 물성이 갖는 미는 다양하게 정의될 수 있으나, 크게 3가지로 구분할 수 있다. 첫째는 재료의 형태, 색채, 질감 등을 통해 아름다움을 파악하는 형식미학적 아름다움이다. 형식미학적 관점에서 시각적 요소는 점, 선, 면, 부피, 형태, 질감, 색 등이 있으며, 이러한 시각적 요소는 서로 관계를 맺어 통일성, 강조, 비례, 균형, 리듬 등 우세한 구성원칙을 통해 미적 특성을 드러낸다. 붉게 녹슨 철판, 잘게 금 간 색유리, 콘크리트 벽천을 흘러내리는 흰 포말, 아름다운 색의 타일 벽화, 청동 부조판, 촘촘히 채워진 색자갈, 헤어라인 마감 처리된 스테인리스 등은 이러한 미적 특성을 잘 보여준다.

둘째는 재료의 물성인 녹슬음, 깨지기 쉬움, 거칠음, 자연스러움의 느낌과 이를 통해 얻게 되는 긴장감, 평안함, 생명성 등의 감성미(感性美)이다. 조각가나 조경가들이 작품을 통해 전달하고자 하는 슬픔이나 기쁨 등과 같은 느낌이다. 마지막으로 조경재료를 통해 의미나 설계개념을 표현하는 상징미(象徵美)이다. 여기서 상징미의 범위는 사회적으로 통용되는 의미가 전달되는 상징(象徵)뿐만 아니라 개연적이고 임의적인 의미를 갖는 은유(隱喩)도 포함한다.

따라서 조경가는 프로젝트에 따라 조경재료를 통해 형식미, 감성미, 상징미를 표현하게 된다. 만약 그것이 전쟁메모리얼(war memorial)이라면 희생자를 추모하고 슬픔을 느끼는 감성미와 함께 국가 및 집단적 정체성을 강하게 표현하는 상징미를 동시에 느낄 수 있다. 예를 들어, 마야 린(Maya Lin)이 설계한 미국 워싱턴 D.C.에 있는 베트남전쟁 메모리얼의 기념 벽은 검은색의 광내기 마감된 돌 위에 죽은 사람의 이름을 시간 순서로 새겨 전사자를 위로하고 시간적 흐름을 나타내며, 지표면 아래로 들어갔다 다시 지표면으로 나오는 듯한 기념 벽의 모습은 전쟁의 어둠과 새로운 희망을

| A | B |
|---|---|
| F | C |
| E | D |

3-1 조경재료에 나타난 형식미

A. 점으로 인식되는 입구(나오시마 지추미술관直島 地中美術館, Japan)
B. 오륜을 상징하는 5개의 콘크리트 기둥(디오한디Diohandi 작, 서울 올림픽공원)
C. 면의 반복(아와지시마 유메부타이 백단원淡路島 夢舞台 百段園, Japan)
D. 조형성이 뛰어난 놀이터(삿포로 오도리공원札幌 大通公園, Japan)
E. 청동부조의 질감(워싱턴 D.C. 프랭클린 델러노 루스벨트 메모리얼Franklin Delano Roosevelt Memorial in Washington D.C., USA)
F. 벽타일에 의한 색의 아름다움(하노버 헤렌하우젠 궁원Herrenhausen palace in Hannover, Germany)

| A | B |
|---|---|
| C | D |

3-2 조경재료의 감성미와 상징미

A. 검은 화강석을 거칠게 마감하여 생명성과 죽음을 동시에 나타냄(시애틀 가든 오브 리멤브런스Garden of rememberance in Seattle, USA)
B. 한국전쟁 당시 판초를 입고 작전 중인 병사들의 모습을 통해 전쟁의 고통을 표현(워싱턴 D.C. 한국전쟁 메모리얼Korea War Veterans Memorial in Washington D.C., USA)
C. 검은 기념 벽에 베트남전쟁 중 전사한 병사들의 이름을 시간대별로 기록(워싱턴 D.C. 베트남전쟁 메모리얼Vietnam Veterans Memorial in Washington D.C., USA)
D. 유리타워에 홀로코스트 희생자를 나타내는 숫자를 기록하여 당시의 아픔을 은유적으로 표현(보스턴 홀로코스트 메모리얼Holocaust Memorial in Boston, USA)

의미하는 상징적 효과를 가지고 있다. 또한 미국 보스턴에 만들어진 홀로코스트 메모리얼은 6개의 정방형 유리타워가 강한 시각적 흥미를 유발하는데, 유리 위에 적힌 600만 개 이상의 번호는 무고하게 죽어 간 많은 생명의 죽음을 나타내며, 유리의 투명성과 빛의 효과를 이용하여 생명성과 깨끗함을 표현한다.

## 3. 조경재료의 물성에 대한 미적 인식

조경재료의 물성에 대한 미적 인식은 조경가가 미적 측면에서 재료를 자유롭게 이용할 수 있게 하므로 다음의 관점에 관심을 가져야 한다.

### 가. 재료의 물성과 다양한 미적 가치

조경재료의 물성에 나타난 아름다움에 대한 다양한 인식이 필요하다. 예를 들어, 죽음은 검은색이고 영속성을 나타내기 위해서는 돌을 사용해야 한다는 개념이 보편타당하게 적용된다면 결코 창의적이라 볼 수 없다. 여기서 중요한 것은 재료의 물성 자체가 아니라 그것이 지향하는 미적 가치이다. 따라서 재료의 물성은 공유될 수 있으나 물성이 나타내고자 하는 미적 가치는 달라야 한다. 아울러 사소하거나 지나친 추상성으로 인해 재료의 물성에 대한 미적 가치가 공유되지 못한다면 이는 의미 없는 표현기법에 불과한 것으로 인식될 수 있고 물성의 단순한 모방으로 끝날 수 있다.

### 나. 살아 있는 재료와 그것이 갖는 시간성

모든 재료는 시간과 환경에 따라 변화하는 성질을 가지고 있음을 이해해야 한다. 예를 들어, 흰색의 화강석 기념 벽에 빗물이 흘러 흰 벽이 검게 보임으로써 기념성을 더욱 강하게 전달할 수 있으며, 철판이 녹슬고 나무가 썩는 등 의도되었든 의도되지 않았든 재료의 물성 변화는 시간성을 잘 보여준다. 더구나 오래된 역사적 건물이나 구조물에서 나타나는 시간의 역사는 재료의 물성을 넘어서는 가치를 갖고 있다. 재료공학적 측면에서의 실용성과 경제성이라는 가치에만 고정된 시각을 뛰어넘어 변화하는 재료의 다양한 물성을 통해 생명성과 시간성 등 자유롭게 미적 표현을 할 수 있다.

### 다. 재료와 환경의 관계

재료와 환경의 관계는 생산 및 운반 비용의 절약이라는 친환경적인 장점뿐만 아니라 미학적 측면에서도 중요한 의미를 갖는다. 조경재료는 자체적인

| A | B |
|---|---|

3-3 재료에 나타난 시간성

A. 비에 젖은 기념 벽에서 느낄 수 있는 슬픔(뉴욕 이스트 코스트 메모리얼East coast memorial in New York, USA)
B. 벽에 나타난 과거의 흔적들(서울 서대문독립공원)

| A | B |
|---|---|

3-4 조경재료를 통해 드러나는 지역성

A. 지역에서 생산되는 사암 벽에 표현된 나바호 인디언의 암각문양(네바다주 클라크카운티청사Clark county government center in Nevada state, USA)
B. 전통소재인 흙과 돌로 만든 성벽(라바트 왕궁Rabat el-Fatif, Morocco)

물성뿐만 아니라 지리적으로 동일한 지역의 자연 및 인문 환경과의 관계, 즉 지역성(regionality)이나 장소적 의미를 반영한 것이어야 한다. 이것은 재료의 물성을 이용함에 있어 더욱 효과적이고 의미 있는 미학적 접근방법으로, 현대의 조경작품에서 쉽게 사례를 찾을 수 있다. 예를 들어, 미국의 네바다 클라크카운티청사에 있는 붉은색 사암 기념 벽에는 고대부터 이곳에 살았던 나바호 인디언(Navajo Indian)들이 그린 암각화와 같은 재료와 기법을 사용했는데, 이를 통해 이곳의 장소적 의미를 구현했다.

### 라. 물성에 대한 경험과 창의적 표현

재료의 물성을 통한 미적 표현은 경험을 통해 축적되는 것인가, 창의적으로 만들어지는 것인가? 만약 전자라면 경험이 많은 조경가는 다양한 재료의 물성을 능숙하게 이용할 수 있는 반면, 경험이 일천한 조경가는 재료의 미적 물성을 이용하는 데 제약을 받게 된다고 볼 수 있다. 물론 재료의 물성에 대한 다양한 미적 경험은 예술적 표현에 많은 도움이 되지만, 단순히 경험의 축적이 훌륭한 작품을 담보하는 것은 아니다. 안도 다다오(安藤忠

3-5

3-5 물성에 대한 창의적 표현

노출콘크리트 벽 사이로 십자가 형체의 빛이 들어옴(안도 다다오安藤忠雄 작 오사카 빛의 교회大阪 光の教会, Japan )

雄)가 자주 사용하는 콘크리트 벽은 일상에서 쉽게 접할 수 있는 차갑고 거칠며 무미건조한 벽이 아니라 매끈하고 자연의 빛과 하늘을 끌어들이는 상징적 장치이다. 이렇게 재료의 물성은 개인의 생각과 철학, 예술적 감각 및 감성 등에 따라 달라지는 창의적 경험에 기초하는 것이라고 볼 수 있다.
따라서 조경가는 조각가와 같이 자신이 사용하는 재료의 물성을 드러내는 작업에 직접 참여해야 하며, 의도하는 바를 정확하게 구현할 수 있는 기술을 지녀야 한다. 조경가는 장인(craftperson)으로서 공예가, 석공, 목공이어야 하며, 재료의 물성이 가지고 있는 섬세한 맛을 알고 느낄 수 있어야 한다. 또한 조경가는 재료의 물성에 대한 섭렵보다는 각 재료가 갖는 물성의 미적 가치에 대해 자기류(自己流)를 가져야 한다. 그것은 자신의 예술세계를 더욱 심연한 곳으로 이끌 것이며, 물성의 유희에 빠지지 않도록 보호해 줄 것이다.
최근 건축, 조각, 조경의 경계가 허물어지고 있고, 영역을 뛰어넘어서 활동하는 건축가, 조각가, 조경가들이 점차 늘어나고 있다. 이러한 현상은 정원, 공원, 메모리얼 등 다양한 작품에서 나타나고 있다. 이제 건축 및 조각 분야에서 재료의 다양한 물성을 이용하고 형상화하는 실험은 조경가에게도 큰 과제가 되고 있다.

## ※ 연습문제

1. 조경재료의 미적 특성을 형식미, 감성미, 상징미 측면에서 살펴보고, 그 적용사례를 알아보시오.
2. 조경가, 건축가, 조각가 중에서 자신만의 고유한 재료의 물성을 사용하는 작가와 작품을 찾아보시오.
3. 한국전쟁, 베트남전쟁, 제2차 세계대전 등 근현대의 주요한 사건과 관련된 메모리얼에 나타난 조경재료의 상징적 표현 사례를 살펴보고, 우리나라와 외국의 사례를 비교 분석하시오.
4. 미적 측면에서 새롭게 주목할 만한 재료의 물성에 대해 알아보시오.
5. 조경, 건축, 조각 분야에서 재료의 미적 표현 경향을 사례를 들어 비교 설명하시오.

## ※ 참고문헌


김성회. 「야외 조각 분야에서 활용되고 있는 재료」. 『환경과조경』 제174호(2002년 10월), 103~107쪽.

이상석. 「기념성을 구현하기 위한 조경디테일의 특성에 관한 연구」. 『한국조경학회지』 제29권 제5호(2001년 12월), 71~83쪽.

이상석. 「미학적 측면에서 바라 본 조경 재료의 물성」. 『환경과조경』 제174호(2002년 10월), 92~95쪽.

이상석. 「베트남전쟁 메모리얼에 나타난 기념문화」. 『한국조경학회지』 제39권 제3호(2011년 6월), 26~38쪽.

이상석. 「6·25전쟁 기념공간에 나타난 기념적 표현」. 『한국전통조경학회지』 제28권 제2호(2010년 6월), 98~108쪽.

이상석. 「한국전쟁 메모리얼의 설계요소에 나타난 기념성」. 『한국조경학회지』 제38권 제1호(2010년 4월), 12~24쪽.

황용득. 『재료의 미학』. 경기: 도서출판 조경, 2004.

황용득. 「조경재료, 활용의 한계와 새로운 접근」. 『환경과조경』 제174호(2002년 10월호), 108~114쪽.

황철호. 「건축재료와 그 가치에 대한 재해석」. 『환경과조경』 제174호(2002년 10월호), 96~102쪽.

Sucher, Dorothy. *The Invisible Garden*. Washington D.C.: Counterpoint, 1999.

# 4 조경재료의 친환경성

## 1. 개요

친환경적[1]인 사고는 인간의 삶에 있어 필수적인 인식일 뿐만 아니라 조경분야에서도 중요한 패러다임으로 등장했다. 21세기는 문명의 전환기적 시점으로, 인류사회의 가치변화와 새로운 문명의 도래에 따라 인간의 식은 불가피한 변화를 맞게 되었다. 많은 전문가는 21세기에는 DNA 복제, 게놈과학과 같은 유전과학 영역, 비정부기구(NGO; non-governmental organization), 하이브리드 문화, 24시간 사회 등 사회문화체계 영역, 지속가능성, 생태권, 공생권 등 환경 영역, N세대, 사이보그, 인공지능, 나노기술 등 전자정보기술 영역이 주요 이슈가 될 것으로 예상하고 있다. 이 중에서도 환경 영역은 인류의 공존 및 공생을 위한 절대적 조건이 될 것이라고 한다.

환경문제는 이제 전 세계적인 문제가 되고 있다. 1992년 6월 개최된 리우국제환경회의(UNCED)에서 지구온난화와 환경오염이라는 범세계적인 환경문제를 해결하기 위해 '지속가능한 개발(Environmentally Sound and Sustainable Development)'이라는 개념이 제기된 이래 이제는 각 나라마다 구체적인 실천 방안을 마련하고 있다. 또한 ISO 14000 인증제도(국제환경규격) 등 국제적인 기준을 마련하여 친환경적인 사고와 실천을 의무적으로 규정하고 있다.

우리나라에서도 환경문제를 해결하기 위해 국내 법령 및 제도 정비, 환경친화적인 산업구조 구축, 환경투자의 증대, 환경기술의 개발, 환경산업의

1 친환경(親環境)은 사전적으로는 자연환경을 오염시키지 않고 그대로의 환경과 잘 어울리는 일로 정의되고 있으며, 이 밖에 환경친화적(pro-environmental), 환경우호적(environmentally-friendly), 생태친화적(eco-friendly) 등 다양한 의미로 사용되고 있다. 요즘 들어서는 한 시대 사람들의 견해나 사고를 근본적으로 규정하고 있는 테두리, 즉 인식의 체계를 나타내는 패러다임(paradigm)으로 이해되고 있는 추세이다.

육성 등 다양한 기술 및 정책 개발이 이어지고 있다. 건설분야에서도 전 생애주기 관점이 적용된 $CO_2$ 통합관리시스템 구축, 환경친화적인 공사의 수행을 위한 지침 개발, 자재의 환경친화성에 대한 평가, 친환경적인 건설을 위한 기술 개발 등 다양한 노력이 이루어지고 있으며, 패시브 하우스(passive house), 환경친화아파트, 그린빌딩(green building) 등과 같은 친환경적 개념을 적용한 건물이 생겨나고 있다.

## 2. 조경재료의 친환경성

조경분야는 친환경성을 달성하는 데 있어 다른 분야보다 더욱 큰 영향을 줄 수 있다. 조경수를 식재하여 대기와 물을 정화하고 생태계의 종다양성을 높일 수 있으며, 친환경적인 조경자재를 개발하여 사용함으로써 환경오염을 최소화하고 지속가능성을 높이는 데 기여할 수 있다. 이러한 현상은 생태복원과 친환경적인 제품개발 연구를 통해 그 성과가 이루어지고 있으며, 앞으로 이러한 추세가 계속 확대될 전망이다.

친환경과 관련된 개념으로 지속가능성(Sustainability)이 사용되고 있는데, 조경재료에 적용 가능한 친환경의 개념을 명확하게 하기 위해서 마우리스 네리셔(Maurice Nelischer)가 제시한 '지속가능한 재료의 선택에 관한 지침'을 살펴보면 다음과 같다.

① 가능한 한 지역에서 생산되는 재료
② 가능한 한 가공이 덜 된 재료
③ 취득, 생산, 운반, 설치에 소요되는 에너지가 최소인 재료
④ 가능하다면 재활용이 가능한 재료〔석재, 벽돌, 프리캐스트(precast) 제품〕
⑤ 가능하다면 석유와 관련이 없는 재료
⑥ 내구성이 있는 재료
⑦ 현재의 식생을 보호할 수 있고 생태공학을 적용한 재료
⑧ 생산, 설치, 처리 과정에서 독성물질을 최소화한 재료

아울러 나이절 던네트(Nigel Dunnett)와 앤디 클라이덴(Andy Clayden)은 친환경적으로 접근하기 위해서는 재료의 선택에 있어 다음과 같은 사항을 고려해야 한다고 제시하고 있다.

① 재사용 가능한 자원을 최대한 사용할 것
② 운반비용을 최소화하기 위해 지역에서 조달 가능한 재료를 선택할 것
③ 지역적 정체성을 보여주고 지역경제에 기여하는 자연 석재 및 골재를

사용할 것

④ 합성수지나 금속 제품과 같이 체화에너지(embodied energy)가 많이 소요되고 유해물질을 많이 방출하는 환경성능이 낮은 재료를 가능하면 사용하지 말 것

이상을 종합해 보면, 친환경의 개념에는 세부적으로는 자연에너지 이용, 생태효율성, 생태복원, 대안적 공법, 물의 친환경 가치 증대, 재활용, 환경오염 감소 등의 다양한 개념이 포함되어 있다. 친환경적인 경관조성이 조경의 주요한 영역이라는 점과 건축이나 토목 분야와 달리 자재의 개발과 적용에 있어 구조 및 성능 요구조건이 수월하므로 친환경적 조경자재의 적용이 비교적 용이하다는 점에서 향후 조경자재가 친환경성 측면에서 상대적인 경쟁력을 가질 수 있을 것이다. 따라서 향후 조경분야는 다양한 방법으로 친환경적인 경관을 조성하는 데 기여할 것이며, 조경자재는 실천수단으로 중요한 역할을 할 것이다. 그렇다면 조경자재의 친환경적인 측면에서의 전망은 어떠한지 〈표 4-1〉에서 알아보자.

〈표 4-1〉 **친환경 관련 주요 개념별 조경자재의 현황 및 미래 전망**

| 개념 | 특성 | 현황 | | | 사회적 요구 | 적용효과 |
|---|---|---|---|---|---|---|
| | | 국내조경 | 외국조경 | 관련분야 | | |
| 자연에너지 이용 | 기술특화가 매우 높음. | 설계개념 | 미국, 유럽, 일본 등 선진국 | 건물에너지 절약, 그린빌딩 | 높음. | 높음. |
| 생태효율성 추구 | 생태 및 에너지 효율성, 시스템 차원에도 적용 | 도입 초기 | 환경 선진국 (유럽 등) | 환경운동 | 높음. | 보통 |
| 생태복원 | 개발사업으로 훼손된 생태계 복원 | 적극 도입 | 미국, 유럽, 일본 등 선진국 | 토목분야에서 일부 시행 | 매우 높음. | 매우 높음. |
| 대안적 공법의 적용 | 전통 기술과 재료의 응용, 설계개념 | 부분 적용 | 설계개념 적용 | 사회적 운동 | 보통 | 보통 |
| 물의 친환경적 이용 | 중요한 친환경 매체, 물부족 국가 | 도입 초기 | 환경 선진국 (독일, 일본) | 수질정화, 레인워터 | 높음. | 높음. |
| 재활용 | 조경 적용 가능성 높음, 다양한 지원 제공, 자재의 품질 저하 우려 | 제도화 | 다양한 기술개발 단계 | 건설분야, 폐기물, 재활용 | 매우 높음. | 높음. |
| 환경오염 감소 | 국제적 규정의 강화, 시스템 차원에서 적용 | 도입 초기 | 회사별 시스템 도입 단계 | 환경운동 | 매우 높음. | 보통 |

| A | B |
|---|---|

**4-1 자연에너지의 이용**

A. 지열을 이용한 정원(울름 2008 정원박람회2008 Ulm Garden Expo, Germany)
B. 정원에 설치된 태양광 집광판(울름 2008 정원박람회2008 Ulm Garden Expo, Germany)

## 3. 자연에너지 이용

자연에너지는 가장 청정한 에너지로 지나친 화석연료의 사용을 줄이고 지구환경을 보전하는 데 있어 효율적인 수단이 될 수 있다. 이러한 자연에너지를 이용하기 위해 태양, 바람, 빛, 조력(潮力)을 대상으로 하여 다양한 분야에서 연구가 이루어지고 있으며, 이에 대한 인간의 노력은 계속될 것으로 예상된다. 건축분야에서도 인위적인 화석연료의 사용을 최대한 억제하는 대신 태양광이나 지열 등 재생 가능한 자연에너지를 이용하고 있으며, 첨단 단열공법 등을 통해 열 손실을 줄임으로써 에너지 낭비를 최소화한 건축물인 패시브 하우스의 개념이 널리 적용되고 있다. 조경분야에서 자연에너지 이용은 바람길, 전통정원, 옥상정원, 입체녹화, 지열을 이용한 정원 등을 조성하는 데 적용되고 있다.

## 4. 생태효율성 추구

생태효율성이란 경제와 환경을 동시에 살리기 위해 저환경 비용 고생산 효율의 사회체제를 구축하자는 것이다. 일반적으로 선진국에서는 건설분야에서 사용하는 에너지를 전체 자원 소비량의 40% 정도로 평가하고 있는데, 효율이 좋은 공장이나 주택을 건설하면 자연자원의 소비가 줄어들고 대신 생산성은 높일 수 있다는 의미이다.

이와 관련된 지표로서 NFAs(national footprint accounts)의 '생태초과수

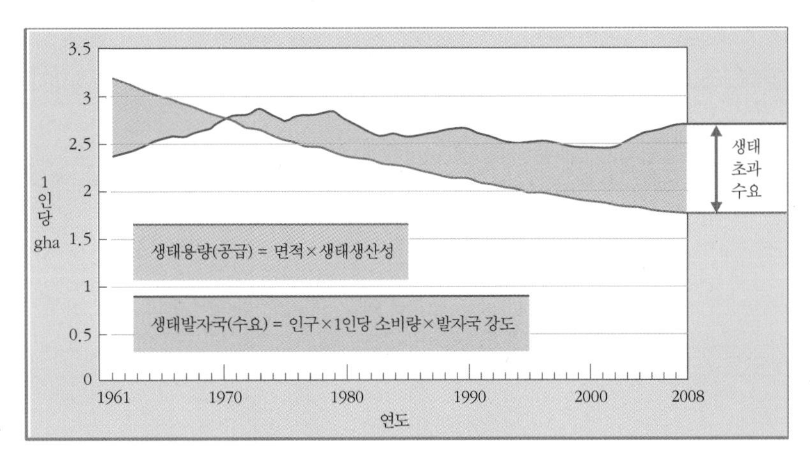


4-2 1인당 생태발자국과 생태용량의 경향(1961~2008)

자료: Global footprint network & ZSL(living conservation)(2012), Living Planet Report 2012, p. 40.
비고: 1. 1인당 생태용량이 감소하는 것은 주로 지구 전체 인구증가에 따른 것으로, 지구의 생산성이 증가하는 인구의 수요에 대응할 만큼 충분하지 않다.
2. 'gha(global hectare)'는 생태발자국과 생태용량을 측정하는 단위이다.

요(ecological overshoot)'를 들 수 있다. 국제 생태발자국 네트워크(Global Footprint Network)에서는 매년 국가별로 인간이 소비하는 자원을 생산하는 데 필요한 면적, 주택·교통·산업 설비 등 기반시설에 의해 점유된 면적, 대양(ocean)에 의해 흡수되지 않는 이산화탄소를 줄이는 데 필요한 산림의 면적을 환산한 지수인 '생태발자국(ecological footprint)'과 생태계의 자원 재생산 능력인 '생태용량(Biocapacity)'을 비교하여, 그 차이인 '생태초과수요값'[2]을 계산하여 제시하고 있다. 생태발자국은 인구의 증가, 개인의 상품 및 서비스 소비, 자연자원으로부터 물품을 생산하는 효율성인 발자국 강도(footprint intensity)에 의해 결정되며, 생태용량은 작물생산지, 목초지, 어장, 산림 등의 가용 면적과 기후, 농업기술, 생태계유형 등에 의한 단위면적당 생물생산성에 의해 결정된다. 그림 4-2는 지구차원에서 1961년부터 2008년까지의 1인당 생태발자국과 생태용량의 경향을 보여준다. 과거보다 많은 사람이 지구의 자원을 공유하는 반면, 지구의 생산성은 이러한 수요에 대응할 만큼 충분히 증가하지 않기 때문에, 1인당 생태용량이 감소하고 있어 생태초과수요가 계속 증가하고 있다.

〈표 4-2〉는 2008년 세계의 생태발자국과 생태용량을 정리한 자료이다. 세계 총 생태발자국은 2.7, 총 생태용량은 1.78로 0.92만큼 생태결손이 발생하고 있으며, 소득별로는 고소득 국가 -2.55, 중소득 국가 -0.20, 지역별로는 유럽연합 -2.48, 북아메리카 -2.17, 중동 및 중앙 아시아 -1.55, 아시아-태평양 -0.77 순으로 생태결손이 발생하고 있다. 국가별 생태발자국은 자원의 소비가 많은 중동의 카타르 및 쿠웨이트에서 제일 높게 나

2 예를 들어, 2008년 한 해 동안 지구의 총 생태발자국이 182억gha이고 지구의 총 생태용량이 120억gha이라면 그 차이인 생태결손율은 50% 정도이므로, 1년 동안 인간이 사용한 자원을 재생산하고 배출된 이산화탄소를 흡수하는 데 지구에게 필요한 시간은 1.5년을 의미한다.

〈표 4-2〉 2008년 기준 세계의 생태발자국과 생태용량(개인당 지구면적)

| 국가/지역 | | 인구(백만) | 생태발자국 | 생태용량 | 생태결손 |
|---|---|---|---|---|---|
| 세계 | | 6,739.6 | 2.70 | 1.78 | -0.92 |
| 소득별 | 고소득 국가 | 1,037.0 | 5.60 | 3.05 | -2.55 |
| | 중소득 국가 | 4,394.1 | 1.92 | 1.72 | -0.20 |
| | 저소득 국가 | 1,297.5 | 1.14 | 1.14 | 0 |
| 지역별 | 아프리카 | 975.5 | 1.45 | 1.52 | 0.07 |
| | 중동 및 중앙 아시아 | 383.7 | 2.47 | 0.92 | -1.55 |
| | 아시아-태평양 | 3,729.6 | 1.63 | 0.86 | -0.77 |
| | 라틴아메리카 | 576.8 | 2.70 | 5.60 | 2.90 |
| | 북아메리카 | 338.4 | 7.12 | 4.95 | -2.17 |
| | 유럽연합 | 497.1 | 4.72 | 2.24 | -2.48 |
| | 기타유럽 | 239.3 | 4.05 | 4.88 | 0.83 |
| 국가별 | 가봉 | 1.5 | 1.81 | 28.72 | 26.91 |
| | 남아프리카공화국 | 49.3 | 2.59 | 1.21 | -1.38 |
| | 뉴질랜드 | 4.3 | 4.31 | 10.19 | 5.88 |
| | 덴마크 | 5.5 | 8.25 | 4.81 | -3.44 |
| | 독일 | 82.5 | 4.57 | 1.95 | -2.62 |
| | 멕시코 | 110.6 | 3.30 | 1.42 | -1.88 |
| | 몽골 | 2.7 | 5.53 | 15.33 | 9.80 |
| | 미국 | 305.0 | 7.19 | 3.86 | -3.33 |
| | 방글라데시 | 145.5 | 0.66 | 0.42 | -0.24 |
| | 브라질 | 191.5 | 2.93 | 9.63 | 6.70 |
| | 스위스 | 7.6 | 5.01 | 1.20 | -3.81 |
| | 스페인 | 45.1 | 4.74 | 1.46 | -3.28 |
| | 싱가포르 | 4.8 | 6.10 | 0.02 | -6.08 |
| | 아르헨티나 | 39.7 | 2.71 | 7.12 | 4.41 |
| | 아프가니스탄 | 29.8 | 0.54 | 0.40 | -0.14 |
| | 영국 | 61.5 | 4.71 | 1.34 | -3.37 |
| | 오스트레일리아 | 21.5 | 6.68 | 14.57 | 7.89 |
| | 이란 | 72.3 | 2.66 | 0.84 | -1.82 |
| | 이스라엘 | 7.1 | 3.96 | 0.29 | -3.67 |
| | 이탈리아 | 59.9 | 4.52 | 1.15 | -3.37 |
| | 인도 | 1,190.9 | 0.87 | 0.48 | -0.39 |
| | 일본 | 126.5 | 4.17 | 0.59 | -3.58 |
| | 중국 | 1,358.8 | 2.13 | 0.87 | -1.26 |
| | 중앙아프리카공화국 | 4.2 | 1.36 | 8.35 | 6.99 |
| | 카타르 | 1.4 | 11.68 | 2.05 | -9.63 |
| | 캐나다 | 33.3 | 6.43 | 14.92 | 8.49 |
| | 콩고 | 3.8 | 1.08 | 12.20 | 11.12 |
| | 쿠웨이트 | 2.5 | 9.72 | 0.43 | -9.29 |
| | 타이 | 68.3 | 2.41 | 1.17 | -1.24 |
| | 터키 | 70.9 | 2.55 | 1.31 | -1.24 |
| | 파라과이 | 6.2 | 2.99 | 10.92 | 7.93 |
| | 파키스탄 | 167.4 | 0.75 | 0.40 | -0.35 |
| | 프랑스 | 62.1 | 4.91 | 2.99 | -1.92 |
| | 핀란드 | 5.3 | 6.21 | 12.19 | 5.98 |
| | 필리핀 | 90.2 | 0.98 | 0.62 | -0.36 |
| | 한국 | 47.7 | 4.62 | 0.72 | -3.90 |

자료: Global footprint network & ZSL(living conservation)(2012), Living Planet Report 2012, pp. 140-145.

타나고 선진국에서도 비교적 높게 나타나고 있으나, 저소득 국가인 아프카니스탄, 방글라데시, 인도, 필리핀 등에서 낮게 나타났다. 아울러 생태용량은 가봉, 콩고, 오스트레일리아, 몽골, 캐나다, 핀란드 등 자연지역이 넓고 인구가 적은 국가에서 높게 나타난 반면, 국토면적이 좁고 개발이 많이 된 쿠웨이트, 일본, 한국, 싱가포르 등에서 낮게 나타났다. 생태발자국과 생태용량의 차이인 생태결손율은 쿠웨이트, 이스라엘, 싱가포르와 같이 국토면적이 좁아 개발이 많이 된 국가나 고소득 국가이면서 자연녹지면적이 적은 독일, 일본, 영국, 한국 등에서 높게 나타나고 있는데, 특히 우리나라는 생태결손율이 −3.90으로 생태초과수요가 매우 높은 국가이므로 생태적 결손을 보상하기 위한 노력이 필요하다.

매년 우리는 자연이 생산할 수 있는 생태용량을 초과해 소비하고 있다. 이로 인해 기후변화, 생물종 다양성의 상실, 산림 감소, 토양 침식, 물 부족 등 많은 문제가 생기고 있다. 이러한 생태적 결손을 줄이고 지구 차원의 위기를 극복하기 위해서는 생산 및 소비를 줄이는 한편 인간의 생활양식에서 초과되는 소비를 줄이고 자원의 순환을 통해 생태적 효율성을 높여야 하며, 새로운 기술과 자재의 개발이 뒤따라야 한다.

## 5. 생태복원

생태복원은 인위적인 간섭에 의해 오염되거나 손상된 환경을 자연상태로 복원하기 위한 것으로, 생태적 건강성의 재생과 유지에 초점을 두고 있다.

| A | B |
|---|---|

4-3 환경파괴와 생태복원

A. 석회석 채굴로 인한 환경파괴와 복구
B. 하천호안의 생태복원(경기도 의왕시 청계지구 청계사천)

하천환경의 복원, 오염된 토양의 복원, 비탈면의 녹화, 옥상 및 벽면의 녹화, 생물서식공간(bio-tope)의 조성 등이 대상이 된다. 지금까지 생태복원을 위해 조경분야에서 제품 및 기술 개발 연구가 활발히 진행되어 왔으며, 앞으로도 연구가 지속되어 영역이 확장될 것으로 예상된다. 특히 하천, 비탈면, 옥상 녹화 및 입체 녹화에 대한 관심이 증대되고 있으므로 조경자재의 미래에 있어 중요한 영역이 될 것이다.

## 6. 대안적 공법의 적용

전통 기술과 재료는 에너지 절약에 적합하며 자연환경에 친화적이다. 과거에는 지역의 환경에 맞게 전통적 기술과 재료를 사용했다. 그러나 산업화 과정에서 지리적 제약을 뛰어넘는 기술과 재료가 등장했고, 이로 인해 불필요한 물류 이동이 발생하고 소재의 가공에 따른 에너지 낭비 및 환경오염이 불가피해졌다. 이러한 문제를 해결하기 위해서는 전통기술과 토착재료가 주는 이점을 활용하여 에너지를 절약하고 지역적 특성을 구현할 수 있도록 노력해야 한다.

세계인구의 약 30%에 해당되는 미개발국에서는 아직도 전통적인 기술과 재료가 사용되고 있음에도 불구하고, 이러한 기술과 재료가 자재산업분야에 덜 알려져 있고 연구된 것이 많지 않다. 따라서 현대적 기준에 따르면 대안적 공법(代案的 工法, alternative construction)은 낙후되고 불편하며 증명되지 않은 공법이나 자재로 인식되는 문제가 있다. 그러나 친환경적

| A | B |
|---|---|

4-4 지역재료를 이용한 사례

A. 지역에서 구한 재료로 만든 조형물(바르셀로나 구엘공원Guell park in Barcelona, España)
B. 어도비(adobe) 벽돌

인 측면에서 보면 인류가 오랜 시간에 걸쳐 실험하고 환경에 적응한 결과이므로 적용이 용이하며 설계개념으로 효과적으로 이용될 수 있다.

## 7. 물의 친환경적 이용

물은 인간 몸의 70%를 차지하며 생태계를 형성하는 가장 기본적인 물질로 체계적인 관점에서 이해해야 한다. 인간의 삶은 끊임없이 물 부족으로 인해 위협받고 있으며, 이러한 물 부족이 생태계에 미치는 영향은 심각한 실정이다. 따라서 친환경적인 경관을 조성하고 관리하기 위해서는 충분한 양의 물을 확보하고 수질을 적절하게 유지해야 한다. 이것은 물의 집수, 정화, 처리와 관계된 것으로, 소규모 공간에서 식물이나 자연적인 소재를 이용하여 물을 집수, 정화, 보호할 수 있는 체계가 필요하다.

도시지역에서 물은 지붕이나 포장지역, 녹지로부터 집수된다. 대표적인 방법으로는 투수성이 높은 포장을 이용하여 물을 침투시키고 유도 및 집수하여 저류지에 저장하는 지속가능한 도시 배수체계(SUDS; sustainable urban drainage system) 또한 자연형 배수체계(NDS; national drainage system)를 적용하고 있다. 또한 수질정화를 위해 식물을 이용하거나 인공적으로 부도(浮島, floating island)를 설치하는 방법들이 적용되고 있다. 앞으로도 물의 친환경적 가치는 더욱 증대될 것으로 보이는데, 투수성 포장을 권장하고 빗물의 유출을 줄이기 위한 친환경적인 규정이 강화되고 있어 작은 부지나 도시 차원에서 물을 집수, 정수, 저류하기 위한 체계의 도입이 늘어날 것이

| A | B |
|---|---|

4-5 물의 친환경 가치를 증대시키기 위한 노력

A. 빗물의 집수 및 정화 연못(하노버 크론스베르크 주거단지Kronsberg in Hannover, Germany)

B. 제올라이트를 이용한 물의 정화

며, 이와 관련된 조경 재료 및 기술의 필요성도 더욱 높아질 것이다.

## 8. 재활용

재활용은 효용가치가 다하여 폐기된 제품으로부터 유용한 물질이나 에너지를 얻는 것이다. 일반적으로 각종 폐기물, 특히 석재, 고무, 플라스틱, 콘크리트, 목재 등의 건설폐기물을 재활용하는 것을 말하는데, 에너지를 절약하고 폐기물의 처리에 따른 환경오염을 줄이기 위한 효과적인 방법이다. 유럽과 일본 등에서는 재활용에 대한 국민의 의식이 높고 사회적 시스템이 잘 갖추어져 있어 에너지 낭비를 줄이기 위한 다각적인 노력이 이루어지고 있다. 우리나라에서도 건설공사 등에서 나온 건설폐기물을 친환경적으로 적절하게 처리하고 그 재활용을 촉진하여 국가 자원을 효율적으로 이용하며 국민경제 발전과 공공복리 증진에 이바지함을 목적으로 「건설폐기물의 재활용 촉진에 관한 법률」이 제정되어 운영되고 있으며, 순환골재 등의 재활용을 촉진하여 국가 자원을 효율적으로 이용하도록 하고 있으나, 수집 및 선별 단계에서 문제가 있고 사회적 인식이 낮아 재활용률이 낮은 상황이다.

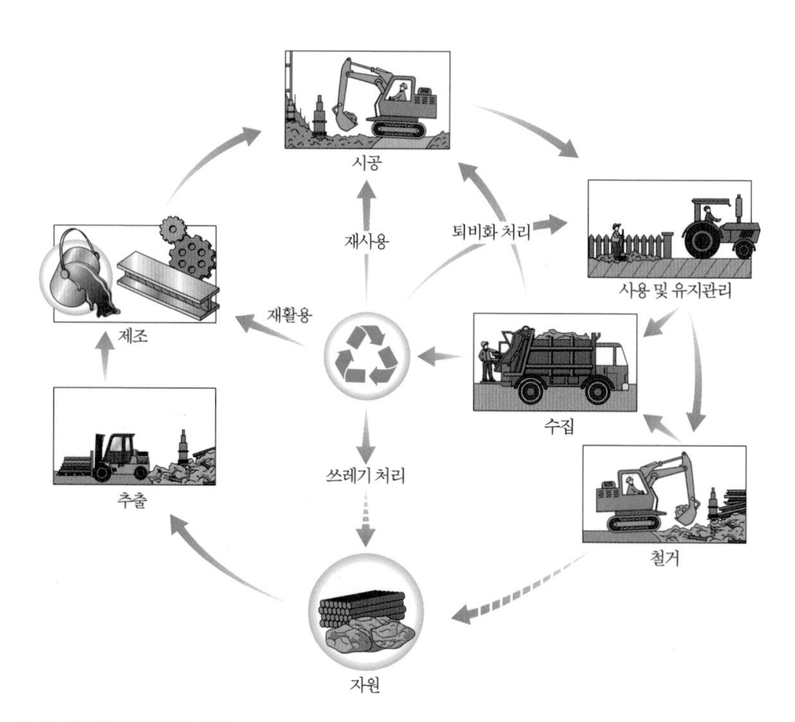


4-6 건설재료의 순환과정

| A | B |
|---|---|

4-7 폐기된 재료의 재활용
A. 서대문형무소의 옥사에 사용되었던 벽돌을 포장벽돌로 재활용(서울 서대문독립공원)
B. 폐타이어를 논두렁을 만드는 데 재활용(전남 구례)

최근 건설폐기물을 재활용하는 특허 및 신기술이 점차적으로 늘어나 순환골재, 아스콘, 플라스틱, 벽돌, 유리, 스티로폼, 목재, 타이어, 종이 등을 재활용하고 있으며, 조경분야에서도 침목, 점토블록, 골재 등 폐기물을 재사용함으로써 고풍스런 느낌이나 장소성을 구현하는 등 폐기물을 효과적으로 활용하고 있다. 특히 조경분야는 건축이나 토목 분야와 달리 재료의 활용에 있어 상대적으로 자유로우므로 재활용재의 적용이 용이하다고 볼 수 있다. 그러나 재활용재는 품질이 저하되는 저순환(down-cycling)의 과정을 거치는 경우가 많으므로 이것이 시공품질을 저하시키는 원인이 되어서는 안 된다. 예를 들어, 플라스틱을 재활용하면 재료의 품질이 저하되어 보다 낮은 수준의 제품을 만드는 폭포효과(cascade effect)[3] 가 일어나는데, 공원의 벤치나 펜스는 좋은 사례이다.

## 9. 환경오염 감소

물품의 생산, 이용, 폐기 과정에서 발생하는 폐기물이나 유해물질은 대기오염, 수질오염, 지구의 온난화, 자연환경 파괴 등 각종 문제를 일으킨다. 이러한 문제를 완화하기 위해 발생하는 오염물질을 줄이기 위한 ISO 14000(국제환경규격)[4]과 같은 국제적인 기준이 마련되어 규제가 강화되고 있다.

건설부문은 이러한 환경오염의 약 60%를 차지하므로 제품 생산 및 폐기 처리 시 환경오염을 줄이기 위한 기술 및 재료의 개발이 필요하다. 조경분야

3 폭포효과는 어떤 현상이 순차적으로 증가되는 현상을 말한다. 경제학에서 매물의 시세폭락 현상을 설명하거나, 생태환경분야에서 생물조절을 통한 환경관리를 위해 생태계상 상위의 생물을 이용해서 오염을 줄이거나(top-down cascade effect) 아래의 오염원을 감소시켜 환경을 개선 (bottom-up cascade effect)하는 의미로 사용하는데, 여기서는 재활용 자재의 사용이 제품의 품질을 순차적으로 감소시키는 효과를 설명하기 위한 것이다.

4 환경경영체제에 관한 국제 표준화 규격의 통칭으로, 기업활동 전반에 걸친 환경경영체제를 평가하여 객관적으로 인증(認證)하는 것이다. 기업이 단순히 해당 환경법규나 국제기준을 준수했는지를 평가할 뿐만 아니라 경영활동 전 단계에 걸쳐 환경방침, 추진계획, 실행 및 시정 조치, 경영자 검토, 지속적 개선 등 포괄적인 환경경영도 실시하고 있는지를 평가한다.

의 목재 방부제, 도장재, 플라스틱, 비료 등은 생산, 이용, 처리 과정에서 환경오염의 우려가 있는 재료들이므로 주의해야 한다. 또한 천연자원 채취에서부터 제품 생산 및 소비에 이르는 전 과정에서 사용되는 에너지를 말하는 체화에너지를 최소화하여 에너지 사용을 절감할 수 있도록 해야 한다.

예를 들어, 외부공간에서 사용되는 목재는 부패를 방지하고 구조적 성질을 높이기 위해 방부처리를 하게 되는데, 여기에 사용되는 방부제인 CCA(chromated copper arsenic), ACA(ammoniacal copper arsenate), ACC(acid copper chromate) 등은 평상시에는 목재와 화학적으로 안정된 결합을 하고 있으나, 처리과정에서 불가피하게 매우 독성이 높으며 유전적 문제를 야기할 수 있는 구리 및 비소의 산화물이 발생하므로 주의가 필요하다. 또한 합성수지인 불포화폴리에스테르(UP)는 디클로로메탄(dichloromethane), 에폭시(EP)는 페놀(phenol), 염화비닐(PVC)은 다이옥신(dioxine) 등 강력한 위해물질을 생산 및 이용, 폐기 과정에서 배출하므로 주의해야 한다. 이 밖에 석면(asbestos), 살생물제(biocides), DDT(dichloro-diphenyl-trichloroethane), 포름알데히드(formaldehyde), MVOCs(microbial volatile organic compounds), PAHs(polycyclic aromatic hydrocarbon), PCBs(polychlorinated biphenyl), PCP(pentachlorophenol), 라돈(radon), VOCs(volatile organic compounds) 등 인체 및 환경 유해물질의 관리에 주의해야 한다. 이러한 문제를 개선하기 위해서는 생산, 설치, 처리 과정에서 발생하는 인체 및 환경 유해물질을 최소화하고, 재활용이 가능한 가공이 덜 된 재료를 사용하며, 가능하다면 석유관련재료를 피하는 것이 바람직하다.

| A | B |
|---|---|

4-8 환경을 감소시키기 위한 노력

A. 자연산 무독성 페인트

B. 사용이 금지된 CCA 처리 방부목

## 10. 미래의 준비

앞으로 친환경적인 접근은 선택이 아닌 의무사항으로 더욱 강화될 것으로 예상되며, 이러한 점에서 조경재료는 조경의 발전에 큰 기회요소로 작용할 것으로 판단된다. 따라서 이에 대응하기 위해 조경재료분야는 다음에 초점을 두어 미래를 준비해야 할 것이다.

친환경과 관련된 규정은 다양한 차원에서 검토되고 있다. 국제적으로는 ISO 14000이 향후 제품 개발 및 적용에 범세계적인 표준으로 작용할 것으로 예상되며, 각 나라마다 별도의 규정을 확보하려는 움직임 역시 활발하다. 세계적인 환경기준이 엄격해지는 상황에서 국제적인 흐름을 따르지 못하면 결국은 미래사회에서 도태될 것이다. 국내에서도 건축이나 토목 분야에서 환경친화적인 건설산업을 육성하기 위해 기술 및 자재 개발 연구를 지원하기 위한 방안이 강구되고 있으며, 친환경적인 표준을 제정하기 위한 다양한 연구가 시행되고 있으므로, 조경분야도 이에 대한 노력을 경주해야 한다.

## ※ 연습문제

1. ISO 14001 환경경영인증에 대해 설명하시오.
2. 지속가능한 재료의 선택에 관한 지침에 대해 설명하시오.
3. 패시브 하우스(passive house)의 개념을 사례를 들어 설명하시오.
4. 생태발자국(ecological footprints)의 개념을 설명하시오.
5. SUDS(Sustainable Urban Drainage System)의 개념과 도시지역에서의 적용방안을 설명하시오.
6. 재활용된 자재의 저순환(down-cycling) 과정에 대해 설명하고 대안을 마련하시오.
7. 체화에너지(embodied energy)의 개념과 재료를 사용하는 데 있어 최소화할 수 있는 방안을 설명하시오.
8. 친환경적인 조경 기술 및 제품 개발의 당위성과 국제적 추세에 대해 설명하시오.

## ※ 참고문헌


김귀곤. 「새천년을 대비한 우리나라 환경생태계획 및 조성의 동향과 전망」. 제7회 조경사회 심포지움(1992년 12월), 10쪽.

소양섭. 「폐건자재의 재활용 기술」. 『대한토목학회』 Vol. 46 No. 12(통권 224, 1998년 12월), 22~25쪽.

에른스트 바이츠제커. '생태효율이란 경제-환경의 공생'. 중앙일보 1999년 10월 26일, 41쪽.

이상석. 「조경자재의 미래」. 2003 조경산학기술대전 세미나(2003년 7월), 21~36쪽.

이세현. '미래의 탄소저감형 건설재료'. 한국건설신문 제476호(2011년 3월 7일).

최갑수. '생태권'. 중앙일보 1999년 12월 11일, 3쪽.

탄소저감형 건설재료 기술개발 연구단 · 한국건설신문 공동기획. '건설재료의 $CO_2$ 통합관리 기술개발(3세부과제). 한국건설신문 제518호(2012년 3월 28일).

한국건설신문. '전생애주기 관점이 적용된 $CO_2$ 통합관리시스템'. 2012년 3월 28일.

환경조경신문. '친환경 조경자재 개발하자!'. 2010년 9월 20일.

Andrews, Oliver. *Living Materials.* Berkeley: University of California Press, 1983.

Benson, John F; Maggie H. Roe(ed.). *Landscape and sustainability*. London: Spon Press, 2000, pp. 179-201.

Dunnett, Nigel; Clayden, Andy. 'Resources: The Raw Materials of Landscape'. *Landscape and sustainability*. London: Spon Press, 2000, pp. 199-200.

Elizabeth, Lynne; Adams, Cassandra. *Alternative Construction*. New York: John Wiley & Sons, 2000.

Mackenzie, Dorothy. *Design for the Environment*. New York: Rizzoli, 1991.

Schmitz-Günther, Thomas(ed). *Living Spaces(Sustainable Building and Design)*. Cologne: KÖNEMANN, 1998.

Thompson, J. William; Kim Sorvig. *Sustainable Landscape Construction*. Washington D.C.: Island Press, 2000.

World Wide Fund for Nature(WWF). Living Planet Report 2012(Biodiversity, biocapacity and better choices). Switzerland: Gland, 2012.

**※ 관련 웹사이트**

한국패시브건축협회(http://www.phiko.kr)
Global Footprint Network(http://footprintnetwork.org)
WWF International(http://www.panda.org)

# 5 조경자재산업의 발전

## 1. 개요

재료(materials)는 어떤 물건을 만드는 데 사용되는 물질을 말한다. 유사용어로 소재(raw materials)와 제품(products)이 있는데, 제품은 다시 목적물의 가공단계에 따라 1차제품, 2차제품으로 나눌 수 있다. 소재는 가공을 하지 않은 그대로의 것으로 재료의 원료로서의 잠재력을 갖는 상태이고, 재료는 원료로서의 소재를 일정 규격 및 형태, 특성을 갖는 상태로 가공한 것이며, 제품이란 재료를 이용하여 만든 물품으로 특정 기능을 갖는 목적물이다.

산업화 이전에는 제품을 만들기 위한 가공과정이 한두 단계에 불과했으나, 현대의 산업제품은 그 가공 과정 및 단계가 다양하고 복잡하다. 이로 인해 조경가의 관심은 소재를 어떻게 가공하여 결과물을 만들어내느냐는 것보다는 이미 만들어진 재료나 제품을 이용하여 어떻게 정원, 공원, 주택단지 등을 조성할 것인가에 초점을 두기도 한다.

최근 조경자재산업은 괄목할 만한 발전을 하고 있으며, 조경의 중요한 영역으로 자리매김하고 있다. 조경자재의 분류도 옥외포장, 하천호안, 비탈면 녹화, 레크리에이션시설, 가로시설, 수경시설, 경관조명시설, 휴게시설, 살수 및 관개 시설, 조경구조물, 옹벽, 경계시설, 수목 부대시설, 토양 등으로 다양하게 분류되고 있다.

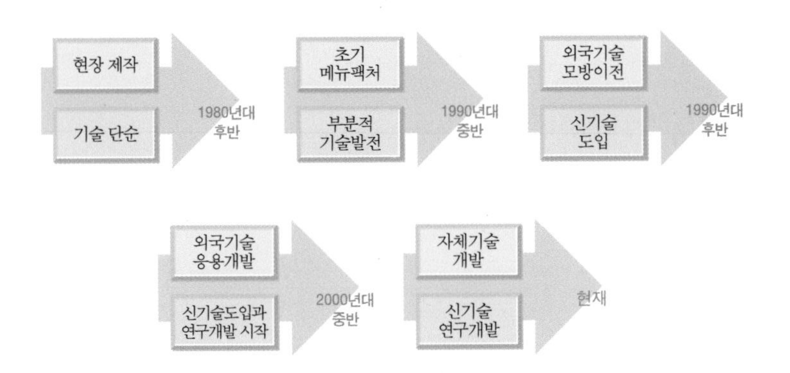


5-1 국내 조경분야 기술동향

## 2. 국내 조경자재산업의 동향

1970년대 들어 국내에 조경이 도입된 이후 1980년대까지 조경재료는 철재나 목재를 주재료로 하여 주로 현장(現場)에서 제작(製作)하여 설치되었다. 그러나 1990년대 들어서면서부터 조경수목 관련시설과 벤치, 휴지통 등 간단한 조경시설이 개발되기 시작했으며, 일본, 유럽, 미국 등 선진국의 제품 및 기술을 도입했다. 2000년대 들어서 조경자재산업은 현장의 급격한 수요 증가에 힘입어 양적·질적으로 크게 성장하여 공장생산(工場生産)과 기계화 가공(機械化加工)이 보편화되고 제품의 완성도가 높아졌다. 어린이놀이시설, 포장재 등을 생산하는 일부 선도적인 기업에서는 고유한 독자적 기술을 바탕으로 외국에 수출하는 등 성과를 올리고 있다. 그러나 우리나라는 조경자재생산업과 관련된 제도적 기반이 마련되어 있지 않아 종합공사업인 조경공사업과 전문공사업인 조경식재공사업 및 조경시설물설치공사업 면허를 보유하고 있는 업체에서 조경분야의 건설활동과 연계하여 조경자재를 생산하여 판매하고 있다. 한편 2006년에는 한국조경학회, 한국조경사회, 서울특별시 등 14개 단체가 공동 주체한 국내 첫 대한민국 환경조경박람회(LANDEX)가 '21세기 친환경개발시대의 새로운 패러다임'이라는 주제로 개최되어 조경식물자재, 생태복원자재, 놀이시설 등 다양한 제품이 전시되었는데, 전문가뿐만 아니라 일반인에게도 조경분야를 널리 알리는 계기가 되었다. 이후에도 '대한민국 조경박람회'로 명칭을 바꿔 매년 박람회가 열리고 있다.

## 3. 해외 조경자재산업의 동향

해외 조경자재산업의 수준은 국가별로 차이가 있으나, 대표적으로는 미국, 일본, 독일을 선진국으로 분류할 수 있다. 미국은 현대 조경분야에서 주도적 역할을 해온 것처럼 조경자재산업도 광범위한 분야에 걸쳐 활성화되어 있으며, 50년 이상 조경제품을 개발해온 회사가 적지 않다. 재료 및 시설별로 높은 수준의 기술력을 보유하고 있으며 제품의 완성도도 높다. 포장시설, 침식방지시설, 관개시설, 가로시설, 놀이시설, 수목보호시설 등이 주요 관심품목이다. 아울러 유럽에서도 독일을 중심으로 하여 재료 및 시설별로 높은 수준의 기술력을 보유하고 있는데, 친환경 제품, 생태적 제품, 자연에너지 이용, 환경오염 정화, 정원용 자재산업이 발날했다. 국내 조경회사에서 많은 관심을 보이는 일본의 조경분야 제품 및 기술도 지속적인 연구개발 투자 및 관련 산업의 높은 기술력 때문에 다양한 종목에서 높은 수준을 보이고 있다. 일본의 조경제품은 환경복원, 재활용, 환경오염 감소, 자연에너지 이용, 하천생태 복원 분야에서 앞서 있으며, 비탈면 녹화 및 구조제품, 하천생태복원재, 포장재, 방재시설, 수경시설, 재활용 등에 큰 관심을 가지고 있으며, 콘크리트재료를 적극적으로 사용하고 있다.

## 4. 조경수 생산업체

조경수 생산 및 유통과 관련된 시스템은 다른 분야에 비해 일찍 체제를 갖추고 발전해 왔다. 1967년 10월 (사)한국관상수생산협회가 창립되어 1991년 (사)한국조경수협회로 개칭하여 오늘에 이르고 있다. 회원의 협동적 자치정신을 구현하여 국토녹화 및 관상자원 개발시책에 협조하여 조경식물 생산 및 조경산업 발전에 기여할 목적으로 설립된 (사)한국조경수협회는 회원자격을 포지(圃地) 1ha 이상(임대 가능)을 가지고 3년 이상 조경수를 생산, 판매한 경험이 있는 자, 「산림법」 제45조에 의거 시, 도에 종묘 판매업자(조경수판매업자)로 등록된 자, 「건설업법」 제5조에 의한 조경식재공사업(전문공사업) 또는 조경공사업(일반공사업) 면허소지자로 규정하고 있다. 〈표 5-1〉을 통해 (사)한국조경수협회의 변동상황을 알아보자. 2013년 기준으로 서울을 포함하여 19개 지부, 1,126개 회원으로 구성되어 있는데, 경남서부(106개), 전남 서부(91개), 전남 동부(91개), 경기 남부(89개), 경남 동부(85개), 서울(77개) 순으로 회원사가 많은 것으로 나타났다. 연도별로는 1984년 창립 이래 2004년까지 지속적으로 증가해 오다가 2005년부터 회원사의 수가 정체하는 추세를 보이고 있다.
전년 대비 증가율을 보면 1986년부터 1992년까지 급속도로 증가했는데, 이것은 올림픽 준비와 이후 경제발전에 따른 건설수요의 증가에 따라 조경수 생산 및 공급이 활발하게 이루어졌기 때문으로 추정된다. 아울러 회원 수를 기준으로 하면 1994년 128개, 1992년 118개, 1997년 107개가 증가했다. 지역별로는 1998년 이전에는 서울과 경기 지역의 회원사가 압도적으로 많았지만, 1990년 이후에는 전남, 전북, 충남, 경남 지역의 회원 수가 급증하는 결과를 보인다. 이것은 농촌지역에서 소득증대를 위해 기존 농지를 조경수 생산을 위한 포지로 전환하면서 많은 조경수가 생산된 것과 관계가 있는 것으로 판단된다.
이러한 발전에도 불구하고 조경수 생산 및 유통에서 적지 않은 문제가 발생하고 있다. 생산에 있어서는 조경수의 생산량과 수급 가능량에 대한 정보가 부족하여 수종선정에 어려움을 겪고 있고, 시장수요에 효과적으로 대응하지 못하고 있다. 게다가 일부 조경수 생산 및 거래 업자가 정보를 독점하고는 과잉생산에 따른 가격폭락이나 품귀현상에서 오는 반사이익을 노리고 정보제공을 기피하는 문제가 발생하고 있다. 조경수 생산 경영에 있어서도 평균 재배면적이 1.2ha 이하로서 대부분 임대 포지 위주로 생산하며, 생산운영자금의 압박으로 속성수 위주의 관목류를 주로 생산하는 것이 문제로 지적되고 있다. 유통에 있어서도 생산분야와 마찬가지로 정보시스템 부재로 인한 문제가 발생하고 있으며, 중간상이 가지는 정보독점에 따른 과다이윤이 생산자와 소비자에게 피해로 돌아가는 문제가 야기되고 있다. 또한 조경수목의 규격에 수고, 흉고직경, 근원직경, 수관폭 등의 제한된 기준을 적용함으로써 수목의 활력도, 심미성, 영양상태 등은 고려되지 않고 있다. 이러한 문제점을 개선하기 위해서는 생산포지의 자동화 및 용기재배를 확대하는 현대화된 조경수 생산시스템을 구축하고, 생산, 유통, 공급에 대한 정보시스템을 마련하고 유통센터를 설립하며, 제도적 지원과 꾸준한 연구개발이 필요하다고 하겠다.

## 5. 조경시설물 생산업체

조경시설물의 경우 업체 수에 대한 정확한 통계자료가 없는 실정이어서 업체의 규모에 대한 파악이 곤란한데, 1982년 이후 『환경과조경』에 게재된 업체 광고와 별책부록으로 제작된 조경 및 관련 분야 명부를 통해 간접적으로 추정해 볼 수 있다.

〈표 5-1〉 (사)한국조경수협회 회원사 연도별, 지부별 변동 현황 (단위: 개)

| 지부＼연도 | '84 | '85 | '86 | '87 | '88 | '89 | '90 | '91 | '92 | '93 | '94 | '95 | '96 | '97 | '98 | '99 | '00 | '01 | '02 | '03 | '04 | '05 | '06 | '07 | '08 | '09 | '10 | '11 | '12 | '13 |
|---|---|---|---|---|---|---|---|---|---|---|---|---|---|---|---|---|---|---|---|---|---|---|---|---|---|---|---|---|---|---|
| 서울 | | | | | | | | | | | | | | | 102 | 105 | 123 | 77 | 84 | 83 | 93 | 104 | 96 | 106 | 81 | 91 | 92 | 92 | 73 | 77 |
| 경기남부 | 41 | 41 | 43 | 59 | 71 | 110 | 129 | 149 | 172 | 176 | 203 | 197 | 171 | 207 | 81 | 83 | 70 | 60 | 51 | 49 | 47 | 55 | 56 | 61 | 71 | 77 | 85 | 84 | 90 | 89 |
| 경기북부 | | | | | | | | | | | | | | | 35 | 46 | 45 | 48 | 37 | 32 | 37 | 38 | 37 | 37 | 40 | 40 | 38 | 38 | 44 | 30 |
| 강원 | 1 | 1 | 1 | 1 | 1 | 1 | 6 | 6 | 13 | 15 | 25 | 27 | 42 | 52 | 65 | 58 | 63 | 47 | 36 | 36 | 54 | 52 | 52 | 45 | 41 | 45 | 44 | 44 | 46 | 48 |
| 충북 | 1 | 1 | 1 | 1 | 1 | 2 | 4 | 5 | 5 | 9 | 12 | 27 | 36 | 40 | 47 | 53 | 42 | 44 | 46 | 44 | 30 | 32 | 35 | 36 | 44 | 51 | 56 | 56 | 56 | 55 |
| 충남서부 | 2 | 2 | 2 | 2 | 3 | 6 | 8 | 13 | 20 | 18 | 28 | 37 | 41 | 53 | 58 | 73 | 107 | 108 | 123 | 125 | 43 | 44 | 24 | 29 | 31 | 34 | 38 | 38 | 30 | 29 |
| 충남동부 | | | | | | | | | | | | | | | | | | | | | 60 | 61 | 58 | 58 | 58 | 62 | 66 | 66 | 71 | 76 |
| 전북서부 | 2 | 3 | 3 | 2 | 3 | 4 | 4 | 6 | 30 | 32 | 62 | 85 | 106 | 125 | 139 | 159 | 69 | 75 | 57 | 65 | 69 | 72 | 59 | 57 | 56 | 59 | 59 | 60 | 64 | 65 |
| 전북동부 | | | | | | | | | | | | | | | | | 70 | 57 | 69 | 59 | 67 | 62 | 48 | 50 | 50 | 64 | 65 | 67 | 65 | 70 |
| 전남서부 | – | 1 | 1 | 2 | 4 | 6 | 7 | 8 | 25 | 24 | 36 | 59 | 60 | 63 | 74 | 85 | 78 | 87 | 91 | 109 | 125 | 94 | 71 | 68 | 68 | 90 | 95 | 94 | 91 | 91 |
| 전남동부 | | | | | | | | | | | | | 38 | 54 | 75 | 82 | 99 | 102 | 99 | 115 | 105 | 103 | 92 | 95 | 103 | 112 | 125 | 124 | 91 | 91 |
| 대구 | 4 | 4 | 4 | 4 | 7 | 8 | 11 | 16 | 20 | 26 | 34 | 36 | 45 | 41 | 45 | 43 | 44 | 11 | 9 | 91 | 82 | 86 | 98 | 98 | 114 | 88 | 89 | 89 | 70 | 70 |
| 경북 | | | | | | | | | | | | | | | | | | 39 | 77 | | | | | | | | | | | |
| 경남서부 | 1 | 2 | 2 | 4 | 6 | 9 | 38 | 40 | 43 | 38 | 38 | 38 | 52 | 52 | 57 | 60 | 58 | 64 | 62 | 65 | 75 | 83 | 87 | 86 | 104 | 107 | 107 | 107 | 112 | 106 |
| 경남동부 | | | | | | | | | 23 | 28 | 48 | 53 | 63 | 67 | 68 | 71 | 67 | 66 | 67 | 70 | 69 | 70 | 76 | 81 | 78 | 82 | 82 | 82 | 85 | 85 |
| 울산 | – | – | – | – | – | – | – | – | – | – | – | – | – | – | – | – | – | 19 | 21 | 20 | 21 | 21 | 23 | 26 | 23 | 21 | 21 | 21 | 21 | 24 |
| 부산 | 1 | 1 | 1 | 1 | 1 | 3 | 3 | 3 | 13 | 4 | 4 | 3 | 4 | 4 | 6 | 6 | 6 | 6 | 6 | 33 | 39 | 41 | 39 | 38 | 38 | 41 | 45 | 44 | 49 | 49 |
| 제주 | – | – | – | – | – | – | 1 | 6 | 6 | 2 | 10 | 24 | 27 | 34 | 29 | 27 | 27 | 25 | 20 | 21 | 28 | 20 | 20 | 20 | 28 | 30 | 31 | 31 | 49 | 49 |
| 고성 | – | – | – | – | – | – | – | – | – | – | – | – | – | – | – | – | – | – | – | – | – | – | – | – | – | – | – | – | 22 | 22 |
| 본회 | – | – | – | – | – | – | – | – | – | – | – | – | – | – | – | – | – | – | – | – | – | – | – | – | – | – | 15 | – | – | – |
| 계 | 53 | 56 | 58 | 76 | 97 | 149 | 211 | 252 | 370 | 372 | 500 | 586 | 685 | 792 | 881 | 951 | 968 | 935 | 955 | 1017 | 1044 | 1038 | 971 | 991 | 1028 | 1094 | 1153 | 1137 | 1129 | 1126 |

자료: (사)한국조경수협회

『환경과조경』에서는 1996년 8월호 통권 100호 기념으로 조경 및 관련 분야 명부를 제작하기 시작했는데, 여기에서는 종합조경공사업, 전문공사업, 엔지니어링업, 자생식물생산업, 조경수생산업, 잔디판매업, 펜스 제작 및 공급업, 원예종묘업, 실내조경업, 수경시설물업, 유통판매업, 놀이시설물업, 조경용장비·약재·수목자재업, 바닥포장재, 토양생산 및 판매업 등으로 분류하여 관련업체를 소개해 왔다. 〈표 5-2〉의 연도별, 업종별 소개된

〈표 5-2〉 **조경자재 생산업체 분류 및 연도별 업체 수** (단위: 개)

| 분류 \ 연도 | 1996 | 1998 | 2000 | 2002 | 2004 | 2006 | 2008 |
|---|---|---|---|---|---|---|---|
| 자생식물생산업 | 18 | 20 | 21 | 24 | 34 | 33 | 29 |
| 잔디판매업 | 25 | 24 | 21 | 18 | 18 | 17 | 15 |
| 목재방부가공처리업 | 19 | 17 | 18 | 19 | 19 | 19 | 13 |
| 펜스 제작 및 공급업 | 20 | 18 | 16 | – | – | – | – |
| 원예종묘업 | 4 | 4 | 4 | 5 | 9 | 11 | 12 |
| 실내조경업(옥상조경업 포함) | 12 | 11 | 10 | 15 | 15 | 19 | 17 |
| 수경시설물업 | 9 | 8 | 12 | 17 | 22 | 25 | 26 |
| 유통판매업 | 4 | 4 | 3 | 7 | – | – | – |
| 조경시설 · 놀이시설물업 | 15 | 16 | 19 | 27 | 44 | 55 | 67 |
| 조경용자재판매업(장비 · 약재 · 수목자재) | 9 | 7 | 21 | 23 | 39 | 41 | 44 |
| 바닥포장재업 | 20 | 18 | 20 | 22 | 23 | 22 | 28 |
| 토양생산 및 판매업 | 7 | 8 | 8 | 11 | 10 | 10 | 11 |
| 비탈면녹화업 | – | – | 8 | 10 | 10 | 11 | 12 |
| 경관조명업 | – | – | 1 | 2 | 4 | 8 | 7 |
| 나무병원업 | – | – | – | – | 4 | 5 | 5 |
| 온실제작설치업 | – | – | 3 | 3 | 2 | 2 | 2 |
| 기타 | – | – | 4 | – | 4 | 6 | 11 |
| 계 | 162 | 155 | 189 | 203 | 257 | 284 | 299 |

자료: 『환경과조경』 별책부록 조경 및 관련 분야 명부

통계자료를 보면 수경시설물업, 조경시설 · 놀이시설물업, 조경용자재판매업은 꾸준한 증가세를 보이고 있으나, 자생식물생산업, 실내조경업, 바닥포장재업, 비탈면녹화업, 토양생산 및 판매업, 경관조명업은 성장세가 지체된 상태를 나타내고 있으며, 잔디판매업, 목재방부가공처리업은 감소세를 보이고 있다.

이 밖에 환경조경관련 산업자재의 생산 및 판매업에 종사하는 자가 중심이 되어 2006년 2월 창립된 (사)한국환경조경자재산업협회는 환경친화적이고 안전하며 건축물과 공간을 아름답게 완성시킬 수 있는 조경 자재와 공법에 대한 학술연구와 정보교환 등을 통해 우수 조경자재를 홍보 및 지원하여 한국의 환경조경자재산업발전에 기여함으로써 국가 발전에 이바지함을 목적으로 하고 있다. 2013년 5월 현재 35개 회원사가 가입되어 있으며, 2010년부터 조경자재의 품질 향상 및 조경자재산업의 발전을 위하고 소비자와 생산자의 신뢰를 공고히 하기 위해 '환경조경자재 품질인증제도'를 시행하고 있다.

## 6. 조경자재산업의 발전방향

조경자재산업의 급격한 발전에도 불구하고 조경수 생산 및 유통이나 조경시설물의 생산 및 수급과 관련하여 적지 않은 문제가 발생하고 있다. 이러한 문제의 개선과 미래 발전을 위해서 조경자재 생산의 첨단화, 유통과정의 합리화, 친환경기술의 개발, 산학협력 연구체계 구성 등의 발전방향을 제안해 볼 수 있다.

### 가. 고품질 조경자재의 생산

생활수준이 향상하면서 사용자의 요구 또한 높아졌다. 따라서 이들을 충족시킬 수 있는 고품질의 조경자재를 생산하기 위한 현대적인 생산체계의 구축이 필요하다. 조경수 생산의 경우 컨테이너 재배를 확대하고 자동화된 생산체계를 구축하며, 조경시설자재의 경우 회사별로 효율적인 생산체계를 구축하고 특화된 제품을 개발하여 품질 및 경제성을 높이도록 한다.

### 나. 생산 및 유통 과정의 효율화

조경자재의 경쟁력을 높이기 위해 생산 및 유통 과정을 효율화하는 것이 중요하다. 생산의 효율성과 시너지 효과를 높이기 위해 조경자재 생산업체를 집적화시키거나 유통정보시스템을 구축하여 조경자재 수급의 안정성을 확보하도록 하며, 유통센터를 설립하거나 온라인 판매체계를 구축하여 생산자와 소비자 간 조경자재의 거래를 활성화하고 개방화를 유도해야 한다. 또한 사회적 이슈로 등장하고 있는 정원박람회, 도시농업, 옥상녹화와 관련된 프로그램 및 제품을 개발하여 산업수요로 연결될 수 있도록 해야 한다.

### 다. 친환경기술의 개발

21세기 건설분야 생산활동 측면에서 친환경적인 사회를 건설하기 위해서는 지구온난화, 생태계 파괴, 오존층 파괴, 대기오염, 수질오염, 산성비, 다이옥신, 휘발성 유기화합물(VOCs) 등 환경문제, 천연자원고갈, 양질자원 결핍, 대체자원의 확보, 미이용자원의 개발, 재활용 등 자원문제, 그린에너지, 에너지 효율과 같은 에너지 자원의 관리 등의 중요한 이슈에 합리적으로 대처해야 한다. 지속가능한 발전이라는 세계적 합의를 달성하기 위해서는 환경부하가 작은 순환을 기조로 한 경제사회를 건설해야 하며, 지구·국가·지역 환경이 서로 공생하는 자원순환형 구조를 갖는 사회의 건설이 요구된다고 하겠다. 국내에서도 인공지반녹화, 하천생태복원, 입체녹화, 비탈면녹화, 옥외포장, 훼손지복원 등에서 친환경적인 제품과 기술의 개발이 요구되고 있다.

### 라. 고기능, 고부가가치형 기술 개발

현재 국내 조경자재산업은 전문성을 높이기 위한 고기능, 고부가가치 자재의 개발이 필요하다. 향후 국제적인 시장개방은 불가피할 것으로 보이는데, 조경자재 역시 국가 간 거래를 통한 물류이동이 불가피한 실정이다. 특히 거대시장인 중국과 친환경 분야에서 선진국인 일본과의 관계를 적절히 고려하여 기술 및 시장 영역을 확보해야 한다.

### 마. 산학협동연구의 증진

우리나라의 조경자재 생산업체들 중 일부는 세계적인 경쟁력을 갖추고 있다. 그러나 대부분의 영세한 회사는 신제품 및 기술개발 역사가 짧고 R&D 투자가 미흡하여 선도적 기술을 확보하지 못하고 있다. 외국 및 국내 건설분야에서 경쟁력을 확보하기 위해서는 고유영역의 기술을 확보하고 지속적인 발전을 위해 노력해야 하는데, 조경자재 생산업체와 대학 및 연구기관 간의 협력을 위한 네트워킹이 필요하다.

## ※ 연습문제

1. 국내 조경수 수급동향과 생산업체의 규모에 대해 알아보시오.
2. 국내외 조경자재 생산업체의 신기술 및 신제품 개발 동향에 대해 설명하시오.
3. 대한민국 환경조경 박람회(LANDEX)의 연도별 개최 특성과 시계열적 경향을 진단하시오.
4. 조경자재산업의 수요를 예측하고 미래를 전망하시오.
5. 국내 조경자재산업의 기술적 한계 및 개선방안을 제시하시오.

## ※ 참고문헌


이민우·이상석.「한국의 조경산업·건설업의 비전」. (재)환경조경발전재단.『한국의 조경비전 2020』. 경기: 도서출판 조경, 2010, 84~119쪽.

이상석. '조경자재의 미래'. 2003 조경산학기술대전 세미나(2003년 7월 10일), 21~36쪽.

이상석.「한국의 조경산업」. (재)환경조경발전재단.『한국조경백서 1972~2008』. 경기: 도서출판 조경, 2008, 96~137쪽.

이세근. '자재산업 튼튼해야 조경 발전 이룰 수 있다'. 한국조경신문 2011년 3월 31일.


## ※ 관련 웹사이트

(사)한국조경사회(http://www.ksla.or.kr)

(사)한국조경수협회(http://www.klta.or.kr)

(사)한국환경조경자재산업협회(http://www.kelamia.or.kr)

# 6 관련 제도 및 기준

## 1. 개요

인간은 오래전부터 언어, 관습(慣習), 척관법(尺貫法) 등과 같은 인문 사회적 표준을 만들어 사용해 왔다. 단지 표준이라는 말이 없었지 무의식적으로 표준을 설정하여 그것에 따라 물건을 만들거나 작업한 것이다. 한편 현대의 산업활동과 관련된 과학기술적 표준은 산업혁명 이후 기술이 발달하고 대량생산이 이루어지면서 급속도로 증가했다.
호환성, 기준성, 통일성, 반복성, 객관성, 경제성의 속성을 갖는 표준화의 개념은 현대사회에 많은 혜택을 준다. 오늘날 사람들의 의사소통, 물품의 대량생산, 다양한 서비스의 제공, 그리고 교역에서 표준화가 주는 편리성 및 능률성에 관해서는 재론할 여지가 없다. 따라서 재료, 제품, 구조 등과 관련하여 국제, 국가, 관련 단체, 생산자 등 다양한 수준의 기준이 제정되어 재료 및 제품의 생산 및 사용에 적용되고 있다.

## 2. 재료의 표준

'표준(標準, standard)'이란 관계되는 사람들 사이에서 이익이나 편리가 공정하게 얻어지도록 통일 및 단순화를 꾀할 목적으로 물체, 성능, 능력, 동작 절차, 방법, 수속, 책임, 의무, 사고방법 등에 대해 정한 결정을 의미하며, '표준화(標準化)'란 이러한 표준을 정하고 이를 활용하는 조직적인 행위이다. 그러나 지역마다 다양한 문화와 생활양식이 있는데 표준에만 의존하면 다양성이나 지역적 정체성을 저해할 수 있다. 오히려 표준으로 인해 기술발전이 더뎌지고 다양한 사회적 수요에 대응하지 못하는 문제가 발생할 수 있다. 또한 21세기에는 사람들의 교육 및 생활 수준이 더욱 향상될 것이므로 자기의 취향에 맞는 생활, 즉 생활의 개성화에 대한 욕구가 다양하게 나타날 것이다. 동시에 생산의 측면에서 고품질과 저비용을 지향하는 가치는 변하지 않을 것이며, 이를 충족시키는 방법으로 표준은 중요한 역할을 할 것이다. 이와 같이 표준과 다양성은 서로 대립되는 가치라고 볼 수 있으나, 사회의 변화는 서로를 충족시킬 수 있는 다양한 표준화를 요구하고 있다.

### 가. 한국산업표준(KS)

한국산업표준은 적정하고 합리적인 산업표준을 제정, 보급하여 광공업품 및 산업활동 관련 서비스의 품질, 생산효율, 생산기술을 향상시키고 거래를 단순화·공정화하며 소비를 합리화함으로써 산업경쟁력을 향상시키고 국가경제를 발전시키는 것을 목적으로 「산업표준화법」에 근거하여 산업표준심의회의 심의를 거쳐 제정되고 관리되는 국가표준으로, 약칭하여 'KS'로 표시한다.

한국산업표준은 〈표 6-1〉과 같이 기본부문(A)부터 정보부문(X)까지 21개 부문으로 구성되고, 조경재료는 금속(D), 건설(F), 요업(L), 화학(M) 부문과 관련된다. 한국산업표준은 다음의 3가지로 분류할 수 있다.

① 제품표준: 제품의 향상, 치수, 품질 등을 규정한 것

② 방법표준: 시험, 분석, 검사 및 측정 방법, 작업표준 등을 규정한 것

③ 전달표준: 용어, 기술, 단위, 수열 등을 규정한 것

이러한 한국산업표준을 널리 활용함으로써 업계에 사내표준화와 품질경영의 도입을 추진하고 우수공산품의 보급 확대로 소비자 보호를 위해 특정상품이나 가공기술 또는 서비스가 한국산업표준 수준에 해당함을 인정하는 제품인증제도로 KS표시 인증제도를 운영하고 있다. 인증대상은 기술표준원장이 표시 지정한 품목으로 다음과 같다.

① 제품

- 품질식별이 용이하지 아니하여 소비자 보호를 위하여 표준에 맞는 것임을 표시할 필요가 있는 광공업품
- 원자재에 해당하는 것으로서 다른 산업에 미치는 영향이 큰 광공업품
- 독과점 품목, 가격변동 등으로 현저한 품질저하가 우려되는 광공업품

〈표 6-1〉 한국산업표준의 분류체계

| 대분류 | 중분류 |
|---|---|
| 기본부문(A) | 기본일반/방사선(능)관리/가이드/인간공학/신인성관리/문화/사회시스템/기타 |
| 기계부문(B) | 기계일반/기계요소/공구/공작기계/측정계산용기계기구·물리기계/일반기계/산업기계/농업기계/열사용기기·가스기기/계량·측정/산업자동화/기타 |
| 전기부문(C) | 전기전자일반/측정·시험용 기계기구/전기·전자재료/전선·케이블·전로용품/전기 기계기구/전기응용 기계기구/전기·전자·통신부품/전구·조명기구/배선·전기기기/반도체·디스플레이/기타 |
| 금속부문(D) | 금속일반/원재료/강재/주강·주철/신동품/주물/신재/2차제품/가공방법/분석/기타 |
| 광산부문(E) | 광산일반/채광/보안/광산물/운반/기타 |
| 건설부문(F) | 건설일반/시험·검사·측량/재료·부재/시공/기타 |
| 일용품부문(G) | 일용품일반/가구·실내장식품/문구·사무용품/가정용품/레저·스포츠용품/악기류/기타 |
| 식료품부문(H) | 식품일반/농산물가공품/축산물가공품/수산물가공품/기타 |
| 환경부문(I) | 환경일반/환경평가/대기/수질/토양/폐기물/소음진동/악취/해양환경/기타 |
| 생물부문(J) | 생물일반/생물공정/생물화학·생물연료/산업미생물/생물검정·정보/기타 |
| 섬유부문(K) | 섬유일반/피복/실·편직물·직물/편·직물제조기/산업용 섬유제품/기타 |
| 요업부문(L) | 요업일반/유리/내화물/도자기·점토제품/시멘트/연마재/기계구조 요업/전기전자 요업/원소재/기타 |
| 화학부문(M) | 화학일반/산업약품/고무·가죽/유지·광유/플라스틱·사진재료/염료·폭약/안료·도료잉크/종이·펄프/시약/화장품/기타 |
| 의료부문(P) | 의료일반/일반의료기기/의료용 설비·기기/의료용 재료/의료용기·위생용품/재활보조기구·관련기기·고령친화용품/전자의료기기/기타 |
| 품질경영부문(Q) | 품질경영 일반/공장관리/관능검사/시스템인증/적합성평가/통계적 기법 응용/기타 |
| 수송기계부문(R) | 수송기계일반/시험검사방법/공통부품/자전거/기관·부품/차체·안전/전기전자장치·계기/수리기기/철도/이륜자동차/기타 |
| 서비스부문(S) | 서비스일반/산업서비스/소비자서비스/기타 |
| 물류부문(T) | 물류일반/포장/보관·하역/운송/물류정보/기타 |
| 조선부문(V) | 조선일반/선체/기관/전기기기/항해용기기·계기/기타 |
| 항공우주부문(W) | 항공우주 일반/표준부품/항공기체·재료/항공추진기관/항공전자장비/지상지원장비/기타 |
| 정보부문(X) | 정보일반/정보기술(IT) 응용/문자세트·부호화·자동인식/소프트웨어·컴퓨터그래픽스/네트워킹·IT상호접속/정보상호기기·데이터 저장매체/전자문서·전자상거래/기타 |

② 가공기술

- 소비자의 권익보호 및 피해방지를 위하여 한국산업표준에 맞는 것임을 표시할 필요가 있는 경우
- 해당 가공기술을 사용함으로써 품질 또는 생산성 향상이 가능한 가공기술

③ 서비스

- 소비자의 권익보호 및 피해방지를 위하여 한국산업표준에 맞는 것임을 표시할 필요가 있는 경우
- 제조업 지원서비스로 다른 산업에 미치는 영향이 큰 경우
- 국가 정책적으로 서비스품질 향상이 필요한 경우

## 나. 외국 국가표준

우리나라의 한국산업표준과 마찬가지로 외국에서도 각국의 국가표준을 제정하여 운영하고 있는데, 대표적인 국가표준은 다음과 같다.

① 미국: ASTM(American Society for Testing and Materials), ANSI(American National Standards Institute)

② 러시아: TOCT(Komiteta Stndartou Merizmeritelnih Priborov Pzisoviete Ministrov)

③ 캐나다: CSA(Canadian Standards Association)

④ 중국: CNS(Chinese National Standards)

⑤ 프랑스: NF(Norme Francaise)

⑥ 일본: JIS(Japanese Industrial Standard)

⑦ 독일: DIN(Deutsche Industrie Normen)

⑧ 영국: BS(British Standard)

영국의 국가표준은 영국표준협회(BSI; British Standards Institution)에 의해 제정, 운영되고 있다. BSI는 영국 정부, 특히 영국통상산업부(DTI)와 긴밀한 관계를 맺고 있는 비영리 기관으로, 영국 정부가 지정한 국가 규격 제정기관이다. 영국국가규격(BS)은 유럽규격(EN; European Norm)과 국제규격(ISO)으로 발전되기도 하는데, 가장 유명한 규격 시리즈인 ISO 9000의 경우 BS규격으로부터 시작되었다.

유럽에서는 유럽공동체(EC) 및 유럽자유무역연합(EFTA) 회원국의 국가표준기관이 연합하여 유럽의 상품과 서비스 시장의 통합을 위해 필요한 표준제정을 협의, 조정하는 유럽표준위원회(CEN; Comit'e Europeen de Normalisation)를 설립했다. 여기에서는 9개 부문에 대한 유로코드(Eurocode)를 제정하여 기존의 각 국가기준을 대체하고 유럽의 공공공사 조달시방에 의무적으로 적용하고 있으며, 국제표준화기구(ISO)와 협약을 통해 유럽표준을 국제표준으로 제안하는 정책을 펼치고 있다. 현재 유로코드에서는 구조물을 10개의 대분류 코드로 구분하여 적용하고 있다.

① Eurocode 0: Basis of structural design

② Eurocode 1: Actions on structures

③ Eurocode 2: Design of concrete structures

④ Eurocode 3: Design of steel structures

⑤ Eurocode 4: Design of composite steel and concrete structures

⑥ Eurocode 5: Design of timber structures

⑦ Eurocode 6: Design of masonry structures

⑧ Eurocode 7: Geotechnical design
⑨ Eurocode 8: Design of structures for earthquake resistance
⑩ Eurocode 9: Design of aluminium structures

## 다. 국제표준

국제표준으로는 국제표준화기구(ISO; International Organization for Standardization)에서 운영하는 ISO 표준이 있다. ISO는 각국의 산업규격을 조정 및 통일하고, 상품 및 서비스의 국제 간 교류를 원활하게 하며, 지식, 과학, 기술 및 경제 활동 분야의 협력발전이라는 관점에서 표준화 및 관련 활동을 증진시키기 위해 설립되었다.

ISO는 1947년 설립 이래 2012년 7월 현재 정회원 111개국, 준회원 49개국, 통신회원 4개국 등 총 164개국이 가입하여 활동하고 있다. 우리나라는 1963년 상공부 표준국이 우리나라를 대표하여 처음으로 가입했으며, 1996년 이후로는 산업통상자원부 기술표준원(KATS; Korean Agency for Technology and Standards)이 정회원으로 활동하고 있다.

현재 ISO는 국제표준기관 중에서 가장 규모가 크며 공학기술, 재료기술, 전자·IT·통신, 수송·유통, 일반·기초과학, 건설 등 거의 모든 부문을 대상으로 하여 규격을 제정하여 운영하고 있어 우리의 일상생활에 큰 영향을

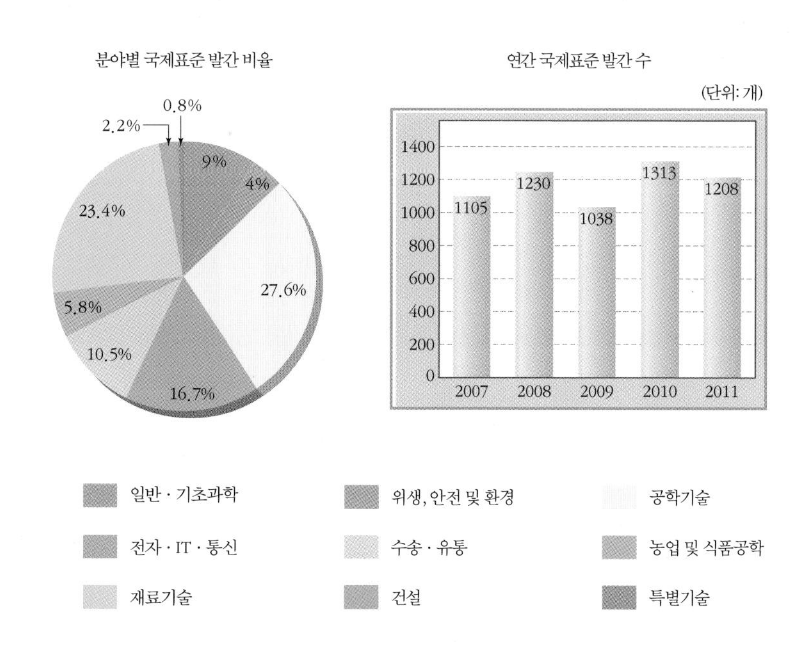


6-1 분야별 국제표준 발간 비율 및 연간 국제표준 발간 수(2011년 말 기준)
자료: 산업통상자원부 기술표준원

주고 있다. 2011년 현재 19,000여 개의 규격이 제정, 운영되고 있다.

ISO 표준은 기구 설립의 취지에 맞게 자발적(voluntary) 표준이므로 법적인 구속력은 없지만 대부분의 회원국들이 ISO 표준에 따라가는 추세이고, 개별 국가의 표준이 ISO 표준과 차이가 있을 경우 자국 표준을 이용하는 사용자가 국제무역에서 불편을 겪을 수 있기 때문에 더욱 중요한 표준이 되고 있다.

1) ISO 9000 시리즈(품질경영 규격)

ISO 9000 시리즈는 공급자에게 적정한 수준의 품질경영 및 품질보증을 요구하는 국제규격을 의미한다. 세계경제가 글로벌화되고 있는 상황에서 국가와 조직(기업 등)에 따라 품질보증에 대한 개념은 서로 다르다. 따라서 제품과 서비스의 자유로운 유통이 방해받지 않도록 하기 위해 ISO 9000 시리즈가 제정된 것이다. 앞에서 언급한 것처럼 이 규격은 영국의 BS 5750을 기본으로 하여 유럽과 미국의 영향을 많이 받았는데, 계약주의, 매뉴얼작성, 검증중시, 시스템지향 등의 특징을 갖는다.

2) ISO 14000 시리즈(환경경영시스템 규격)

ISO 14000 시리즈는 조직을 평가하는 영역과 제품 및 공정을 평가, 분석하는 영역으로 구분된다. 환경경영체제, 환경심사, 환경성과평가 등은 조직의 환경경영을 평가하기 위한 표준이며, 환경라벨링, 전 과정 평가, 제품규격에 관한 환경 측면 등은 생산 제품과 공정의 환경성에 관한 평가표준이라 할 수 있다.

### 라. 단체표준

「산업표준화법」 제27조(단체표준의 제정 등)에서는 산업표준화와 관련된 단체 중 산업통상자원부령으로 정하는 단체는 공공의 안전성 확보, 소비자 보호 및 구성원들의 편의를 도모하기 위해 특정의 전문분야에 적용되는 기호, 용어, 성능, 절차, 방법, 기술 등에 대한 표준인 '단체표준'을 제정할 수 있도록 하고 있다. 현재 단체표준은 일반분야, 문화분야, 복지 · 서비스분야, 바이오환경분야, 의료기분야, 기계분야, 화학분야, 토건분야 등 17개 분야로 구분되어 있는데, 2011년 기준으로 1,655개가 등록 운영되고 있다.

조경분야에서는 (사)한국공원시설업협동조합이 한국표준협회에 신청하여 2012년 7월 제정된 퍼걸러(SPS-KPFA-A-001-1949) 단체표준과 (사)한국운동장체육시설공업협회에서 신청하여 2012년 5월 제정된 '어린이 놀이시설용 현장포설형 충격흡수바닥재(SPS-KSSFIA1-1944)'가 있다.

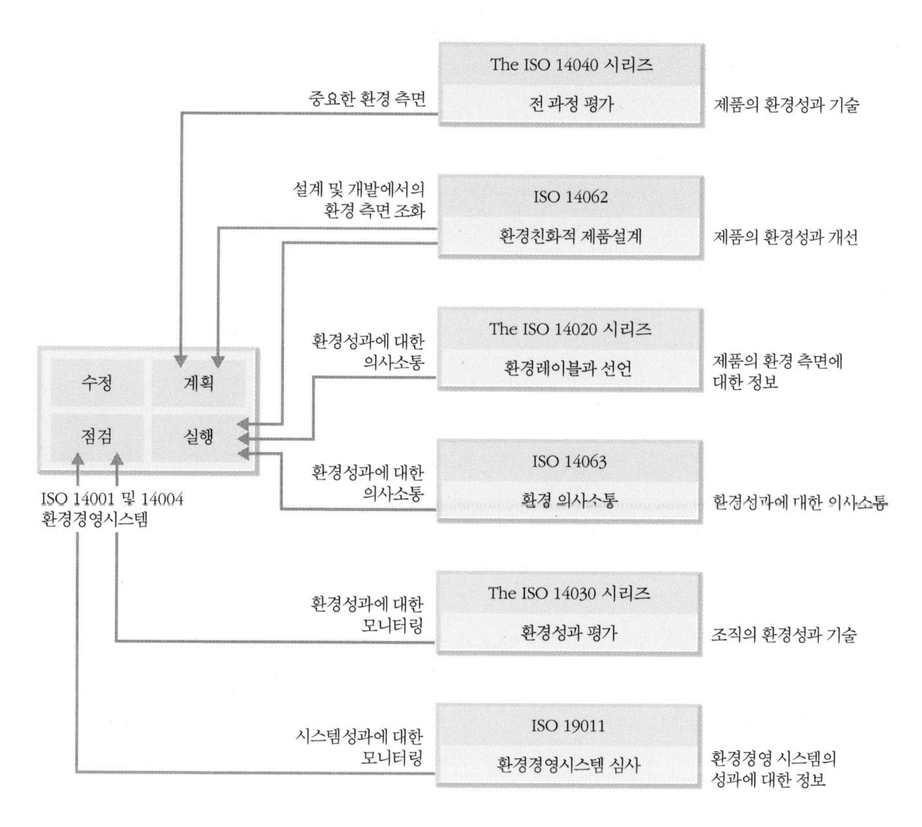


6-2 ISO 14000 시리즈

## 3. 신기술 및 녹색인증

1980년대 후반 국내 건설기술 수준은 선진국에 비해 크게 뒤떨어져 있었는데, 낙후된 국내 건설기술의 경쟁력을 제고하고 민간의 자율적 기술개발을 유도하기 위해 신기술 제도의 필요성이 제기되었다. 이러한 배경 아래 현재 건설신기술, 환경신기술, 신기술인증, 녹색인증 등의 인증제도가 운영되고 있다. 신기술 인증을 받게 되면 국가 및 공공기관 구매 지원, 정부기술개발사업 신청 시 우대, 혁신형 중소기업 기술금융 지원, 정부 인력지원사업 신청 시 우대, 중소기업 수출지원센터 관련 사업 지원 등 다양한 혜택을 받을 수 있다.

### 가. 건설신기술(국토교통과학기술진흥원)

「건설기술관리법」 제18조(신기술의 활용)에서는 국내에서 최초로 개발한 건설기술로 신규성, 진보성 및 현장적용성이 있다고 판단되는 건설기술이나 외국에서 도입하여 개량한 것으로 국내에서 신규성, 진보성 및 현장적용성이 있다고 판단되는 건설기술을 건설신기술로 지정하도록 규정하고 있다. 건설신기술은 1990년부터 시행되어 왔는데, 2013년 5월 현재 693개가 지정되어 있으며, 이 중에서 조경분야 신기술로는 19개가 지정되었다(〈표 6-2〉 참조). 조경분야 신기술에서 비탈면녹화공법이 13개로 조경분야 건설신기술의 큰 부분을 차지하고, 이 밖에 옥상녹화 및 하천호안녹화에 관련된 신기술이 개발되었다.

**나. 환경신기술**(환경부 한국환경산업기술원)

환경기술의 개발, 지원 및 보급을 촉진하고 환경산업을 육성함으로써 환경보전, 녹색성장 촉진 및 국민경제의 지속가능한 발전에 이바지함을 목적으로 제정된 「환경기술 및 환경산업 지원법」 제7조(신기술인증과 기술검증)에서는 국내에서 최초로 개발된 환경 분야 공법기술과 그에 관련된 기술, 도입한 기술의 개량에 따른 새로운 환경 분야 공법기술과 그에 관련된 기술에 대해 신규성과 우수성이 있다고 평가하여 인증한 기술을 환경신기술로 지정하고 있다. 환경신기술은 수질, 대기, 폐기물, 생태복원 등으로 구분되

**〈표 6-2〉 조경분야 건설신기술 인증현황**

| 인증번호 | 신기술명 | 지정고시일 |
|---|---|---|
| 1 | 녹생토암절개보호식재공 | 1990년 11월 6일 |
| 28 | 비탈면녹화공법 | 1996년 1월 12일 |
| 32 | 암반사면의 부분녹화공법 | 1996년 3월 19일 |
| 49 | 법면녹화배토습식공법(아스나공법) | 1997년 2월 6일 |
| 74 | 잔디씨발아대(LAWN CARPET)기계화시공시스템 및 그 시공방법 | 1997년 8월 19일 |
| 193 | 절취사면의 생태복원형녹화공법 | 1999년 7월 28일 |
| 201 | 버드나무를 이용한 토사비탈면녹화공법 | 1999년 9월 13일 |
| 243 | Fly-ash 지주대를 이용한 수목지지기술 | 2000년 7월 1일 |
| 305 | 식재용재생콘크리트블록(Recycon Block)을 이용한 건물옥상잔디녹화공법 | 2001년 11월 15일 |
| 333 | 한국자생초화류(구절초, 술패랭이)를 이용한 환경사면 녹화기술 | 2002년 5월 17일 |
| 360 | 발포성폴리스틸렌과 폴리에틸렌폼 재질의 부체를 이용한 인공식물섬 조성기술 | 2003년 1월 6일 |
| 434 | 버섯배지와 바크퇴비 등을 녹화용 식생기반재로 이용한 암비탈면 녹화시공법 | 2004년 11월 4일 |
| 461 | 자연분해성 섬유를 이용한 토사 및 풍화암 비탈면 녹화공법 | 2005년 6월 18일 |
| 475 | 식생공간, 고정발 등으로 구성된 콘크리트 블록에 의한 하천호안용 구조물 축조공법 | 2005년 12월 2일 |
| 503 | 유기질계 토양개량재(후리졸)와 식생기반재(녹산토) 및 종자환을 이용한 비탈면 녹화공법 | 2006년 10월 4일 |
| 580 | 요철형 복합기능성 바닥 패널과 스페이서를 이용한 옥상 녹화지반 조성 공법 | 2009년 6월 11일 |
| 590 | 건설폐기물 폐토사를 모래발버섯균과 접종하여 수목식재용 순환토사로 재생하는 기술 | 2009년 9월 30일 |
| 674 | 연속섬유보강토를 이용한 비탈면의 지형 복구 및 식생복원기술 | 2012년 10월 11일 |
| 693 | 비탈면 및 하천호안에 셀룰로오스와 네트화이버 부산물을 활용한 녹화토 취부기술 | 2013년 3월 27일 |

자료: 국토교통과학기술진흥원 건설기술정보마당(2013년 5월 기준)

〈표 6-3〉 조경분야 환경신기술 인증현황

| 인증번호 | 신기술명 | 지정고시일 |
|---|---|---|
| 158 | 친환경 섬유를 이용한 풍화암 및 토사 비탈면 녹화기술 | 2006년 2월 14일 |
| 258 | 다단계 셀 습지 · 연못 구조와 생태적 수질정화미디어 시스템을 활용한 습지 비오톱 복원기술 | 2008년 9월 9일 |
| 285 | 훼손된 비탈면의 지형복구 및 식생복원을 위한 연속섬유 보강토공법의 현장적용기술 | 2009년 9월 11일 |
| 299 | 관리저감형 옥상녹화 식재 유티트를 이용한 생육기반 조성기술 | 2009년 12월 31일 |
| 325 | 식생방틀을 활용한 하안선형 유도와 하천수생태복원 기술 | 2010년 12월 22일 |
| 358 | 다층형 부유습지를 이용한 댐호의 수생태복원 기술 | 2012년 3월 27일 |
| 360 | 환경친화적 토양개량제(바이오그로)를 이용한 바다 및 강퇴적준설토의 식물식재기반 강화 기술 | 2012년 4월 16일 |

자료: 『환경신기술설계편람』(2012년 10월 말 기준)

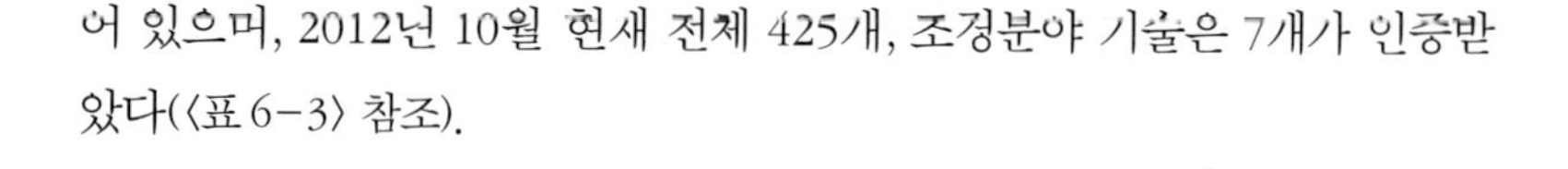
어 있으며, 2012년 10월 현재 전체 425개, 조경분야 기술은 7개가 인증받았다(〈표 6-3〉 참조).

**다. 신기술인증**(NET; New Excellent Technology, 산업통상자원부 기술표준원)

6-3 신기술인증(NET) 마크

「산업기술혁신촉진법」 제15조의 2(신기술 인증 및 신기술적용제품 확인)에 근거하여, 국내에서 최초로 개발된 기술 또는 기존 기술을 혁신적으로 개량한 우수한 기술을 신기술로 인증하고 있다. 국산신기술(KT)로 운영되어 오다가 2006년부터 NET로 변경되었다.

국내 기업 및 연구기관, 대학 등에서 개발한 건설 · 환경, 기계 · 소재, 화학 · 생명, 전기 · 전자, 정보통신, 원자력 분야의 신기술을 조기에 발굴하여 그 우수성을 인증해줌으로써 개발된 신기술의 상용화와 기술거래를 촉진하고 그 기술을 이용한 제품의 신뢰성을 제고시켜 구매력 창출을 통한 초기시장 진출기반을 조성하기 위한 것이다.

**라. 녹색인증**

녹색인증은 「저탄소 녹색성장 기본법」에 근거하고 있으며, 국토해양부 및 환경부 등 정부의 여러 관계부처가 유기적으로 연계되어 있다. 「저탄소 녹색성장 기본법」은 경제와 환경의 조화로운 발전을 위해 저탄소(低炭素) 녹색성장에 필요한 기반을 조성하고 녹색기술과 녹색산업을 새로운 성장동력으로 활용함으로써 국민경제의 발전을 도모하며 저탄소 사회 구현을 통해 국민의 삶의 질을 높이고 국제사회에서 책임을 다하는 성숙한 선진 일류국가로 도약하는 데 이바지하기 위해 제정된 법으로, 동법 제32조(녹색기술 · 녹색산업의 표준화 및 인증 등)에서 "정부는 국내에서 개발되었거나 개발 중인 녹색기술 · 녹색산업이 「국가표준기본법」 제3조 제2호에 따른 국제표준에 부합되도록 표준화 기반을 구축하고 녹색기술 · 녹색산업의 국제표준화 활동 등에 필요한 지원을 할 수 있으며, 녹색기술·녹색산업의 발전을 촉진하기 위하여 녹색기술, 녹색사업, 녹색제품 등에 대한 적합성 인증을 하거나 녹색전문기업 확인, 공공기관의 구매의무화 또는 기술지도 등을 할 수 있다"라고 규정하여 녹색인증의 근거가 되고 있다.

「녹색인증제 운영요령」 제3조(녹색인증의 구분)에서는 녹색인증을 녹색기술 인증, 녹색사업 인증, 녹색전문기업 확인, 녹색기술제품 확인 등 4가지로 구분하고, 인증대상 녹색기술을 신재생에너지, 탄소저감, 첨단수자원, 그린IT, 그린차량, 첨단그린주택, 신소재, 청정생산, 친환경농식품, 환경보호 및 보전 등 10개 유망녹색분야로 하고 있다. 한국산업기술진흥원 자료에 따르면 2013년 3월 현재 녹색기술 인증 936개, 녹색사업 인증 27개, 녹색전문기업 111개로 전체 1,074개가 인증받았다.

## 4. 산업재산권

산업재산권은 산업활동을 통한 정신적인 창작물 또는 창작된 방법을 인정하는 독점적 권리로 특허권, 실용신안권, 디자인권, 상표권을 포함한다. 이 중에서 특허와 실용신안은 조경 재료 및 기술과 긴밀한 관계를 맺고 있다.

특허는 발명을 보호, 장려하고 그 이용을 도모함으로써 기술의 발전을 촉진하여 산업발전에 이바지하기 위한 「특허법」에 근거하여 출원, 심사, 허가, 등록되며, 실용신안은 실용적인 고안을 보호, 장려하고 그 이용을 도모함으로써 기술의 발전을 촉진하여 산업발전에 이바지하기 위한 「실용신안법」에 근거한다.

특허와 실용신안은 비슷하면서도 차이를 보인다. 특허의 대상은 발명으로 '제조방법', '측정방법', '검사방법'에 대해서도 출원이 가능하지만, 실용신안은 '물품'에 대해서만 출원이 가능하여 꼭 도면이 포함되어야 한다. 또한 특허는 '발명 수준이 고도한 것'에 대해 출원이 가능하여 실용신안보다 고도화된 기술이라 볼 수 있다.

### 가. 조경분야 특허 등록

1980년부터 2006년까지 조경분야 전체 특허 등록건수는 4,399건으로 연평균 163건이 등록되었으며, 실용신안보다 증가세가 높고 전체 등록건수도 많은 것으로 밝혀졌다. 연도별로는 1980년대에는 미미한 증가를 보였으나 1990년대 들어서면서 증가하기 시작하여 1995년에는 1년 특허건수가 136건으로 증가하고, 이후 급속하게 증가하여 2005년 757, 2006년 617

〈표 6-4〉 특허와 실용신안의 차이

| 구분 | 특허 | 실용신안 |
|---|---|---|
| 보호대상 | 발명 | 고안 |
| 정의 | 자연법칙을 이용한 기술적 사상의 창작으로 발명 수준이 고도한 것 | 자연법칙을 이용한 기술적 사상의 창작으로 물질의 형상·구조 또는 조합에 관한 고안 |
| 존속기간 | 설정등록일로부터 특허출원일 후 20년 | 설정등록일로부터 등록출원일 후 10년 |
| 기술수준 | 고도 | - |

건으로 증가했는데, 이러한 추세는 향후 지속될 것으로 전망된다. 이것은 1990년대 중반부터 조경분야의 기술 및 제품 개발붐이 일기 시작한 것과 같은 맥락으로 분석된다.

재료별로는 시멘트 및 콘크리트 1926건(43.8%), 포장재 740건(16.8%), 수목관리재 442건(10.0%), 목재 303건(6.9%), 금속재 292건(6.6%)으로 나타나고 있어 실용신안과 마찬가지로 조경분야의 주재료인 시멘트 및 콘크리트 제품, 포장재, 수목관리재 등에서 특허등록이 많은 것으로 밝혀졌다(〈표 6-5〉 참조).

## 나. 조경분야 실용신안 등록

1980년부터 2006년까지 조경분야 전체 실용신안 등록건수는 2,523건으로 연평균 93건이 등록되었으며, 특허보다는 증가세가 다소 낮고 전체 등록건수도 적은 것으로 밝혀졌다. 연도별로는 1990년대 말까지는 미미한 증가를 보였으나 2000년대 들어서면서 급속히 증가했는데, 이러한 추세는 향후 지속될 것으로 전망된다.

재료별로는 시멘트 및 콘크리트 1,050건(41.6%), 포장재 622건(24.7%), 수목관리재 457건(18.1%), 목재 103건(4.1%), 점토재 101건(4.0%)으로 나타나고 있어 특허와 마찬가지로 조경분야의 주재료인 시멘트 및 콘크리트 제품, 포장재, 수목관리재 등에서 실용신안 등록이 많은 것으로 밝혀졌다(〈표 6-6〉 참조).

〈표 6-5〉 **연도별, 재료별 특허 등록 현황** (단위: 건)

| 구분<br>연도 | 목재 | 석재 | 금속재 | 골재 | 시멘트, 콘크리트 | 점토 | 합성수지 | 도장재 | 아스팔트 | 수목관리재 | 포장재 | 토양재 | 녹화재 | 합계 |
|---|---|---|---|---|---|---|---|---|---|---|---|---|---|---|
| 1980 | – | – | 1 | – | 6 | – | – | – | – | 1 | 2 | – | – | 10 |
| 1981 | – | 1 | – | – | 3 | – | – | – | – | 1 | – | – | – | 5 |
| 1982 | 2 | – | – | – | 8 | 1 | – | – | – | 1 | – | – | – | 12 |
| 1983 | 1 | – | – | – | 9 | 1 | – | – | – | – | 1 | – | – | 12 |
| 1984 | – | 1 | – | 1 | 5 | 1 | – | – | – | – | 2 | 1 | – | 11 |
| 1985 | 1 | – | – | 1 | 6 | – | – | – | – | – | – | – | – | 8 |
| 1986 | – | – | – | – | 5 | – | – | – | – | – | 1 | – | – | 6 |
| 1987 | – | – | 2 | – | 12 | – | – | – | – | – | 1 | – | – | 15 |
| 1988 | – | 1 | – | 2 | 3 | 1 | – | – | – | 1 | 2 | – | – | 10 |
| 1989 | 3 | 2 | – | – | 9 | – | 1 | 1 | – | 1 | 2 | – | – | 19 |
| 1990 | – | – | 1 | 1 | 3 | – | 1 | – | – | 3 | 7 | – | – | 16 |
| 1991 | 1 | 3 | – | – | 2 | 1 | – | – | – | 3 | 8 | 1 | – | 19 |
| 1992 | 3 | 2 | – | 1 | 10 | 1 | – | 1 | 1 | 3 | 13 | – | – | 35 |
| 1993 | 5 | 3 | – | 5 | 31 | 5 | – | – | – | 4 | 19 | 4 | – | 76 |
| 1994 | 6 | 1 | 2 | 4 | 25 | – | 2 | 1 | – | 2 | 26 | 6 | – | 75 |
| 1995 | 1 | 5 | 34 | 3 | 56 | – | 1 | – | 2 | 4 | 26 | 4 | – | 136 |
| 1996 | 6 | 6 | 44 | – | 66 | 2 | 1 | – | 3 | 11 | 17 | 2 | – | 158 |
| 1997 | 5 | 4 | 42 | – | 92 | 6 | – | – | – | 12 | 14 | 2 | – | 177 |
| 1998 | 16 | 15 | 46 | 4 | 105 | 2 | 3 | – | 1 | 12 | 10 | 5 | 2 | 221 |
| 1999 | 22 | 9 | 27 | 3 | 149 | 7 | 2 | – | 12 | 35 | 30 | 4 | – | 300 |
| 2000 | 28 | 19 | 10 | 1 | 159 | 18 | – | 3 | 12 | 46 | 35 | – | 1 | 332 |
| 2001 | 19 | 16 | 9 | 5 | 84 | 19 | – | 1 | 17 | 54 | 73 | 2 | 1 | 300 |
| 2002 | 40 | 18 | 10 | 3 | 88 | 14 | 1 | 1 | 14 | 43 | 69 | 1 | 1 | 303 |
| 2003 | 27 | 20 | 14 | 4 | 148 | 11 | 1 | 1 | 14 | 33 | 47 | – | 6 | 326 |
| 2004 | 34 | 31 | 27 | 8 | 159 | 21 | 1 | 1 | 26 | 38 | 89 | 5 | 3 | 443 |
| 2005 | 46 | 35 | 15 | 11 | 386 | 32 | 2 | 1 | 32 | 58 | 127 | 3 | 9 | 757 |
| 2006 | 37 | 19 | 8 | 7 | 297 | 23 | 3 | 1 | 12 | 76 | 119 | 7 | 8 | 617 |
| 계 | 303 | 211 | 292 | 64 | 1,926 | 166 | 19 | 12 | 146 | 442 | 740 | 47 | 31 | 4,399 |

자료: 이상석·고영춘(2008),「조경분야의 특허 및 실용신안에 관한 연구」, 미발표논문.

## 5. 품질인증 제도

**가. 신제품인증**(NEP; New Excellent Product, 산업통상자원부 기술표준원)

신기술인증(NET)과 마찬가지로「산업기술혁신촉진법」제15조의 2(신기술인증 및 신기술적용제품 확인)에 근거하여, 국내에서 최초로 개발된 기술 또는 이에 준하는 대체기술로 기존의 기술을 혁신적으로 개선 개량한 신기술이

〈표 6-6〉 연도별, 재료별 실용신안 등록 현황

(단위: 건)

| 구분<br>연도 | 목재 | 석재 | 금속재 | 골재 | 시멘트, 콘크리트 | 점토 | 합성수지 | 도장재 | 아스팔트 | 수목 관리재 | 포장재 | 토양재 | 녹화재 | 합계 |
|---|---|---|---|---|---|---|---|---|---|---|---|---|---|---|
| 1980 | 1 | 2 | – | – | 4 | 3 | – | – | – | 2 | 4 | – | – | 16 |
| 1981 | – | – | – | – | 2 | – | – | – | – | 4 | 8 | – | – | 14 |
| 1982 | – | 2 | 1 | – | 12 | – | – | – | – | 25 | – | – | 22 | |
| 1983 | 1 | – | – | – | 11 | – | – | – | 7 | 2 | – | – | 12 | |
| 1984 | – | – | – | – | 71 | – | – | – | 2 | 9 | – | – | 19 | |
| 1985 | 1 | – | – | – | 6 | – | – | – | – | – | 4 | – | – | 11 |
| 1986 | – | – | – | – | 3 | – | – | – | – | – | 4 | – | – | 7 |
| 1987 | 1 | – | – | – | 2 | – | – | – | – | – | 5 | – | – | 8 |
| 1988 | – | – | – | – | 3 | – | – | – | – | – | 4 | – | – | 7 |
| 1989 | – | – | – | – | 4 | – | – | – | – | – | 4 | – | – | 8 |
| 1990 | – | – | – | – | 3 | – | – | – | – | – | 7 | – | – | 10 |
| 1991 | – | – | – | – | 5 | – | – | – | – | – | 4 | – | – | 9 |
| 1992 | 1 | – | – | – | 5 | – | – | – | – | – | 11 | – | – | 17 |
| 1993 | 1 | – | – | 1 | 13 | 1 | – | – | – | 3 | 12 | – | 3 | 34 |
| 1994 | 2 | – | – | – | 15 | – | – | – | 4 | 6 | 4 | – | – | 31 |
| 1995 | 3 | – | 1 | – | 14 | – | – | – | – | 6 | 2 | – | – | 26 |
| 1996 | – | – | 2 | – | 22 | – | – | – | – | 7 | 6 | – | – | 37 |
| 1997 | 3 | – | 2 | – | 17 | 1 | – | – | – | 10 | 7 | – | – | 40 |
| 1998 | 5 | – | 4 | – | 26 | 2 | 1 | – | – | 6 | 8 | – | – | 52 |
| 1999 | 1 | – | 2 | – | 28 | 5 | 4 | – | – | 14 | 19 | – | – | 73 |
| 2000 | 2 | 2 | 9 | – | 68 | 4 | 4 | – | – | 17 | 30 | – | – | 136 |
| 2001 | 1 | 3 | 3 | 1 | 142 | 2 | 6 | – | – | 41 | 60 | – | 3 | 262 |
| 2002 | 18 | 3 | 6 | – | 137 | 5 | 2 | – | 2 | 25 | 60 | – | 3 | 261 |
| 2003 | 17 | 12 | 8 | – | 168 | 28 | 6 | – | – | 71 | 89 | – | 4 | 403 |
| 2004 | 20 | 11 | 4 | – | 144 | 19 | – | – | 10 | 85 | 100 | 2 | 2 | 397 |
| 2005 | 9 | 5 | 10 | 1 | 132 | 12 | 3 | – | 2 | 90 | 80 | – | 4 | 348 |
| 2006 | 16 | 12 | 6 | 1 | 67 | 17 | – | – | – | 59 | 74 | – | 11 | 263 |
| 계 | 103 | 52 | 58 | 4 | 1,050 | 101 | 26 | 0 | 18 | 457 | 622 | 2 | 30 | 2,523 |

자료: 이상석 · 고영춘(2008), 「조경분야의 특허 및 실용신안에 관한 연구」, 미발표논문.

6-4 신제품인증(NEP) 마크

적용된 제품으로 사용자에게 판매되기 시작한 후 3년을 경과하지 않은 신개발 제품을 대상으로 하고 있다.

인증제품에 대해서는 공공기관 20% 의무 구매(「산업기술혁신촉진법」, 산업통상자원부), 우수제품 등록 시 가점(조달청), 공공기관 우선구매 대상(중소기업청), 「산업기술혁신촉진법」에 따라 산업기반자금 융자사업자 선정 시 우대, 기술우대보증제도 지원대상(기술심사 면제), 혁신형 중소기업 기술금융지원

(국민은행, 기업은행, 산업은행, 우리은행), 중소기업기술혁신개발사업에 가점(중소기업청), 자본재공제조합의 입찰보증, 계약보증, 차액보증, 지급보증, 하자보증 우대 지원 등 다양한 지원책이 운영되고 있다.

### 나. GR(Good Recycled Product)인증(우수재활용제품 품질인증, 산업통상자원부 기술표준원)

회사명:
인증유효기간:
인증번호:
제품명 및 규격번호:

6-5 GR마크

국내에서 발생한 폐자원을 재활용하여 제조한 우수품질 제품의 생산의욕을 고취하고 재활용제품에 대한 소비자의 인식을 개선하여 구매 욕구를 유발함으로써 지구환경 보존과 자원 재창출 효과를 극대화하고자 제정한 우수제품 품질인증이다.

재활용제품의 품질 규격, 기준을 제정, 고시하여 동 제품의 품질평가 근거를 확보하고 있으며, 국제적 규격, 기준과 같거나 그 이상으로 제정하여 단계별로 국가 규격화하고, 재활용제품의 품질 일류화를 유도하고 있다. 재활용제품의 품질을 정부가 인증함으로써 그동안 소비자가 외면해 오던 재활용제품의 품질을 향상시켜 소비자의 불신을 해소하고 수요기반을 확충하기 위한 것으로 국내에서 개발, 생산된 재활용제품을 철저히 시험·분석·평가한 후 우수제품에 대해 품질인증마크(GR마크)를 부여하고 있다.

인증대상 품목은 「자원의 절약과 재활용촉진에 관한 법률 시행규칙」 제2조에 규정된 재활용제품(별표 1)으로, 재활용 가능 자원을 주원료로 하여 제조한 제품 및 폐지, 폐목재, 폐플라스틱, 폐고무, 폐유리, 유기성 폐기물, 고로슬래그·석탄재·광재·분진·연소재·석분 오니·소각 잔재물 또는 폐주물사 등을 사용하여 제조한 제품을 대상으로 하고 있다.

### 다. 환경표지(환경부 한국환경산업기술원)

6-6 환경표지

환경표지제도는 「환경기술 및 환경산업 지원법」 제17조(환경표지의 인증)에 근거해 국가(환경부)가 시행하는 인증제도로 1992년 4월 시작된 이래 제품 전 과정에서의 종합적 환경성뿐만 아니라 품질, 성능이 우수한 친환경 제품(서비스 포함)을 선별하여 환경표지를 인증하고 있다.

환경표지제도는 동일 용도의 제품, 서비스 가운데 생산, 유통, 사용, 폐기 등 전 과정 각 단계에 걸쳐 에너지 및 자원의 소비를 줄이고 오염물질의 발생을 최소화할 수 있는 친환경 제품을 선별해 정해진 형태의 로고(환경표지)와 간단한 설명을 표시하게 하는 자발적 인증제도이다. 인증범위는 사무용기기·가구 및 사무용품, 주택·건설용 자재·재료 및 설비, 개인용품 및 가정용품, 가정용 기기·가구, 교통·여가·문화 관련 제품, 산업용 제품·장비, 복합용도 및 기타, 서비스 등 8개 분야 23개 중분류를 대상으로 하고 있다.

### 라. 환경조경자재 품질인증

우리나라 조경자재 산업은 과거 화훼, 원예, 조경수, 토양 등을 넘어서 경관 시설, 휴게시설, 수경시설, 운동시설, 놀이시설, 생태복원자재 등으로 산업의 범위가 넓어졌으며 양적·질적으로 크게 발전했다. 이렇게 조경자재 산업이 비약적으로 성장함에 따라 자재의 품질과 기술력에 대한 사회적 요구가 높아지자 이에 대응하여 (사)한국환경조경자재산업협회에서는 소비자와 생산자 간에 신뢰를 공고히 하고 조경자재 산업을 더욱 발전시키기 위해 '환경조경자재 품질인증' 제도를 도입했다. 생산자 및 공급자는 (사)한국환경조경자재산업협회에 인증신청을 하고 인증심사위원회는 품질인증 평가서에 의해 품질평가를 시행하여 적합한 회사 및 제품에 대해 품질인증시를 빌행한다.

품질인증 평가 심사는 신규의 경우 경영부문은 회사자본금, 회사설립 경과 년수, 매출금액, 사회발전 및 공헌도 등을, 기술부문은 품질경영인증 취득 여부, 해당 제품 자가공장 생산 여부, 기술연구소 보유 여부, 신기술 및 특허 등 기술인증 등록 여부 등을 평가하여 인증을 하고 있다.

## 6. 생애주기분석

조경재료의 지속가능성을 평가하는 데 있어 생애주기분석(LCA; life cycle assessment)은 좋은 수단이 될 수 있다. 생애주기분석은 원래 산업 생산 과정의 효율성을 증진시키기 위해 개발되었으나, 점차적으로 개별 제품의 환경인증을 위한 평가 수단으로 사용되고 있다. 생애주기분석의 목적은 재료의 생산, 운반, 시공, 사용, 폐기 및 재활용의 전 과정에 있어서 환경적 영향에 관한 정보를 모으는 것이며, 추가적으로 사회적·경제적 영향도 분석의 범위에 포함된다.

재료 및 제품이 환경에 미치는 영향을 평가하기 위해 'LEED(Leadership in Energy and Environmental Design)', 'Environmental profile', 'EPM (Environmental Preference Method)', 'The Green Guide', 'the Handbook for Sustainable Building', 'Athena Impact Estimator for Building' 등 다양한 기준과 방법이 개발되었으며, 이러한 소프트웨어는 환경경영체제에 관한 국제표준인 'ISO 14001'을 따르고 있다.

미국 그린빌딩협회(USGBC; the United States Green Buiding Council)에서 설계와 시공에 있어 환경적 성능을 평가하기 위한 수단으로 개발한 LEED는 건축물의 설계, 시공, 운영 및 유지관리 등 건물의 생애주기에 걸친 전체적인 성능을 평가함에 있어 인간 및 환경적 건강을 위해 지속가능한 부지 개발(sustainable site development), 물의 절약(water savings), 에너지 효율성(energy efficiency), 재료의 선택(materials selection), 실내 환경의 질(indoor environmental quality) 등 5가지 영역으로 나누어 평가하고 있는데, 각 영역에서 성능을 증진시켜 친환경적인 재료와 공법을 사용하도록 하고 있다. 최근에 도입된 LEED for Neighborhood Development는 주변 환경을 포함하여 LEED의 적용범위를 넓혀 가고 있다. 이 밖에 'Athena Impact Estimator for Building'은 북미 건설시장에서 생애주기평가를 선도하고 있는 조직으로 건설분야에서 시공자와 제품생산업자를 연결하고 LCA의 도입을 촉진하려는 목적을 가진 ASMI (Athena Sustainable Materials Institute)에 의해 만들어진 평가방법이다.

한편 영국에서 BRE(Building Research Establishment)와 DETR(Department of the Environment, Transport, and the Regions in Britain)는 다양한 건설자재의 환경적 특성인 'Environmental profile'을 만들기 위해 LCA 적용 시 공통 기준 및 지침을 수립하기 위한 방법론을 개발했다. 'Environmental profile'에서는 재료의 소모, 물의 소모, 체화에너지(embodied energy) 등 재료의 투입과 관련된 자료와 대기 및 물의 오염, 기후변화 등 산출과 관련된 자료를 제공하며, 건물요소의 단위면적당 상대적 비교가 가능하다. BRE의 또 다른 중요한 개발은 'The Green Guide'이다. 이를 통해 설계가들이 재료를 선택하는 데 있어 다양한 환경적 영향 등을 고려하여 환경적 평가기준을 만들 수 있고 다양한 건물요소의 환경적 성능을 평가할 수 있으며, 재료의 상대적인 장점과 단점을 판단할 수 있다.

'The Green Guide'의 대안으로 고려할 수 있는 것은 1991년 네덜란드에서 개발된 'EPM'이다. 'EPM'에서는 BRE와 유사하게 제품의 생애주기를 포함하여 원재료의 고갈, 원재료의 생산에 따른 생태적 피해, 운송을 포함하는 모든 단계에서의 에너지와 물의 소비, 소음과 악취, 오존층 파괴를 야기하는 해로운 요소의 방출, 지구온난화와 산성비, 건강적 측면, 재해위험, 수리가능성, 재사용성, 쓰레기 방출 등의 이슈를 고려하여 제품을 평가하고 환경적 성능에 따라 서열화할 수 있으며, 사용 시 고려해야 할 간단한 환경적 고려사항을 제시하고 있다. 예를 들어 강성포장을 위한 재료의 선호도값에서 재활용 콘크리트 슬라브, 콘크리트 슬라브, 점토 타일 및 콘크리트 블록, 아스팔트 순으로 높게 나타나 재활용 콘크리트 슬라브가 추천되었는데, 그 이유는 다른 재료들보다 재활용에 따른 이익은 많고 생산을 위해 사용되는 에너지의 사용은 적기 때문이다.

'The Green Guide'와 'EPM'은 재료 선택 시 환경적 가치를 깨닫게 하는

데 크게 기여했다. ‘The Green Guide’는 주로 건물에 초점을 두는 반면, ‘EPM’은 조경요소에 대한 정보를 제공하고 있다. 또한 상대적으로 ‘The Green Guide’는 설계가들이 환경적 목적으로 재료를 선택할 수 있도록 하기 위해 보다 명료한 접근방법을 제시하고 있으며, 최근에는 조경재료에 대한 기준을 추가했다.

이러한 생애주기평가를 통한 친환경적인 접근은 조경가들이 조경재료를 사용함에 있어 환경적 위해성을 줄이고 지속가능한 환경을 조성하는 데 크게 기여할 것이다.

## ※ 연습문제

1. 미국, 영국, 일본 등에서는 국가표준을 국제표준과 연계하기 위해 국가 차원의 연구가 진행되고 있다. 그 이유에 대해 설명하시오.
2. 조경공사표준시방서 및 조경설계기준 등 국내에서 운영되고 있는 건설공사기준의 현황 및 문제점을 파악하고 개선방안을 제시하시오.
3. 조경분야와 관련하여 건설신기술 및 환경신기술 개발 현황 및 동향을 분석하고 미래를 전망하시오.
4. 신기술 평가기준 및 절차에 대해 설명하시오.
5. 「저탄소 녹색성장 기본법」 제32조 및 동법 시행령 제19조에 따른 '녹색인증제 운영요령'에 근거하여 녹색인증에 따른 인증대상 녹색기술의 분류체계를 분석하고 조경분야와의 관계를 파악하시오.
6. 조경분야와 관련된 특허 동향을 조사 분석하고 미래 방향을 제안하시오.
7. 특허와 실용신안의 차이점에 대해 설명하시오.
8. 국내에서 운영되고 있는 신기술 및 품질 인증제도에 대해 설명하고 조경 재료 및 기술적 측면의 활용에 대해 논하시오.
9. 전 세계적으로 사용되고 있는 조경재료의 생애주기평가를 위한 다양한 방법에 대해 알아보시오.

## ※ 참고문헌


삼성물산. 『삼성건설기술 특집호 GREEN TOMORROW』 통권 제61호(2009년).

이상석. '조경공사기준 선진화 방안 연구'. 2012년 1월.

이상석 · 고영춘. 「조경분야의 특허 및 실용신안에 관한 연구」. 미발표논문, 2008년

이치구. ''국제 표준화' 선점 신성장엔진을 가열하라'. 한국경제 2008년 10월 21일.

한국건설교통기술평가원. 2011년 신기술제도 설명회, 2011년 4월 28일.

한국건설기술연구원. '건설공사기준의 코드체계 도입방안 연구(관리주체 전문가 자문회의 자료)', 2013년 2월 7일.

한국환경산업기술원. 『환경신기술 설계편람』(2012년 10월 기준), 2012년 11월.

Global footprint network & ZSL(living conservation). Living Planet Report 2012.


## ※ 관련 웹사이트

국가표준인증종합정보센터(http://www.standard.go.kr)

국토교통과학기술진흥원(http://www.kaia.re.kr)

산업자원부 기술표준원(http://www.kats.go.kr/)

조달청 가격정보(http://www.g2b.go.kr/)

특허기술정보서비스(http://www.kipris.or.kr)

특허청(http://www.kipo.go.kr)

한국건설신기술협회(http://www.kcnet.or.kr)

한국산업기술진흥협회(http://www.netmark.or.kr)

한국표준협회(http://www.istandard.or.kr)
한국환경산업기술원(http://www.keiti.re.kr)
환경신기술정보시스템(http://www.koetv.or.kr)
ASMI: Athena Sustainable Materials Institute(http://www.athenasmi.ca/about)
For an introduction to BRE method(http://www.bre.co.uk)
ISO homepage(http://www.iso.org/iso/home/about.htm)

# 조경재료별
# 특성

# 7 목재

## 1. 개요

목재는 자연에서 얻는 인간과 친숙한 재료로, 재활용이 가능하고 생산과정에서 강철, 알루미늄, 합성수지보다 이산화탄소를 적게 방출하여 지구온난화를 줄일 수 있는 친환경적인 재료이다.
조경분야에서는 1980년대 중반 이후 방부목재의 사용이 크게 증가하여 조경시설물의 주요한 재료로 널리 사용되고 있다. 이러한 수요에도 불구하고 우리나라의 목재 자급률은 10~20%에 불과하여 중국, 동남아시아, 미국 등에서 수입하여 사용하고 있는데, 최근에는 친환경적인 간벌재 및 우드칩, 합성목재를 사용하는 사례가 늘고 있다.

## 2. 목재의 장단점

목재는 가볍지만 구조적 성질이 뛰어나며 가공이 용이하므로 구조재 및 마감재로 좋으나, 외부공간에서 부패하거나 충해를 입기 쉽고 신축과 변형이 크므로 이에 적합한 방부 및 보호 조치가 필요하다.

### 가. 장점

① 인간과 친숙한 자연소재이다.

② 가볍지만 구조재로서 강도 및 탄성이 높다.
③ 절단, 구멍뚫기, 마감질, 못박기 등 가공이 용이하다.
④ 소리의 흡수 및 차단 효과가 크다.
⑤ 산, 알칼리, 염분에 강하다.
⑥ 생산 사이클이 짧아 친환경성이 높다.
⑦ 구조재 및 마감재로 널리 사용된다.

### 나. 단점

① 흡수성이 커서 건습에 의한 신축과 변형이 심하다.
② 부패하거나 충해를 입기 쉽다.
③ 제품의 품질이 균일하지 않다.
④ 가연성이 있어 화재에 의한 피해를 입기 쉽다.

## 3. 목재의 분류

### 가. 용도에 따른 분류[1]

목재는 일반적으로 용도에 따라 구조재, 마감재로 구분할 수 있다. 구조재는 구조체의 뼈대 및 구조적 성능이 필요한 곳에 쓰이는 부재이고, 마감재는 시설물의 장식이나 마감을 위해 사용되는 부재이다. 조경분야에서는 대부분 목재를 구조재로 사용하고 있으므로 강도 및 내구성이 좋은 목재를 사용해야 한다.

1) 구조용 재료

강도 및 내구성이 크고 가격이 저렴한 목재를 사용한다. 주로 전나무, 소나무, 낙엽송, 삼나무, 미송 등 침엽수류이다.

2) 마감용 재료

나무결 및 색깔이 미려한 목재를 사용한다. 침엽수로는 적송, 홍송 등이며, 활엽수로는 오동나무, 느티나무, 박달나무, 단풍나무 등이다.

### 나. 재질에 따른 분류

1) 경재(硬材, hard wood)

경재는 재질이 단단한 목재로, 대부분이 느티나무, 단풍나무, 박달나무, 오동나무, 참나무 등 낙엽활엽수이다. 활엽수는 세포벽이 두껍고 세포의 종류가 다양하기 때문에 상대적으로 단단하므로 가공이 어려워 마감재, 창

1 국립산림과학원고시 제2009-1호(침엽수 구조용제재 규격)에서는 침엽수 구조용 제재를 용도에 따라 1종구조재(규격구조재), 2종구조재(보재), 3종구조재(기둥재)로 구분하고 있다.

호, 가구 등에 널리 사용된다.

2) 연재(軟材, soft wood)

연재는 재질이 연한 목재로, 소나무, 전나무, 낙엽송, 미송 등 대부분 상록침엽수이다. 침엽수는 활엽수에 비하여 무르고 곧게 자라기 때문에 길고 큰 부재를 얻기 쉽고 가공이 용이하며, 목질이 가늘고 긴 섬유세포로 되어 있어 종단재면이 평활하여 구조용 목재를 비롯하여 여러 가지 용도로 사용된다.

### 다. 성장에 따른 분류

1) 외장수(外長樹)

길게 뻗어 나감과 동시에 수간의 횡단면에 연륜이 형성되며 비대 성장하는 수종으로, 침엽수와 활엽수로 나뉜다. 목재에 적합한 것은 거의 이에 속한다.

2) 내장수(內長樹)

길게 성장할 뿐 수간의 횡단면에 연륜이 형성되지 않으며 두께가 비대해지지 않고 조직만 치밀해지므로 특수용도 이외에는 목재로서의 가치가 적다. 대나무, 야자나무 등이 있다.

### 라. 제도적 분류

국립산림과학원 및 한국산업규격에 따라 목재는 원목과 제재목으로 구분되는데, 원목은 통나무와 조각재로, 제재목은 판재와 각재로 분류된다.

1) 원목(原木)[2]

원목은 수목을 벌채하여 수관과 가지만 제거하고 제재하지 않은 둥근 통나무로, 통나무와 조각재로 나뉜다.

(1) 통나무: 전혀 제재하지 않은 원목으로 수피를 제외한 규격을 기준으로 한다.

① 대경재: 말구(末口)지름이 30cm 이상(말구지름이 60cm 이상)

② 중경재: 말구지름이 15~30cm(말구지름이 45~60cm)

③ 소경재: 말구지름이 15cm 미만(말구지름이 45cm 미만)

(2) 조각재(粗角材): 제재 전에 4각을 따내고 그 최소 횡단면에서 빠진 변을 보완한, 네모꼴의 4변의 합계에 대한 빠진 면의 합계가 100분의 80 이상인 둥근 형태의 목재이다.

① 대조각재: 최소단면이 30cm 이상(최소단면이 60cm 이상)

② 중조각재: 최소단면이 15~30cm(최소단면이 45~60cm)

③ 소조각재: 최소단면이 15cm 미만(최소단면이 45 cm 미만)

2 여기서 ( )는 수입 열대산 활엽수인 경우이다.

### 2) 제재목(製材木)[3]

제재목은 일정한 규격으로 절단된 목재로, 횡단면 치수에 따라 판재와 각재, 용도에 따라 일반용재와 구조용재, 가공 정도에 따라 거친 제재, 마감재, 작업재로 구분한다. 횡단면 치수에 따른 구분은 다음과 같다.

(1) 판재: 두께 75mm 미만이고 나비가 두께의 4배 이상인 것으로, 다음과 같이 세분할 수 있다.

① 좁은 판재: 두께가 30mm 미만이고 나비가 120mm 미만인 것

② 넓은 판재: 두께가 30mm 이상이고 나비가 120mm 이상인 것

(2) 각재: 두께 75mm 미만이고 나비가 두께의 4배 미만인 것 또는 두께와 나비가 75mm 이상인 것으로, 다음과 같이 세분할 수 있다.

① 작은 각재: 두께가 75mm 미만이고 나비가 두께의 4배 미만인 것으로, 횡단면이 정사각형인 작은 정각재와 직사각형인 작은 평각재가 있다.

② 큰 각재: 두께와 나비가 75mm 이상인 것으로, 횡단면이 정사각형인 큰 정각재와 횡단면이 직사각형인 큰 평각재가 있다.

## 4. 구조용 제재의 등급 표시

각 구조용 제재는 등급이 정해진 이후에 수종과 등급, 함수율 등 여러 가지 정보를 부재의 표면에 표시하게 된다. 국립산림과학원고시 제2009-1호(침엽수 구조용제재 규격)에서는 구조용 제재에는 수종군명, 구조용 제재의 종류(1종, 2종, 3종), 등급(1등급, 2등급, 3등급), 치수, 함수율에 따른 건조상태 구분, 제조자명 또는 상호, 방부·방충처리 시 규정하는 바에 따른 기재사항 및 사용한 약제의 종류를 표시하도록 하고 있으며, 외국에서도 각국의 현실에 적합한 방법을 정하여 등급마크를 표시하도록 하고 있다. 예시적으로 미국서부목재협회(WWPA; Western Wood Products Association)에서는 육안 등급에 의한 인증 도장에 공인마크, 제재사업자 등록번호, 등급, 수종, 함수율을 표시하고 있다.

3 국립산림과학원고시 제2009-1호(침엽수 구조용제재 규격)에서는 구조용 제재목은 건축물과 공작물의 구조내력상 주요한 부분에 사용되는 제재목, 건조 제재목은 인공열기건조(klin dry)방법에 의하여 건조된 제재목으로 정의하고 있다.

7-1 미국서부목재협회의 육안 등급에 의한 인증 도장

## 5. 침엽수 구조용 제재 규격

국립산림과학원고시 제2009-1호(침엽수 구조용제재 규격)에 규정된 침엽수 구조용 제재의 규격과 관련한 내용은 다음과 같다.

### 가. 구조용 제재 규격의 단위

① 구조용 제재의 두께와 나비의 단위는 "mm"로 한다.
② 구조용 제재의 길이 단위는 "m" 또는 "mm"로 한다.
③ 구조용 제재의 재적단위는 "$m^3$"로 한다. 다만, $1m^3$ 미만의 재적단위는 "$dm^3$"으로 할 수 있다.($1m^3$=$1000dm^3$)
④ 구조용 제재의 수량단위는 "본" 또는 "속"으로 한다.

목재의 길이가 규격에 맞게 일정한 1.8m, 2.7m, 3.6m 3종을 정척물(定尺物)이라 하며, 정척물보다 긴 것을 장척물(長尺物), 1.8m 미만의 것을 단척물(短尺物), 길이가 정척물이 아닌 것을 난척물(難尺物)이라 한다.
현장에서는 척관법(尺貫法)에 따라 푼, 치, 자를 사용하기도 하는데, 보통 1푼〔分〕은 3mm, 1치〔寸〕는 3cm, 1자〔尺〕는 30cm로 환산한다. 또한 1치각(30mm×30mm)에 12자 길이의 체적을 단위로 하여 이것을 1사이〔才〕라고 한다. 일부에서는 이러한 단위를 아직도 사용하고 있어 체적산정의 단위환산에 주의를 요한다.

1사이〔才〕 = 1치(두께)×1치(넓이)×12자(0.3×12)
= 0.03×0.03×0.3×12 = 0.00324($m^3$)

### 나. 구조용 제재의 용도에 따른 재종 구분

1) 1종구조재(규격구조재)

구조용 제재 중 재의 두께가 38mm 이상 90mm 이하이며, 재의 나비는 60mm 이상의 구조재로, 주로 경골목구조에 사용되는 제재를 말한다.

2) 2종구조재(보재)

구조용 제재 중 재의 두께가 90mm를 초과하며 재의 나비가 두께보다 60mm 이상 큰 구조재로, 주로 높은 휨성능을 요구하는 부위에 사용되는 제재를 말한다.

3) 3종구조재(기둥재)

구조용 제재 중 재의 두께와 나비가 모두 90mm를 초과하며 재의 나비가 두께보다 60mm 이상 크지 않은 구조재로, 주로 축하중이 작용하는 부위에 사용되는 제재를 말한다.

### 다. 치수의 측정방법[4]

#### 1) 두께와 나비의 측정

구조용 제재의 두께는 최소 횡단면에서 빠진 변을 보완한 사각형의 짧은 변으로 하고, 나비는 동 사각형의 긴 변으로 한다. 단면의 형상이 정사각형인 경우 구조용 제재의 두께와 나비는 빠진 변을 보완한 정사각형의 한 변으로 한다.

#### 2) 길이의 측정

구조용 제재의 길이는 양 끝면을 연결한 최단 직선 길이로 한다. 단, 여척은 길이측정에서 제외한다.

### 라. 표준치수 및 허용오차

① 침엽수 구조용 제재의 1종구조재와 2종구조재, 3종구조재의 두께와 나비에 대한 표준치수는 각각 〈표 7-1〉과 〈표 7-2〉, 〈표 7-3〉에 따른다. 이 규격에서 표준치수는 대패 가공한 후의 실제치수로 한다.

② 다만 설계상 구조용으로 적당하다고 인정되는 별도(이하 인정치수라 한다)의 치수가 필요할 경우에는 인정치수를 사용할 수 있다.

③ 구조용 제재의 길이는 1.8m 이상인 것으로 하며, 0.3m 간격으로 증가되는 것을 원칙으로 한다.

④ 구조용 제재 치수의 허용오차는 〈표 7-4〉에 따른다.

### 마. 함수율에 따른 건조 상태 구분

구조용 제재의 함수율에 따른 건조상태 구분은 〈표 7-5〉에 의하며, 국립산림과학원장이 고시한 제재규격의 함수율시험에 합격하여야 한다.

### 바. 재적 계산 방법

① 1본의 제재재적은 다음 식에 의하여 계산한다.

$$m^3 \cdots\cdots\cdots T \times W \times L \times \frac{1}{1{,}000{,}000}$$

$$dm^3 \cdots\cdots\cdots T \times W \times L \times \frac{1}{1{,}000}$$

『$T$』 mm 단위의 제재 두께

『$W$』 mm 단위의 제재 나비

『$L$』 m 단위의 제재 길이

4 제재치수는 제재기계에서 생산되는 치수이기 때문에 공정의 중간단계 치수를 의미하고, 이를 최종제품으로 가공하여 공급되는 치수를 마감치수라 한다. 일반적으로 제재 이후의 가공공정으로는 대패가공 또는 건조 후 대패가공을 들 수 있으며, 양면 대패마감의 경우 5mm, 단면 대패마감은 3mm 정도 마감치수가 줄어들게 된다. 이러한 추가 가공작업을 실시하는 경우에는 제재치수보다는 마감치수로 제품을 공급해야 한다. 따라서 구조재는 제재치수로, 수장, 가구 등 마감재는 마무리치수로 표현하는 것이 일반적이지만, 일부 조경구조물은 구조재를 대패 마감할 수 있으므로 구조재임에도 불구하고 마감치수를 적용할 수 있다.

② 수종, 재종, 치수 및 품 등이 동일한 제재를 "속"으로 한 것의 재적은 1본의 제재의 재적에 수량을 곱하여 계산한다.

③ 제1항의 계산에 의하여 얻어진 수치에 소수점 4자리 미만의 끝수가 있을 때에는 소수점 4자리를 반올림하여 소수점 3자리까지 구한다. 다만, 재적이 $dm^3$일 경우 소수점 이하의 끝수가 있을 때에는 소수점 1자리를 반올림하여 정수로 나타낸다.

### 사. 구조용 제재의 수종 구분

구조용 제재의 수종은 〈표 7-6〉에 의해 구분한다.

### 아. 구조용 제재의 허용응력

구조용 제재의 기준허용응력은 〈표 7-7〉에 따라 적용한다.

### 자. 구조용 제재의 등급별 품질기준

구조용 제재의 1종구조재(규격구조재), 2종구조재(보재), 3종구조재(기둥재)의 등급별 품질기준은 〈표 7-8〉, 〈표 7-9〉, 〈표 7-10〉과 같다.

**〈표 7-1〉 침엽수 1종구조재(규격구조재)의 두께와 나비 표준치수** (단위: mm)

| 두께 \ 나비 | 38 | 64 | 89 | 114 | 140 | 185 | 235 | 285 |
|---|---|---|---|---|---|---|---|---|
| 38 | ① | ① | ① | ① | ① | ① | ① | ① |
| 64 | | | ① | ① | ① | | | |
| 89 | | | ① | ① | ① | ① | | |

〈표 7-2〉 **침엽수 2종구조재(보재)의 두께와 나비 표준치수**

(단위: mm)

| 두께 \ 나비 | 180 | 210 | 240 | 270 | 300 | 330 | 360 | 390 | 420 | 450 |
|---|---|---|---|---|---|---|---|---|---|---|
| 120 | ② | ② | ② | ② | ② | | | | | |
| 150 | | ② | ② | ② | ② | | | | | |
| 180 | | | ② | ② | ② | ② | | | | |
| 210 | | | | ② | ② | ② | ② | | | |
| 240 | | | | | ② | ② | ② | ② | | |
| 270 | | | | | | ② | ② | ② | ② | |
| 300 | | | | | | | ② | ② | ② | ② |
| 330 | | | | | | | | ② | ② | ② |
| 360 | | | | | | | | | ② | ② |
| 390 | | | | | | | | | | ② |

〈표 7-3〉 **침엽수 3종구조재(기둥재)의 두께와 나비 표준치수**

(단위: mm)

| 두께 \ 나비 | 120 | 150 | 180 | 210 | 240 | 270 | 300 | 330 | 360 | 390 | 420 | 450 |
|---|---|---|---|---|---|---|---|---|---|---|---|---|
| 120 | ③ | ③ | | | | | | | | | | |
| 150 | | ③ | ③ | | | | | | | | | |
| 180 | | | ③ | ③ | | | | | | | | |
| 210 | | | | ③ | ③ | | | | | | | |
| 240 | | | | | ③ | ③ | | | | | | |
| 270 | | | | | | ③ | ③ | | | | | |
| 300 | | | | | | | ③ | ③ | | | | |
| 330 | | | | | | | | ③ | ③ | | | |
| 360 | | | | | | | | | ③ | ③ | | |
| 390 | | | | | | | | | | ③ | ③ | |
| 420 | | | | | | | | | | | ③ | ③ |
| 450 | | | | | | | | | | | | ③ |

〈표 7-4〉 **구조용 제재의 치수 허용한도**

| 구분 | | | 치수의 허용한도 | |
|---|---|---|---|---|
| 두께와 나비(mm) | 건조재 | 치수 89 이하 | + 1.0 | − 0 |
| | | 치수 89 초과 | + 1.5 | − 0 |
| | 생재 | | + 3.0 | − 0 |
| 재의 길이 (m) | | | + 제한 없음. | − 0 |

〈표 7-5〉 **구조용 제재의 함수율에 따른 건조상태 구분**

| 건조상태 구분 | | 기호 | 함수율 기준 |
|---|---|---|---|
| 건조재 | 건조 15 | KD15 | 15% 이하 |
| | 건조 19 | KD19 | 19% 이하 |
| 생재 | | G | 19% 초과 |

〈표 7-6〉 **구조용 제재의 수종 구분***

| 수종군 | 수종 |
|---|---|
| 낙엽송류 | 낙엽송, 디글라스피, 북미 낙엽송, 북양 낙엽송 |
| 소나무류 | 소나무, 편백나무, 리기다소나무, 북미 솔송나무, 북미 전나무 |
| 잣나무류 | 잣나무, 가문비나무, 북미 가문비나무, 북양 가문비나무, 북양 적송, 라디에타소나무, 북미 S-P-F |
| 삼나무류 | 삼나무, 전나무, 북미 삼나무 |

* 상기 수종 이외의 수종은 당해 수종의 허용응력이 〈표 7-7〉의 수종군에 따른 기준허용응력에 상응한다는 사실이 입증된 경우 구조용 제재로 사용할 수 있다.

〈표 7-7〉 **구조용 제재의 기준허용응력**

(단위 : MPa)

| 수 종 군 | 등급 | 휨강도 $F_b$ | 종인장강도 $F_t$ | 종압축강도 $F_c$ | 횡압축강도 $F_{c\perp}$ | 전단강도 $F_v$ | 탄성계수 $E$ |
|---|---|---|---|---|---|---|---|
| 낙엽송류 | 1등급 | 8.0 | 5.5 | 9.0 | 3.5 | 0.65 | 11,500 |
| | 2등급 | 6.0 | 4.0 | 6.0 | 3.5 | 0.65 | 10,500 |
| | 3등급 | 3.5 | 2.5 | 3.5 | 3.5 | 0.65 | 9,500 |
| 소나무류 | 1등급 | 7.5 | 5.0 | 7.5 | 3.0 | 0.5 | 10,000 |
| | 2등급 | 6.0 | 3.5 | 4.5 | 3.0 | 0.5 | 9,000 |
| | 3등급 | 3.5 | 2.0 | 3.0 | 3.0 | 0.5 | 8,000 |
| 잣나무류 | 1등급 | 6.0 | 5.0 | 7.0 | 2.5 | 0.45 | 8,500 |
| | 2등급 | 5.0 | 3.5 | 4.5 | 2.5 | 0.45 | 7,500 |
| | 3등급 | 3.0 | 2.0 | 3.0 | 2.5 | 0.45 | 7,000 |
| 삼나무류 | 1등급 | 5.0 | 4.0 | 6.0 | 2.5 | 0.4 | 8,000 |
| | 2등급 | 4.0 | 2.5 | 4.0 | 2.5 | 0.4 | 7,000 |
| | 3등급 | 2.5 | 1.5 | 2.5 | 2.5 | 0.4 | 6,000 |

〈표 7-8〉 **침엽수 1종구조재(규격구조재)의 등급별 품질기준**

| 결점사항 | | | 1등급 | 2등급 | 3등급 |
|---|---|---|---|---|---|
| 옹이 지름비 | 좁은 재면 | | 25% 이하인 것 | 35% 이하인 것 | 45% 이하인 것 |
| | 넓은 재면 | 가장자리 | 25% 이하인 것 | 35% 이하인 것 | 45% 이하인 것 |
| | | 중앙부 | 30% 이하인 것 | 45% 이하인 것 | 60% 이하인 것 |
| 모인옹이 지름 비 | | | 위 기준의 2배 이하인 것 | | |
| 둥근모 | | | 1/4 이하인 것 | 1/3 이하인 것 | 1/2 이하인 것 |
| 갈라짐 | 분할 | | 길이가 나비 이하인 것 | 길이가 나비의 1.5배 이하인 것 | 길이가 나비의 2배 이하인 것 |
| | 윤할 | 끝면 | 거리가 두께의 1/2 이하인 것 | 거리가 두께의 1/2 이하인 것 | 현저하지 않을 것 |
| | | 재면 | 길이가 600mm 이하인 것 | 길이가 900mm 이하인 것 | 사용상 지장이 없는 것 |
| 평균연륜폭 | | | 6mm 이하인 것 | 8mm 이하인 것 | 제한 없음 |
| 섬유주행경사 | | | 1:10 이하인 것 | 1:8 이하인 것 | 1:4 이하인 것 |
| 측면 굽음 | | | 0.3% 이하인 것 | 0.4% 이하인 것 | 0.5% 이하인 것 |
| 비틀림 | | | 경미한 것 | 현저하지 않은 것 | 사용상 지장이 없는 것 |
| 썩음 | | | 없는 것 | 경미한 것 | 사용상 지장이 없는 것 |
| 함수율 | | | 〈표 7-5〉의 건조재 기준에 적합한 것 | | |
| 방부·방충처리 | | | 방부·방충처리재로 표시되어 있는 제품은 국립산림과학원장이 고시하는 목재의 방부·방충처리 기준에 합격한 것으로 한다. | | |

〈표 7-9〉 **침엽수 2종구조재(보재)의 등급별 품질기준**

| 결점사항 | | | 1등급 | 2등급 | 3등급 |
|---|---|---|---|---|---|
| 옹이 지름비 | 좁은 재면 | | 20% 이하인 것 | 30% 이하인 것 | 40% 이하인 것 |
| | 넓은 재면 | 가장자리 | 20% 이하인 것 | 30% 이하인 것 | 40% 이하인 것 |
| | | 중앙부 | 25% 이하인 것 | 35% 이하인 것 | 45% 이하인 것 |
| 모인옹이 지름 비 | | | 위 기준의 2배 이하인 것 | | |
| 둥근모 | | | 10% 이하인 것 | 20% 이하인 것 | 30% 이하인 것 |
| 갈라짐 | 분할 | | 길이가 나비 1/2 이하인 것 | 길이가 나비 이하인 것 | 길이가 나비의 1.5배 이하인 것 |
| | 끝면 윤할 | | 거리가 두께의 1/6 이하인 것 | 거리가 두께의 1/6 이하인 것 | 거리가 두께의 1/2 이하인 것 |
| 평균연륜폭 | | | 6mm 이하인 것 | 8mm 이하인 것 | 제한 없음 |
| 섬유주행경사 | | | 1:12 이하인 것 | 1:8 이하인 것 | 1:6 이하인 것 |
| 비틀림 및 변색 | | | 경미한 것 | 현저하지 않은 것 | 사용상 지장이 없는 것 |
| 썩음 | | | 없는 것 | 경미한 것 | 사용상 지장이 없는 것 |
| 함수율 | | | 〈표 7-5〉의 건조재 기준에 적합한 것 | | |
| 방부·방충처리 | | | 방부·방충처리재로 표시되어 있는 제품은 국립산림과학원장이 고시하는 목재의 방부·방충처리 기준에 합격한 것으로 한다. | | |

〈표 7-10〉 **침엽수 3종구조재(기둥재)의 등급별 품질기준**

| 결점사항 \ 등급 | | 1등급 | 2등급 | 3등급 |
|---|---|---|---|---|
| 옹이 지름비 | | 25% 이하인 것 | 35% 이하인 것 | 45% 이하인 것 |
| 모인옹이 지름비 | | 위 기준의 2배 이하인 것 | | |
| 둥근모 | | 10% 이하인 것 | 20% 이하인 것 | 30% 이하인 것 |
| 갈라짐 | 분할 | 길이가 나비의 1/2 이하인 것 | 길이가 나비 이하인 것 | 길이가 나비의 1.5배 이하인 것 |
| | 끝면 윤할 | 거리가 두께의 1/6 이하인 것 | 거리가 두께의 1/6 이하인 것 | 거리가 두께의 1/2 이하인 것 |
| 평균연륜폭 | | 6mm 이하인 것 | 8mm 이하인 것 | 제한 없음 |
| 섬유주행경사 | | 1:12 이하인 것 | 1:8 이하인 것 | 1:6 이하인 것 |
| 비틀림 및 변색 | | 경미한 것 | 현저하지 않은 것 | 사용상 지장이 없는 것 |
| 썩음 | | 없는 것 | 경미한 것 | 사용상 지장이 없는 것 |
| 함수율 | | 〈표 7-5〉의 건조재 기준에 적합한 것 | | |
| 방부 · 방충처리 | | 방부 · 방충처리재로 표시되어 있는 제품은 국립산림과학원장이 고시하는 목재의 방부 · 방충처리 기준에 합격한 것으로 한다. | | |

## 6. 목재의 구조 및 성분

### 가. 목재의 구조

수목은 잎, 수간, 뿌리의 세 부분으로 구성되어 있으며, 주로 사용하는 부분은 수간부의 수피, 목질부, 수심 세 부분으로 각각 형상이 다른 세포로 구성되어 있다.

#### 1) 목세포

가늘고 긴 목세포는 목재의 수간방향과 평행으로 놓여 있는데, 목재 용적의 대부분을 차지하고 있으며 수간에 견고성을 준다. 침엽수에서는 가도관의 역할을 하여 수분 및 양분의 통로로 이용되며, 전체 체적의 90~97%를 차지하고 길이는 1~4mm이다. 한편 활엽수에서는 전체 체적의 40~75%를 차지하며 길이는 0.5~2.0mm이다. 이 세포의 세포막이 두꺼우면 목재의 강도가 크다.

#### 2) 도관세포

주로 활엽수에 있는 것으로, 목세포보다 크고 굵은 세포가 목세포와 같은 방향으로 만들어져 있다. 변재에서 도관은 수액을 운반하는 역할을 하나, 심재에서는 기능이 퇴화되어 수지나 광물질로 채워져 있다. 횡단면에서 도관세포의 배열은 수종에 따라 크기, 구조, 분포상태가 다르므로 수종을 식별하는 데 참고가 된다. 예를 들면 느티나무, 떡갈나무, 오동나무 등은 도관이 크고 버드나무, 단풍나무, 나왕 등은 작다.

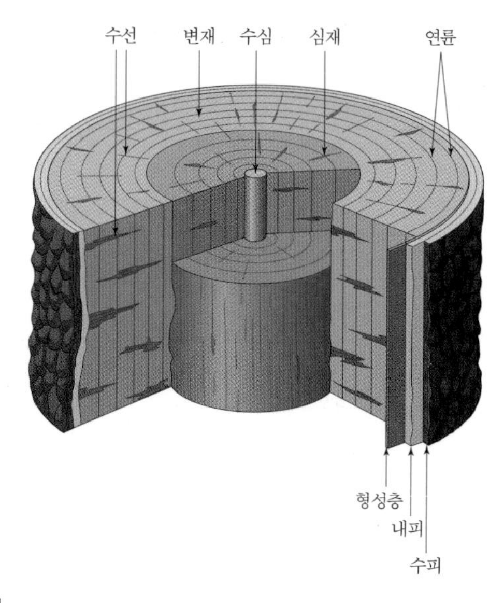


7-2 목재의 단면

3) 수선세포

수선세포는 수심에서 사방으로 뻗어 있고 수액이 수평 이동하는 역할을 한다. 침엽수에서는 가늘어서 잘 보이지 않고, 떡갈나무, 참나무 등의 활엽수에서는 종단면에서 광택이 뚜렷하게 아름다운 은색과 암색의 반문으로 나타난다.

4) 연륜

수목의 횡단면을 보면 제일 바깥에 수피(bark)가 있고 그 안쪽에 형성층(形成層, cambium)이 있다. 형성층은 수목에서 가장 중요한 점질의 조직으로, 이 층의 모세포가 분열하여 새로운 목질을 내부에 형성하여 수목이 점차 바깥쪽으로 성장한다. 형성층의 활동은 봄에 가장 활발하며 여름과 가을에는 둔해진다. 따라서 봄에 이루어진 목질부는 세포의 형태가 크고 세포막이 얇으므로 비교적 연약하고 색깔이 엷은 반면, 여름과 가을에 이루어진 부분은 세포가 소형이고 세포막이 두꺼우므로 조직이 치밀하고 무거우며 색이 진하다. 이것을 구분하여 춘재(春材, spring wood)와 추재(秋材, summer or autumn wood)라고 하는데, 추재와 다음 해에 생성된 춘재 사이에는 동심원형의 연륜(年輪, annual ring)이 만들어진다. 따라서 열대지방의 목재는 연중 계속 성장하므로 연륜이 없다.

연륜의 조밀은 목재의 비중 및 강도와 관계가 있으며, 이러한 조밀의 정도를 연륜밀도나 평균연륜폭으로 표시한다. 횡단면상 마구리면(木口面)의 반지름 방향길이를 x(cm)라 하고 그중에 포함되어 있는 연륜수를 n이라 하면

〈표 7-11〉 심재와 변재의 비교

| 심재 | 변재 |
|---|---|
| 변재보다 다량의 수액을 포함하고 비중이 크다. | 심재보다 비중이 적으나 건조하면 변하지 않는다. |
| 변재보다 신축이 적다. | 심재보다 신축이 크다. |
| 변재보다 내후성, 내구성이 크다. | 심재보다 내후성, 내구성이 약하다. |
| 노목일수록 심재의 폭이 넓다. | 유목일수록 변재의 폭이 넓다. |
| 일반적으로 변재보다 강도가 크다. | 일반적으로 심재보다 강도가 약하다. |

n/x을 연륜밀도라 하고, x/n(cm)를 평균연륜폭이라 한다. 연륜밀도가 높은 목재일수록 강도가 크다.

#### 5) 심재와 변재

목질부에서 수심 부근에 있는 부분을 심재(心材, heart wood)라 하고, 수피 가까이 있는 부분을 변재(邊材, sap wood)라 한다. 변재는 심재 외측과 수피 내측 사이에 있는 생활세포의 집합으로, 색깔이 엷으며 수액의 통로인 동시에 양분의 저장소이다. 생활세포의 조직이 비교적 불안정하여 변형, 부패에 대한 저항이 적으므로 사용에 주의가 필요하다. 심재는 수심 주위에 둘러져 있는 생활기능이 줄어든 세포의 집합으로, 색깔이 짙으며 수액과 수분이 적고 재질은 변재보다 단단하므로 변형이 적고 내구성이 있어 이용상의 가치가 크다. 심재와 변재의 특징은 〈표 7-11〉과 같다.

### 나. 목재의 성분

목재의 원소 구성은 대개 탄소 50%, 산소 44%, 수소 5%, 질소 1%이다. 이 밖에 회분, 석회, 칼슘, 마그네슘, 나트륨, 망간, 알루미늄, 철 등이 미량 함유되어 있다. 이러한 원소가 결합하여 섬유소(cellulose)와 리그닌(lignine) 등 목재의 고형 성분을 형성한다. 섬유소는 목재건조중량의 50~60%이고, 리그닌은 25~30%를 차지한다. 섬유소는 세포막을 구성하고 리그닌은 세포 상호 간의 접착제 역할을 하는데, 침엽수는 리그닌을 많이 함유하며 활엽수는 반섬유소(hemicellulose)를 많이 함유한다.

## 7. 목재의 성질

### 가. 외관적 성질

#### 1) 색깔

목재는 세포막이 어릴 때에는 섬유소가 대부분이므로 무색투명하지만, 성장하여 목질화하면 세포막 내 또는 내부 공극에 여러 가지의 유색물질이 쌓여 다양한 색조를 나타내게 된다. 이러한 색조의 차이는 수종뿐만 아니라 산지, 벌채시기, 벌채 후의 시간경과에 따라 달라지고, 동일한 목재일지라도 변재 및 심재에 따라 차이를 보인다.

#### 2) 나뭇결

목재의 면을 깎았을 때 여러 가지 무늬가 나타나는데, 이것을 나뭇결(木理, wood grain)이라 한다. 나뭇결은 목재를 구성하는 섬유의 배열상태 및 목재의 외관적 상태를 말하는 것으로, 외관상 중요할 뿐만 아니라 건조수축에 의한 변형에도 영향을 준다.

나뭇결에는 널결(flat grain), 곧은결(straight grain), 무늬결(curly grain), 엇결(slope of grain) 등이 있다. 널결은 연륜에 접선방향으로 켠 목재 면에 나타나는 곡선형(물결모양)의 나뭇결로 결이 거칠고 불규칙하다. 널결재는 외관을 중요시하는 장식재로 쓰이지만, 실용적으로는 곧은결보다 변형이 크고 마모율도 크다. 곧은결은 연륜에 직각방향으로 켠 목재 면에 나타나는 평행선상의 나뭇결을 말하는 것으로, 곧은결재는 널결재에 비하여 일반적으로 외관이 아름답고 수축변형이 적으며 마모율도 적다. 곧은결은 결 간격의 조밀 정도에 따라 황정목(荒柾木)과 사정목(絲柾木)으로 구분하는데, 특히 결이 치밀한 사정목은 귀한 목재로 장식용으로 쓰인다. 그리고 나뭇결이 여러 가지 원인으로 불규칙하면서도 아름다운 무늬를 나타내는 경우가

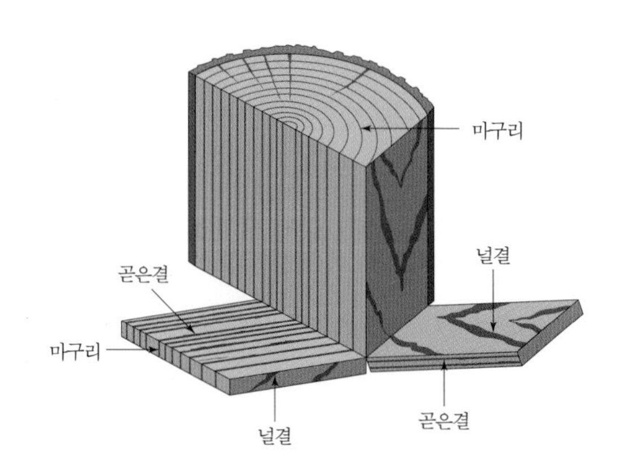


7-3 목재의 나뭇결

있는데 이를 무늬결이라 하고, 나무섬유가 꼬여 어긋나게 나타난 목재 면을 엇결이라 한다.

### 나. 물리적 성질

#### 1) 비중

목재의 비중은 기건재의 단위용적중량(g/cm³)에 상당하는 값, 즉 기건비중으로 나타내지만 절대건조비중으로 나타낼 수도 있다. 기건비중이란 목재 성분 중 수분을 대기 중에서 건조하여 제거한 상태에서의 비중이며, 절대건조비중은 온도 100~110°C에서 목재의 수분을 완전히 제거했을 때의 비중을 말한다. 비중은 수종에 따라 다르고 동일수종이라도 연륜, 밀도, 생육시, 수령 또는 심재와 변재에 따라서 다소 다르다. 한편 공극을 포함하지 않는 실제 부분의 비중을 진비중 또는 실비중이라 하는데, 진비중은 수종 및 수령에 관계없이 1.54 정도이다.

활엽수와 침엽수를 살펴보면, 활엽수는 조직이 치밀한 목재로 비중이 큰 반면 침엽수는 조직이 치밀하지 못해 비중이 작다. 그리고 조직이 치밀할수록, 연륜의 폭이 좁을수록 비중이 커지고, 변재보다 심재, 춘재보다 추재가 비중이 크다. 그래서 추재가 많을수록 목재의 비중이 커져 강도가 강해지는데, 침엽수의 경우 자라면서 추재율이 작아지는 경향이 있어 활엽수보다 비중이 작아 강도가 약하다. 목재의 춘·추재별 절대건조비중은 〈표 7-12〉와 같다.

목재의 비중은 목질부 내에 포함된 섬유질과 공극률에 의해 결정되는데, 공극률은 비중에 따라 계산할 수 있다. 따라서 목재의 비중(g)이 0.4인 절건재가 있다고 하면 그 공극률(v)은 다음과 같다.

$$v = (1 - \frac{g}{1.54}) \times 100(\%) \qquad v = (1 - \frac{0.4}{1.54}) \times 100(\%) \fallingdotseq 74.0\%$$

〈표 7-12〉 **목재의 춘·추재별 절대건조비중**

| 수종 | | 춘재 | 추재 | 추재/춘재 |
|---|---|---|---|---|
| 침엽수재 | 소나무 | 0.31 | 0.71 | 2.3 |
| | 삼나무 | 0.27 | 0.71 | 2.6 |
| | 미송 | 0.38 | 0.95 | 2.5 |
| 활엽수재 | 졸참나무 | 0.38 | 0.94 | 2.4 |
| | 너도밤나무 | 0.54 | 0.83 | 1.5 |
| | 피나무 | 0.38 | 0.51 | 1.3 |

### 2) 함수율

목재의 함유수분은 비중과 더불어 목재의 물리적 또는 역학적 성질에 큰 영향을 미치는 인자로, 목재의 가공이나 이용에 있어 매우 중요하다. 목재의 함수율(moisture content) 측정방법(KS F 2199)은 시험편을 103±2°C로 유지되는 건조기 내에서 중량의 변화가 없는 항량[5]에 도달할 때까지 완전 건조시킨 후 질량 감소분을 측정하고, 이 질량 감소분을 시험편의 절대 건조 후 질량으로 나누어 백분율로 계산한다.

$$M(\text{함수율}) = \frac{W_1 - W_2}{W_2} \times 100(\%)$$

$W_1$: 건조 전 시료의 질량(g)
$W_2$: 완전 건조 시 시료의 질량(g)

목재에 포함된 수분은 세포의 공포 및 간극에 있는 자유수(free water)와 세포막에 흡수되어 존재하는 세포수(cell water) 또는 결합수(absorbed water)로 분류된다. 목재를 건조하면 먼저 자유수가 증발하고, 계속 건조하면 결합수가 증발한다. 이러한 목재의 함수상태 변화는 다음과 같이 구분된다.

① 포화함수상태: 목재 내부가 완전히 수분으로 포화된 상태로, 세포막 내부에 결합수가 포화되고 세포 내의 공포와 세포 사이 간극에 자유수가 충만한 상태이다. 생재의 함수율은 수종, 산지, 벌채 계절에 따라 다르지만 60~100%이다.

② 섬유포화상태: 세포막 내부에는 결합수로 완전히 포화되어 있고 세포 내의 공포와 세포 사이의 간극에는 수분이 없는 상태를 말한다. 이때의 함수율을 섬유포화점(fiber saturation point)이라 하고, 함수율은 23~30%의 범위(보통 28% 정도)이다. 이 점을 경계로 하여 수축 및 팽창, 강

5 항량이란 시험편을 6시간마다 측정하여 연속 두 번 같거나 또는 질량변화율이 0.5% 이하인 것을 말한다.(KS F 2199)

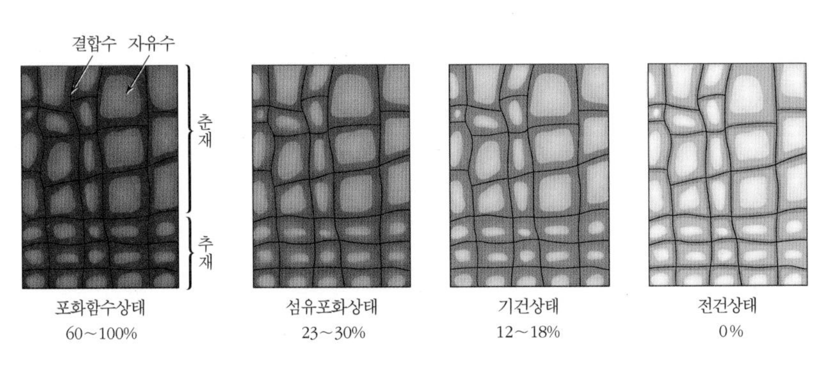

7-4 목재의 함수상태 변화

도가 현저하게 달라진다.

③ 기건상태: 목재가 대기의 온·습도와 평행된 수분을 함유한 상태이며, 계절, 장소, 기후 등에 따라 다르지만 우리나라는 12~18%이다.

④ 전건상태: 목재를 103±2°C로 유지되는 건조기 내에서 무게가 변화지 않는 항량이 될 때까지 건조한 상태로 함수율은 0%이다.

### 3) 신축성

목재의 수축, 팽창은 어떠한 목재에서도 그 함수율이 섬유포화점 이상의 범위에서는 증감이 거의 없으나 그 이하에서는 비례적으로 감소하므로 목재를 기건상태로 건조시켜 사용하면 신축이 매우 작아진다.

함수율 변화에 따른 신축의 정도는 수종 및 비중(보통 비중이 큰 것일수록 건조수축이 큼)에 따라 다르나, 목세포의 방향에 따라 크게 달라진다. 일반적으로 연륜의 접선방향(tangential)으로 켠 널결 폭이 가장 크고(최대 6~10%), 연륜의 방사방향(radial)에 직각으로 켠 곧은결 폭은 이의 약 1/2(최대 2.5~4.5%)이다. 섬유방향 또는 종단방향(longitudinal)인 경우에는 더욱 적어서 곧은결 폭의 1/20(최대 0.1~0.3%) 정도이다. 동일한 나무결에서도 변재는 심재보다 신축이 크며 기건상태까지의 수축률은 전 수축률의 1/2 정도이다. 목재의 수분에 의한 신축을 완전히 방지하기는 곤란하지만, 다음과 같은 점에 유의하면 줄일 수 있다.

① 사용하기 전에 충분히 건조시켜 균일한 함수율이 된 것을 사용할 것

② 변형의 크기 및 방향을 고려하여 이들의 영향을 가능한 한 적게 받도록 배치할 것

③ 가능한 한 곧은결 목재를 사용할 것

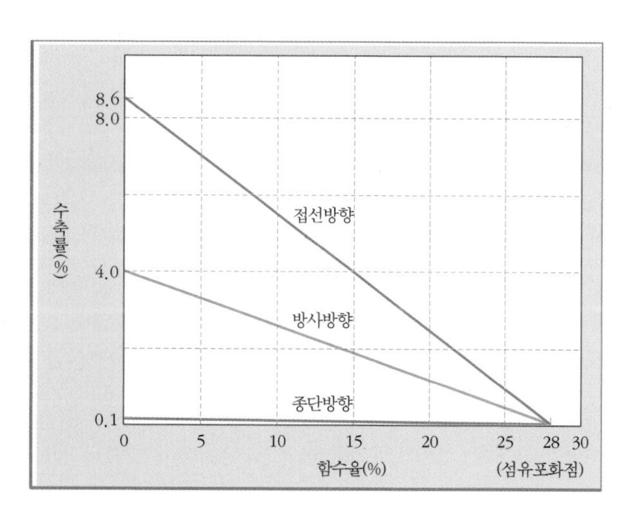


7-5 참나무의 함수율에 따른 신축

④ 고온 처리된 목재를 사용할 것

⑤ 목재의 표면에 기름, 니스, 에나멜, 셀락 등을 칠하거나 파라핀(paraffin), 크레오소트(creosote) 등을 침투시켜 공기 중 습도변화에 의한 흡습을 지연 및 경감시킬 것

## 다. 역학적 성질

목재의 강도는 비중, 수분의 함유량, 심재와 변재의 비율, 흠의 정도, 나뭇결 방향 등에 따라 결정되는데, 비중이 크고 수분 함유량이 적을수록, 변재보다 심재 부분이 많을수록 강도가 크다.

### 1) 함수율과 역학적 성질의 관계[6]

섬유포화점을 경계로 하여 목재의 역학적 성질에 현저한 차이가 있다. 그림 7-6에서와 같이 섬유포화점 이상에서는 강도가 일정하나 섬유포화점 이하에서는 함수율의 감소에 따라 강도가 증대하고 인성(靭性)이 감소한다.

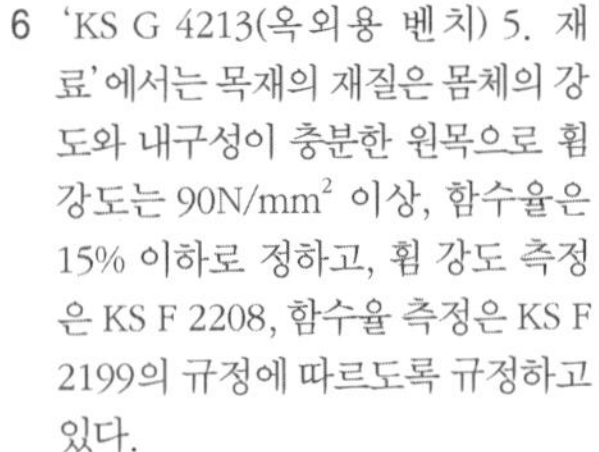
6 'KS G 4213(옥외용 벤치) 5. 재료'에서는 목재의 재질은 몸체의 강도와 내구성이 충분한 원목으로 휨 강도는 90N/mm² 이상, 함수율은 15% 이하로 정하고, 휨 강도 측정은 KS F 2208, 함수율 측정은 KS F 2199의 규정에 따르도록 규정하고 있다.

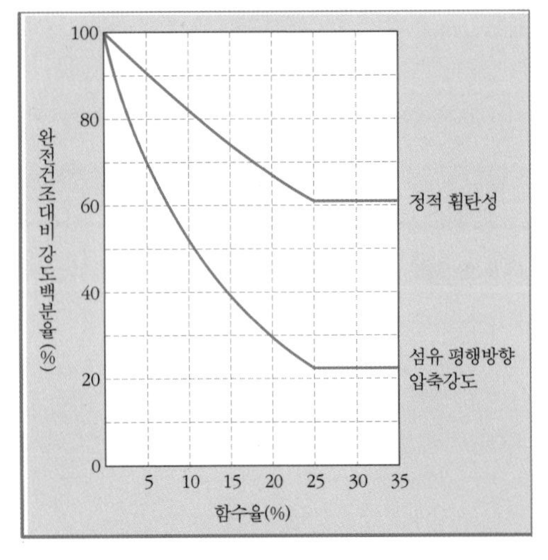

7-6 목재의 함수율과 역학적 성질

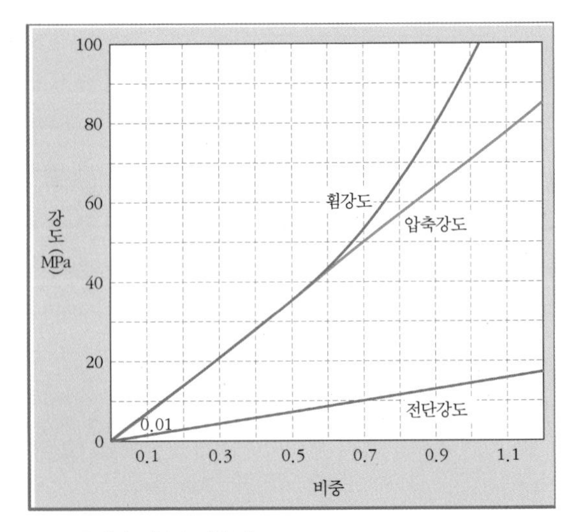

7-7 목재의 비중과 각종 강도

〈표 7-13〉 **가력방향에 따른 각종 강도의 관계** (단위: %)

| 응력의 종류 \ 가력방향 | 섬유에 평행 | 섬유에 직각 |
|---|---|---|
| 압축강도 | 100 | 10~20 |
| 인장강도 | 190~260 | 7~20 |
| 전단강도 | 침엽수 16, 활엽수 19 | - |
| 휨강도 | 150~230 | 10~20 |

#### 2) 비중과 역학적 성질의 관계

목재의 비중과 각종 강도는 그림 7-7과 같이 밀접한 관계가 있으며, 비중을 측정하면 목재의 강도를 추정할 수 있다.

#### 3) 가력방향과 역학적 성질의 관계

목재의 강도나 탄성은 가력방향과 섬유방향의 관계에 따라 현저한 차이가 있다. 일반적으로 전단강도를 제외하면 응력의 방향이 섬유의 평행방향인 경우 강도가 가장 크고 직각방향인 경우 가장 작다. 가력방향에 따른 각종 강도의 관계는 〈표 7-13〉과 같다.

(1) 인장강도: 섬유 평행방향의 인장강도는 목재의 각종 강도 중에서 가장 크지만, 목재를 인장재로 쓸 때 이음부가 취약하고 마디 또는 섬유 비틀림의 영향이 크기 때문에 인장재로 사용하는 경우는 드물다. 이러한 인장력의 영향으로 목재섬유에 가로 또는 경사지게 절단되며 섬유 사이의 부착이 떨어져 파괴된다. 섬유 직각방향의 인장강도는 평행방향에 비해 상당히 작아 평행방향 강도의 3~25%에 지나지 않는다.

(2) 압축강도: 목재를 기둥으로 사용하는 경우가 많은데, 이때 목재는 섬유에 평행방향으로 압축력을 받게 된다. 이때의 압축강도는 크고 섬유의 직각방향의 압축강도는 작다. 섬유의 직각방향의 압축강도가 작은 것은 섬유의 평행방향의 전단강도가 작은 점과 함께 목재의 큰 결점 중 하나이다.

(3) 휨강도: 목재는 휨을 받는 부재로 사용하는 경우가 많기 때문에 휨강도는 각종 강도 중에서 가장 중요한 성질 중 하나이다. 목재의 휨강도는 압축, 인장 및 전단 등의 응력이 복합하여 작용하므로 그 작용 양상은 매우 복잡하다. 휨하중에 의한 파괴현상을 보면, 처음에는 하중 작용 면이 압축되고 반대 측에서는 인장되며, 중간층에는 전단력이 생긴다.

(4) 전단강도: 목재의 전단강도는 섬유 간의 부착력, 섬유의 곧음, 수선의 유무 등에 의해 지배되며, 섬유 평행방향의 전단강도는 인장강도의 1/10 정도밖에 되지 않는다.

#### 4) 옹이와 강도의 관계

(1) 압축강도: 옹이[節, knot]가 있으면 감소하는데, 죽은옹이가 생옹이보다 감소율이 크며, 옹이의 지름의 클수록 크다.

(2) 인장강도: 옹이로 인해 감소하는데, 생옹이나 죽은옹이의 면적을 뺀 것을 부재단면으로 가정한다.

(3) 휨강도: 옹이의 크기와 위치에 따라 다르지만, 옹이가 클수록 그리고 위치가 보의 하단에 가까울수록 강도의 감소가 크다.

### 라. 화학적 성질

목재의 세포막은 어릴 때에는 순수한 섬유소로 되어 있으나, 점차 노성하면서 리그닌과 기타 물질의 집적에 의해 목질화(lignification)되어 순수한 섬유소는 리그노셀룰로오스(ligno collulose)로 변한다.

1) 산 및 알칼리의 영향

목재는 산 및 알칼리에 의해 부식되는 경우가 적은데, 침엽수재는 활엽수재보다, 비중이 적은 것은 큰 것보다 산 및 알칼리에 대한 저항력이 큰 경향이 있다.

2) 열분해 및 연소

목재를 공기 중에서 가열하면 100°C 내외에서 수분을 소실하고, 100°C를 넘으면 점차 열분해를 시작하여 일산화탄소, 메탄, 수소 등 휘발성 가스를 발산하고, 160°C 정도에서 점차 착색하여 탄화의 외관을 나타내다가 250~260°C에서 갈색 탄화한다. 열분해가 진행됨에 따라 활발히 분해가스를 발생하는데, 화원을 접근시키면 분해가스는 인화한다. 그러나 가스가 연소하여 없어지면 불은 곧 꺼져 목재는 착화되지 않는다. 이 온도를 인화점(flash point)이라 부르는데, 보통 225~260°C, 평균 240°C 정도이다. 더욱 온도가 상승하면 화원에 의해 분해가스가 인화되어 목재가 착염되고 연소를 시작한다. 이 온도를 착화점(burning point)이라 부르는데, 보통 230~280°C, 평균 260°C 정도이다. 더욱 온도가 상승하면 화원 없이 착염하여 연소가 시작된다. 이 온도를 발화점(ignition point)이라 부르는데, 보통 400~490°C, 평균 450°C 정도이다.

### 마. 목재의 내구성

목재의 내구연한은 시설의 종류나 기능에 따라 달라지지만, 조경시설의 경우 일반적으로 10년 정도를 기대하고 있다. 일반적으로 내구성은 경도, 함유성분, 부위, 수종에 따라 달라진다. 경도가 큰 것이 내구성이 크고, 수지를 함유한 것은 내부성(耐腐性)이 크며, 심재가 변재보다 부패 및 충해에 잘 견딘다. 목재의 내구성을 저하시키는 요인은 다음과 같다.

1) 부패

목재의 내구성 감소는 주로 균류에 의한 부패에 기인한다. 목질부에는 단백질, 전분 등이 포함되어 있어 부패균이 침입·번식하면 목재 성분이 변화되어 이산화탄소, 물, 메탄, 수소 등의 물질이 발생하여 섬유질을 분해 감소시킴으로써 비중 감소 및 강도 저하를 일으킨다.

균류의 번식에 적정한 조건은 온도는 24~33℃, 습도는 섬유포화점보다 약간 높은 30%이며 공기 및 양분이 필요한데, 이 중에서 한 가지만 차단되어도 번식은 불가능하다. 그러므로 온도를 5℃ 이하 또는 41℃ 이상으로 유지하는 경우, 습도가 20% 이하인 경우, 산소 및 이산화탄소의 비율에서 이산화탄소가 80%를 초과하는 경우 균류는 사멸되며, 물속에 담가 물을 완전히 흡수하게 하여 공기가 모두 사라진 목재는 균해를 입지 않는다.

2) 충해

목재의 유해 곤충류 중 충해를 가장 많이 일으키는 것은 흰개미이다. 흰개미는 열대 및 온대에 많이 서식하며 한대에서는 살지 않는다. 흰개미의 피해 정도는 수종에 따라 다르다. 흰개미에 유해한 성분 또는 자극적인 성분을 갖고 있거나 흰개미에게 필요한 영양물질을 별로 갖고 있지 않으며 경도가 큰 수종은 흰개미가 싫어하여 피해가 적다. 일반적으로 침엽수는 활엽수보다 곤충에 대한 저항력이 약한 경향이 있으며, 소나무, 삼나무, 솔송나무, 밤나무 등을 비롯해 충해를 받지 않는 수종은 거의 없으나 회나무, 느티나무 등은 저항력이 약간 크다.

3) 풍화

목재가 장기간 대기에 노출되면 비바람, 한서의 반복에 의해 유지분이 발산되고 광택이 감소하고 색조가 혼탁해지고 조직이 연화되며 강도 및 탄성이 감퇴하는 현상을 풍화라 한다. 풍화가 진행되면 수분을 흡수하기 쉽고 균류의 생식에 적당하므로 부패하기 쉽다. 우리나라는 계절적으로 비바람 및 기온의 차가 커서 풍화가 쉽게 발생한다.

4) 물리적 마모

조경분야의 목재시설은 이용자들과의 직접적인 접촉에 의해 물리적 마모가 일어나 내구성이 낮아지는데, 이는 목재 이용에 있어 큰 단점이다.

5) 화학적인 변질

목재를 구성하는 주요물질인 섬유소, 리그닌, 반섬유소 및 이 밖의 각종 함유성분은 시간이 지남에 따라 용탈되거나 변질된다. 또한 리그닌은 시간이 지나면서 줄어들어 목질부 구성이 취약해진다.

## 바. 목재의 흠

목재의 흠은 생목이나 추가적인 가공, 건조 과정에서 발생하는데, 시설물의 외관을 손상시킬 뿐만 아니라 강도 및 내구성을 저하시키는 경우가 많다. 국립산림과학원고시 제2009-1호(침엽수 구조용제재 규격)에서는 〈표 7-14〉와 같은 '침엽수 구조용 제재의 등급별 품질기준에 따른 결점의 측정방법'을 제시하고 있다.

〈표 7-14〉 **침엽수 구조용 제재의 등급별 품질기준에 따른 결점의 측정방법**

<table>
<tr><th colspan="2">항목</th><th>측정방법</th></tr>
<tr><td rowspan="5">옹이</td><td>지름</td><td>1. 옹이의 지름은 옹이가 있는 재면의 길이방향에 평행하도록 옹이의 양 끝에 그은 접선 사이의 거리로 한다.<br>2. 지름이 짧은 지름의 2.5배 이상인 경우의 지름은 실측지름의 1/2로 한다.</td></tr>
<tr><td>위치</td><td>옹이의 중심이 있는 곳에서 옹이지름을 측정한다.</td></tr>
<tr><td>재의 가장자리</td><td>재의 모서리로부터 나비의 1/4의 거리 내에 위치한 부위를 말한다.</td></tr>
<tr><td>지름비</td><td>1. 지름비는 옹이지름의 재의 나비에 대한 백분율로 한다.<br>2. 연속되는 인접 2재면 또는 3재면에 있는 옹이는 옹이의 횡단면만을 지름비 계산에 포함한다.</td></tr>
<tr><td>모인옹이 지름비</td><td>모여 있는 옹이의 지름비는, 재의 길이 중 150mm 이내에 집중되어 있는 각 옹이 지름의 합계치를 재의 나비에 대하여 나눈 백분율로 한다.</td></tr>
<tr><td colspan="2">둥근모</td><td>둥근모가 있는 재면에서 둥근모의 나비에 대한 재 나비의 백분율로 한다.</td></tr>
<tr><td rowspan="2">할열</td><td>분할</td><td>재의 끝면에서 갈라진 곳까지의 재장에 평행한 거리로 한다.</td></tr>
<tr><td>윤할</td><td>재의 끝면에서 윤할의 재 두께방향 거리로 한다. 한쪽에 2개 이상 있을 때에는 가장 큰 거리를, 양쪽에 있을 때에는 양쪽에 있는 가장 큰 거리의 합계로 한다. 재면에 위치한 윤할은 재장에 평행한 길이로 측정한다.</td></tr>
<tr><td colspan="2">평균 연륜폭</td><td>횡단면의 평균 연륜폭은 연륜에 대하여 수직방향의 동일 직선상에서 연륜폭이 완전한 것 전체의 평균으로 한다.</td></tr>
<tr><td colspan="2">섬유주행경사</td><td>길이 방향에 대한 섬유주행경사의 높이의 비로 한다.</td></tr>
<tr><td colspan="2">측면 굽음</td><td>재의 길이에 대한 안쪽으로 굽은 면의 최대굽음 깊이의 백분율로 한다.</td></tr>
</table>

자료: 국립산림과학원고시 제2009-1호(침엽수 구조용제재 규격)

1) 옹이

옹이는 수간부와 가지가 접합하는 곳에서 발생되며, 생옹이와 죽은옹이로 구분된다. 생옹이는 성장 중인 가지가 말려 들어가 수간부와 단단히 연결된 옹이로 강도에 영향을 미치지 않지만, 죽은옹이는 말라 죽은 가지가 말려들어 가서 생긴 것으로 주위의 목질과 독립되어 있다. 옹이가 있는 목재는 인장 및 휨 강도가 저하되거나 경질화되어 가공을 어렵게 하는 요인이 되기도 하며 목재 사용 후 부패의 원인이 되기도 하므로 옹이 발생 부위의 처리와 구조적인 면을 고려하여 사용해야 한다.

2) 갈라짐

불균일한 건조 및 수축에 의해 발생하는 것으로, 여러 가지 모양으로 나타난다. 종류는 갈라지는 형상 및 위치에 따라 벌목 후 건조수축에 의해 생긴 심재성형갈림, 침입된 수분이 동결하여 팽창된 결과 생긴 변재성형갈림, 수심의 수축이나 균의 작용에 의해 생긴 원형갈림으로 구분할 수 있다.

3) 껍질박이

껍질박이는 수목이 성장하는 도중 수목 세로방향의 외상으로 수피가 말려 들어 간 것으로, 목재를 사용하는 데 지장을 준다.

4) 휨

목재 면의 방향에 따라 수축률이 달라 목재 건조과정에서 단면의 변형이 일어나므로 부재의 단면이 원래 원하던 형태와 달라진다.

5) 연륜 간격의 차이

연륜 간격은 방향, 바람, 지형에 의해 달라지는데, 활엽수는 바람이 불어오는 방향과 경사면의 윗부분으로 넓어지고 침엽수는 이와 반대이다. 또한 같은 수목일지라도 남쪽은 햇볕을 더 받으므로 연륜이 다른 쪽보다 넓어지는데, 이것을 연륜 간격의 차이라고 한다.

## 8. 국내외 주요 목재

### 가. 주요 국내목재의 성질

우리나라의 목재 자급률은 점진적으로 증가해 왔다. 산림청 통계를 보면 2012년에 16.2%였으며, 2013년 17.1%로 예상되고 있으며, 2030년에는 24%까지 끌어올린다는 목표를 갖고 있다. 과거 치산녹화를 위해 경제림으로 심어온 낙엽송, 잣나무, 백합나무, 편백나무 등이 자라면서 목재자원으로 가치가 커지고 있으며, 국가적으로도 「목재의 지속가능한 이용에 관한 법률」의 제정이나 목재이용 캠페인 등으로 국내산 목재의 사용이 증가할 것으로 전망되고 있다. 최근 조경분야에서도 아까시나무를 이용한 놀이시설이나 리기다 및 낙엽송 방부목을 사용하는 등 국내산 목재의 사용이 증가하고 있다(〈표 7-15〉 참조).

### 나. 주요 수입목재의 성질

수입목재는 남양재(南洋材)와 북양재(北洋材)로 구분된다. 남양재는 아시아의 남방지역인 인도네시아, 필리핀, 파푸아뉴기니, 말레이시아 등 열대우림지역에서 생산되는 열대 활엽수 경재를 총칭한다. 남양재의 주종은 나왕이며, 이 밖에 티크, 마호가니, 켐파스, 멀바우, 말라스, 부켈라, 월넛, 크루인 등이 있다. 북양재는 미국, 캐나다, 러시아, 뉴질랜드 등에서 자라는 온대림 및 한대림 침엽수인 연재로서 뉴송, 미송, 더글라스 퍼, 레드우드, 폰데로사 파인, 스프루스 등이 있다.

우리나라는 침엽수의 수입이 상대적으로 많다. 국가별 주요수입국은 침엽수는 뉴질랜드에서 가장 많이 수입하고, 이 밖에 미국, 캐나다, 오스트레일리아 등이며, 활엽수는 파푸아뉴기니, 말레이시아, 솔로몬군도 등에서 주로 수입하고 있다. 수종별로 침엽수는 라디에타소나무가 압도적으로 많고, 이 밖에 햄록, 더글라스 퍼, 스프루스, 활엽수는 메란티, 참나무, 케루잉, 단풍나무 등을 수입하고 있다(〈표 7-16〉 참조).

〈표 7-15〉 주요 국내목재의 성질

| 수종 | 외관적 성질 | | | | 물리적 성질 | | | 역학적 성질(MPa) | | | 기타 | | | | 용도 |
|---|---|---|---|---|---|---|---|---|---|---|---|---|---|---|---|
| | 연륜 형태 | 심재의 색 | 변재의 색 | 심변재의 구분 | 기건비중 | 수축성 | 흡수성 | 휨강도 | 압축강도 | 전단강도(방사) | 경도 | 가공성 | 건조성 | 내후성 | |
| 잣나무 (Pinus koraiensis Sieb. et Zucc.) | 뚜렷 | 황홍 | 담홍 황백 | 뚜렷 | 0.45 | 낮음 | 보통 | 75.7 | 41.7 | 9.2 | 보통 | 보통 | 양호 | 불량 | 건축, 가구, 포장, 합판, 펄프, 목탄 |
| 리기다소나무 (Pinus rigida Mill) | 뚜렷 | 담황 | 담황 백색 | 뚜렷 | 0.53 | 보통 | 낮음 | 89.2 | 46.1 | 9.9 | 높음 | 보통 | 양호 | 보통 | 경구조, 토목, 포장, 펄프 |
| 해송 (Pinus thunbergii Parl.) | 뚜렷 | 적갈황 | 담백색 | 뚜렷 | 0.54 | 보통 | 보통 | 97.5 | 56.0 | 12.9 | 보통 | 보통 | 양호 | 불량 | 경구조, 가구, 포장, 펄프 |
| 소나무 (Pinus densiflora Sieb. et Zucc.) | 뚜렷 | 적갈 | 담적 황백 | 뚜렷 | 0.47 | 보통 | 보통 | 73.2 | 42.2 | 9.5 | 보통 | 보통 | 양호 | 보통 | 경구조, 토목, 포장, 합판, 펄프 |
| 낙엽송 (Larix leptolepis) | 뚜렷 | 적갈 | 담황백 | 뚜렷 | 0.61 | 보통 | 보통 | 96.7 | 52.2 | 11.1 | 높음 | 불량 | 양호 | 양호 | 건축구조, 토목, 포장, 합판, 펄프 |
| 전나무 (Abies holophylla Maxim) | 뚜렷 | 황백색 | 담황백 | 뚜렷 | 0.40 | 높음 | 낮음 | 51.0 | 36.4 | 11.1 | 낮음 | 보통 | 양호 | 보통 | 건축구조, 가구, 포장 |
| 삼나무 (Cryptomeria aponica) | 뚜렷 | 암적갈 | 담황백 | 뚜렷 | 0.45 | 낮음 | 높음 | 60.0 | 36.7 | 10.2 | 높음 | 양호 | 양호 | 양호 | 건축구조, 가구, 포장, 합판 |
| 편백 (Chamaecyparis obtusa Sieb. et Zucc.) | 뚜렷 | 담황갈 | 담황백 | 흐림 | 0.49 | 낮음 | 낮음 | 89.5 | 53.6 | 13.9 | 높음 | 보통 | 양호 | 보통 | 경구조, 토목, 가구, 조각, 합판 |
| 이태리포플러 (Populus euramericana Guinir.) | 흐림 | 회갈 | 담황갈 | 흐림 | 0.35 | 낮음 | 보통 | 64.3 | 31.1 | 8.0 | 보통 | 보통 | 양호 | 불량 | 젓가락, 포장, 펄프 |
| 수양버들 (Salix babylonica L.) | 뚜렷 | 담황갈 | 담황백 | 흐림 | 0.50 | 보통 | 보통 | 56.2 | 29.3 | 10.2 | 보통 | 불량 | 보통 | 불량 | 젓가락, 포장, 펄프 |
| 박달나무 (Betula schmidtii Regel) | 흐림 | 담홍갈 | 담황갈 | 뚜렷 | 0.93 | 보통 | 낮음 | 129.4 | 122.2 | 18.7 | 높음 | 불량 | 보통 | 보통 | 건축, 가구 기구 |
| 가래나무 (Juglans mandshurica Maxim.) | 뚜렷 | 적갈 | 암갈 | 뚜렷 | 0.53 | 보통 | 보통 | 114.4 | 48.9 | 13.6 | 보통 | 보통 | 양호 | 불량 | 가구, 내장, 조각, 공예 |
| 오리나무 〔Alnus japonica (Thunb.) Steud.〕 | 흐림 | 담적갈 | 담적갈 | 흐림 | 0.55 | 보통 | 높음 | 59.5 | 36.9 | 9.9 | 보통 | 보통 | 양호 | 불량 | 내장, 가구, 조각, 공예, 제기 |
| 서어나무 (Carpinus laxiflora Blume) | 흐림 | 담황백 | 황백 | 흐림 | 0.73 | 높음 | 높음 | 96.0 | 61.5 | 15.7 | 높음 | 보통 | 보통 | 불량 | 가구, 악기, 기구, 버섯재배 |

| 수종 | 외관적 성질 | | | | 물리적 성질 | | | 역학적 성질(MPa) | | | 기타 | | | | 용도 |
|---|---|---|---|---|---|---|---|---|---|---|---|---|---|---|---|
| | 연륜 형태 | 심재의 색 | 변재의 색 | 심변재의 구분 | 기건비중 | 수축성 | 흡수성 | 휨강도 | 압축강도 | 전단강도(방사) | 경도 | 가공성 | 건조성 | 내후성 | |
| 상수리나무<br>(Quercus acutissima Carruth.) | 매우 뚜렷 | 담갈 | 담홍 백색 | 뚜렷 | 0.82 | 높음 | 보통 | 124.5 | 61.3 | 21.0 | 보통 | 보통 | 불량 | 불량 | 가구, 건축 기구, 펄프 |
| 떡갈나무<br>(Quercus dentata Thunb.) | 매우 뚜렷 | 농회갈 | 담갈백 | 뚜렷 | 0.88 | 높음 | 보통 | 105.5 | 57.8 | 20.7 | 낮음 | 보통 | 불량 | 양호 | 가구, 건축, 기구, 펄프 |
| 느릅나무<br>(Ulmus davidiana var. japonica Nakai) | 매우 뚜렷 | 암갈 | 갈회백 | 뚜렷 | 0.69 | 매우 높음 | 매우 높음 | 89.2 | 42.5 | 14.8 | 보통 | 불량 | 보통 | 불량 | 가구, 건축, 기구, 합판 |
| 느티나무<br>(Zelkova serrata Makino) | 매우 뚜렷 | 황갈 | 담황갈 | 뚜렷 | 0.69 | 보통 | 높음 | 94.0 | 37.5 | 15.5 | 낮음 | 보통 | 보통 | 보통 | 가구, 건축, 조각, 공예 |
| 양버즘나무<br>(Platanus occidentalis L.) | 뚜렷 | 담적갈 | 담황갈 | 약간 불명 | 0.59 | 높음 | 높음 | 72.5 | 31.2 | 14.0 | 낮음 | 보통 | 양호 | 불량 | 가구, 악기 |
| 산벚나무<br>(Prunus sargentii Rehder) | 흐림 | 적갈 | 담황갈 | 뚜렷 | 0.63 | 낮음 | 낮음 | 77.8 | 37.0 | 11.9 | 높음 | 보통 | 보통 | 양호 | 가구, 건축내장, 조각, 공예, 악기 |
| 아까시나무<br>(Robinia pseudo-acacia L.) | 뚜렷 | 녹갈 | 황백 | 뚜렷 | 0.74 | 보통 | 보통 | 118.8 | 64.8 | 20.2 | 높음 | 불량 | 불량 | 양호 | 건축, 토목, 포장, 기구 |
| 가죽나무<br>(Ailanthus altissima Swingle) | 뚜렷 | 담적황 | 담황백 | 흐림 | 0.65 | 보통 | 보통 | 112.8 | 41.2 | 13.9 | 높음 | 보통 | 보통 | 불량 | 건축(내장), 가구, 기구 |
| 고로쇠나무<br>(Acer mono Maxim.) | 흐림 | 담갈 | 황백 | 흐림 | 0.70 | 보통 | 낮음 | 89.6 | 43.4 | 14.2 | 높음 | 보통 | 보통 | 불량 | 건축(내장), 가구, 조각, 공예 |
| 음나무<br>〔Kalopanax pictus (Thunb.) Nakai〕 | 매우 뚜렷 | 담황갈 | 담황백 | 뚜렷 | 0.61 | 보통 | 낮음 | 75.2 | 33.7 | 10.1 | 보통 | 보통 | 보통 | 불량 | 건축(내장), 가구, 조각 |
| 층층나무<br>(Cornus controversa Hemsl.) | 약간 불명 | 담홍 황백 | 담황백 | 흐림 | 0.60 | 높음 | 보통 | 86.2 | 40.6 | 14.8 | 보통 | 보통 | 보통 | 불량 | 조각, 기구, 합판 |
| 물푸레나무<br>(Fraxinus rhynchophylla Hance) | 매우 뚜렷 | 담황갈 | 담녹 황갈 | 흐림 | 0.75 | 낮음 | 보통 | 116.8 | 57.0 | 19.1 | 낮음 | 양호 | 보통 | 불량 | 건축(내장), 가구, 기구, 합판 |
| 참오동나무<br>(Paulownia tomentosa Uyeki) | 매우 뚜렷 | 담자 | 담홍백 | 불명 | 0.24 | 낮음 | 낮음 | 43.7 | 15.2 | 4.9 | 낮음 | 불량 | 양호 | 불량 | 건축(내장), 가구, 악기, 조각 |

〈표 7-16〉 주요 수입목재의 성질

■ 남양재

| 수종 | 생산지 | 성장특성 | 성질 | 용도 |
|---|---|---|---|---|
| 칼로필룸 (Calophyllum macrocarpum L.) | 인도, 미얀마, 타이, 인도차이나, 뉴기니, 솔로몬 등 | 수고 30~40m, 흉고직경 40~45cm, 수간통직 | • 변재와 심재의 색깔 차이 명료, 변재는 담황갈색, 심재는 도갈색 또는 적갈색<br>• 기건비중 0.50~0.90 | 경구조용재, 가구, 합판 |
| 켐파스 (Koompassia malaccensis Maing. Et Benth.) | 말레이반도, 보르네오, 수마트라 | 수고 40~50m, 흉고직경 80cm, 수간통직 | • 변재, 심재 구분이 명료<br>• 강도 높으나 가공성이 다소 불량<br>• 기건비중 0.80~0.95 | 침목, 중구조용재, 바닥재, 전주, 갱목 |
| 백라왕 (Shorea agami Ashton) | 사바, 사라와크 지방에 많이 분포 | 수고 40~50m, 흉고직경 100~200cm, 수간통직 | • 벌채 시 횡단면은 백색에 가깝지만, 외기에 놓아 두면 황갈색의 가죽색같이 변함.<br>• 기건비중은 0.50~0.80 | 합판, 보드, 일반구조재, 넓은판재 |
| 멀바우 (Intsia spp.) | 타이, 인도차이나, 말레이반도, 뉴기니섬 | 수고 40~50m, 흉고직경 100cm 전후 | • 변재와 심재 구별 명료<br>• 가공이 어려우나 대패질 및 톱질 양호하고 건조성 좋음.<br>• 기건비중 0.74~0.90 | 장식용 고급재, 판넬, 가구, 악기, 중구조용재 |
| 머르사와 (Anisoptera costata Korth) | 말레이시아, 타이, 캄보디아, 필리핀 | 수고 50m를 넘는 대목, 흉고직경 80cm, 수간 통직 | • 변재와 심재 구별 불명확하고 변재 밝은색<br>• 건조시간 길고 충해에 약하여 옥외사용 불리<br>• 기건비중 0.5~0.7 | 경구조용재, 창틀, 내장용재, 실용가구 |
| 니아토 (Palaquim rostratum Burck) | 열대 및 아열대에 광범위하게 분포 | 수고 20~40m, 흉고직경 20~80cm, 수간통직 | • 변재와 심재 구별 명확, 심재는 적갈색<br>• 가공성 및 건조성 양호<br>• 기건비중 0.6~0.7 | 장식용 건축재, 가구재, 악기재, 고급합판, 단판무늬목 |
| 티크 (Tectona grandis Linn. F.) | 인도, 미얀마, 타이, 라오스 | 수고 20m 전후, 흉고직경 60~80cm, 수간통직 | • 심재는 독특한 금갈색, 변재는 황백색<br>• 기계적 성질 강하고, 가공 용이, 내구성 강함.<br>• 기건비중 0.55~0.70 | 고급가구재, 조각재, 고급장롱, 고급내장재 |
| 부켈라 〔Burckella bovata (Forst.) Pierre.〕 | 파푸아뉴기니, 솔로몬 | 수피 회갈색 | • 심재와 변재 구별 불명확, 심재는 담적갈색<br>• 기건비중 0.59~0.79 | 가구용재, 내장재 |
| 카나리움 (Canarium spp.) | 동남아시아, 남태평양, 오스트레일리아, 아프리카, 중남미 등 광범위 | 수고 40~50m, 수피는 회색 | • 심재와 변재 구별 불명확<br>• 가공성은 좋으나 균 및 충해에 약함.<br>• 기건비중 0.50~0.65 | 경구조용재, 가구용재, 합판용재 |
| 말라스 (Homallium foetidum Bth.) | 인도, 스리랑카, 미얀마, 타이, 인도차이나, 동남아시아 도서, 뉴기니, 솔로몬 | 수고 45m, 흉고직경 40~50cm | • 변재와 심재의 구분 불명확<br>• 톱질, 대패질, 연마 등 가공성 양호하나 할렬 심함.<br>• 기건비중 0.77~1.06 으로 단단함. | 조경용재, 중구조용재, 교량용재, 합판 |
| 타운 (Pometia pinnata Forster) | 스리랑카, 안다만, 동남아시아, 뉴기니, 태평양제도 | 수고 30~40m, 흉고직경 70~80cm, 수간통직 | • 변재와 심재 구분 불명확<br>• 가공성 양호<br>• 기건비중 0.54~0.81 | 가구용재, 합판 |
| 부빙가 (Guibourtia tessmannii J. Leonard) | 아프리카 | 수고 24~30m, 흉고직경 80~150cm, 수간통직 | • 변재와 변재 구분 명료<br>• 강도가 강하고 가공성 및 내구성 양호<br>• 기건비중 0.80~0.95 | 합판, 마루판, 조각용재, 장식재, 무늬단판, 고급가구재 |

■ 북양재

| 수종 | 생산지 | 성장특성 | 성질 | 용도 |
|---|---|---|---|---|
| 미송 〔Pseudotsuga menziesii (Mirb.) Franco.〕 | 북미대륙 서부 | 수고 50m, 흉고직경 100~200cm | • 재색은 등적색 또는 적백색<br>• 건조 빠르고 양호하며 가공성 좋음.<br>• 기건비중 0.51로 침엽수재로는 약간 무거운 편 | 조경용재, 구조용재, 건축자재, 합판 |
| 미국가문비 (Picea engelmanii Parry) | 캐나다 브리티시콜롬비아주부터 뉴멕시코주 | 수고 20~40m, 흉고직경 45~90cm | • 재색은 백황갈색, 연륜 뚜렷<br>• 절단, 건조 양호하며, 내후성 낮음.<br>• 기건비중 0.38~0.45로 가벼움. | 조경용재, 건축용재, 악기재, 가구, 합판 |
| 라디에타 소나무 (Pinus radiata D. Don) | 미국 캘리포니아 남부, 세계적으로 조림목으로 많이 생산 | 생장이 빨라 20년 지나면 수고 30m, 직경 50cm | • 연륜 불명확<br>• 건조 빠르고 가공 용이하나 내구성 낮음.<br>• 기건비중 0.48 정도 | 구조용재, 합판, 가구재, 섬유판 |
| 레드우드 〔Sequioa sempervirens (D. Don) Endi.〕 | 미국 오리곤주 남서부, 캘리포니아 몬터레이 등 | 수고 60~100m, 흉고직경 300~500cm, 대형상록침엽수 | • 변재는 백색, 심재는 농적갈색으로 명확히 구분<br>• 가공 및 마무리 용이하고 내후성 높음.<br>• 기건비중은 0.41로 가벼움. | 조경용재, 가구, 마루판 |
| 미국솔송나무 〔Tsuga heterophylla (Raf.)s Sarg.〕 | 알래스카에서 캘리포니아 북서부 | 수고 50~60m, 흉고직경 150cm, 상록침엽수 | • 변재 담갈색, 심재 담황갈색으로 구분 불명확<br>• 가공 및 건조 양호하나 내후성 낮음.<br>• 기건비중 0.46~0.47 | 조경용재, 건축용재, 마루판, 조각재 |
| 소련가문비 (Picea jezonensis Carr.) | 시베리아 대륙, 연해주, 사할린, 쿠릴열도, 북해도 | 수고 30~35m, 흉고직경 100cm, 상록침엽수 | • 심재와 변재 구별 불명확, 심재 담홍갈색<br>• 나무결 정교하고 재질이 유연하며 수축률 적음.<br>• 기건비중 0.5~0.6 | 건축용재, 가구재, 조각재, 최고급 펄프 |

## 9. 목재의 가공

### 가. 벌목 및 제재

벌목 시기는 계절로는 수간 중에 수액이 적고 운동이 적은 추동기가 좋으며, 수목의 성장시기로 보면 전 수령의 2/3 정도의 장목이 재적도 많고 재질도 견고하여 벌목에 가장 유리하다.

제재(sewing)는 원목으로부터 원하는 목재를 얻어내기 위한 가공단계이다. 일반적으로 공정의 순서는 원목 박피, 길이 절단 등 예비공정을 거쳐 제재공정으로 들어가며 마지막으로 등급 분류, 건조, 포장하여 제품이 만들어진다. 목재를 제재할 때는 나무결이나 홈 등에 주의하여 폐목재가 적게 발생하도록 계획해야 한다. 나무로부터 목재를 얻어내는 체적비율을 취재율(取材率)이라 하는데, 보통 침엽수는 60~75%, 활엽수는 40~60%이다.

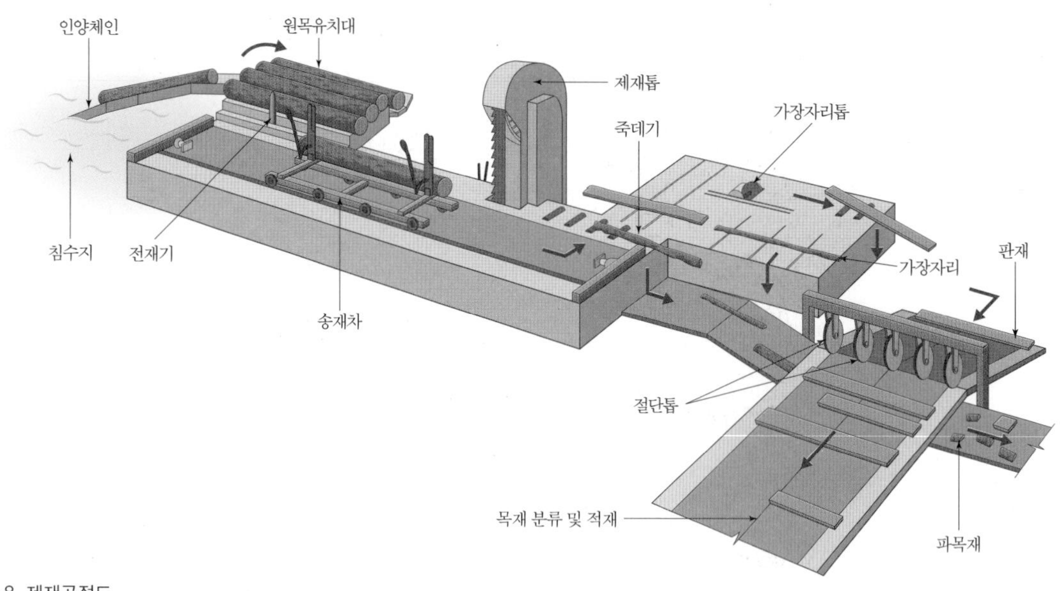

7-8 제재공정도

## 나. 건조

목재의 건조(seasoning)는 내부에 있는 수분이 외부로 이동하여 표면에서 증발하는 것을 말한다. 수분의 증발에 관계하는 요인은 온도, 습도, 풍속으로, 온도가 높고 습도가 낮으며 풍속이 빠르면 건조가 빠르다. 건조를 하면 중량의 경감, 강도 증진, 수축·균열·변형의 방지, 부패균류·곤충의 침입 방지, 도포·방부·접착 효과의 증진 등 다양한 효과를 얻을 수 있다.
건조방법은 크게는 자연건조와 인공건조로 구분하며, 어느 정도 자연건조가 된 상태에서 인공건조를 하는 것이 바람직하다.

### 1) 자연건조

자연상태에서 목재를 건조하는 것은 특별한 장치를 필요로 하지 않으므로 경비가 적게 들어 많은 목재를 일시에 건조시킬 수 있는 이점이 있다. 반면 건조시간이 길며 넓은 장소가 필요하고 변색이나 부패 등 손상을 입기 쉬운 결점이 있다.
(1) 대기건조: 대기 중에서 목재를 건조시키는 방법으로, 간단하고 비용이 적게 들지만 건조시간이 길다. 습하지 않은 곳에서 지면으로부터 40~50cm 이격시키고 직사광선과 비를 피하고 공기의 유통이 잘되도록 하여 건조하며, 일정시간 간격으로 뒤집어 쌓아 골고루 건조되게 한다.

(2) 침수건조: 대기건조의 보조수단으로 생목을 수중에 3～4주 동안 담가 수액을 용탈시키는 것으로, 대기건조 기간을 단축할 수 있다.

## 2) 인공건조

인공건조는 건조를 위해 인위적으로 만들어진 시설을 사용하는 것으로, 단시간 내에 원하는 함수율까지 건조할 수 있으나, 시설비용이 많이 들며 급속한 건조에 따른 목재의 균열, 휨 등의 부작용이 발생할 수 있다. 인공건조는 사전에 1～3개월 자연 건조된 목재를 사용하고, 건조 시 목재를 잘 쌓아야 균질하게 건조되며, 건조 후 서서히 온도가 내려가도록 하는 것이 좋다.

(1) 훈연건조: 연소가마를 건조실 내에 장치하고 나무 부스러기, 톱밥 등을 태워서 나는 연기를 이용하여 건조시키는 방법이다. 이 방법은 실내온도의 조절이 어렵고 화재가 일어나기 쉬운 단점이 있다.

(2) 전열건조: 전기를 열원으로 사용하여 건조시키는 방법으로, 온도조절이

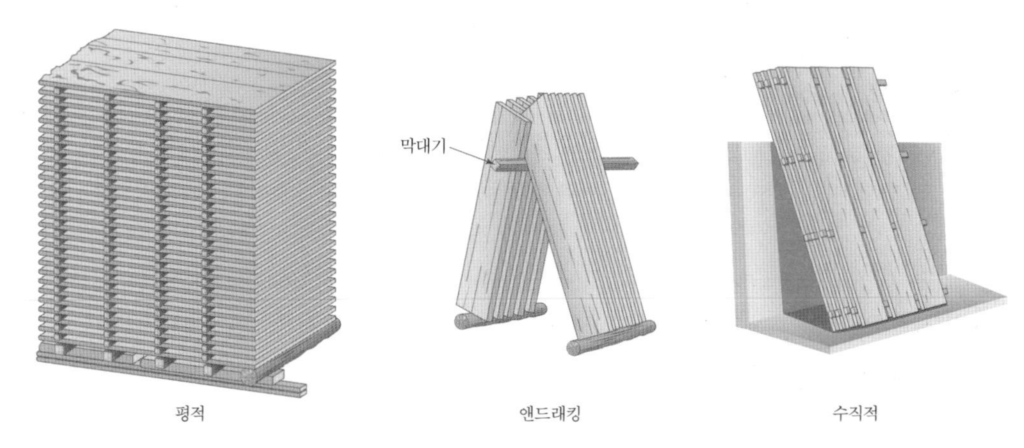


7-9 목재의 대기건조 시 잔적방법

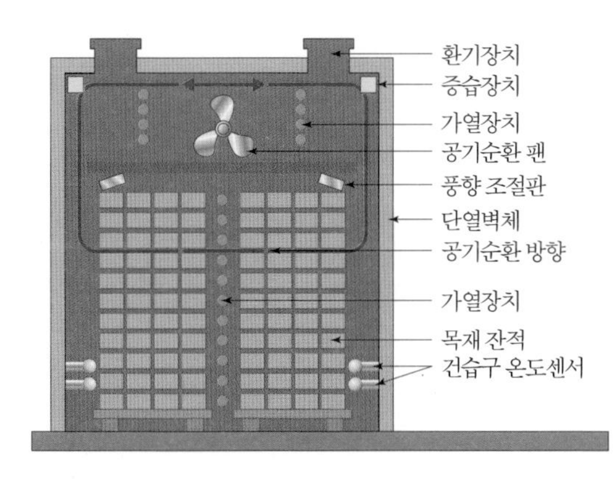


7-10 열기건조실의 구성

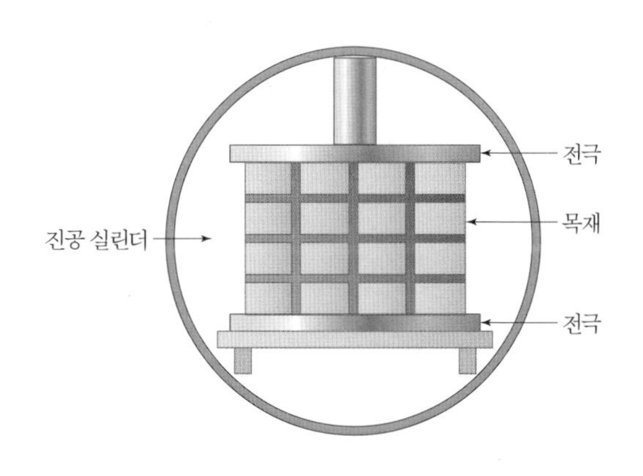


7-11 고주파 진공건조실의 구성

용이하고 균질하게 건조할 수 있다.
(3) 연소가스건조: 연소탱크를 밖에 두고 연료를 완전 연소시켜 연소가스를 건조실로 보내 건조시키는 방법이다.
(4) 진공건조: 가열공기의 수증기의 압력을 저하하여 건조시키는 방법이다.
(5) 약품건조: 유지, 4염화, 에탄, 벤젠, 아세톤 등의 용제 또는 용제증기를 매체로 사용하여 목재를 높은 온도로 가열하여 급속히 함수율을 내려 건조시키는 방법이다.
(6) 고주파건조: 목재를 유도체로 하여 고주파 전장 내에 놓으면 고주파 에너지를 열에너지로 변화시켜 발열현상을 일으켜 건조한다. 이 방법은 건조시간이 짧으며 화재의 위험이 적고 건조작업이 간단하며 함수율이 극히 작은 장점이 있으나, 전력 소모가 크다.

## 10. 목재의 방부 및 방충

목재를 방부 처리(preservative treatments)하면 사용연한을 연장하여 경제적 가치를 향상시킬 수 있다. 목재 방부제는 1836년에는 크레오소트유가, 1838년에는 황산동이 수용성 방부제로 사용되었고, 1930년대에는 크롬·구리·비소화합물계 방부제(CCA)가 개발되어 한때 세계 방부시장의 90%를 차지했다. 그러나 인체 유해성 및 환경오염 피해가 우려되면서 2007년부터 CCA 방부제를 국내에서 사용하지 못하게 되어, 지금은 ACQ, CUAZ, CB-HDO 등의 사용이 크게 늘어났다. 그러나 불량 방부목에 대한 불신과 이미 사용된 CCA 방부목 처리에 따른 환경 유해성 논란이 계속되고 있다. 따라서 방부제로 사용되기 위해서는 다음과 같은 다양한 조건을 만족시켜야 한다.

① 인체, 동식물, 환경에 위해성이 적을 것
② 구조물에 사용된 금속을 부식시키지 말 것
③ 살균력 및 살충력이 클 것
④ 내후성에 대한 안정성이 있을 것
⑤ 목재에 침투가 잘되고 방부성이 클 것
⑥ 목재의 강도를 저하시키지 않을 것
⑦ 방부제가 저렴하며 방부 처리가 용이할 것
⑧ 목재의 인화성, 흡수성 증가가 없을 것

외부공간에서 사용되는 조경용 목재로 토공시설, 휴양시설, 놀이시설, 교양시설, 편의시설, 관리시설도 품질인증의 대상이 되므로 목재의 품질을

7 방부제 사용에 관한 법령
CCA 방부제는 크롬, 구리, 비소가 혼합된 수용성 방부제로서 조경용 목재의 주요한 방부법으로 사용되었다. 2007년 환경부 및 목재보존협회는 비소가 들어간 CCA 처리 목재에서 인체에 유해한 성분이 용출되고 환경에 악영향을 미치는 것을 이유로 CAA 방부제의 사용을 금지했다. 또한 CCA 방부처리 폐목재가 매립 처분될 경우 크롬, 구리, 비소가 침출수로 용해되어 방출될 수 있으므로 주의해야 한다. 관련 법령인 「환경보건법 시행령」 제16조(어린이 활동공간에 대한 환경안전관리기준) 제1항에 근거

하여 '(별표 2) 어린이활동공간에 대한 환경안전관리기준'에서도 어린이활동공간의 시설에 사용한 목재에는 다음의 방부제를 사용하지 못하도록 규정하고 있다.
가. 크레오소트유 목재 방부제 1호 및 2호(A-1, A-2)
나. 크롬·구리·비소 화합물계 목재 방부제 1호, 2호, 3호(CCA-1, CCA-2, CCA-3)
다. 크롬·플루오르화구리·아연 화합물계 목재 방부제(CCFZ)
라. 크롬·구리·붕소 화합물계 목재 방부제(CCB)
또한「어린이놀이시설 안전관리법 안전인증기준 부속서」'4. 안전요건, 4.1. 재료'에서는 '4.1.3 목재 및 관련 제품 목재 재질로 된 부분은 찌꺼기가 쌓이거나 물이 고이지 않도록 설계되어 있어야 한다. 지면과 닿는 부분에는 1) EN 350-2의 4.4.2항 목재 파괴균에 대한 천연내구성 분류 1등급 또는 2등급 목재 종류 사용, 2) KS F 3028(야외시설용 가압식 방부 처리 목재)에서 정한 사용 환경 범주 H3 이상의 가압방부 처리 목재 사용. 단, 인체와 접촉하는 부분에는 CCA(크롬, 구리, 비소 화합물)방부 목재 사용은 허용하지 않는다."라고 규정하고 있다.

유지하고 내구성을 증진하기 위해서는 방부 및 방충이 필요하다.
「목재의 지속가능한 이용에 관한 법률」 제17조(목재제품의 안전성 평가 등)에서는 목재제품을 생산, 판매 또는 이용할 때 사람과 환경에 물리적·화학적 피해가 발생하지 않도록 하기 위해 목재의 안전성 평가를 하도록 하고 있으며, 제21조(목재제품의 품질인증)에서는 목재제품의 원활한 유통, 품질향상 및 소비자보호를 위해 품질인증을 할 수 있도록 하고 있다. 품질표기는 방부목의 경우 사용환경, 처리약제, 수종, 함수율, 제조사명, 생산년월일 등을 표시해야 하고, 각재 및 판재의 경우 용도, 접착성, 등급, 수종, 치수, 생산자명 및 생산년월일을 표시해야 유통될 수 있다(그림 7-12).
이러한 목재의 보존처리는「산림자원의 조성 및 관리에 관한 법률」,「품질경영 및 공산품안전관리법」,「환경보건법」,「임업 및 산촌 진흥촉진에 관한 법률」 등 다양한 법률에 의해 규정되고 있다(〈표 7-17〉).[7]

H3-ACQ-낙엽송-MC20
산림목재-1005

임산물품질인증
인증번호 제 호
기 관 명

7-12 산림청 방부목 품질인증 표시

〈표 7-17〉 **보존처리목재 관련 법령**

| 관리부서 | 관련법령 | | 항목 | 기준 | 비고 |
|---|---|---|---|---|---|
| 산림청 | 「산림자원의 조성 및 관리에 관한 법률」 | 방부목재의 품질표시 | 사용방부제, 사용범주, 생산자 등 | 품질표시 | 강제제도 |
| 산업통상자원부 | 「품질경영 및 공산품안전관리법」 | 어린이놀이기구안전기준 | 재료안전요건 | 방부목재사용 | 강제제도 |
| 산림청 | 「임업 및 산촌 진흥 촉진에 관한 법률」 | 임산물품질인증 | 인증번호, 방부제, 범주, 생산자 등 | 우수제품인증 | 임의제도 |
| 환경부 | 「환경보건법」 | 어린이활동공간의 환경안전관리기준 | 크레오소트, 크롬, 비소 방부제 사용 여부 | 사용금지 | 강제제도 |
| 환경부 | 「유해물질관리법」 | 취급금지물질 | 오산화비소 및 0.1% 이상 함유한 혼합물질 | 사용금지 | 강제제도 |
| 국립산림과학원 | 과학원고시 | 목재의 방부방충처리 기준, 방부목재의 규격과 품질 | 방부처리규격 표시 | - | 권장규격 |
| 기술표준원 | 한국산업규격 | KS F 2219, KS F 3028, KS G 4213 | 방부처리규격 표시 | - | 권장규격 |

## 가. 목재 방부제의 종류

목재 방부제에 대해서는 한국산업표준 KS M 1701(목재 방부제) 및 국립산림과학원고시 제2011-4호(목재의 방부 · 방충처리 기준)에 관련 규정이 있으며, 유성 목재 방부제, 수용성 목재 방부제, 유화성 목재 방부제, 유용성 목재 방부제, 마이크로나이즈드 목재 방부제로 구분한다.

〈표 7-18〉 **목재 방부제의 종류**

| 구분 | 종류 | | 기호 |
|---|---|---|---|
| 유성 목재 방부제 | 크레오소트유 | 1호 | A-1 |
| | | 2호 | A-2 |
| 수용성 목재 방부제 | 크롬 · 구리 · 비소화합물계 | 1호 | CCA-1 |
| | | 2호 | CCA-2 |
| | | 3호 | CCA-3 |
| | 알킬암모늄화합물계 | | DDAC |
| | 크롬 · 플루오르화 구리 · 아연화합물계 | | CCFZ |
| | 산화크롬 · 구리화합물계 | | ACC |
| | 크롬 · 구리 · 붕소화합물계 | | CCB |
| | 구리 · 붕소 · 사이크로헥실다이아제니움다이옥시-음이온화합물계 | | CB-HDO |
| | 붕소화합물계 | | BB |
| | 구리 · 알킬암모늄화합물계 | 1호 | ACQ-1 |
| | | 2호 | ACQ-2 |
| | 구리 · 아졸화합물계 | 1호 | CUAZ-1 |
| | | 2호 | CUAZ-2 |
| 유화성 목재 방부제 | 지방산 금속염계 | | NCU |
| | | | NZN |
| 유용성 목재 방부제 | 유기요오드화합물계 | | IPBC |
| | 유기요오드 · 인화합물계 | | IPBCP |
| | 지방산 금속염계 | | NCu |
| | | | NZn |
| | 테부코나졸 · 프로피코나졸 · 3-요오드-2-프로페닐부틸카바메이트 | | Tebuconazole · Propiconazole · IPBC |
| 마이크로나이즈드 목재 방부제 | 마이크로나이즈드 구리 · 알킬암모늄화합물 | | MCQ |

1) 유성 목재 방부제

원액의 상태에서 사용하는 유상(油狀)의 목재 방부제로, 물에 의해 용출하는 경우가 극히 적으므로 물이 있거나 습한 장소에 적당하다.

2) 수용성 목재 방부제

물에 용해하여 사용하는 목재 방부제로, 무기화합물을 몇 종류 혼합하고 이에 수용성 유기화합물을 가하여 방부 및 방충 성능을 갖도록 한 혼합약제이다.

3) 유화성 목재 방부제

유성·유용성 목재 방부제를 유화제로 섞어 물로 희석해서 사용하는 방부제이다.

4) 유용성 목재 방부제

경유, 등유 및 유기용제를 용매로 용해하여 사용하는 목재 방부제로, 물에 의해 용출하는 경우가 극히 적으므로 물이 있거나 습한 장소에 적당하다.

5) 마이크로나이즈드 목재 방부제

성분을 초미립자 크기로 기계적으로 분쇄하고 물에 분산시켜 희석해서 사용하는 방부제이다.

### 나. 목재 방부제의 성능기준

목재 방부제는 기본적 성질인 방부성 이외에도 착화성, 착염성, 철 부식성, 흡습성, 침투성, 안정성 등 다양한 성능을 요구하며, 구체적 기준은 〈표 7-19〉와 같다.

〈표 7-19〉 목재 방부제의 성능 기준

| 성능 구분 | | 성능 기준 | | |
|---|---|---|---|---|
| 방부성 | | 평균 무게 감소율 | % | 3.0 이하 |
| 착화성 | | 처리 시험체의 착화 온도에서 무처리 시험체의 착화 온도를 뺀 값 | | −50°C 이상 |
| 착염성 | | 처리 시험체의 착염 온도에서 무처리 시험체의 착염 온도를 뺀 값 | | 0°C 이상 |
| 철 부식성 | | 철 부식비 | | 2.0 이하 |
| 흡습성 | | 흡습비 | | 1.2 이하 |
| 침투성 | | 평균 흡습량비 | | 0.5 이상 |
| 유화성* | 초기 안정성 | 분리율 | % | 1.0 이하 |
| | 장기 보존 안정성 | 분리율 | % | 1.0 이하 |
| | 반복 사용 시 방부제의 안정성 | 분리율 | % | 1.0 이하 |
| | | 유효 성분의 잔존율 | % | 100±10 |
| 비고 여기에서 초기 안정성, 장기 보존 안정성, 반복 사용 시 방부제의 안정성의 분리율 등의 %는 부피 백분율을, 반복 사용 시 방부제의 안정성의 유효 성분의 잔존율의 %는 질량 백분율을 나타내는 것이다. | | | | |

자료: KS M 1701(목재 방부제)

* 유화성 시험은 유화성 목재 방부제에 한하여 시험한다.

### 다. 목재의 사용환경 범주

목재의 사용환경 범주는 H1~H5 사용환경으로 구분하며 환경별 사용가능 방부제 및 처리방법은 〈표 7-20〉과 같다. 방부 처리 방법은 방부 처리 대상 목재의 용도, 희망하는 내구연한, 목재 함수율의 높고 낮음, 방부 처리 환

〈표 7-20〉 목재의 사용환경 범주에 따른 사용가능 방부제와 처리방법

| 사용환경 범주 | 사용환경 조건 | 적용대상 | 사용가능 방부제 | 처리방법 |
|---|---|---|---|---|
| H1 | 사용환경은 건조한 실내조건으로, 비나 눈을 맞지 않기 때문에 부후·흰개미 피해의 우려는 없으나, 건재해충에 대한 방충 성능과 변색 오염균(곰팡이)에 대한 방미(防黴) 성능 필요 | 가구, 벽체 프레임, 천장재, 천장 판넬 및 플로어링 등 | • BB, AAC,<br>• IPBC, IPBCP | 도포법<br>분무법<br>침지법 |
| H2 | 비와 눈을 맞지는 않으나 결로(結露)의 우려가 있는 조건 | 내장재로 습한 곳에 사용되는 벽체 프레임, 지붕재, 플로어링 등 | • ACQ, CCFZ, ACC, CCB, CUAZ, CB-HDO, MCQ<br>• NCU, NZN | 도포법<br>분무법<br>침지법 |
| H3 | 야외에서 눈비를 맞는 곳에 사용하는 목재로, 내구성이 요구되며 부후·흰개미 피해의 우려가 있는 조건. 야외 또는 습윤에 항상 노출되는 경우로 땅과 접하지 않아도 장기간 견디어 주기를 기대할 때 또는 야외이거나 습윤에 수시 노출되는 경우로 장기간의 효과를 기대할 때 사용 | 토대용 목재, 담장, 방음벽, 야외 접합부재, 금속 피복재, 파고라, 놀이시설, 야외용 의자, 통나무 등 지상부의 조경용재, 농용재, 건축구조물 부재 및 외벽재 등 | • ACQ, CCFZ, ACC, CCB, CUAZ, CuHDO, MCQ<br>• NCU, NZN | 침지법<br>가압법 |
| H4 | 토양 또는 담수(淡水)와 접하는 곳 등에 사용되는 목재로 부후·흰개미 피해의 우려가 있는 곳에서 고도의 내구성이 요구되는 조건 | 냉각탑재와 같이 항상 물과 접하는 목재, 오니처리장의 교반용재, 전주, 펜스지주목, 항목, 조경시설재, 철도침목, 담수잔교, 옹벽용재, 토사방지 사방용재, 강널말뚝 등이 포함됨. 다만 크레오소트로 처리된 목재는 사람과 직접 접촉이 되지 않는 철도침목, 항만공사 등 산업재로만 사용 | • ACQ, CCFZ, ACC, CCB, CUAZ, CB-HDO<br>• MCQ<br>• A | 가압법 |
| H5 | 바닷물과 접하는 곳 등에서 사용되는 목재로 해양천공충에 대한 고도의 내구성이 요구되는 조건 | 부두의 항목용재, 선박용 부교 및 잔교, 해안 토사유출방지 옹벽재 등이 포함됨. 다만 크레오소트로 처리된 목재는 사람과 직접 접촉이 되지 않는 철도침목, 항만공사 등 산업재로만 사용 | • A | 가압법 |

[국립산림과학원고시 제2011-4호(목재의 방부·방충처리 기준) 〈별표 1〉 사용환경 범주, 사용환경 조건, 사용가능 방부제 구분 참조]

경, 방부 처리 비용, 방부제의 종류, 방부제의 농도 관리 등 각종 조건을 고려하여 적정한 방법을 선택하도록 하고 있다. 외부공간에 사용되는 목재는 H3~H5 사용환경에 해당하는데, 이때 적용대상 목재는 가압 방부 처리를 해야 한다. 단, 목재 함수율이 높은 생재(80% 이상)일 경우 확산법 등 간이처리 방법으로도 목적을 달성할 수 있으면 가압법을 사용하지 않아도 된다.

### 라. 사용환경별 방부 처리재의 품질기준

1) 침윤도 기준

침윤도는 〈표 7-21〉의 사용환경에 따른 침윤도 적합기준을 만족시켜야 한다.

2) 흡수량 기준

흡수량은 〈표 7-22〉의 사용환경에 따른 흡수량 적합기준을 만족시켜야 한다.

### 마. 방부 처리 방법

방부 처리 방법은 우선적으로 사용환경 구분과 용도에 따라 결정되며, 이 밖에 기대하는 내용연수, 수종 및 규격, 처리 후 가공 여부, 공장처리 및 현장처리 여부, 방부제의 종류에 의해 결정된다. 방부 처리 전 목재의 함수율은 평균 30% 이하가 되도록 한다. 다만 확산법으로 처리할 목재는 함수율이 80% 이상인 생재나 살수 또는 물에 침지시켜 두었던 목재를 사용한다.

〈표 7-21〉 **침윤도 적합기준**

| 사용환경 범주 | 구분 | | 적합기준 | |
|---|---|---|---|---|
| | 재종 | 측정부위 | 측정부위의 침윤도(%) | 재면으로부터 침윤깊이(mm) |
| H1 | - | - | BB: 변재의 90 이상 | IPBC, IPBCP, AAC: 1 이상 |
| H2 | 변재 | 변재부분의 전층 | 80 이상 | - |
| | 심재 | 재면에서 10mm까지 | 50 이상 | 5 이상 |
| H3 | 변재 | 변재부분의 전층 | 80 이상 | - |
| | 심재 | 재면에서 10mm까지 | 80 이상 | 8 이상 |
| H4 | 변재 | 변재부분의 전층 | 80 이상 | - |
| | 심재(두께 90mm 이하 제재) | 재면에서 10mm까지 | 80 이상 | 8 이상 |
| | 심재(두께 90mm 이상 제재) | 재면에서 15mm까지 | 80 이상 | 12 이상 |
| H5 | 변재 | 변재부분의 전층 | 80 이상 | - |
| | 심재(두께 90mm 이하 제재) | 재면에서 15mm까지 | 80 이상 | 12 이상 |
| | 심재(두께 90mm 이상 제재) | 재면에서 20mm까지 | 80 이상 | 16 이상 |

〔국립산림과학원고시 제2011-4호(목재의 방부·방충처리 기준) 〈별표 2〉 침윤도 적합기준 참조〕

〈표 7-22〉 **흡수량 적합기준**

| 사용환경 | 약제명 | 기호 | 흡수량 적합기준 |
|---|---|---|---|
| H1 | 붕소 화합물 | BB | 붕산으로서 1.2kg/m³ 이상 |
| | 유기요오드화합물 | IPBC | IPBC로서 0.75g/㎡ 이상 |
| H2 | 크롬 · 구리 · 비소화합물 | CCA | CCA로서 1.8kg/m³ 이상 9.0kg/m³ 이하 |
| | 알킬암모늄 화합물 | AAC | DDAC로서 2.3kg/m³ 이상 또는 DBAC로서 3.0kg/m³ 이상 |
| | 구리 · 알킬암모늄화합물 | ACQ | ACQ로서 1.3kg/m³ 이상 |
| | 크롬 · 플루오르화구리 · 아연화합물 | CCFZ | CCFZ로서 4.0kg/m³ 이상 12kg/m³ 이하 |
| | 산화크롬 · 구리화합물 | ACC | ACC로서 4.5kg/m³ 이상 16kg/m³ 이하 |
| | 크롬 · 구리 · 붕소화합물 | CCB | CCB로서 4.5kg/m³ 이상 16kg/m³ 이하 |
| | 유기요오드 · 인계화합물 | IPBCP | IPBC로서 6g/m³ 이상, 클로르피리호스로서 18g/m³ 이상 |
| | 나프텐산구리 | NCU | 구리로서 유제는 0.4kg/m³ 이상, 유제는 0.5kg/m³ 이상 |
| | 나프텐산아연 | NZN | 아연으로서 유제는 0.8kg/m³ 이상, 유제는 1.0kg/m³ 이상 |
| | 구리 · 붕소 · 아졸화합물 | CUAZ | CUAZ로서 1.3kg/m³ 이상 |
| | 구리 · 붕소 · 사이크로핵실다이아제니움디옥시 · 음이온화합물 | CB-HDO | CB-HDO로서 2.0kg/m³ 이상 |
| H3 | 크롬 · 구리 · 비소화합물 | CCA | CCA로서 3.5kg/m³ 이상 10.5kg/m³ 이하 |
| | 알킬암모늄화합물 | AAC | DDAC로서 4.5kg/m³ 이상 또는 DBAC로서 6.0kg/m³ 이상 |
| | 구리 · 알킬암모늄화합물 | ACQ | ACQ로서 2.6kg/m³ 이상 |
| | 크롬 · 플루오르화구리 · 아연화합물 | CCFZ | CCFZ로서 6.0kg/m³ 이상 18kg/m³ 이하 |
| | 산화크롬 · 구리화합물 | ACC | ACC로서 6kg/m³ 이상 24kg/m³ 이하 |
| | 크롬 · 구리 · 붕소화합물 | CCB | CCB로서 6kg/m³ 이상 24kg/m³ 이하 |
| | 나프텐산구리 | NCU | 구리로서 유제는 0.8kg/m³ 이상, 유제는 1.0kg/m³ 이상 |
| | 나프텐산아연 | NZN | 아연으로서 유제는 1.6kg/m³ 이상, 유제는 2.0kg/m³ 이상 |
| | 구리 · 붕소 · 아졸화합물 | CUAZ | CUAZ로서 2.6kg/m³ 이상 |
| | 구리 · 붕소 · 사이크로핵실다이아제니움디옥시 · 음이온화합물 | CB-HDO | CB-HDO로서 3.0kg/m³ 이상 |
| H4 | 크레오소오트유 | A | 크레오소오트유로서 80kg/m³ 이상 |
| | 크롬 · 구리 · 비소화합물 | CCA | CCA로서 6.0kg/m³ 이상 18.0kg/m³ 이하 |
| | 구리 · 알킬암모늄화합물 | ACQ | ACQ로서 5.2kg/m³ 이상 |
| | 크롬 · 플루오르화구리 · 아연화합물 | CCFZ | CCFZ로서 8.0kg/m³ 이상 24kg/m³ 이하 |
| | 산화크롬 · 구리화합물 | ACC | AAC로서 9kg/m³ 이상 24kg/m³ 이하 |
| | 크롬 · 구리 · 붕소화합물 | CCB | CCB로서 9kg/m³ 이상 24kg/m³ 이하 |
| | 구리 · 붕소 · 아졸화합물 | CUAZ | CUAZ로서 5.2kg/m³ 이상 |
| | 구리 · 붕소 · 사이크로핵실다이아제니움디옥시 · 음이온화합물 | CB-HDO | CB-HDO로서 4.0kg/m³ 이상 |
| H5 | 크레오소오트유 | A | 크레오소오트유로서 170kg/m³ 이상 |
| | 크롬 · 구리 · 비소화합물 | CCA | CCA로서 7.5kg/m³ 이상 22.5kg/m³ 이하 |

〔국립산림과학원고시 제2011-4호(목재의 방부 · 방충처리 기준) 〈별표 3〉 흡수량 적합기준 참조〕

#### 1) 도포법

도포법은 침투 깊이가 5~6mm를 넘지 못하지만 가장 간단한 방법이다. 목재를 충분히 건조시킨 다음 균열된 곳이나 이음부 등에 주의하면서 페인트용 붓이나 롤러를 사용하여 약액을 충분히 빨아들이도록 강하게 눌러 칠하는 방법이다. 횟수는 최소 2회 이상 시행하는데, 마구리면은 다른 곳보다 흡수율이 높으므로 충분히 도포해야 한다. 크레오소트유를 사용할 때에는 80~90°C로 가열하여 침투가 용이하게 한다.

#### 2) 분무법

분무기를 사용하며, 약액이 마르기 전에 2~3차례 반복 살포한다. 흩날려 떨어지는 약액의 손실이 도포 때보다 1.5~2배 많다. 분무 시에는 바람을 등지고 해야 하며 반대편에 사람이 접근하지 않도록 수의한다. 높은 위치에 있는 목재를 방부할 때에는 분무하는 사람의 얼굴에 떨어지거나 눈에 들어가지 않도록 처리 부분보다 높은 위치에서 방부해야 한다.

#### 3) 침지법

목재를 약액에 넣고 모세관을 통해 약액이 침투하도록 하는 방법이다. 약제, 용매, 목재의 수종, 형상, 치수, 능률 등을 고려하여 처리장치나 침지시간을 결정해야 한다. 침지 전 목재 표면에 부착된 톱밥이나 먼지 등 이물질을 제거하고, 침지 시 겹침을 방지하기 위해 목재 사이에 잔목을 끼우거나 부력에 의해 목재가 떠오르는 것을 막기 위해 무거운 것으로 고정시킨다. 상온의 크레오소트유 등에 목재를 몇 시간 또는 며칠 동안 침지하는 것으로, 액을 가열하면 15mm 정도까지 침투한다. 침지법으로 상압 처리할 때 사용하는 목재 방부제는 수용성인 AAC와 유용성인 IPBC 및 IPBCP이며, 처리제품은 사용환경 범주 H1 사용환경에 사용할 수 있다.

#### 4) 확산법

약액을 목재 중에 확산 침투시키는 방법으로, 목재의 흡수율이 높은 경우에 사용이 가능하다. 사용되는 약제는 분자가 작아 확산하기 쉬운 것이어야 하고, 약제의 농도를 가급적 높게 하여 목재의 표면으로부터 내부로 확산되도록 한다. 확산법에 사용할 붕소·붕산화합물계 목재 방부제의 사용 농도는 30% 이상이며, 처리방법은 목재에 붕소·붕산화합물계 목재 방부제를 침지 또는 도포한 후 즉시 수평으로 쌓고 외부에서 수분이 들어오는 것을 차단할 수 있도록 방수포 등으로 피복하여 3주 이상 그 상태로 유지한 다음 피복물을 제거하고 1개월 이상 건조시켜야 한다. 처리제품은 사용환경 범주 H1 사용환경에 사용할 수 있다.

#### 5) 온냉욕법

방부를 위해 목재를 뜨거운 약액과 차가운 약액에 교대로 옮겨 방부하는

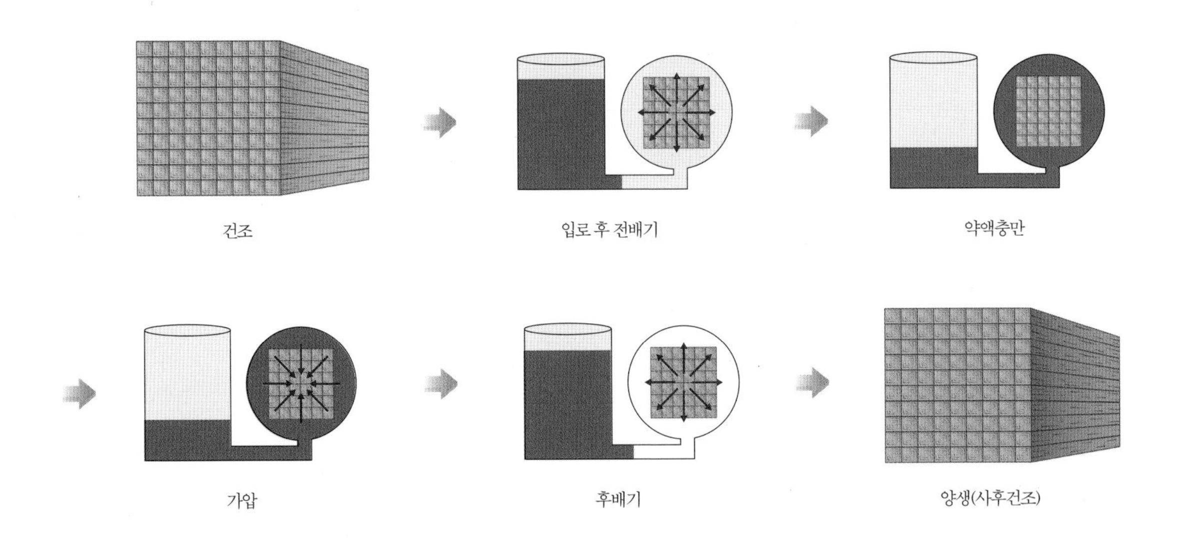


7-13 가압 방부 처리 과정도

| A | B |
|---|---|
| C | D |

7-14 가압 방부 처리 과정
A. 방부 처리 전 가공된 목재 → B. 입로 → C. 가압 방부 처리 직후 → D. 가압 방부 처리한 목재

방법이다. '뜨거운 약액 → 차가운 약액(급냉법)', '뜨거운 약액 → 그대로 방치(방냉법)'로 구분하는데, 방냉법은 급냉법보다 1.5~3배 이상 방부제를 흡수한다. 보통 약액의 가열온도는 수용성 방부제는 60~80℃, 유성 방부제인 크레오소트유는 90~110℃이며, 크롬 함유 수용성 방부제는 온도 상승 시 침전이 발생할 수 있어 60℃ 이하로 처리한다.

6) 가압식 주입 처리 방법[KS F 2219(목재의 가압식 방부 처리 방법) 참조]

가압법은 방부제를 가장 효과적으로 균일하고 깊게 침투시킬 수 있는 방법이다. 용제 및 약제의 종류는 목재의 용도, 함수율, 수종 및 형상 등에 따라 다르다. 일반적으로 침목, 전주, 항만용재, 교량재, 갱목, 조경재료, 목재방음벽, 토사유출방지용 사방재 등 장기간의 내용연수가 요구되는 것이 처리 대상이다.

가압 방부 처리 과정은 '목재 건조 → 입로 → 전배기 → 약액 충만 → 가압 → 후배기 → 양생'의 단계로 진행된다. 사전 건조된 목재를 원통형의 주약관에 넣고 밀폐하는 입로, 목재의 내부 공기를 최대한 뽑아내는 전배기, 주약관에 방부약액을 충만시키는 약액 충만, 일정한 압력으로 3~5시간 목재에 약액을 밀어넣는 가압, 방부약액을 회수하고 목재 표면의 과잉액을 회수하는 후배기, 약액의 정착을 위한 양생의 단계로 진행한다. 이러한 방부 처리 과정의 수종별 표준작업조건은 〈표 7-23〉과 같다.

〈표 7-23〉 수종별 표준작업조건

| 수종 | 용적량 (kg/m³) | 인사이징 (칼수/m²) | 전배기 (600mmHg) | 가압 (15kg/cm²) | 후배기 (600mmHg) | 정지 (분) | 압입량 (kg/m³) | 주입량 (kg/m³) |
|---|---|---|---|---|---|---|---|---|
| 햄록 | 550~600 | 3,500 | 30분 | 3시간 | 30분 | 30 | 250~300 | 200~300 |
| 아피통 | 720~970 | 〃 | 〃 | 〃 | 〃 | 〃 | 200~250 | 160~210 |
| 소나무 | 600~650 | 〃 | 〃 | 5시간 | 〃 | 〃 | 250~300 | 200~300 |
| 잣나무 | 450~500 | 〃 | 〃 | 〃 | 〃 | 〃 | 〃 | 〃 |
| 가문비나무 | 450~500 | 4,800 | 〃 | 〃 | 〃 | 〃 | 〃 | 〃 |
| 낙엽송 | 600~650 | 9,000 | 〃 | 〃 | 〃 | 〃 | 140~240 | 120~200 |
| 미송 | 670~720 | 〃 | 〃 | 〃 | 〃 | 〃 | 〃 | 〃 |
| 라디에타소나무 | 600~650 | 3,500 | 〃 | 〃 | 〃 | 〃 | 250~300 | 200~300 |

비고 1. 이 표준작업조건은 10.5×10.5×400cm 제재목을 기준으로 한다. 다만 소정의 주입량에 도달하지 않은 경우에는 압입량 곡선을 작성하고 그에 의해 가압시간 등을 조정한다.
2. 인사이징은 단순 가압 처리에 의해 원하는 침윤도 적합기준을 만족하기 어려운 수종들에 약액을 주입하기 전에 칼날을 이용하여 목재의 표면에 홈을 만드는 것이다.

〈표 7-24〉 **방부 처리 방법별 특징 및 장단점**

| 구분 | 가압법 | 온냉욕법 | 침지법 | 도포 분무법 | 확산법 |
|---|---|---|---|---|---|
| 주요 설비 | 주약관, 계량탱크, 작업탱크, 가압진공펌프, 건조공장 | 온냉욕탱크, 펌프, 가열장치 | 침지탱크 | 붓, 롤러, 분무기 | 침지탱크나 피복시트 |
| 목재함수율 | 건조재 | 건조재 | 건조재 | 건조재 | 생재, 고함수율재 |
| 원리 | 진공 및 가압에 의한 압입 | 가열냉각에 의한 흡입 | 모세관현상에 의한 자연흡수 | 모세관현상에 의한 자연흡수 | 확산현상 |
| 약제의 종류 | 수용성, 유성, 유용성 | 수용성, 유성(열분해성이 양호한 약제) | 수용성, 유성, 유용성 | 수용성, 유성, 유용성 | 수용성 |
| 약액의 흡수량 | 150kg/m$^2$ 이상 | 50kg/m$^2$ 이상 | 20kg/m$^2$ 이상 | 500g/m$^2$ 이하 | – |
| 침윤길이 | 변재부의 100%, 심재의 일부분 | 변재부의 대부분 | 표면으로부터 5mm 이하 | 표면으로부터 2mm 이하 | 표면에서 3~5cm, 심재에서도 가능 |
| 장점 | • 흡수량이 많음.<br>• 얼룩진 부위가 없음.<br>• 처리효과가 큼. | • 흡수량이 많음.<br>• 얼룩진 부위가 없음.<br>• 처리효과가 큼. | • 흡수량의 범위를 시간으로 조절 가능<br>• 손쉽게 작업 가능<br>• 얼룩이 적음. | (도포)<br>• 약액 소량으로 가능<br>• 처리 면의 범위가 한정<br>(분무)<br>• 능률이 좋음.<br>• 좁은 공간에도 처리 가능<br>• 나중에도 반복처리 가능 | • 침윤길이가 깊음.<br>• 특별한 장치가 필요 없음.<br>• 심재에도 처리 가능 |
| 단점 | • 현장처리가 불가능함.<br>• 설비가 비쌈.<br>• 처리공장이 드묾.<br>• 경비가 많이 듦. | • 약제가 다량 필요함.<br>• 가열로 화재의 위험이 있음.<br>• 현장에서는 곤란<br>• 목재의 뒤틀림이나 갈라짐이 발생 | • 부분적인 처리가 불가능<br>• 약제가 쏟길 염려가 있음.<br>• 기존 설치재료의 처리가 불가능 | (도포)<br>• 손이 많이 감.<br>• 처리얼룩이 발생하기 쉬움.<br>• 좁은 공간에는 처리 불가<br>(분무)<br>• 처리얼룩이 발생<br>• 약액소모가 큼.<br>• 처리 면의 한정 불가 | • 처리시간이 많이 걸림.<br>• 목재 내 약재분포의 차가 큼.<br>• 건조재는 불가 |

## 11. 목재의 연결방법

### 가. 턱이음

① 연결되는 두 부재의 연결부에 끌이나 끌자귀, 손자귀 등을 사용하여 서로 반대되는 턱을 만들어 결구하는 방법이다.

② 반턱이음, 빗턱이음, 엇턱이음 등이 있다.

③ 엇턱이음에서 절단면을 경사지게 하는 것은 미끄럼을 방지하기 위해서이다.

A

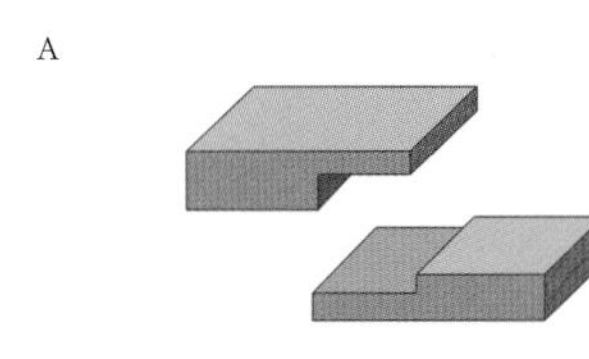
반턱이음

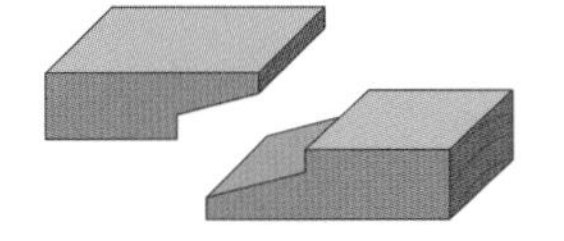
빗턱이음

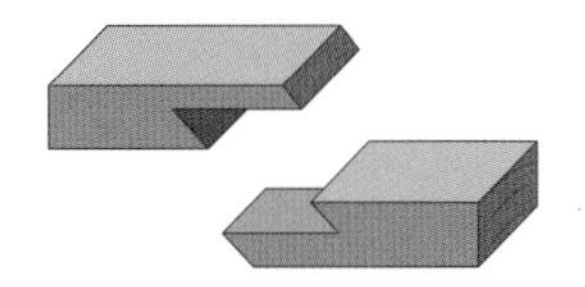
엇턱이음

B

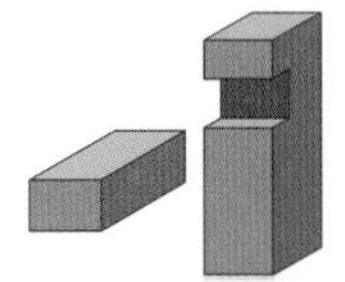
턱끼음

턱솔끼음

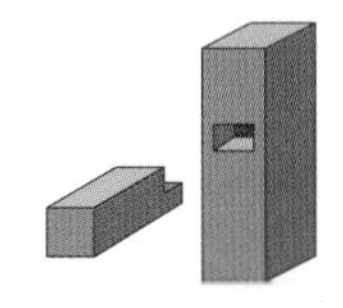
반턱끼음

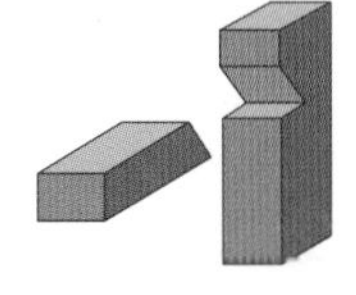
빗턱끼음

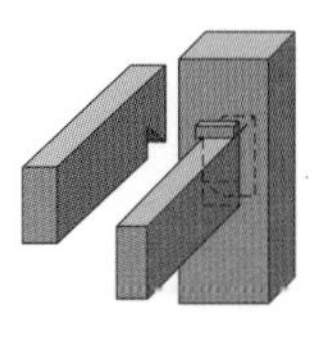
아래턱끼음

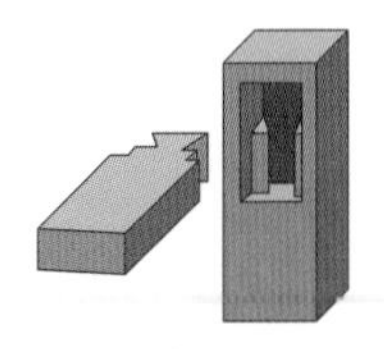
내림턱열장끼음

C

반턱짜임

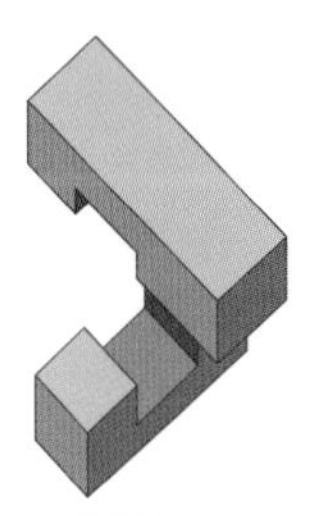
십자짜임

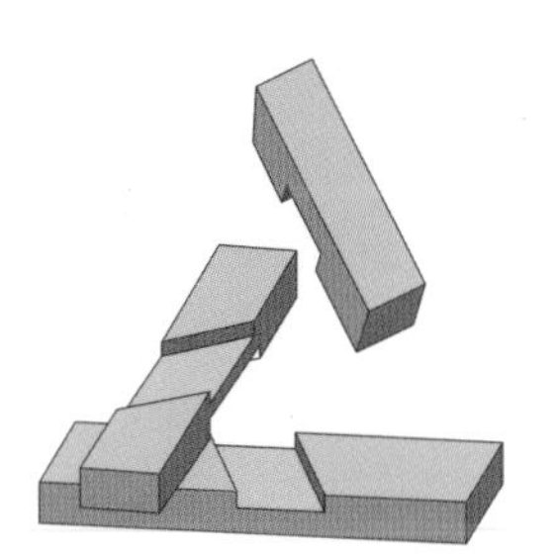
삼분턱짜임

D

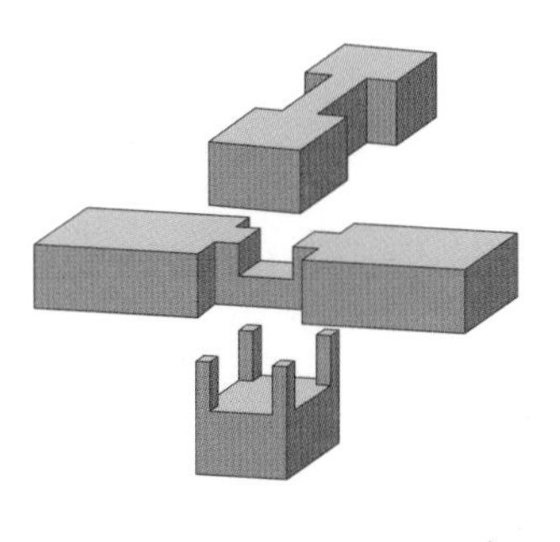
사괘짜임

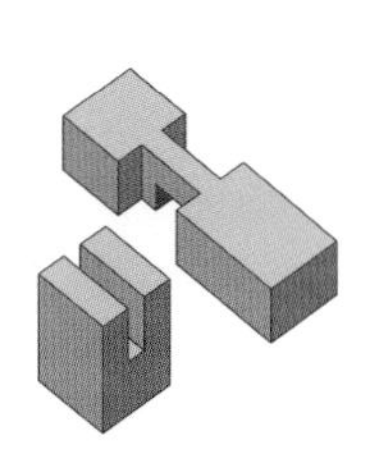
숭어턱짜임

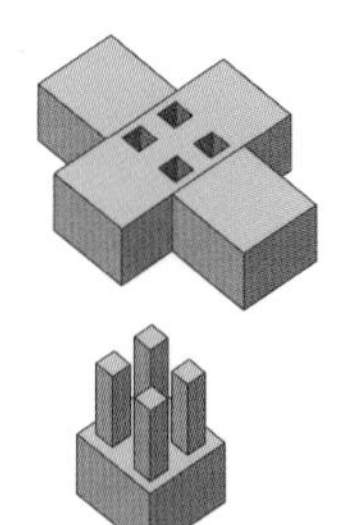
상투걸이짜임

7-15 목재의 연결방법

A. 턱이음
B. 턱끼음
C. 턱짜임
D. 기둥머리짜임

### 나. 장부이음(장부촉이음)

① 한쪽 부재에는 톱, 끌, 자귀 등을 이용하여 장부를 만들고 다른 부재에는 끌이나 송곳 등을 사용하여 장부가 낄 장부구멍을 파서 서로 밀착되게 결구한다.
② 장부구멍을 장부보다 약간 크게 뚫으며, 결구 시 나타나는 틈은 쐐기를 망치나 메를 사용하여 때려 박는다.
③ 목조건축 제작 시에 일반적으로 사용하는 기법이다.

### 다. 턱끼음

① 턱이음과 유사하여 한 부재에는 홈을 파고 끼음 부재에는 턱을 깎아 접합하는 기법이다.
② 턱의 형상에 따라 턱끼음, 턱솔끼음, 반턱끼음, 빗턱끼음, 아래턱끼음, 내림턱열장끼음 등으로 분류할 수 있다.

### 라. 턱짜임

① 연결되는 두 개의 부재에 모두 턱을 만들어 서로 직각이 되거나 경사지게 물리게 하는 방법이다.
② 반턱짜임, 십자짜임, 삼분턱짜임 등이 있다.

### 마. 기둥머리짜임

① 기둥머리에 4개의 촉을 만들어 도리나 창방, 보머리 또는 보 방향 첨차를 'ㅈ' 자형으로 짜임하는 기법이다.
② 모든 건물의 기둥머리 결구에 사용되는 맞춤법이다.
③ 사괘짜임, 숭어턱짜임, 상투걸이짜임 등이 있다.

## 12. 목재 가공제품

### 가. 통나무

통나무의 지름은 길이에 직각인 단면에서의 최소지름으로 하고, 지름에 따라 대경재, 중경재, 소경재로 구분하는데, 이때 단경은 장경의 8/10 이상이어야 한다. 통나무는 곧은 것을 껍질을 벗겨 사용하며, 주로 계단용재, 정원의 디딤판, 화단경계용, 작은 울타리 등으로 사용한다.
원목의 옹이, 굽음, 할렬 등 결점과 관련해서는 국립산림과학원고시 제2013-2호(원목규격) 등급별 품질기준에서 2~3등급 이상의 제품을 사용한다.

## 나. 제재목

제재목은 일정한 규격으로 절단된 목재로, 횡단면 치수에 따라 판재와 각재로 구분한다. 판재는 두께 75mm 미만이고 나비가 두께의 4배 이상인 것이고, 각재는 두께 75mm 미만이고 나비가 두께의 4배 미만인 것 또는 두께와 나비가 75mm 이상인 것이다. 조경용 목구조물 및 데크재로 사용되는데, 기둥 및 보와 같은 구조재로 사용할 경우 심재 부위를 포함하는 것이 좋다. 제재목의 옹이, 할렬 등의 결점과 관련해서는 국립산림과학원고시 제2009－1호(침엽수 구조용제재 규격) 등급별 품질기준에서 2～3등급 이상이어야 하며, 휨응력을 받는 부재는 아래쪽에 옹이, 갈라짐, 껍질박이, 혹 등의 흠이 없는 목재를 사용해야 한다.

## 다. 합판(plywood)

합판은 단판(veneer)인 박판을 3, 5, 7매 등 홀수로 섬유방향이 직교하도록 접착재로 겹쳐 붙여 만든 것이다. 내수성이 취약하여 주로 가설재로 사용되며, 보통 합판을 사용할 경우 'KS F 31(보통합판)'의 규정을 따르며 외부공간에 시설재로 사용할 경우에는 내수합판을 사용해야 한다.

## 라. 집성목재(laminated timber, glulam)

집성목재는 제재판, 소각재, 단판 등 통칭 라미나(lamina)라고 불리는 목재를 섬유방향이 일치되도록 길이나 폭 방향으로 집성 접착해 다양한 형태와 크기로 제조한 목질재를 말한다. 보통 집성재용 제재판의 두께는 10～52mm인데, 너무 두꺼워도 건조가 어렵고 너무 얇을 경우 접착비용이 상승한다. 제조과정에서 건조재를 집성 접착하므로 변형이 적고 구조적 성능이 뛰어나며 품질이 균일하고 결점이 적다. 또한 장대재를 만들 수 있어 거대한 목구조물을 만드는 데 사용할 수 있다. 그러나 외부공간에서는 풍화 및 할렬이 발생하여 조기에 내구성이 저하되므로 'KS F 3021(구조용 집성재)'의 사용환경에 적합한 것을 사용해야 한다.

## 마. 우드칩

우드칩(wood chips)은 목재나 수피를 분쇄한 것으로, 수목 식재지에 멀칭용으로 사용하여 자연스런 분위기를 연출하거나 놀이터에 사용하여 충격을 완화한다. 우드칩은 토양의 경화를 방지하고 입단화하며, 수분을 적정하게 유지하여 식물 뿌리의 호흡과 미생물의 활동을 돕는다. 또한 잡초 발생을 방지하고 토사 유실 및 분진의 비산을 방지한다. 그러나 크롬이나 알칼리 성분이 용출되어 토양을 오염시키고 식물 뿌리의 생장에 영향을 줄

수 있고 세균이나 벌레가 서식하기 쉬우며, 내부에 위험물질이나 이물질이 들어가기 쉽다.

### 바. 합성목재(WPC: wood plastic composite)

PE 및 PVC 같은 열가소성 수지나 에폭시 및 폴리에스테르 같은 열경화성 수지를 혼합하여 첨가제를 더하고 압출 성형하여 만든 것으로, 옥외공간의 벤치나 데크 등을 만드는 데 사용한다. 한국산업규격에서는 'KS F 3230(목재 플라스틱 복합재 바닥판)'에서 성능기준을 규정하고 있다. 이러한 합성목재는 사용된 합성수지의 종류에 따라 HDPE(high-density polyethylene)와 같은 합성수지를 이용하여 만든 고품질 단일종 합성수지 목재, 2개 이상의 합성수지가 혼합된 것, 합성수지에 톱밥이나 이종의 물질을 넣어 딱딱하고 거칠게 만든 것으로 구분할 수 있다.

합성수지나 방부목재와 달리 독성이 없고 다양한 색을 낼 수 있으며 썩거나 벗겨지고 갈라지는 문제가 없어 내구성이 좋으며, 합성수지 쓰레기를 재활용한다는 측면에서 친환경적인 방법이라고 볼 수 있다. 그러나 이러한 여러 가지 이점에도 불구하고 목재와 비교해 볼 때, 가격이 비싸고 무거우며 온도에 의해 변형되거나 환경오염물질을 방출할 수 있는 단점이 있다. 또한 조경재료로서 목재 분야와 경쟁관계에 있다.

### 사. 나무 블록

자연목을 건조 방부 처리한 후 블록 형태로 가공하여 블록케이스에 끼워 조립하는 바닥 포장재이다. 목재의 특성인 방음, 방진, 복사열 차단 효과뿐 아니라 원목 그대로의 질감을 유지하여 미려하고 쾌적한 분위기를 연출하는 데 좋다. 공원광장, 데크, 산책로, 계단 등에 사용한다.

### 아. 열처리 목재 또는 탄화목재(TMT: thermally modified timber)

목재를 특수 고안된 열처리 설비에서 160~210℃ 열을 가하여 처리한 것이다. 탄화 처리를 한 목재는 함수율이 낮아지고 내부 유기성분이 제거되므로 흰곰팡이 및 균류에 대한 저항성이 높아지고 외부공간에서 강한 내구성을 갖게 되며, 중금속이나 화학제품을 사용하지 않기 때문에 친환경적이다. 탄화 정도를 조절해 원하는 색을 얻을 수 있으며, 200℃가량 고온 열처리하면 최상부 표면이 숯이 되어 내구성이 30년 이상이 되고 곤충이나 부패에서 보호할 수 있다.

## 자. 침목

침목은 레일을 고정시키고 레일에 가해지는 차량의 하중을 지면에 분산시켜 열차의 안전 운행을 보장하는 중요한 부재로, 'KS F 3005(가압식 크레오스트류 방부 처리 침목)'에 따라 소나무, 더글라스퍼, 전나무, 햄록, 낙엽송, 켐파스, 말라스 등을 가압식으로 방부 처리하여 생산한 것을 사용해 왔다. 그러나 최근에는 목침목의 부후, 재면의 갈라짐, 플레이트 및 스파이크의 보지력 약화에 의한 사용 수명의 단축 등으로 인해 직선 구간의 선로는 모두 콘크리트 침목으로 대체되었다. 조경분야에서는 데크, 계단, 플랜터, 옹벽을 만드는 데 사용할 수 있으며, 자연스러운 분위기를 연출할 수 있고 내후성 및 내마모성이 뛰어나지만, 유해성이나 수급 상황을 고려하여 사용해야 한다.

| A | B |
|---|---|
| C | D |

| E | F |
|---|---|
| G | H |
| I | J |

7-16 목재 가공제품의 사례

A. 통나무
B. 제재목
C. 합판
D. 집성목재
E. 우드 칩
F. 합성목재
G. 나무블록
H. 탄화목재
I. 침목
J. 침목

| 1 | 3 |
|---|---|
|  | 4 |
| 2 | 5 6 |

1 목재 데크 및 휴게시설(경기 포천 아트밸리)
2 목재 데크(2008 빙겐 정원박람회2008 Bingen Garden Expo, Germany)
3 목재 데크 및 벽(요코하마항구 국제선터미널横浜港大さん橋国際客船ターミナル, Japan)
4 목재 계단과 램프(지리산 노고단)
5 목재 계단(서울 강동구 길동자연생태공원)
6 목재 데크(서울 잠실 주거단지)

| 1 | | 4 |
|---|---|---|
| 2 | 3 | 5 |

1 주거단지 내 원목놀이시설(프라이부르크 리젤펠트Rieselfeld in Freiburg, Germany)
2 목재 놀이시설(슈투트가르트 로젠슈타인파크Rosensteinpark in Stuttgart, Germany)
3 임시 목재놀이시설 마운틴짐(도쿄 미드타운 가든東京 ミッドタウン, Japan)
4 목재, 콘크리트, 판석이 어우러진 퍼걸러(순천만국제정원박람회)
5 목재 셸터(워싱턴 올림픽국립공원Olympic national park in Washington state, USA)

| 1 | 2 | 4 | |
|---|---|---|---|
| 3 | | 5 | 6 |

1 목재 펜스(서울 양화진 성지공원)
2 목재 구조물(2005 아이치 엑스포2005 Aich World Exposition, Japan)
3 목재 다리(순천만국제정원박람회)
4 목재 데크(서울 서서울공원)
5 투시형 목재 가림막(데스밸리 국립공원 비지터센터Death valley national park in California, USA)
6 목재 데크(백두산)

## ※ 연습문제

1. 조경재료로서 목재의 장단점을 설명하시오
2. 목재의 변재와 심재의 특성을 비교 설명하시오.
3. 나무결의 특성을 비교 설명하시오.
4. 목재의 함수율을 정의하고 4가지 함수상태에 대해 설명하시오.
5. 두꺼운 젖은 판재에서 60g의 시편을 잘라내어 건조기에서 완전 건조하니 40g이 되었다. 나머지 판재는 13㎏이었다. 이것을 함수율 15%로 건조시켰을 때 무게를 구하시오.
6. 미송의 전건 비중이 0.5일 경우 공극률과 실적률을 구하시오.
7. 목재를 사용할 때 대기 중에서는 기건상태까지 건조하여 사용하는 것이 좋다. 그 이유에 대해 설명하시오.
8. 목재의 내구성 저하 원인과 대책에 대해 설명하시오.
9. 목재 건조의 목적과 방법에 대해 설명하시오.
10. 목재 방부제의 종류와 특성에 대해 설명하시오.
11. 이미 사용된 CCA 방부 목재가 인체 및 환경에 미치는 위해성에 대해 설명하시오.
12. 목재의 사용환경 범주에 대해 설명하시오.
13. 목재 방부 처리 방법에 대해 설명하시오.
14. 목재의 가압식 방부 처리 방법에 대해 설명하시오.
15. 목재 제재목을 분류하고 판재와 각재에 대해 설명하시오.
16. 외부공간에 목재를 사용할 때 발생하는 문제점을 들고 대안을 제시하시오.
17. 목재와 합성목재의 장단점을 비교 설명하시오.

## ※ 참고문헌


대한주택공사. 『조경시설물 상세설계 매뉴얼』, 1999, 146~147쪽.

(사)대한건축학회. 『건축기술지침 Rev.1 건축II』. 서울: 도서출판 공간예술사, 2010, 159쪽, 422~423쪽.

정용식. 『건축재료학』. 서울: 서울산업대학출판부, 1985.

(주)한국조경신문. 『한국조경산업 자재편람』, 2011.

한국산림과학기술진흥회. 『조경시설용 목재보존』. 한국산림과학기술진흥회 자료 제2호, 1994.

한국조경사회. 『조경설계 상세자료집』. 1997, 131~140쪽.

한국조경학회. 『조경공사 표준시방서』. 서울: 문운당, 2008.

한국조경학회. 『조경설계기준』. 2013.

Butterfield, Brian G.; Brian A. Meylan; Young Geun Eom. *Three Dimensional Structure of Wood Korean Edition*. Seoul: WIT Consulting, 2000.

Hoadley, R. Bruce. *Understanding Wood*. Newtown(CT): The Taunton Press, Inc., 1980.

Holden, Robert; Jamie Liversedge. *Costruction for Landscape Architecture*. London: Laurence King Publishing Ltd., 2011, pp. 144–163.

Lyons, Arthur R.. *Materials for Architects and Builders*. London: Arnold, 1997.
Mcbride, Scott. *Landscaping with Wood*. Newtown(CT): The Taunton Press, Inc., 1999.
Sauer, Christiane. *Made Of... (New Material Sourcebook for Architecture and Design)*. Berlin: Gestalten, 2010, p. 164.
Sovinski, Rob W.. *Materials and their Applications in Landscape Design*. New Jersey: John Wiley & Sons, 2009, pp. 135-151.
Zimmermann, Astrid(ed.). *Constructing Landscape: Materials, Techniques, Structural Components*. Basel: Birkhäuser, 2008, pp. 215-233.
Weinberg, Scott S.; Gregg A. Coyle. *Handbook of Landscape Architectural Construction Vol IV(Materials for Landscape Construction)*. Washington D.C..: Landscape Architecture Foundation, 1988, pp. 69-138.

### ※ 관련 웹사이트

국가표준인증종합정보센터(http://www.standard.go.kr)
산림청(http://www.forest.go.kr)
산림청, 산림과 임업기술(제4편 임산물 생산이용)(http://ibook.forest.go.kr/Viewer)
(주)경원목재(http://www.woodkw.co.kr)
한국목재신문(http://www.woodkorea.co.kr)

### ※ 관련 규정

관련법규

「환경보건법 시행령」 제16조(어린이 활동공간에 대한 환경안전관리기준) 제1항에 근거 '[별표 2] 어린이활동공간에 대한 환경안전관리기준'
「어린이놀이시설 안전관리법」
「어린이놀이시설 안전관리법 안전인증기준 부속서」
「품질경영 및 공산품안전관리법」
「목재의 지속가능한 이용에 관한 법률」

관련기준

국립산림과학원고시 제2006-4호 방부방충처리 목재의 침윤도 및 흡수량 측정 방법
국립산림과학원고시 제2007-2호 원목규격
국립산림과학원고시 제2009-1호 침엽수 구조용제재 규격
국립산림과학원고시 제2010-8호 방부처리목재 품질인증 기준
국립산림과학원고시 제2011-1호 건조제재목 품질인증 기준
국립산림과학원고시 제2011-3호 방부목재의 규격과 품질
국립산림과학원고시 제2011-4호 목재의 방부·방충처리 기준

한국산업규격

KS B 1055 홈붙이 나사못

KS D 3553 일반용 철못
KS F 1519 목재의 제재 치수
KS F 1553 목재표준용어-원목과 제재목
KS F 2198 목재의 밀도 및 비중 측정방법
KS F 2199 목재의 함수율 측정방법
KS F 2201 목재의 시험 방법 통칙
KS F 2204 목재의 흡수량 측정 방법
KS F 2212 목재의 경도 시험 방법
KS F 2219 목재의 가압식 방부 처리 방법
KS F 3021 구조용 집성재
KS F 3022 목재 집성판
KS F 3028 야외시설용 가압식 방부처리 목재
KS F 3101 보통합판
KS F 3118 수장용 집성재
KS F 3119 수장용 단판 적층재
KS F 4514 목구조용 철물
KS F 4770-4 방음판-목재
KS F 8006 강재틀 합판 거푸집
KS F 9008 구조용 집성재의 접합부 시공표준
KS G 4213 옥외용 벤치
KS M 1701 목재 방부제

# 8 석재

## 1. 개요

돌은 오랜 시간에 걸쳐 자연의 힘에 의해 생성된 재료로, 지역적 특성을 잘 보여주며 내구성이 높다. 인류는 고대부터 돌을 사용하여 거석기념물을 만들었으며, 이집트 피라미드, 그리스 파르테논과 같은 유적을 비롯하여 로마, 마추픽추, 앙코르와트 등과 같은 도시의 건물, 성벽, 사원, 묘, 구조물을 만드는 데 돌을 사용했다. 우리나라에서도 탑과 불상 등을 만드는 데 사용했으며, 물성인 자연성을 이용하여 다양한 크기의 돌이 일체가 되도록 하여 담, 성벽, 옹벽을 쌓기도 했다.
석재라 함은 조경, 건축, 토목, 조각 등의 재료로 사용될 수 있는 모든 돌을 총칭한다. 과거에는 주로 구조재 및 의장재로 사용되었으나, 철강재 및 콘크리트가 개발되면서 구조재로서의 사용이 줄어들고 있다. 석재는 색과 형태, 표면가공을 통해 다양한 물성을 발현할 수 있어 조경분야에서는 옥외포장, 경계석, 옹벽, 석재 조형물 등으로 널리 사용되고 있다.
현대에는 자동화된 가공기술 덕분에 할석, 절단 등이 용이해져 석재가 대량 생산되고 있으나, 산림을 보전하고 채석과정에서 발생하는 환경오염을 줄이기 위해 대기, 토양, 수질 등에 관한 환경보전 관련 규제가 강화되고 있어 국내 채석장은 줄어들고 있는 실정이다. 이에 따라 비교적 가격이 저렴한 중국, 베트남, 이탈리아 등 외국에서 수입한 석재의 사용이 크게 늘어나고 있다. 한편 화강석 폐채석장을 복합 문화예술 공간으로 변화시킨 경기

8-1 폐채석장을 복합문화예술공간으로 조성(경기 포천 아트밸리)
8-2 채석장을 정원박람회장으로 이용한 뒤 도시공원으로 바꿈(슈투트가르트 킬레스베르크파크Killesberg park in Stuttgart, Germany)

도 포천 아트밸리, 석회암 폐채석장을 아름답게 가꾼 캐나다 부차드가든(The Butchart Gardens), 채석장을 정원박람회 및 원예전시장으로 이용한 후 공원으로 만든 독일 킬레스베르크파크(killesberg park)처럼 채석으로 인해 지형과 자연이 훼손된 지역을 새롭게 정원이나 공원으로 바꿔 각광을 받는 사례가 있다.

## 2. 석재의 장단점

석재는 색상이 일정하고 선명도가 높으며 성분이 균질하고 입도가 균등하며 강도가 높은 것을 사용하면 좋은데, 장단점을 고려하여 적절히 사용해야 한다.

### 가. 장점

① 외관이 장중하고 치밀하다.
② 여러 가지 표면처리가 가능하고 물갈기를 하면 광택이 난다.
③ 내구성, 내수성, 내마모성이 좋다.
④ 압축강도가 크며 불연성이다.

### 나. 단점

① 비중이 크고 가공성이 낮다.
② 경도가 높으나 깨지기 쉽다.

③ 압축강도에 비해 인장강도가 약하다.
④ 부재의 크기에 제한이 있다.

## 3. 석재의 사용 조건

① 석재의 분류는 KS F 2530(석재)의 분류방법과 건설공사 표준품셈의 분류방법을 따른다.
② 석재는 KS F 2530에 규정된 것과 동등 이상의 품질을 가진 것을 사용하되, 수입석재의 경우 공사시방서에서 정한 원산지 등급기준에 합격한 것이어야 한다.
③ 석재의 압축강도 시험은 KS F 2519(석재의 압축 강도 시험 방법)에 따르고, 흡수율 및 비중 시험은 KS F 2518(석재의 흡수율 및 비중 시험 방법)에 따른다.
④ 석재는 용도에 적합한 종류, 형상 및 물리적 성질 등을 지닌 것을 선정하되, 변색·변질하는 광물을 포함하지 않고 균열, 파손, 얼룩 등 결함이 없는 것을 사용한다.
⑤ 건축에서 구조체에 사용하는 화강석의 압축강도는 100N/mm$^2$ 이상, 흡수율은 5% 미만의 것으로 하며, 대리석의 압축강도는 50N/mm$^2$ 이상, 흡수율은 10% 미만의 것으로 한다. '조경설계기준'(2007)에서는 구조체에 사용하는 석재는 압축강도 50N/mm$^2$ 이상, 흡수율 5% 이하로 규정하고 있다.
⑥ 석재는 휨강도가 약하므로 들보나 가로대의 재료로는 사용하지 않도록 하고, 모서리는 마모 및 파손을 방지하기 위해 둥글게 마감하여 사용한다.
⑦ 포장용 석재는 내수성 및 내마모성이 높은 것을 사용해야 하며, 미끄럼을 방지하기 위해 표면을 거칠게 마감해야 한다.

## 4. 암석의 분류

암석은 종류가 매우 다양하여 분류 및 등급화가 용이하지 않으나, 지질학적 생성원인 및 암석학적인 근거, 용도, 형상(모양), 물리적 성질, 산지에 따라 분류할 수 있다.

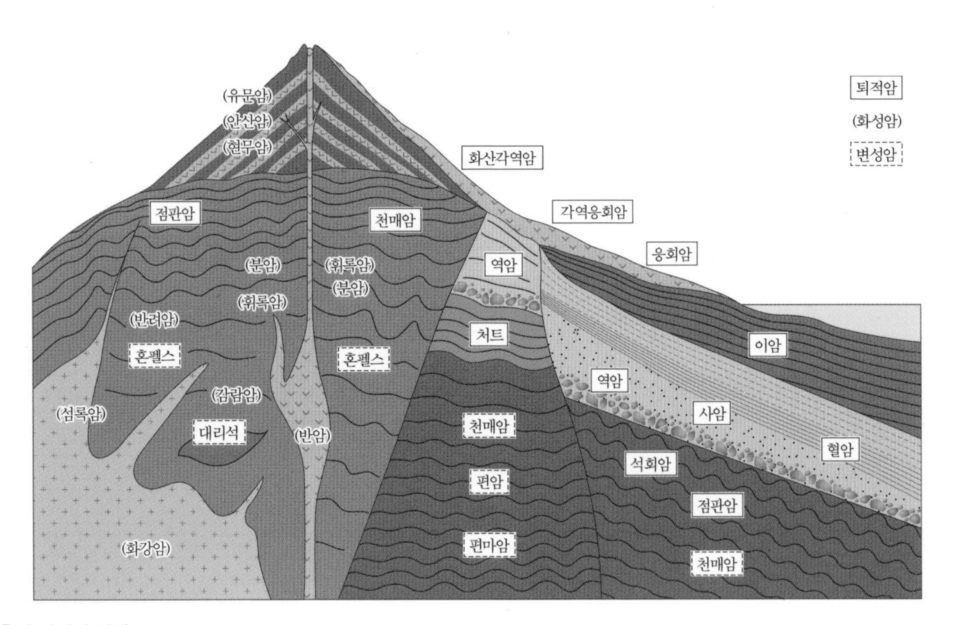


8-3 지층별 암석의 생성

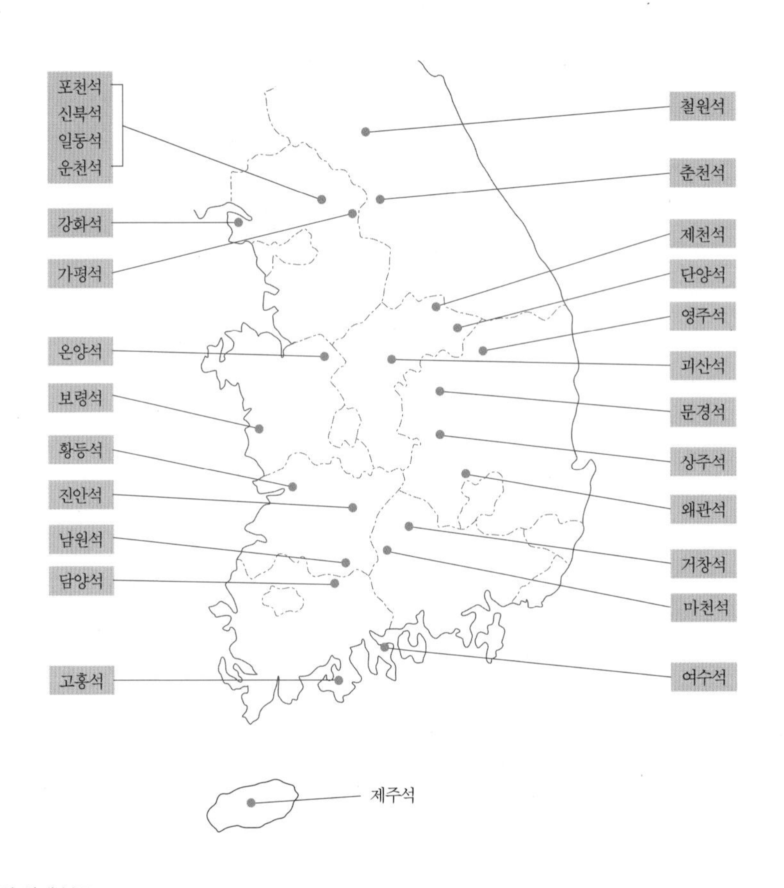


8-4 국내 주요지역의 석재 분포

## 가. 생성원인에 따른 분류

지각을 구성하는 암석은 그 성인에 따라 크게 화성암(火成巖, igneous rock), 퇴적암〔堆積巖, sedimentary rock 또는 수성암(水成巖)〕, 변성암(變成巖, metamorphic rock)으로 구분할 수 있다. 화성암은 암석 성분과 가스의 혼합 용융체인 마그마(magma)로부터 고결된 암석을, 퇴적암은 암석의 침식 및 풍화산물, 침전물, 생물의 유해 등이 쌓여 형성된 암석을, 변성암은 기존의 암석이 열과 압력, 그 밖의 다른 지질작용을 받아 성질이 변화된 암석을 말한다. 국내에서 채석 중인 석재석산에서는 심성암류(화성암의 일종)가 87%, 퇴적암류가 6%, 변성암류가 4%, 화산암류(화성암의 일종)가 3%를 차지하며, 심

1 한국산업규격 KS F 2530(석재)에서는 암석의 종류에 따라 화강암류, 안산암류, 사암류, 점판암류, 응회암류, 대리석류 및 사문암류로 구분하고 있다.

〈표 8-1〉 생성원인에 따른 분류[1]

| 분류 | | 암석 종별 | 조암광물 | 특징 | 산출장소 | 용도 |
|---|---|---|---|---|---|---|
| 화성암 | 심성암 | 화강암 | 석영, 장석, 사장석, 운모 | 백색, 흑색, 분홍색의 비교적 굵은 괴상입자 | 서울, 경기, 강원도 등에서 흔하게 산출 | 구조재, 포장재, 조형물 |
| | | 섬록암 | 석영, 장석, 사장석, 각섬석 | 암회색의 비교적 굵은 괴상입자. 석영과 흑운모를 많이 포함하면 화강섬록암 | 드물게 나타나는 암석으로, 화강섬록암의 주변부 | 건축, 공예, 비석 |
| | | 섬장암 | 장석, 사장석, 각섬석 | 회색, 담홍색의 비교적 굵은 괴상입자 | 매우 드문 화성암으로, 화강암이나 반려암 주변부 | 건축 |
| | 화산암 | 안산암 | 사장석, 흑운모, 각섬석, 휘석 | 흑갈색, 녹색의 반상조직 | 현무암에 수반된 용암이나 돔 형태로 산출 | 구조재, 포장재, 잡석, 돌담 |
| | | 조면암 | 세니딘, 사장석, 흑운모 | 백색, 담회색, 담갈색, 녹색의 반상조직 | 현무암과 수반하여 암맥상 분출, 용암상 산출 | |
| | | 현무암 | 사장석, 휘석 | 흑색 계통, 때로는 주상절리 | 가장 흔한 화산암 | 포장재, 조형물 |
| 퇴적암(수성암) | 쇄설암 | 이암 | 점토광물, 석영, 장석, 철산화물 | 1/256mm 이하, 밝은색부터 검은색 | 호수, 바다 등이었던 곳에서 산출 | 연질 판재 |
| | | 사암 | 모래, 석영, 장석, 운모, 방해석 | 1/16[illegible]2mm, 백색, 적색, 노란색, 갈색, 평행한 층리 | 강이나 해안에 인접 퇴적지역 | 연질 판재 |
| | | 점판암 | 운모, 근청석, 홍주석 | 암회색, 표면 반짝거림, 벽개가 잘 발달하여 잘 쪼개짐. | 이암의 광역변성 초기에 형성, 강원도 평창 | 소옹벽, 포장 |
| | | 응회암 | 화산재가 굳어진 것 | 회색, 암회색, 공극이 많고 흡수성 높음. | 화산재 퇴적지 | 경량골재, 인공토양재, 바닥포장재 |
| | 유기암 | 석회암 | 주로 방해석 | 밝은색부터 어두운 색 | 얕고 따뜻한 바다 | 시멘트의 원료 |
| | 침적암 | 석고 | 주로 석고 | 백색, 일부 회색, 붉은색, 갈색, 녹색 | 갇힌 호수나 바다의 일부분 | 비료, 시멘트, 벽돌원료 |
| 변성암 | 퇴적암계 | 대리석 | 방해석, 돌로마이트 등 탄산염광물 | 밝은 회색, 황색 | 석회암이 열에 의해 광역변성 | 조형물, 실내마감재 |
| | | 편마암 | 장석, 사장석, 석영, 운모 | 화강암에서 형성된 것은 밝은색, 이질, 흑운모 증가한 것은 어두운 색 | 점판암, 편암이 좀 더 광역변성을 받아 형성 | 옹벽, 자연석 쌓기 |
| | | 규암 | 주로 석영, 운모, 장석 약간 | 밝은색 괴상으로 운모가 증가하면 쪼개짐 현상 | (정)사암이 광역변성을 받아 형성, 강원도 춘천에 분포 | 일명 차돌로 불림. |
| | 화성암계 | 사문암 | 주로 사문석 | 암녹색 바탕에 흑색 또는 백색 줄무늬 | 감람석이나 섬록암이 열수 변성 | 내장 장식재 |

성암류에서는 화강암과 섬록암, 퇴적암류에서는 사암, 변성암류에서는 대리석이 주요 채석대상 암종이다. 〈표 8-1〉은 석재를 생성원인에 따라 분류한 것이다.

### 1) 화성암

화성암은 마그마가 냉각되어 생성된 암석으로, 생성위치에 따라 심성암, 반심성암, 화산암으로 구분된다. 심성암은 지각 내부에서 마그마가 냉각되어 만들어지는데, 냉각 속도가 느리고 상부에서 높은 압력이 가해지기 때문에 광물의 결정화가 잘 진행되며, 강도가 매우 높고 외부공간에서 저항성이 높아 조경분야에서 가장 널리 활용되는 암석이다. 대표적 암석으로 화강암, 섬록암, 섬장암을 들 수 있다. 화산암은 마그마가 지표로 올라와 냉각되거나 분출되어 만들어진 암석으로, 현무암, 안산암, 조면암 등이 있다. 반심성암은 점성이 낮은 마그마가 암석 사이의 틈으로 침투했을 때 지표 내부에서 만들어지며, 심성암과 유사한 구조를 나타내지만 급속하게 냉각되기 때문에 결정이 잘 형성되지 않고 다른 종류의 암석이 일부 섞여 있다.

(1) 화강암(花岡岩, granite): 화강암은 우리나라에 가장 많이 분포하는 암석으로, 석영, 장석, 운모가 주성분이다. 주성분의 색상에 따라 백색, 흑색, 분홍색을 띠는데, 흑운모, 각섬석, 휘석을 함유하면 흑색, 산화철을 함유하면 분홍색을 띤다. 산지에 따라서는 회백색 계열은 포천, 일동, 신북, 거창, 담홍색 계열은 상주, 문경, 황등, 철원, 괴산, 진안, 익산, 흑색 계열은 마천, 여수, 고홍(섬록암) 등에서 생산된다. 화강암은 절리(節理)가 커서 큰 재료를 얻을 수 있고, 석목(石目)이 있어 쪼개기 쉽고 강도가 높으며, 내마모성 및 내화학성 등 내구성이 좋다. 화강암 표면의 결정입자가 세립일수록 내구성이 더욱 높다. 외관이 미려하여 건물 내외장재, 조경시설물, 경관석, 조각, 쇄석 등 다양한 용도로 널리 사용되고 있다.

(2) 안산암(安山岩, andesite): 화산암의 일종으로 현무암 다음으로 흔한 중성 화산암을 총칭하는 말이다. 조암광물을 보면 조회장석, 회조장석과 같은 사장석이 대부분이지만 휘석, 각섬석, 흑운모, 철광류 등 성분이 복잡하므로 색과 석질이 다양하다. 주로 흑갈색 및 녹색의 반상조직으로 강도나 내구성이 화강암에 버금간다. 휘석안산암은 회색 또는 흑색의 치밀한 석질이므로 구조재나 판석으로, 각섬안산암은 담색계통으로 장식재료로 이용된다.

(3) 현무암(玄武岩, basalt): 현무암은 지표로 분출된 마그마로 만들어지는데, 수많은 공극을 포함하고 색이 어두우며 균질하고 조밀하다. 천연석 중에서 가장 내후성이 강한 석재로 표면이 부드러워 외부공간의 포장재, 조경시설물, 조형물, 쇄석 등을 만드는 데 사용된다. 우리나라에서는 제주도 및 철원

지역에 분포하고 있는데, 철원지역은 관광지이고 제주도는 국립공원으로 지정되어 있어 석산개발 및 채석에 많은 제약이 있으며, 자연석 상태로 외부로 반출되는 것이 금지되고 있다. 따라서 최근에는 인도네시아, 베트남 등에서 수입한 화산석을 사용하고 있다.

2) 퇴적암

퇴적암은 원래는 화성암이었으나 풍화와 침식을 통해 분쇄되어 그 풍화물이 유수의 이동에 따른 중력의 작용을 받아 하천이나 바다에 집적되고 외부 압력에 의해 고형화되어 만들어진 쇄설암 계열로, 사암, 이암 등이 있다. 또 석회질, 돌로마이트, 석고 등의 물질이 물에 용해되어 분해되고 침전되어 만들어진 유기암 계열의 석회암과 침적암 계열의 석고가 있다.

퇴적암은 강도기 낮고 흡수성이 크므로 풍화하기 쉬우나, 석질이 치밀하고 부드럽기 때문에 가공이 용이하다. 퇴적층에 따라 판상의 단면을 이루고 있어 주로 판재로 사용되며, 자연스럽고 다양한 미관을 나타내어 포장재 및 마감재로도 널리 사용되고 있다. 그러나 과도하게 이용하여 일어나는 마모 및 자연적 풍화로 인해 내구성이 저하되는 경우가 있으므로 사용에 주의해야 한다.

⑴ 사암(砂岩, sandstone): 운반작용에 의해 모래 등 입자들이 퇴적하여 점토, 탄산석회, 산화철 등 고결물과 함께 경화된 것이다. 주로 갈색, 회색, 암색, 적색을 띠며, 평행한 층리가 형성되어 판석으로 사용하기 좋다. 경질사암은 외벽재 및 경구조재로 사용되지만, 연질사암은 마모가 크지 않은 곳에 사용할 수 있다.

⑵ 점판암(粘板岩, slate): 점토와 일부 세립질 모래가 압력을 받아 굳어져 퇴적암인 이판암(泥板岩)이 되고, 높은 온도에서 더욱 압력을 받으면 변질하여 흑회색, 흑청색, 초록색을 띤 치밀하고 단단한 점판암이 되며, 점판암이 더욱 광역 변성되면 편마암으로 변성된다. 점판암은 상대적으로 낮은 온도와 압력의 저변성 조건에서 만들어져 재결정 작용은 일어나지 않고 쪼개짐만 발달하여 얇게 판으로 쪼개지므로 천연 슬레이트라고 부르며, 지붕이나 포장용으로 주로 사용된다.

⑶ 석회암(石灰岩, limestone): 석회암은 생물의 석회질, 뼛조각, 패류가 퇴적해서 압밀 고화한 것이다. 얕고 따뜻한 바다에서 형성되며, 조암광물은 방해석($CaCO_3$)이다. 우리나라에서는 강원도 및 경상북도 지방에서 양질의 석회암이 생산되어 시멘트의 원료로 사용된다.

⑷ 응회암(凝灰岩, tuff): 응회암은 분출된 화산재, 화산모래, 화산자갈이 퇴적해서 압밀 고화된 퇴적암이다. 회색, 담록색, 암회색을 띠며, 공극이 많고 흡수성이 높아 강도가 낮다. 경량골재, 인공토양재, 바닥포장재로 사용된다.

### 3) 변성암

원래는 화성암이나 퇴적암이었던 암석이 지각운동 및 압력, 화학작용, 지열의 작용에 의해 변화하여 생성된 암석으로, 대리석과 편마암이 대표적이다. 변성작용의 유형에 따라 파쇄암, 광역변성암 및 접촉변성암으로 나뉜다. 파쇄암은 말 그대로 기존의 암석이 심한 압력이나 힘을 받아 부서지거나 갈리면서 형성된 암석이고, 광역변성암은 넓은 지역에 걸친 온도와 압력의 영향으로 성질이 변한 암석이며, 접촉변성암은 기존의 암석이 화성암의 관입으로 인한 열에 의해 성질이 변한 암석이다. 변성과정에서 퇴적암의 층리와는 다른 층리와 다겹의 무늬가 만들어지기도 한다. 변성암은 거의 공극이 없고 견고하여 내구성이 강하며, 비교적 무겁고 가격이 비싸다.

(1) 대리석(大理石, marble): 대표적인 변성암으로, 석회암이 변성되어 결정이 치밀하게 바뀐 것이다. 중국, 이탈리아 등지에서 많이 산출되는데, 중국 위난성(雲南省)의 대리부(大理府)라는 지명에서 이름이 유래되었다. 주성분은 탄산석회로 산화철, 휘석, 각섬석을 함유하고 있다. 순수한 것은 백색이지만, 함유성분에 따라 적색, 분홍색, 황색, 청녹색, 회색 등 아름다운 색조와 광택을 지니고 있어 최고급 실내장식재로 사용되고 있다. 비교적 강도가 높지만 풍화되기 쉬워 오염이 많거나 비가 많이 오는 지역에서는 외부공간용으로 부적합하다.

(2) 편마암(片麻岩, gneiss): 변성암의 일종으로, 이질(泥質) 또는 사질(砂質)의 퇴적암이 높은 온도에서 광역변성 작용을 받아 '점판암(slate) → 천매암(phylite) → 편암(schist) → 편마암(gneiss)'의 단계로 변성되어 만들어진 것이다. 화학성분은 화강암 또는 화강섬록암과 비슷하여 석영, 장석, 운모 등 입상광물이 많아 편상구조는 뚜렷하지 않지만, 고압과 고열에 의해 광물질이 재결정되면서 줄무늬모양의 구조가 생긴다. 어떤 편마암에서는 호상(縞狀)구조의 흰 무늬가 화강암과 같은 양상을 나타내며 마치 화강암과 마그마가 줄무늬로 주입된 것처럼 보이는데, 이를 주입편마암 또는 호상편마암이라고 한다. 퇴적암의 줄무늬가 단속적인 반면 편마암은 연속적인 줄무늬를 나타낸다. 조경용으로는 자연석 쌓기 및 포장용으로 사용된다.

(3) 사문암(蛇紋岩, serpentinite): 사문암은 주로 감람석, 섬록암 등 심성암이 변성된 암석이다. 암녹색, 청록색, 황록색 등을 띠는데, 원암 속에 포함된 철 함유량이 많을수록 암색을 띤다. 또한 사문암은 일정한 결정이 나타나지 않지만, 변성될 때 분해되어 나온 방해석이 불규칙한 아름다운 흰 무늬를 보이기도 한다. 외장재보다는 실내장식용으로 많이 활용되는데, 대리석의 대용으로 이용되기도 한다. 사문암 중에서 맥상으로 산출되는 석면

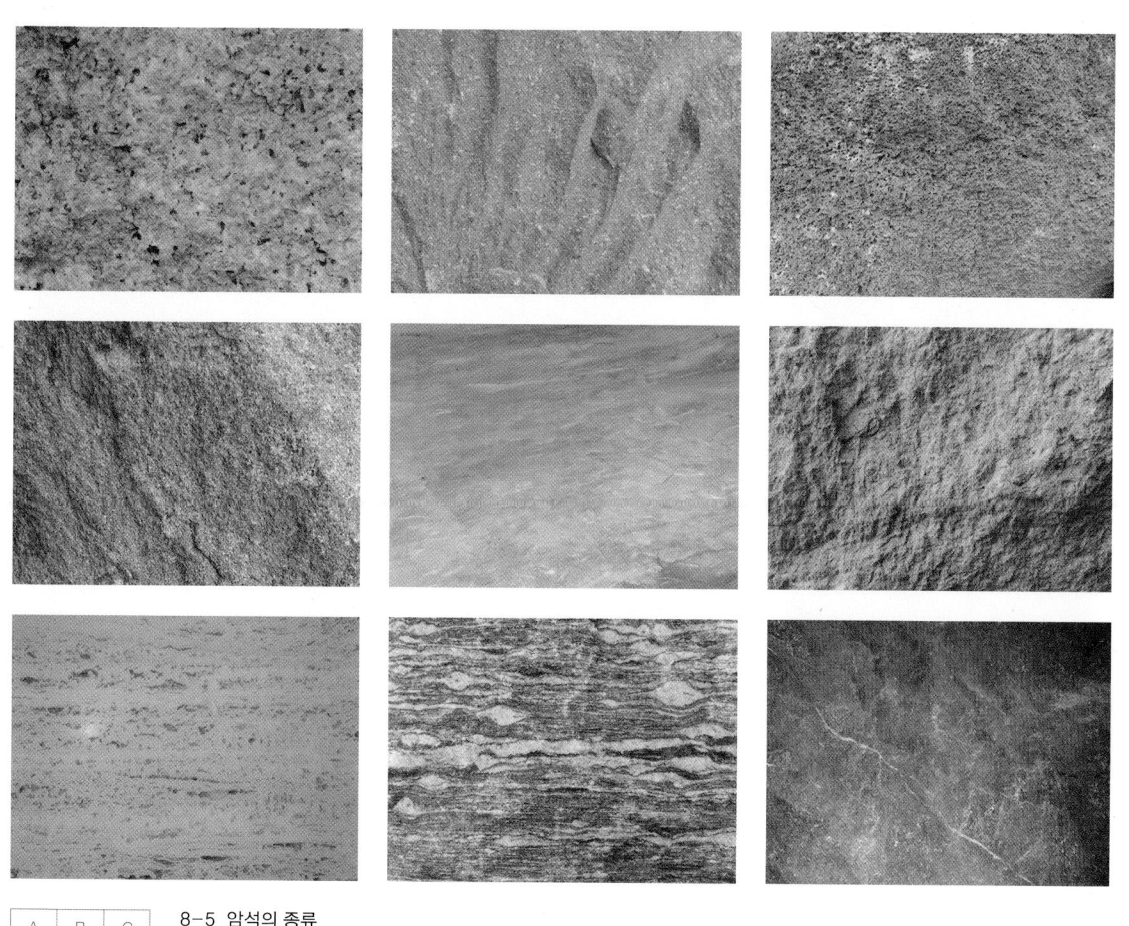

| A | B | C |
|---|---|---|
| D | E | F |
| G | H | I |

8-5 암석의 종류

A. 화강암 B. 안산암 C. 현무암
D. 사암 E. 석회암 F. 응회암
G. 대리석 H. 편마암 I. 사문암

은 섬유 성질이 좋은 온석면(溫石綿)과 화학적 성질이 뛰어난 각섬석질(角閃石質) 석면으로 나뉘는데, 과거에는 슬레이트 및 보온단열재를 만드는 데 사용되었다. 최근 조경석, 사문석 골재, 운동장과 야구장에서 석면 함유 파쇄토가 사용되어 사회적으로 논란이 되고 있다. 석면은 호흡을 통해 가루를 마시면 폐암이나 폐증을 일으키고 늑막이나 흉막에 악성 종양을 유발할 수 있는 물질로 밝혀져 1977년 세계보건기구(WHO) 산하의 국제암연구소(IARC)에서 1급 발암물질로 지정했다. 우리나라에서도 노동부고시(제2008-26호)로 석면을 발암물질로 지정했으며, 2009년부터 고용노동부「산업안전보건법」 및 환경부「유해화학물질관리법」에 의해 백석면을 포함한 모든 종류의 석면이 0.1% 이상 포함된 제품의 제조, 수입, 사용을 전면 금지하고 있다.

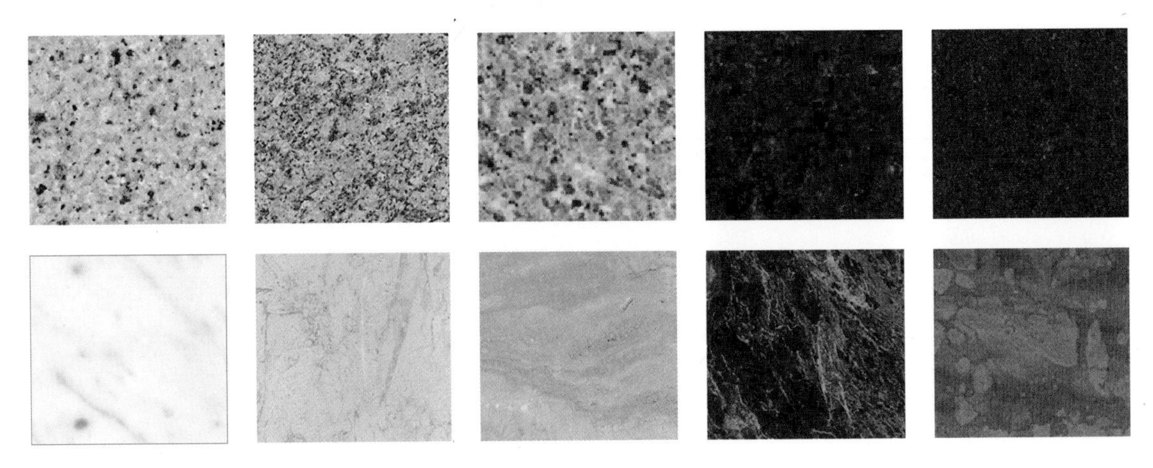

| A |
|---|
| B |

8-6 화강암과 대리석의 다양한 색상
A. 화강암
B. 대리석

### 나. 용도에 따른 분류

① 구조용: 화강암, 안산암

② 포장용: 화강암, 점판암, 안산암, 현무암

③ 외부마감용: 화강암, 점판암

④ 조형물: 화강암, 대리석

### 다. 건설공사 표준품셈에 의한 돌재료 분류[2]

① 모암(母岩): 석산에 자연상태로 있는 암석을 말한다.

② 원석(原石): 모암에서 1차 파쇄된 암석을 말한다.

③ 건설공사용 석재: 용도에 적합한 강도를 갖고 있으며 균열이나 결점이 없으며 질이 좋고 치밀하며 풍화나 동결의 해를 입지 않은 돌을 말한다.

④ 다듬돌〔切石〕: 각석(角石)이나 주석(柱石)가 같이 일정한 규격으로 다듬어진 것으로, 건축이나 포장 등에 쓰이는 돌이다. KS F 2530에서는 각석을 나비가 두께의 3배 미만이며 일정한 길이를 가진 것으로, 판석을 두께가 15cm 미만이며 나비가 두께의 3배 이상인 것으로 규정하고 있다.

⑤ 막다듬돌〔荒切石〕: 다듬돌을 만들기 위해 다듬돌의 규격치수로 가공하는 데 필요한 여분의 치수를 가진 돌을 말한다.

⑥ 견치돌〔間知石〕[3]: 형상은 재두각추체(裁頭角錘體)에 가깝고 전면은 거의 평면을 이루며 대략 정사각형으로 뒷길이〔控長〕, 접촉면의 폭〔合端〕, 뒷면〔後面〕 등이 규격화된 돌로, 4방락(四方落) 및 2방락(二方落)이 있다. 접촉면의 폭은 전면 1변의 길이의 1/10 이상, 길이는 1변의 평균 길이의 1/2 이상인 돌로, 석축 및 배수로에 사용한다. KS F 2530에서는 견

2 석재(KS F 2530)는 산지 또는 고유 명칭 · 암석의 종류 · 물리적 성질에 따른 종류 · 모양에 따른 종류 · 등급 · 치수(두께×나비×길이) 또는 치수구분의 종류로 호칭한다. 단, 필요 없는 부분은 빼도 좋다. 보기: 포천석 · 화강암 · 경석 · 판석 · 일등품 · 10×50×90.

3 윤현수(1993. 12), 「석재산업계통용어에 대한 암석학적 용어 제안」, 『암석학회지』 제2권 제2호(통권 제4호), 167~170쪽. 견치석은 일본어의 間知(겐치)와 우리말 석(石)이 혼성되어 잘못 전해진 것으로, 간지석으로도 불린다.

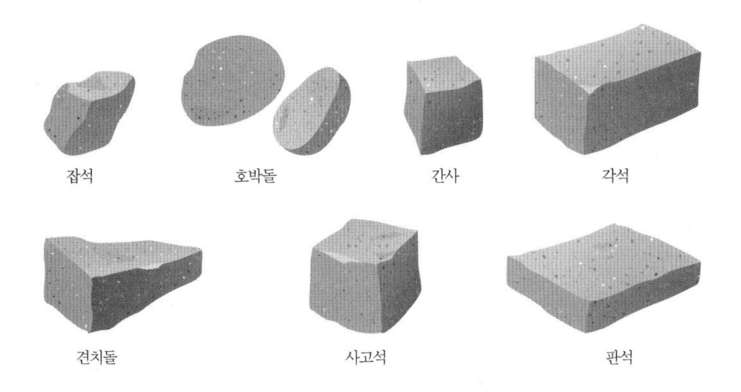


8-7 돌재료의 형상

치석을 면이 원칙적으로 거의 사각형에 가까운 뿔 모양의 돌로, 길이는 4면을 쪼개어 면에 직각으로 잰 길이가 면의 최소변의 1.5배 이상인 것으로 규정하고 있다.

⑦ 깬돌〔割石〕: 견치돌에 준한 재두방추형(裁頭方錘形)으로, 견치돌보다 치수가 불규칙하고 일반적으로 뒷면이 없는 돌이다. 접촉면의 폭과 길이는 각각 전면의 1변의 평균길이의 약 1/20과 1/3이 되는 돌이다.

⑧ 깬잡석〔雜割石〕: 모암에서 1차 폭파한 원석을 깬 돌로, 전면의 변의 평균길이는 뒷길이의 약 2/3가 되는 돌이다.

⑨ 사석(捨石): 막 깬돌 중에서 유수에 견딜 수 있는 중량을 가진 돌이다.

⑩ 잡석: 지름 10~30cm의 크고 작은 알로, 고루고루 섞여 있으며 형상이 고르지 못한 큰 돌이다. 기초다짐용으로 사용한다.

⑪ 전석(轉石): 1개의 크기가 0.5m$^3$ 이상 되는 석괴로, 옹벽이나 성벽을 만드는 데 사용한다.

⑫ 야면석(野面石): 표면을 가공하지 않은 천연석으로, 운반이 가능하고 공사용으로 사용할 수 있는 비교적 큰 석괴이다. 소옹벽, 돌수로에 사용한다.

⑬ 호박돌: 호박형의 천연석으로, 가공하지 않은 지름 18cm 이상 크기의 돌이다. 외벽장식용 및 포장용으로 사용한다.

⑭ 조약돌: 가공하지 않은 천연석으로, 지름 10~20cm의 계란형 돌이다. 포장용 및 외벽장식용으로 사용한다.

⑮ 부순돌〔碎石〕: 잡석을 지름 0.5~10cm의 자갈 크기로 작게 깬 돌로, 콘크리트용 골재 및 기초다짐용재로 사용한다.

⑯ 굵은 자갈〔大砂利〕: 가공하지 않은 천연석으로 지름 7.5~20cm의 돌이다.

⑰ 자갈〔砂利〕: 천연석으로 지름 7.5~20cm의 둥근 돌이다.

⑱ 력(礫): 천연석인 굵은 자갈과 작은 자갈이 고루고루 섞여 있는 상태의 돌이다.

⑲ 굵은 모래〔粗砂〕: 천연산으로 지름 0.25~2mm의 알맹이이다.

⑳ 잔모래〔細砂〕: 천연산으로 지름 0.05~0.25mm의 알맹이이다.

㉑ 돌가루〔石粉〕: 돌을 부수어 가루로 만든 것이다.

㉒ 고로슬래그 부순돌: 제철소의 선철 제조과정에서 생산되는 고로슬래그를 0~40mm로 파쇄 가공한 돌이다.

㉓ 간사: 1변이 20~30cm의 네모에 가까운 막돌로, 간단한 돌쌓기에 사용한다.

㉔ 장대석: 단면길이 30~60cm, 길이 60~150cm의 돌로, 고급스런 화계, 담벽, 계단 등에 사용한다.

㉕ 사고석: 면이 원칙적으로 거의 사각형에 가까운 돌이다. 길이는 2면을 쪼개어 면에 직각으로 잰 길이가 면의 최소변의 1.2배 이상인 것(1변이 15~25cm의 정방형 돌)으로, 4덩어리를 한 짐에 질 만한 돌(KS F 2530)이다. 벽체, 돌담, 포장에 사용한다.

㉖ 마름돌: 채석장에서 떼어낸 돌을 소요치수에 따라 직사각형 육면체가 되도록 각 면을 다듬은 석재이다. 크기는 사용목적에 따라 다르지만, 대체로 가로 30cm×세로 30cm, 길이 50~60cm의 마름돌을 많이 사용한다.

### 라. 물리적 성질에 의한 분류(KS F 2530)

석재는 압축강도, 흡수율, 겉보기비중 등 물리적 성질에 따라 경석, 준경석, 연석으로 구분한다(〈표 8-2〉 참조).

〈표 8-2〉 물리적 성질에 의한 석재의 분류

| 종류 | 압축강도MPa(=N/mm²) | 흡수율(%) | 겉보기비중(g/cm³) | 석재종류 |
|---|---|---|---|---|
| 경석 | 50 이상 | 5 미만 | 2.7~2.5 | 화강암, 안산암, 대리석 |
| 준경석 | 10 이상~50 미만 | 5 이상~15 미만 | 2~2.5 | 경질사암, 경질회암 |
| 연석 | 10 미만 | 15 이상 | 약 2 미만 | 연질응회암, 연질사암 |

## 5. 석재의 성질

### 가. 물리적 성질

#### 1) 비중

석재의 겉보기비중은 보통 2.5~3.0(평균 2.65)으로 조암광물의 종류 및 함유비율, 공극 정도에 따라 차이가 있다. 화산암이나 경량토는 비중이 작으므로 옥상녹화 및 인공지반녹화에 사용한다.

$$\text{표면건조포화상태의 비중} = \frac{A}{B-C}$$

A: 건조 공시체의 질량. 공시체를 105±2°C로 건조시켜 30분 동안 냉각시킨 질량(g)

B: 공시체 침수 후 표면건조포화상태의 공시체의 질량(g)

C: 공시체를 1시간 이상 침수시킨 후 물속 질량(g)

#### 2) 흡수율

흡수율이 높다는 것은 다공성이 높다는 것을 의미하며, 흡수율이 높을수록 풍화나 동해를 입기 쉽다(KS F 2518 참조).

〈표 8-3〉 **주요 석재의 물리·역학적 성질**

| 암석 종류 | 석명 | 산지 | 비중 | 흡수율(%) | 압축강도(MPa) | 경도(Hs) |
|---|---|---|---|---|---|---|
| 화강암 | 거창석 | 경남 거창 | 2.59 | 0.54 | 138 | 99 |
| | 포천석 | 경기 포천 | 2.59 | 0.30 | 199 | 108 |
| | 황등석 | 전북 황등면 | 2.63 | 0.28 | 178 | 75 |
| | 마천석 | 경북 함양면 | 2.80 | 0.15 | 154 | – |
| | 고흥석 | 전남 고흥 | 2.82 | 0.25 | 187 | 82 |
| | 문경석 | 경북 문경 | 2.49 | 0.71 | 186 | 82 |
| | 노원홍 | 중국 | 2.61 | 0.31 | 128 | – |
| | 빙화란 | 중국 | 2.64 | 0.14 | 120 | – |
| | 옥찬마 | 중국 | 2.78 | 0.14 | 130 | – |
| 대리석 | 정선대리석 | 강원 정선 | 2.74 | 0.07 | 146 | – |
| | Bianco Carrara | 이탈리아 | 2.71 | 0.13 | 124 | 55 |
| | Botticino | 이탈리아 | 2.71 | 0.09 | 89 | 62 |
| 사암 | White Sandstone | 인도 | 2.24 | 2.90 | 115 | 58 |
| | Red Sandstone | 인도 | 2.35 | 2.70 | 109 | 54 |

자료: (사)대한건축학회(2010), 『건축기술지침 Rev.1 건축II』, 230쪽에서 발췌.

$$흡수율(\%) = \frac{B-A}{A} \times 100$$

A: 건조 공시체의 질량

B: 흡수 후 공시체의 질량

### 나. 역학적 성질

석재는 압축강도가 가장 크고 인장강도는 압축강도의 1/30~1/10인데, 압축강도는 비중이 크고 공극률이 작을수록 크다. 화성암과 같이 흡수율이 낮은 석재와 달리 응회암 및 사암 등과 같이 흡수율이 높은 석재는 흡수율이 높을수록 강도가 낮으므로 사용에 주의해야 한다(KS F 2519 참조).

$$공시체의\ 압축강도[(MPa(=N/mm^2)] = \frac{공시체의\ 파괴하중(N)}{공시체의\ 하중지지면(mm^2)}$$

### 다. 화학적 성질

석재는 공기 중에 함유된 탄산, 염산, 아황산과 시멘트에 들어 있는 알칼리 등에 의해 침식될 수 있으며, 탄산, 염산, 아황산을 포함하고 있는 빗물에 의해 산화되어 용해될 수 있다. 특히 조암광물 중 장석과 방해석 등은 주성분인 칼슘이 산에 의해 침식되므로 이러한 광물로 만들어진 석재는 균열되거나 붕괴될 수 있다. 따라서 외부공간에서는 석회암을 비롯하여 내산성이 부족한 대리석 및 사문암 등은 사용하지 않도록 한다.

### 라. 내구성

석재는 물리적·기계적·화학적 작용에 의해 내구성이 저하된다. 앞에서 언급한 화학적 침식과 달리 물리적 작용은 온도에 따라 결정광물의 신축이 달라서 생기는 내부응력 및 함유수분의 동결에 의한 팽창력의 작용에 따른 침식이다. 기계적 작용은 바람에 의한 모래입자나 이용에 따른 마찰에 의해 마모되는 것이다. 일반적으로 조암광물의 결정이 아주 작거나 흡수율이 낮으며 마모외력이 적을수록 내구성이 높다.

### 마. 석리, 석목, 절리

석리(石理)는 석재 표면의 구성조직에 의해 생기는 돌결(무늬)로 결정질과 비결정질로 나뉘며, 조암광물 중 가장 많이 함유된 광물의 결정벽면과 일치한다. 석목(石目)은 조암광물의 배열과 암석이 쪼개지기 쉬운 벽개면(劈開面)의 관계에 의해 생기는 깨지기 쉬운 면으로, 직교하는 3면을 형성하며 그중에서 2면은 절리에 평행하는데, 암석의 채취 및 가공에 가장 큰 영향을 미친다. 절리(節理)는 화성암이 가지는 특성의 하나로 자연적으로 금이 간 상태를 말하며, 용융상태에서 지하의 마그마가 냉각에 따른 수축과 압력에 의해 자연적으로 수평과 수직 두 방향으로 갈라져 생긴 것이다. 화강암은 절리의 간격이 비교적 커서 큰 판재를 얻을 수 있으며, 안산암은 판상절리나 주상절리가 주로 일어나 박판을 얻을 수 있다.

## 6. 석재 가공 및 반입

### 가. 석재의 채석 및 할석

석재는 석산에서 와이어쇼와 화약을 이용하여 원석을 채취하고, 이것을 다시 대할재(大割材), 소할재(小割材)로 쪼갠 후 할석기(Gang saw)를 사용하여 대형 판재를 만든 다음 표면을 마감한 후 규격에 맞게 각석이나 판석으로 할석하여 사용한다. 공사현장과 가까운 곳에 위치한 채석장을 선정하거나 지역에서 생산되는 재료를 사용함으로써 석재 사용에 따른 에너지를 절감하고 지역성을 표현하는 것이 바람직하다.

### 나. 석재의 표면처리

석재는 아름답고 다양한 표면 질감을 부여하여 미적 효과를 얻거나 미끄럼 방지 등 기능적 목적을 위해 표면처리를 해야 한다. 표면처리 방법에는 광내기, 갈기, 표면 충격, 화염 처리, 샌드플라스팅, 자연적 박리 등이 있으며, 기계의 사용 여부에 따라 손가공과 기계가공으로 나누어진다. 손가공은 정, 도드락망치, 날망치 등을 이용하여 손으로 다듬는 전통적 방법이다. 혹두기, 정다듬, 도드락다듬, 잔다듬의 순서로 점차적으로 표면이 고와진다. 자연스러운 표면처리가 가능해 문화재 복원공사 시 필요한 석재를 표면 가공하거나 공사현장에서 손쉽게 가공하기 위해 사용된다. 반면 기계가공은 기계톱, 연마기, 버너 등 기계를 사용하여 석재의 표면을 가공하는 방법으로, 대량생산이 가능하여 일반적으로 사용되고 있다.

### 다. 석재의 반입

석재 반입 전 사전에 채석장을 방문하여 석재의 질, 색상, 문양 등을 확인하고 소요량에 따른 매장량 등을 확인할 수 있다. 현장검수에서는 규격, 강도, 색, 표면가공 상태, 이물질에 의한 오염 등 석재의 품질기준에 부합하는지 확인한다.

| A | B |
|---|---|
| C | D |
| E | F |

8-8 석재의 생산과정

A. 석산의 전경 → B. 원석 절단 → C. 소할재 → D. 판석 절단 → E. 기계 버너 구이 → F. 판석 및 각석

8-9 전통적인 석재가공 모습

〈표 8-4〉 **화강석 표면마감의 종류**

| 마감의 종류 | | | 마감의 정도 | 마감방법 |
|---|---|---|---|---|
| 톱의 결 | | | 돌을 결 때 생긴 톱의 결이 그대로 보임. | 기계가공 |
| 혹두기 | | | 표면을 혹 모양의 거친 요철 상태로 가공하는 것으로, 혹 모양의 크기에 따라 대, 중, 소의 3종으로 구분 | 손가공 |
| 두들김 마감 | 정다듬 | 거친마감 | 100$cm^2$(10cm×10cm) 중에 정자국이 5개 정도 | 손가공 |
| | | 중간마감 | 100$cm^2$(10cm×10cm) 중에 정자국이 25개 정도 | |
| | | 고운마감 | 100$cm^2$(10cm×10cm) 중에 정자국이 40개 정도 | |
| | 도드락다듬 (사각정) | 거친마감 | 16목(目)(30mm 각) 도드락망치로 마감한 것 | |
| | | 조면마감 | 25목(30mm 각) 도드락망치로 마감한 것 | |
| | 잔다듬 (날망치) | 1회 | 칼자국 2mm 내외로 마감한 것(도드락다듬 후에 하는 마감) | 손가공 혹은 기계가공 |
| | | 2회 | 칼자국 1.5mm 내외로 마감한 것 | |
| | | 3회 | 칼자국 1mm 내외로 마감한 것 | |
| 물갈기 마감 | 거친갈기 | 수동 | 메탈 #60(Metal Polishing Disc) | 기계가공(손가공) |
| | | 자동 | 마석 #3 | |
| | 물갈기 | 수동 | 레진 #1,500(Resin Polishing Disc) | |
| | | 자동 | 마석 #14 | |
| | 본갈기 | 수동 | 레진 #3,000(Resin Polishing Disc) | |
| | | 자동 | 마석 #15 | |
| | 정갈기 | 수동 | 광판(광내기) | |
| | | 자동 | P.P(파우더) | |
| 제트 버너 마감 | | | 2,000°C 내외의 버너를 사용하여 표면을 조면(粗面)이 되도록 마감하는 것 | 기계가공(손가공) |
| Jet Polish 마감 | | | 고온 조면 마감한 위에 Wire Polish로 닦아낸 것 | 기계가공 |
| 고운다듬 마감 | | | STS Shot Ball을 분사하여 마감 면을 Blasting해 고운다듬 마감한 것 | 기계가공 |
| Sand Blasting | | | 표면에 금강사를 고압으로 분사하여 석재표면을 처리 | 기계가공 |
| Water Jet(Aqua) Burner | | | 고압수의 분사로 표면을 박리한 것으로, Jet Burner 마감 면보다 색채나 빛깔이 원석에 근접 | 기계가공 |

자료: (사)대한건축학회(2010), 『건축기술지침 Rev.1 건축 II』, 232쪽.

| A | B | C | D |
|---|---|---|---|
| E | F | G | H |

8-10 석재의 표면처리
A. 광내기 B. 물갈기 C. 줄새김 D. 잔다듬
E. 도드락다듬 F. 줄다듬 G. 정다듬 H. 샌드블라스팅

## 7. 석재의 시공방법

석재의 시공방법은 조립형상에 따라 단일재 방식과 복합재 방식, 모르타르 사용 여부에 따라 습식공법과 건식공법으로 구분할 수 있다. 일반적으로 습식공법과 건식공법으로 구분하여 시공하는데, 습식공법의 경우 모르타르를 주입 또는 사춤하여 석재를 결합하는 방법이며, 건식공법은 파스너(fastener), 앵커(anchor) 등으로 구체와 석재를 결합하는 방법이다.

### 가. 습식공법

① 외부공간에서 석재 플랜터 및 포장 등 구조물에 앵커 및 철근을 사용하지 않고 철선, 탕개, 쐐기를 이용하여 석재를 고정한 후 모르타르를 사춤하는 방법이다.

② 수직면에 사용할 때 수축 팽창에 의한 판석 탈락이나 빗물에 의한 시멘트 백화현상이 발생하여 석재 면이 오염될 수 있으므로 주의해야 한다.

③ 이 공법은 비교적 시공이 간편하고 공사비가 저렴하여 플랜터 및 낮은 석재벽에 적용되지만, 백화현상, 판석 탈락, 시공능률 저하 등의 문제로 적용이 줄어들고 있다.

8-11 석재의 시공방법

A. 습식공법
A. 건식공법

## 나. 건식공법

① 모르타르를 사용하지 않고 파스너, 앵커 등 철물 연결재로 고정하는 방법이다.

② 모르타르를 사용하지 않아 백화현상, 판석 탈락, 공기 지연 등의 문제 해결이 가능하다.

③ 앵커에 의해 단위 판재로 지지되므로 상부의 하중이 하부로 전달되지 않는다.

④ 벽체에서 마무리 면까지 최소 10cm 이상 공간이 필요하지만, 석재 뒷면에 80~100mm의 공간이 형성되어 열류작용을 감소시켜줌으로써 단열효과를 높일 수 있고 벽체 내부의 결로를 방지할 수 있다.

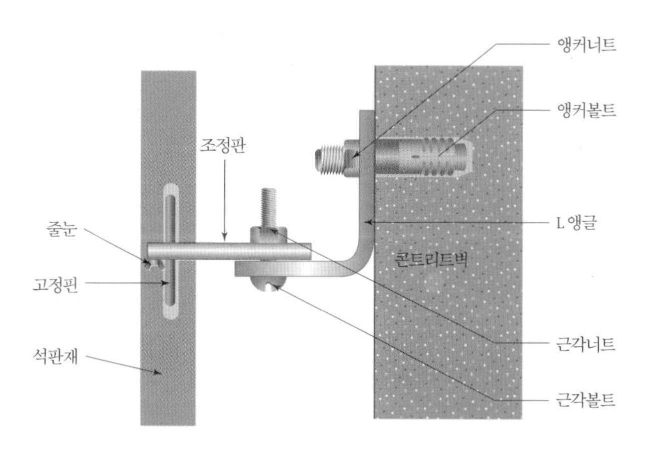


8-12 앵글건식시공 단면도

⑤ 습식공법에 비해 철물고정 등에 시간이 소요되며, 시공이 다소 복잡하고 공사비가 많이 든다.

## 8. 석재의 보양

석공사가 끝나면 충격에 의한 파손과 오염물질에 의한 오염을 방지하기 위해 즉시 보양을 시행해야 한다. 바닥보양은 '바닥 청소 → 두께 0.1mm 이상 PE 필름 깔기→ 두께 3mm 이상 합판 또는 보양포 깔기 → 3일간 통행 금지 → 1주일간 진동 및 충격 방지'의 순서로 진행된다. 벽이나 기둥 보양에는 두께 0.1mm 이상 PE 필름을 밀봉 부착하고, 기둥 모서리부는 스티로폼 등 완충재 위에 합판으로 바닥에서 1.5m까지 보양한다.
또한 석재는 물 또는 기름에 용해되는 물질이 침투하면 제거하기 어려우므로 각종 프라이머, 페인트, 매직, 녹, 시멘트 페이스트, 흙 등 오염물질로 인한 오염을 방지하기 위해 주의해야 하는데, 필요한 경우 비닐을 깔고 합판 등으로 보양해야 한다. 오염되었을 경우에는 고압수에 의한 물세척 등 적절한 조치를 취해야 한다.

## 9. 석재 제품

### 가. 자연석

자연석은 자연의 힘에 의해 풍화 또는 마모되어 종류별 특성이 잘 나타나는 것으로, 미적인 가치를 지니고 있다. 일반적으로 2목도(크기 300×400×500mm, 무게 100kg) 이상 크기의 돌을 말하며, 채집 장소에 따라 산석, 강석, 해석으로 나눈다.

① 산석: 산과 들에서 채집되는 자연석으로, 자연풍화로 마모되어 있거나 이끼 등의 착생식물이 끼어 있는 것을 사용한다.

② 강석(하천석): 하천에서 채집되는 자연석으로, 물에 의해 표면이 마모되었으나 모서리가 예리하지 않은 것이다. 계곡부의 돌은 비교적 마모가 덜 되어 표면의 생김새가 다양하고, 강바닥의 돌은 마모가 심하여 원형에 가깝다.

③ 해석: 바닷가에서 채집되는 자연석으로, 파도, 해일 및 염분의 작용에 의해 연질부는 마모되고 경질부만 남아 모양과 무늬가 아름답다.

경관석은 형태, 표면질감, 색채, 광택, 무늬 등이 우수하여 시선이 집중되는 곳이나 시각적으로 중요한 지점에 감상을 위한 목적으로 단독 또는 집단으로 놓는 자연석으로, 입석, 횡석, 평석, 환석, 각석, 사석, 와석, 괴석 등으로 사용된다. 경관석을 무리 지어 놓는 경우 중심석과 보조석 2석조가 기본이며, 3석조, 5석조, 7석조 등과 같은 기수로 조합하는 것을 원칙으로 한다. 경관석은 종류, 크기, 형태를 고려하여 설치 위치 및 주변 여건에 맞추어 배치하고, 특수용도의 경관석은 위치를 미리 선정해 둔다.

### 나. 가공자연석(발파석)

가공자연석은 일정한 크기의 깬 돌을 모가 난 부분을 둥글게 가공하여 형태와 질감을 자연석과 비슷하게 만든 것으로, 자연석을 대신하여 사용할 수 있다. 진회색 또는 옅은 검정에 흰무늬가 있는 편마암(강화석, 온양석)을 주로 사용한다.

### 다. 가공석

가공석은 각석, 주석, 판석과 같이 일정한 규격으로 다듬은 것이나 견치돌, 사고석, 깬돌과 같이 일정한 형태와 크기로 가공한 것을 말한다.

### 라. 자연석 판석

퇴적암 계열의 사암, 응회암, 점판암이나 변성암 계열의 편마암을 얇은 판 모양으로 채취하여 포장재나 쌓기용으로 사용하는 것이다. 자연미 등의 미관효과를 연출할 수 있어야 한다. 디딤돌(징검돌)놓기 등 포장재료로 사용할 경우에는 답압에 견딜 수 있는 강도와 내마모성을 가져야 한다.

### 마. 채집석

집이나 농경지 주변, 또 산에 자연적으로 풍화되어 있어 채집하여 사용할 수 있는 작은 크기의 석재나 인공적으로 깨진 작은 석재이다. 개체적으로는 미적 가치가 적을 수 있으나 여러 개를 조합하면 다양한 아름다움을 표현할 수 있고, 지역적 특성을 나타내는 데 효과적이다. 전통적 경관을 표현하거나 성벽, 다리, 담장, 포장, 개비온 옹벽을 만드는 데 사용할 수 있다.

| A | B |
|---|---|
| C | D |

8-13 석재 제품의 사례

A. 자연석 쌓기에 사용된 강석
B. 경관석으로 사용된 강석
C. 도시 광장에 경관석으로 사용된 산석
D. 채집석과 쇄석을 이용한 개비온

| E | F |
|---|---|
| G | H |

E. 가공석
F. 점판암 판석
G. 호상편마암 발파석
H. 채집석을 절단 가공한 석재

| 1 | 3 | |
|---|---|---|
| 2 | 4 | 5 |

1 석재 판석을 활용한 조형물(2008 빙겐 정원박람회2008 Bingen Garden Expo, Germany)
2 아마라(amara) 작 '대화(Dialogue)'(화강석, 서울 올림픽공원)
3 괴석을 이용한 축석(뤄양 왕청궁위안洛陽 王城公園, China)
4 화강석 석재 조형물(워싱턴 D.C. 프랭클린 델러노 루스벨트 메모리얼Franklin Delano Roosevelt Memorial in Washington D.C., USA)
5 화강석 옹벽(2005 아이치 박람회2005 Aichi World Exposition, Japan)

| 1 | 3 |
| --- | --- |
| | 4 |
| 2 | 5 |

1 자연석 조형물(도쿄 역東京駅 주변, Japan)
2 오카모토 아츠오(岡本敦生) 작 '한 개의 구체(The Earth: A Single Sphere)'(화강석 및 금속 기둥, 히로시마 공항広島空港, Japan)
3 화산석 조형물(제주도 중문지구 국제컨벤션센터)
4 채집석을 이용한 전통 조형물(전북 진안 마이산)
5 깬돌을 이용한 기념 벽(강원 양구 박수근미술관)

1914~1965

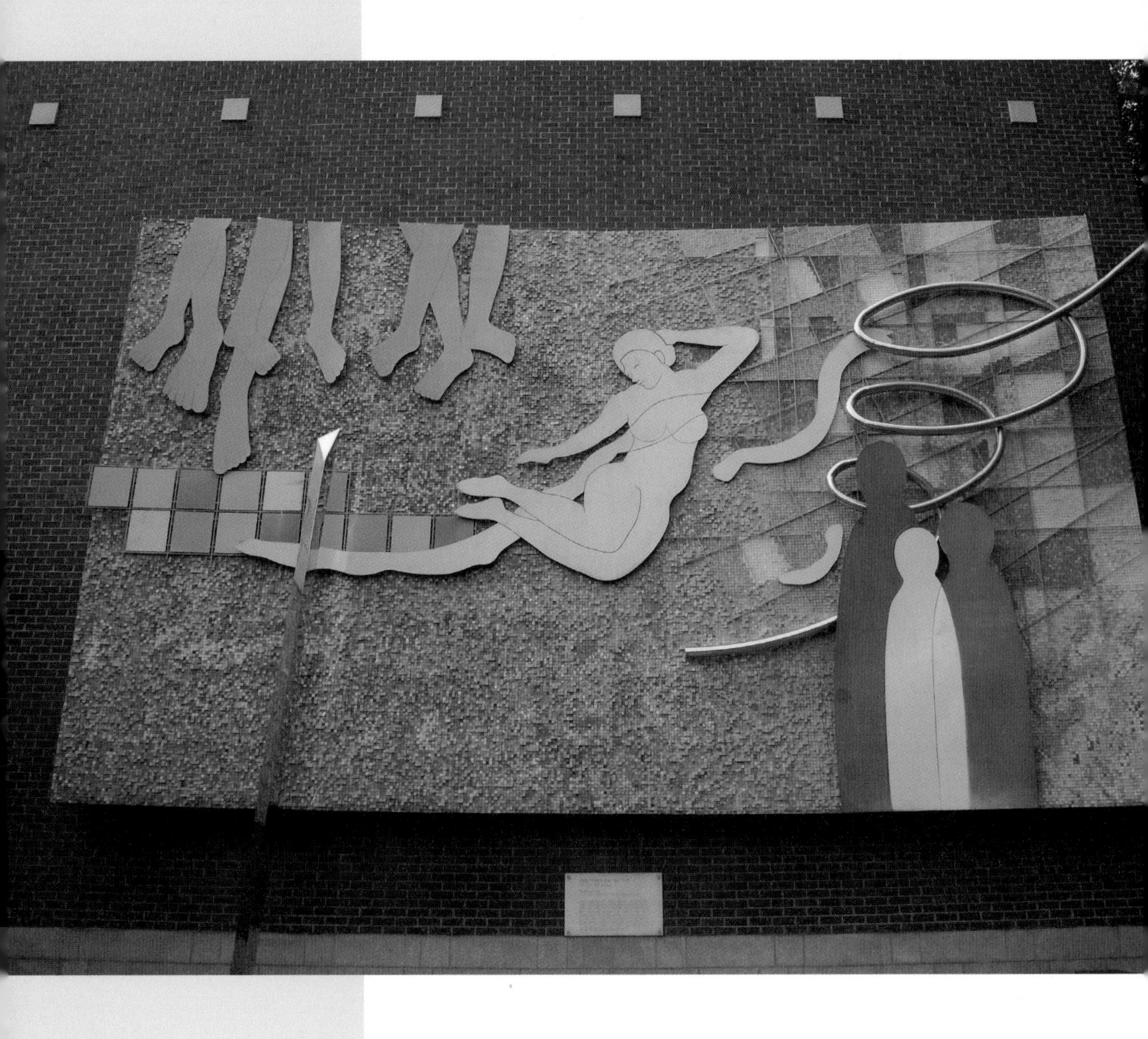

| 1 | 2 | |
|---|---|---|
| | 3 | |
| | 4 | 5 |

1 전수천 작 '혹성들의 신화, 놀이, 비전'(석재타일을 이용한 벽화, 서울 정동극장)
2 호박돌과 조약돌을 이용한 벽천(경기 화성 동탄)
3 암석 노출면을 이용한 폭포(P 컨트리클럽)
4 석재로 만든 폭포(샌프란시스코 에르바 부에나 가든 마틴 루터 킹 메모리얼Martin Luther King Jr.'s Memorial in Yerba Buena Garden in San Francisco, USA)
5 광내기 마감된 검은색 구형 샘돌(가고시마 중앙공원鹿兒島 中央公園, Japan)

OKINAWA
GAZA
YPRES
TOBRUK
RUHR

| 1 | 3 |
| --- | --- |
|  | 4 |
| 2 | 5 |

1 화강석을 이용한 기념비(런던 오스트레일리아전쟁 메모리얼Australian war memorial in London, United Kingdom)
2 검은 석재 벽(시안 다탕푸룽위안西安大唐芙蓉園, China)
3 전옥 작 '도시여행'(화강석과 스테인리스, 서울 은평 뉴타운)
4 임진각 미국군 참전기념비(경기 파주)
5 화강석 각재로 만든 계단과 플랜터(서울 예술의 전당)

| 1 | 3 | |
| --- | --- | --- |
| 2 | 4 | 5 |

1 화강석 석축과 홍예(서울 종로구 창의문)
2 화강석 석축 벽(서울 북악산성)
3 채집석과 점토를 이용한 전통 담장(전남 담양 소쇄원)
4 장대석으로 만든 화계와 석물(서울 창덕궁)
5 장대석과 사고석으로 만든 전통담(서울 창덕궁)

| 1 | 4 |
|---|---|
| 2 | 5 |
| 3 | 6 |

1 채집석을 이용한 개비온 벽(울름 2008 정원박람회2008 Ulm Garden Expo, Germany)
2 채집석을 이용한 개비온 벽
3 쇄석을 이용한 개비온
4 호박돌을 이용하여 축석한 옹벽(서울 동대문구 전농동 쌈지공원)
5 화강석 부조(서울 종묘공원 이상재 선생 메모리얼)
6 화강석 각재로 만든 옹벽(서울 서울천년타임캡슐광장)

| 1 | | 4 | 5 |
|---|---|---|---|
| | | 6 | 7 |
| 2 | 3 | 8 | 9 |

1 판석을 띠 모양으로 배치
2 화강석으로 만든 수벽(서울 국립중앙박물관)
3 화강석으로 만든 앉음 벽(가고시마 이시바시기념공원鹿兒島 石橋記念公園, Japan)
4 맷돌을 이용한 포장
5 쇄석을 배수 및 미적 재료로 사용(2005 뮌헨 연방 정원박람회BUGA 2005 München, Germany)
6 일본 전통석축(나오시마 고오우진자直島 護王神社, Japan)
7 채집석을 이용한 옹벽(바르셀로나 구엘공원Guell park in Barcelona, España)
8 자갈, 조약돌을 이용한 지압포장
9 서울올림픽을 기념하여 참가국에서 가져온 돌을 이용하여 만든 기념공간(서울 올림픽공원)

## ※ 연습문제

1. 화강암은 백색, 회색, 담홍색, 흑색, 담록색 등 다양한 색상을 띤다. 그 이유를 조암광물과 관련시켜 설명하시오.
2. 화강석과 대리석이 불에 노출되었을 때 일어나는 현상에 대해 설명하시오.
3. 대리석은 주로 실내 장식재로만 사용되고 있다. 그 이유를 설명하시오.
4. 석재를 생성원인에 따라 분류하고, 해당 암석의 특징을 알아보시오.
5. 석재의 표면가공 순서를 설명하시오.
6. 중국 등 해외에서 생산되어 수입되는 석재의 사용 실태에 대해 알아보시오.
7. 석재 생산과정에서 발생하는 환경문제를 이해하고 개선방안을 제안하시오.
8. 석재에 석면이 포함된 사례를 알아보고 문제점을 찾아보시오.
9. 채석장을 정원이나 공원으로 새롭게 조성한 사례를 알아보시오.

## ※ 참고문헌


건설공사 표준품셈 2012년 토목부문 73-74.

(사)대한건축학회. 『건축기술지침 Rev. 1 건축 III』. 서울: 도서출판 공간예술사, 2010, 229~233쪽.

(사)대한건축학회. 『건축 텍스트북 건축재료』. 서울: 기문당, 2010.

(사)한국조경학회. 「조경공사 표준시방서」, 2008.

(사)한국조경학회. 『조경설계기준』, 2013.

이춘오 · 홍세선 · 이병태 · 김경수 · 윤현수. 「국내 석재산지의 지역별 분포유형과 특성」. 『암석학회지』 제15권 제3호 통권 제45호(2006. 9.), 154~166쪽.

황용득. 『재료의 미학』. 경기: 도서출판 조경, 2004, 50쪽.

Bradley, Frederick; Studio Marmo. *Natural Stone*. New York: W.W. Norton & Company, 1998.

Hegger, Manfred; Volker, Auch-Schweik; Matthias, Fuchs; Thorsten, Rosenkranz. *Construction Materials Manual*. Basel: Birkhäuser, 2006.

Holden, Robert; Liversedge, Jamie. *Costruction for Landscape Architecture*. London: Laurence King Publishing Ltd., 2011.

Lyons, Arthur. *Materials For Architects and Builders*. London: ARNOLD, 1997.

Sovinski, Rob W.. *Materials and their Applications in Landscape Design*. New Jersey: John Wiley & Sons, 2009, pp.111-133.

Topos. Stucco, *Stone and Steel*. München: Callway Publishers, 1999.

Weinberg, Scott S.; Gregg, A. Coyle. *The Handbook of Landscape Architectural Construction*. Washington D.C.: Landscape Architecture Foundation, 1988.

Zimmermann, Astrid(ed.). *Constructing Landscape: Materials, Techniques, Structural Components*. Basel: Birkhäuse, 2008.

### ※ 관련 웹사이트

동아석재산업(주)(http://www.dongastone.co.kr)
한국광물자원공사(http://www.kores.or.kr)

### ※ 관련 규정

한국산업규격

KS E 3032 암석의 인장 강도 시험 방법
KS E 3033 암석의 압축 강도 시험 방법
KS F 2518 석재의 흡수율 및 비중 시험 방법
KS F 2519 석재의 압축 강도 시험 방법
KS F 2530 석재
KS F 2530-1 보차도 포장용 판석
KS F 2534 구조용 경량 골재

# 9

# 금속재

## 1. 개요

금속의 발견과 사용은 고대부터 현대에 이르기까지 인류 문명의 역사와 함께했다. 신석기시대인 B.C. 6000년경까지는 자연에 존재하는 순금속을 활용하여 장신구로 사용했다. B.C. 4300년경 중부 유럽에서 청동기시대가 시작되어 B.C. 3500년경에는 이집트에서 구리합금이 널리 사용되었다. B.C. 1200년경 들어 구리를 대체하는 철이 등장했는데, 철기문화는 B.C. 800년부터 전 세계로 전파되었다.

금속은 철금속(ferrous metals)과 비철금속(non-ferrous metals)으로 구분된다. 철금속은 주철, 연철, 강철 등 철금속과 스테인리스, 니켈강 등 합금을 총칭하는데, 현재 생산되고 있는 금속의 90% 이상을 차지한다. 비철금속은 구리, 알루미늄, 아연 등이 해당된다. 구리는 정련이 쉽고 전연성이 높아 가공이 용이하여 생활용품, 화폐, 장신구, 무기 등 광범위하게 이용된다. 알루미늄은 1886년 전기분해법이 개발되면서 대량생산이 가능해졌는데, 가벼우면서 비교적 강도가 높고 녹슬지 않아 건설용 재료로 많이 사용되고 있다.

지각의 5%를 차지하는 철은 지구에서 4번째로 많은 광물로 19세기에 들어서서 구조물에 사용되는 목재와 석재의 대체재로 등장했다. 1851년 조셉 팩스턴(Joseph Paxton)이 런던 만국박람회장에 조립식 주철제 부품을 사용한 수정궁(Crystal Palace)을 세웠으며, 구스타브 에펠(Gustave Eiffel)도 1889년 파리에 주철로 만든 300m 높이의 에펠탑을 세웠다. 철은 생산과정에서 목재 및 석탄이 과다하게 사용되어 생산이 제한적이었으나, 1856년 헨리 베서머(Henry Bessemer)가 고압의 공기를 주입해 소요되는 에너지를 줄이고 제강시간을 크게 단축시킨 전로법(轉爐法)을 개발하면서 저렴하게 대량으로 생산할 수 있게 되었다. 이후 건설용 구조재, 연결재, 장식재로 본격적으로 사용되었다.
제철하는 과정을 보면, 원강인 자철광($Fe_3O_4$), 적철광($Fe_2O_4$), 갈철광($2Fe_2O_3 \cdot 3H_2O$) 및 기타 광석에 망간, 석회석, 코크스를 배합하여 1,500℃ 정도로 가열하면 철광석은 환원되고 용광로의 하부에는 용선(溶銑)이 상부에는 용재(溶滓)가 생긴다. 용선은 대부분 제강공정(製鋼工程)을 거쳐 각종 강(鋼)이나 주철(鑄鐵)로 정련되며, 용재는 슬래그 또는 경량골재로 이용된다. 제강공정에서는 선철에 필요 이상으로 함유된 화학성분인 탄소, 규소, 인, 망간 등을 제거하고 탄소 및 기타 화학성분을 첨가하여 강으로 만든다.

철광석의 환원작용
$2C$(코크스) + $O_2$(산소) → $2CO$(일산화탄소)
$Fe_2O_3$(철광석) + $3CO$(일산화탄소) → $2Fe$(철) + $3CO_2$(이산화탄소)

## 2. 금속의 장단점

금속은 비중에 따라 중금속(＞4,500kg/m$^3$)과 경금속(＜4,500kg/m$^3$)으로, 철의 함유 여부에 따라 철금속과 비철금속으로 분류된다. 또 1가지 금속으로 구성된 순금속(純金屬)과 2개 이상 금속이 혼합된 합금(合金, alloy)으로 나뉜다.

### 가. 장점

① 강도, 경도, 내마모성 등 역학적 성질이 뛰어나다.
② 고유의 특유한 광택을 갖는다.
③ 열 및 전기의 양도체로 전성과 연성이 높다.
④ 변형과 가공이 자유롭다.
⑤ 역학적인 결점은 합금을 통해 개선이 가능하다.

### 나. 단점

① 비중이 크므로 재료의 응용범위가 제한된다.
② 산소와 쉽게 결합하여 녹이 발생한다.
③ 가공설비가 많이 필요하며, 제작비용이 과다하다.

## 3. 금속의 가공

금속의 가공은 용융가공, 소성가공, 기계절삭가공으로 구분되는데, 소성가공은 다시 열간가공(熱間加工)과 냉간가공(冷間加工)으로 구분할 수 있다. 열간가공은 재결정온도(강의 경우 900~1,300℃) 이상으로 열을 가한 상태에서 변형을 주는 것으로, 큰 변형률을 얻을 수 있다. 냉간가공은 재결정온도보다 낮은 온도에서 금속을 가공하는 것으로, 많은 힘이 필요하고 과다한 소성변형에 의해 파단(破斷)이 날 수 있으나 정밀도가 높고 겉면이 아름다우며 질이 좋다. 따라서 금속을 가공하는 단조, 압연 등에는 열간가공과 냉간가공이 병행되어 사용된다.

### 가. 용융가공

용융가공(鎔融加工)은 금속을 녹여 가공하는 방법으로, 대표적으로 주조와 용접이 있다. 텅스텐은 융점이 3,400℃에 이르는데, 이렇게 융점이 높은 금속은 분말을 고온에서 가압 성형하여 소결(燒結)을 통해 제품을 생산한다.

① 주조: 금속을 가열하여 용해한 뒤 주형에 주입해서 형상화하는 방법으로, 인장력에 취약하다.

② 용접: 같은 종류 또는 다른 종류의 2가지 강재가 접합하는 부위를 녹여서 붙이거나 잇는 방법이다. 접합강도가 높고 기밀성이 좋으나, 품질검사가 어려우며 취성파괴의 위험이 있다.

### 나. 소성가공

소성가공(塑性加工)은 강재를 소정의 형상, 치수로 성형할 때 일반적으로 사용하는 방법이다. 강재에 항복강도(yield strength)를 넘는 외부의 힘을 가하면 원래 형상으로 되돌아가지 않는 소성변형이 일어나는 성질을 이용한 것이다.

① 단조(鍛造, forging): 가열상태의 강재에 프레스나 해머 등 공구로 압축하중을 가해 성형(成形)하고 인성(靭性)을 증가시켜 원하는 형태의 강재를 만드는 방법이다.

② 압연(壓延, rolling): 회전하고 있는 한 쌍의 원기둥체인 롤 사이의 틈에 금속소재를 넣고 롤의 압력으로 소재의 길이를 늘려 단면적을 축소시키는 방법이다.

③ 판금(板金, pressing): 프레스로 압력을 가하여 판상의 제품을 원하는 형태로 만드는 방법이다.

④ 압출(壓出, extruding): 봉, 관 등과 같이 길고 단면이 일정한 제품을 만드

는 방법이다.

⑤ 인발(引拔, drawing): 끝 부분이 좁은 다이스에 강재를 끼우고, 그곳을 끌어당겨 다이스의 구멍을 통해 강재를 뽑아내는 방법이다.

### 다. 기계절삭가공

기계절삭가공(機械切削加工)은 가공할 재료를 손다듬질 또는 공작기계를 사용하여 원하는 모양과 치수의 물품으로 기계 가공하는 것으로, 선반, 밀링, 드릴링, 연삭, 절단 등의 방법이 있다.

## 4. 철금속

철(Fe)은 가장 일반적으로 사용되는 중금속으로 원자번호는 26이며 소량의 탄소(C), 망간(Mn), 규소(Si) 등이 포함되어 있다. 뛰어난 구조역학적 성질을 갖고 있어 콘크리트와 함께 중요한 건설용 재료로 사용되고 있다.

철의 원광석인 산화철을 일산화탄소를 이용하여 환원한 후 탄소와 합금해서 사용한다. 탄소는 철의 강도 및 성질을 좌우하는 주요성분으로, 탄소 함유량이 많아짐에 따라 단단해지고 가단성(可鍛性)이 적어지고 주공성(鑄工性)이 증가하고 담금질효과가 커진다. 철은 탄소 함유량에 의해 순철, 강(탄소강), 주철로 구분되는데, 강은 탄소강과 합금강으로 세분된다. 합금강은 강의 성질을 개량하기 위해 니켈(Ni), 크롬(Cr), 망간, 규소 등을 소량 첨가

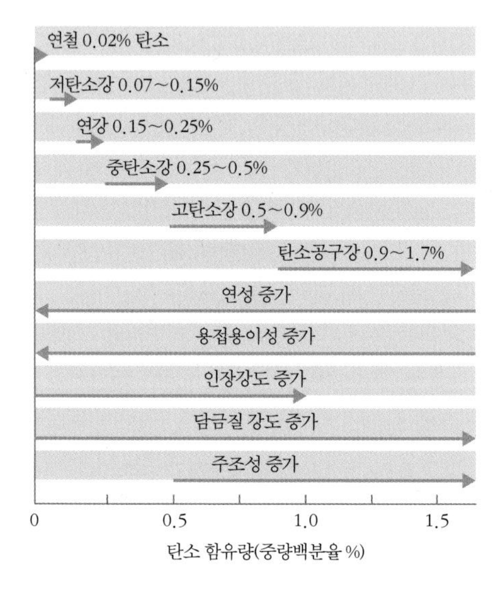


9-1 탄소 함유량에 따른 철강의 물리적 성질 변화

한 금속으로, 강도, 경도, 내식성, 내열성이 우수하다.

### 가. 철금속의 특성

① 순철(純鐵, pure iron): 철에 다른 원소가 거의 없는 순수한 철로, 연질이며 탄소 함유량이 0.035% 이하이다.

② 탄소강(炭素鋼, carbon steel): 일반적으로 강(鋼, steel)이라고 한다. 0.035~1.7%의 탄소를 함유하고 있어 담금질 등 열처리가 가능하며, 일반적인 철제품에 사용한다.

③ 주철(鑄鐵, cast iron): 무쇠 또는 선철(pig iron)이라고 부르기도 한다. 1.7% 이상의 탄소를 함유하는 철은 약 1,150°C에서 녹으므로 주물을 만드는 데 사용할 수 있으며, 배수 파이프, 맨홀 뚜껑, 가로시설, 조각, 정원시설, 가로수 보호덮개 등 큰 경질의 주철제품에 사용한다.

### 나. 철금속의 조직

고체금속 내부에는 원자가 규칙적으로 배열되어 있어 결정이 형성된다. 상온에서 융점에 이르는 동안 같은 결정구조(結晶構造)를 갖는 것이 많지만, 때로는 어떤 온도범위나 압력의 변화에 의해 결정구조가 변하게 된다. 이와 같이 결정구조가 외적조건에 의해 변하는 것을 변태(變態)라 하고, 변태가 온도의 변화에 의해 일어날 때 그 온도를 변태점(變態點)이라 한다.

순철은 가열 시 상온에서는 결정구조가 체심입방격자(體心立方格子, BCC; body-centered cubic lattice)이지만, 910°C에서 면심입방격자(面心立方格子, FCC; face-centered cubic lattice)로 바뀌고 1,400°C에서는 다시 체심입방격자로 변태하며 융점에 이르면 결정구조가 붕괴하여 융액(融液)이 된다.

〈표 9-1〉 철금속의 물리·역학적 특성

| 종류 | | | 밀도 ($kg/m^3$) | 열전도도 (W/mK) | 열팽창계수 (mm/mK) | 전기전도도 ($m/\Omega mm^2$) | 인장강도 ($N/mm^2$) | 탄성계수 ($N/mm^2$) | 항복점 또는 0.2% 내력 ($N/mm^2$) |
|---|---|---|---|---|---|---|---|---|---|
| 주철 | 층상흑연주철 (GJL) | | 7,100~7,300 | 40~50 | 0.012 | 5~7 | 100~450<br>압축: 600~1,080 | 78,000~143,000 | 98 |
| | 구상흑연주철 (GJS) | | 7,100~7,200 | 31.1~36.2 | 0.013 | 5~7 | 400~900<br>압축: 700~1,150 | 169,000~176,000 | 240~600 |
| 강 | 주강 | | 7,850 | 40~50 | 0.012 | 5~7 | 380~1,100 | 210,000 | 200~830 |
| | 구조강 | Fe360N | 7,850 | 56.9 | 0.012 | 5 | 340~470 | 212,000 | 235 |
| | | Fe510C | 7,850 | 48 | 0.012 | 5 | 450~680 | 212,000 | 275~355 |
| | 스테인리스강 | STS304 | 7,920 | 14.5 | 0.016 | 1.5 | 500~700 | 200,000 | 190 |
| | | STS316 | 7,960 | 15 | 0.017 | 1.4 | 500~730 | 200,000 | 210~255 |

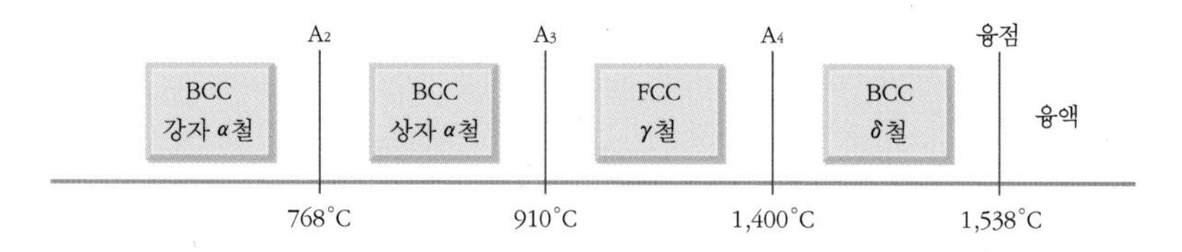


9-2 순철의 변태

이때 768°C에서는 결정구조는 변하지 않지만 자성(磁性)이 변하여 자기변태(磁氣變態)가 된다. 이러한 변태점 사이의 순철을 910°C 이하의 것을 α철, 910~1,400°C의 것을 γ철, 1,400°C 이상의 것을 δ철이라고 부른다.

탄소강은 함유하는 탄소량에 따라 순철보다 더욱 복잡하게 변태한다. 그림 9-3에서 페라이트(ferrite)는 순철(α철)이 미량의 탄소를 함유한 것, 오스테나이트(austenite)는 순철(α철)이 다량의 탄소를 함유한 것, 펄라이트

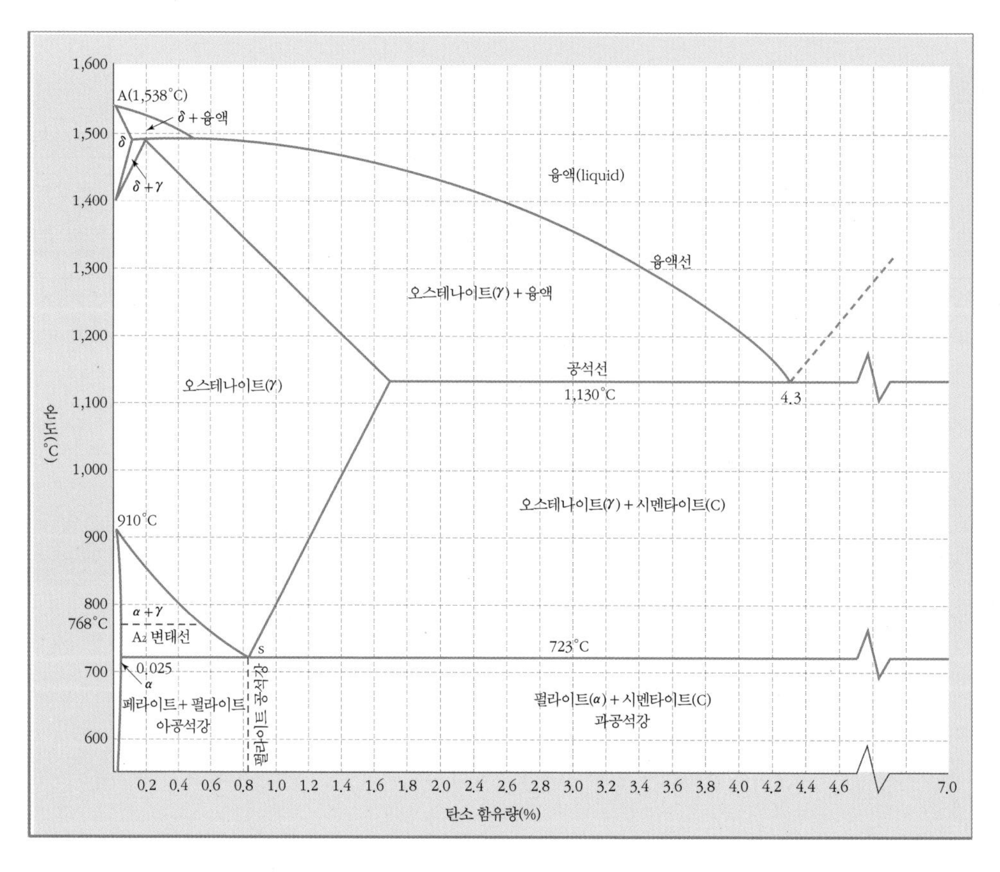


9-3 탄소강의 Fe-C다이어그램

(pearlite)는 순철(γ철)이 미량이 탄소를 함유한 것, 시멘타이트(cementite)는 탄화철($Fe_3C$)을 말한다. 또한 탄소강은 온도 723℃, 탄소 함유량 0.83%인 S점에서 γ고용체에서 α고용체와 시멘타이트가 동시에 석출(析出)되어 펄라이트라고 부르는 공석(共析)을 만든다. 이것을 공석강(共析鋼)이라 하고, 탄소 함유량이 0.83% 미만인 탄소강을 아공석강(亞共析鋼, 페라이트+펄라이트), 0.83% 초과한 탄소강을 과공석강(過共析鋼, 펄라이트+시멘타이트)이라고 한다. 탄소강 조직으로 페라이트(탄소 함유량 0.025% 이하)는 순철과 같이 극히 연하고 연성이 크며 인장강도는 비교적 작고 상온에서 강한 자성을 띠며 담금질해도 경화되지 않는다. 펄라이트(탄소 함유량 0.83%)는 강도가 크고 담금질에 의해 크게 경화되며, 시멘타이트(탄소 함유량 6.67%)는 매우 단단하고 깨지기 쉬우며 연성은 거의 없고 상온에서 강한 자성을 띠어 담금질해도 경화하지 않는다.

## 다. 탄소강

### 1) 성질 및 구분

탄소강은 탄소의 함유량에 따라 기계적·물리적 성질이 달라지며, 탄소 이외에 망간, 인(P), 황(S), 규소 등을 미량 포함하고 있다. 가공성이 좋아 강판, 강관, 강봉, 강선 등으로 사용된다. 탄소 함유량에 의해 탄소강을 구분하면 〈표 9-2〉와 같다.

### 2) 가공 및 성형

많은 강제품은 평로 또는 전로에 용강(溶鋼)을 각주상의 형태로 넣어 강괴(鋼塊)로 굳힌 것을 가공 성형하여 만든다. 우선 약 1,200℃의 고온에서 가열한 강괴를 증기해머 및 공기해머 등으로 두드려 불순물을 제거하고 조직을 치밀하게 하는데, 이것을 연철(鍊鐵)이라 한다. 연철은 압연 또는 인발가공에 의해 성형되는데, 소재를 800~1,000℃ 이상의 고온에서 가열하여 행하는 고온가공과 700℃ 이하 또는 상온에서 행하는 저온가공이 있다. 살

〈표 9-2〉 **탄소 함유량에 의한 탄소강의 구분**

| 구분 | 탄소함유량(%) | 항복강도(MPa) | 인장강도(MPa) | 경도(HB) | 용도 |
|---|---|---|---|---|---|
| 극연강(極軟鋼) | 0.08~0.12 | 200~290 | 360~420 | 80~120 | 못, 리벳 등 |
| 연강(軟鋼) | 0.12~0.20 | 220~290 | 380~480 | 100~130 | 철근, 형강, 강판, 철골 등 |
| 반연강(半軟鋼) | 0.20~0.30 | 240~360 | 440~550 | 120~145 | 레일, 기계용 형강 등 |
| 반경강(半硬鋼) | 0.30~0.40 | 300~400 | 500~560 | 140~170 | 볼트, 너트, 강파일 등 |
| 경강(硬鋼) | 0.40~0.50 | 340~460 | 580~700 | 160~200 | 공구, 스프링, 피아노선 등 |
| 최경강(最硬鋼) | 0.50~0.80 | 350~370 | 650~1,000 | 186~235 | 칼날, 베어링, 기계용 스프링 등 |

이 두꺼운 L형, I형 등의 형강, 강판 등은 서로 반대로 회전하는 롤러에 강을 끼워서 고온 압연 가공하고, 경량형강과 같이 살이 얇은 박판은 저온 또는 상온에서 압연하여 압연강재(壓延鋼材)로 만든다. 이 밖에 강관이나 강봉은 고온상태의 강을 필요한 모양의 구멍으로 밀어내어 성형하는 방법인 압출로 만든다.

3) 열처리(heat treatment)

강은 700~1,500°C 사이의 온도에서 열처리하면 조직에 변화를 주어 성질을 개선할 수 있는데, 열처리 방법에는 불림, 풀림, 담금질, 뜨임질이 있다.

(1) 불림(normalizing): 단조나 압연 가공한 강을 800~1,000°C로 가열하여 그 온도에서 수십 분 동안 보존한 후 공기 중에서 서서히 냉각하면 내부 응력이 제거되어 조직이 정상화되고 강해진다.

(2) 풀림(annealing): 700°C 이상으로 가열한 후 이것을 로(爐) 안에서 서서히 냉각하면 인장강도는 저하하나 균질하고 연질한 철선과 같은 강이 만들어진다.

(3) 담금질(quenching, hardening): 강을 가열한 후 냉수, 온수 또는 기름에 넣어 급랭시키면 늘어나는 성질이 감소하고 강도 및 경도가 증대하여 마모가 잘 안 되므로 공구 및 도구를 만들 수 있다.

(4) 뜨임질(tempering): 담금질한 강은 내부에 응력이 남아 있으므로 충격에 약하고 부식되기 쉬워 변형이 생길 수 있다. 이것을 다시 400~600°C로 가열하여 수십 분 후 공기 중에서 서서히 냉각하면 응력이 사라지고 취성이 현저하게 낮아진다.

## 라. 주철

주철은 탄소를 1.7~6.7% 함유하고 있는데, 실제로는 3.2~3.8%의 것이 많이 사용된다. 탄소강보다 용융온도가 낮아 1,130~1,150°C에서 녹으므로 주조가 용이한 반면, 연성이 거의 없어 압연 및 압출이 불가능하며, 경도가 높고 강도는 낮다. 높은 강도가 필요하지 않은 철제품의 재료로 많이 사용된다.

## 마. 스테인리스강

스테인리스강(stainless steel)은 탄소강에 10.5% 이상의 크롬 및 니켈, 몰리브덴(Mo), 티타늄(Ti) 등의 금속이 첨가된 것으로, 강의 녹이 스는 성질을 개선하여 내식성이 뛰어나며 기계적 성질이 우수하므로 조경시설물이나 조형물로 많이 사용된다.

### 1) 특성

① 크롬과 니켈을 함유하여 내식성이 뛰어난 특수강으로, 크롬 함량 약 11%까지는 내식성이 급격히 개선된다.

② 저탄소의 것일수록 연질이고 녹이 잘 슬지 않는 반면, 고탄소의 것은 약간 녹이 슬기 쉬우며 강도는 크다.

③ 전·연성이 뛰어나고 가공 및 용접이 용이하여 다양한 형태로 가공이 가능하며, 알루미늄판의 1/3 두께로 같은 강도를 얻을 수 있다.

④ 표면가공이 용이하여 다양한 미관적 효과를 얻을 수 있다.

⑤ 재료비가 비싸지만, 장기적인 내구성이 높아 유지관리비용이 저렴하다.

### 2) 종류

#### (1) 오스테나이트계(austenite)

① STS 304(27종, 18Cr－8Ni): 가장 널리 사용되는 오스테나이트계(니켈계) 스테인리스강으로 크롬을 18%, 니켈을 8% 함유하고 있다. 크롬과 니켈을 함유하고 있어 페라이트계보다 내식성 및 내열성이 좋아 건축 및 조경시설물, 조형물에 가장 많이 사용한다.

② STS 316(32종, 18Cr－12Ni－2Mo): 니켈 함유량을 10～15%로 크게 한 오스테나이트계(니켈계) 스테인리스강으로 STS 304보다 내식성이 우수하여 해안이나 공장지대 등 환경조건이 불리한 곳에 사용한다.

#### (2) 페라이트계(ferrite)

① STS 430(24종, 16Cr－0.05C): 대표적인 페라이트계(크롬계) 스테인리스강으로, 성형성 및 내산화성이 우수하여 주방용품, 양식기, 건축내외장재 등으로 사용한다. 내식성이 가장 낮으므로 외부 또는 부식하기 쉬운 환경에는 사용하지 않는다.

② STS 445NF(21Cr－0.3Ti－0.4Cu－Si, Nb): 높은 크롬 함유 스테인리스강으로, 내식성 및 성형성이 우수하여 엘리베이터, 양식기, 건축 내외장재 등 다양한 용도에 사용한다.

③ STS 446M〔26Cr－2Mo－0.3Ti, Nb－LCN(냉연)〕: 높은 크롬, 몰리브덴 첨가강으로, 내식성이 우수하여 주로 해안지역 건축 외장재 및 지붕재로 사용한다.

#### (3) 마텐자이트계(martensite)

STS 410(13Cr－0.04C): 열처리에 의해 경화되며 가공성이 우수한 고강도강으로, 기계부품, 칼날 등에 사용한다.

#### (4) 듀플렉스계(duplex)

① STS 329LD(20Cr－2.5Ni－1.4Mo－N): 니켈 및 몰리브덴 절약형 듀플렉스(Lean Duplex)강으로, 내식성, 내입계 부식성이 우수하여 수도배관,

해수설비, 화학설비 등에 사용한다.

② STS 329J3L(22Cr−5Ni−3Mo−0.15N): 크롬, 몰리브덴, 질소 등 내식성 강화원소를 다량 함유하여 염소부식, SCC, 공식, 틈새부식, 마모 및 침식에 대한 저항성이 매우 우수하여 담수화설비, 화학설비, 식품설비에 주로 사용한다.

3) 스테인리스강의 표면처리

(1) HL(헤어라인 마감처리): 연마제(#100)를 사용하여 머리카락과 같이 길게 연속된 연마줄눈이 생기도록 표면 처리한 것이다. 건축 내외장재 및 조경시설물에서 약한 광택 효과가 필요할 때 사용하며, 가벽 및 조형물 등에 많이 사용한다.

(2) MR(미러 마감처리): 거울과 같이 광택 및 반사 기능을 갖도록 연마한 제품으로, 연마 흔적이 남지 않도록 표면 처리한다. 마감 정도에 따라 일반미러 마감 및 슈퍼미러 마감으로 세분되며, 반사경, 거울, 건축 내외장재, 조형물 등에 사용한다.

(3) DULL(덜 피니쉬 마감처리): 표면에 열처리를 한 후 생긴 미세한 요철을 롤로 눌러 표면 처리하여 둔한 회색의 눈이 약간 거친 무광택이 되게 하여 반사효과를 줄이고 중후한 질감을 나타낸다.

(4) 문양(무늬)처리: 무늬강판처럼 문양요철이 나오도록 약하게 압력을 가하는 엠보싱(embossing) 처리를 하거나 표면에 실크스크린 처리를 하여 미적 효과를 연출한다.

### 바. 내후성 강재

내후성 강재(weathering steel)는 강에 구리(0.25%) 및 크롬, 니켈, 인을 혼합한 것으로, 대기 중에서 영속적인 산화막을 형성하여 특유의 녹슨 듯한 적색의 모습을 통해 독특한 외관을 나타낸다. US steel에서 생산한 강제품의 이름인 코르텐(corten)으로 불리기도 한다.

표면 보호층이 형성되기까지는 기후 조건이나 노출 정도에 따라 다르나 10년 정도 소요된다. 강우량이 매우 적고 습도가 낮은 곳에서는 비교적 안정적이나, 수분이 많은 곳이나 염분이 많은 임해지역에서는 녹에 대한 저항력이 낮아져 피해를 입을 수 있다.

### 사. 표면처리강

표면처리강(coated steel)은 강의 표면을 보호하기 위해 아연도금, 알루미늄·아연 합금도금, 주석·납 합금도금, 유기코팅 등의 보호조치를 한 것이다. 아연도금은 대표적인 표면처리 방법으로, 강의 표면을 보호하기 위해 350~400°C로 가열된 아연 분말에 강재를 넣고 수 시간 가열하여 내식

A B
C D

9-4 스테인리스강의 다양한 표면처리

A. 미러 마감처리(구마모토 미나마타병 메모리얼熊本 水俣病資料館, Japan)
B. 헤어라인 마감처리(서울 여의도 H사 사옥)
C. 그라인딩 마감처리된 스테인리스강 조형물(삿포로 모에레누마공원札幌 モエレ沼公園, Japan)
D. 문양처리(히로시마 평화기념공원 평화의 문広島 平和記念公園 平和の 門, Japan)

| | |
|---|---|
| A | B |
| C | D |

9-5 코르텐강의 적용사례

A. 환경조형물(서울 강남구 코엑스 앞)
B. 앤디 스터전(Andy Sturgeon) 작 'Journey of life'(순천만국제정원박람회)
C. 코르텐강으로 만든 난간(서울 양천구 서서울호수공원)
D. 계단과 데크(베를린 쇠네베르거 쥐게란데 자연공원Natur-Park Schoneberger Sudgelande in Berlin, Germany)

성 피막을 형성하는 것이다. 철제품의 형사에 영향을 주지 않으므로 볼트, 너트, 나사 등의 방식법으로 사용한다. 알루미늄(55%)과 아연(43.5%)의 합금으로 도금한 강은 같은 두께의 아연도금보다 부식에 대한 저항성이 높아 유기피복을 위한 바탕층으로 사용하기도 한다. 주석·납 합금도금은 납(80~90%)과 주석(10~20%)의 합금을 지붕재 및 덮개용 강이나 스테인리스강의 표면보호를 위해 사용한다. 한편 유기코팅은 1960년대 이래 사용되고 있는 방법으로, PVC 플라스티졸(plastisol), 폴리비닐리덴플루오리드(polyvinylidene fluoride, $PVF_2$), 폴리에스테르(polyesters), PVC 필름 등으로 강재의 표면을 처리한다.

## 5. 비철금속

대표적인 비철금속으로 구리(copper), 알루미늄(aluminium), 니켈(nickel), 크롬(chrome), 아연(zinc), 주석(tin), 납(lead) 등이 있다. 과거에는 구리, 주석, 아연 등이 주로 사용되다가 20세기 중반 이후 알루미늄 및 스테인리스강 합금기술이 발전하면서 알루미늄 및 그 합금의 이용분야가 광범위하게 확산되고 있다. 일부 비철금속은 채굴 및 제련 시 카드뮴 등 유독물질이 발생하여 공해문제를 야기할 수 있으므로 주의해야 한다. 비철금속의 물리적 성질은 〈표 9-3〉과 같다.

비철금속재료로서 구리는 전연성이 뛰어나고 가공 및 접합이 용이하며 내식성이 우수하여 과거부터 널리 이용되어 왔는데, 1945년 이후에는 알루미늄 및 그 합금이 구조재료로서 경량이고 강도가 크며 내식성이 높고 가공 및 접합이 용이하여 철강재료 다음으로 많이 이용되고 있다.

〈표 9-3〉 비철금속의 물리적 성질

| 종류 | | 밀도 ($kg/m^3$) | 열전도도 (W/mK) | 열팽창계수 (mm/mK) | 전기전도도 ($m/\Omega mm^2$) | 인장강도 ($N/mm^2$) | 탄성계수 ($N/mm^2$) | 항복점 또는 0.2% 내력 ($N/mm^2$) |
|---|---|---|---|---|---|---|---|---|
| 알루미늄 | | 주형: 2,703<br>롤형: 2,699 | 222 | 0.023 | 37 | 주형: 90~120<br>롤형: 150~230 | 72,200 | 주형: 40~70<br>롤형: 80~110 |
| 납 | | 11,340 | 35 | 0.029 | 4.8 | 10~20 | 20,000 | 5~8 |
| 아연 | | 7,130 | 113 | 0.033 | 16.9 | 150 | 94,000 | 160 |
| 구리합금 | 구리 | 8,940 | 394 | 0.017 | 57 | 160~200 | 120,000 | 40~60 |
| | 청동 | 8,600~8,800 | 54~75 | 0.017~0.019 | ca.9 | 240~300 | 80,000~106,000 | 130~180 |
| | 황동 | 8,300~8,500 | 117~159 | 0.017~0.020 | ca.16 | 370~740 | 75,000~120,000 | 150~490 |

## 가. 구리와 그 합금

### 1) 구리

구리(Cu) 원광석은 암석 성분이 많아 구리 함유량이 보통 1~2%에 불과하므로 선광을 해야 하며, 이어서 산화용융, 전기분해정련을 거쳐 생산된다. 구리는 비중 8.94, 열팽창계수 0.017mm/mk이며, 전기 및 열 전도성이 높고 전연성이 뛰어나 가공 및 접합이 용이하며, 화학적 저항성이 커서 내식

A B

9-6 구리와 그 합금
A. 구리
B. 황동

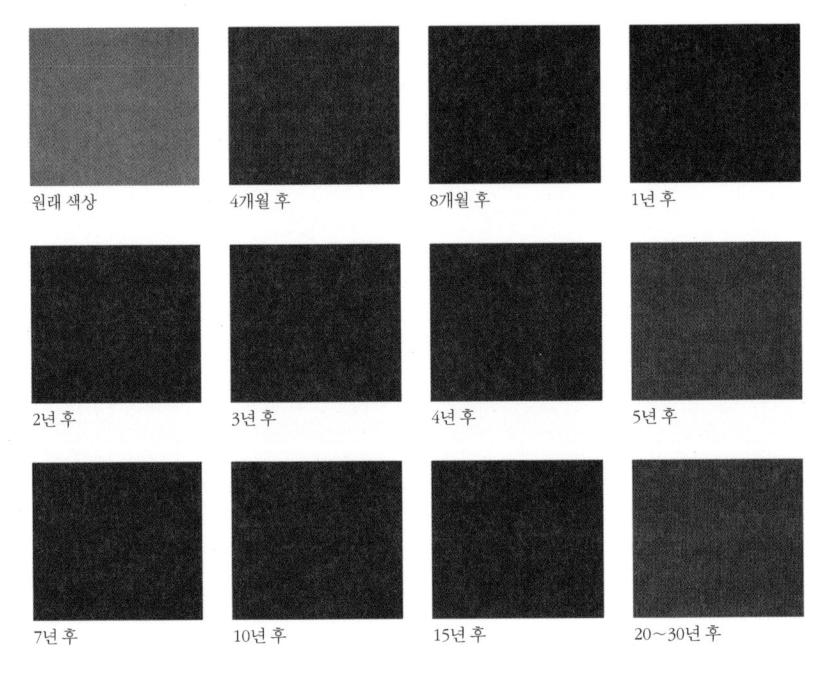


9-7 구리의 산화에 따른 색상변화

성이 양호하다. 또한 아연, 주석, 니켈 등과 합금이 용이하고 오렌지계열 적동색의 광택이 아름답다. 일반적으로 도시에서는 대기 중에서 약 8년에 걸쳐 광택을 소실하여 녹청색으로 변한다. 한편 구리의 녹은 인체에 해로우므로 사용에 주의해야 한다.

### 2) 황동(brass)

황동은 일명 '놋쇠'라고도 하는데, 50% 이상의 구리에 아연을 가한 것이다. 전연성이 뛰어나 압연, 인발 가공이 용이하고 우수한 기계적 성질을 갖고 있으며, 내식성이 매우 뛰어나며, 밝은 금색 광택을 연출한다. 주로 난간, 계단 논슬립, 지붕, 나사, 볼트, 정원장식물 등에 사용한다.

### 3) 청동(bronze)

청동은 구리에 주석 10~20%를 넣은 것으로, 황동보다 단단하고 구리와 달리 주조하기 쉽다. 또 표면 부식에 의해 아름다운 청록색을 띠고 높은 내식성과 내마모성을 가지므로 환경조각으로 널리 사용되고 있다. 주석의 함

9-8 청동 조각

A. 나고야 국제디자인센터(名古屋国際デザインセンター, Japan)

B. 캘리포니아 베트남전쟁 메모리얼(Californian Vietnam veteran memorial in Sacramento, USA)

량에 따라 색이 다른데, 5%까지는 동적색을 띠고 주석량이 증가함에 따라 황색을 띠는데 15% 정도는 등황색을 띠고 주석량이 더 증가하면 백색에 가까워진다.

포금(砲金)은 구리 90%와 주석 10%의 비율로 이루어진 청동으로, 강도가 적당하고 연성이 있으며 마모와 부식에 강하므로 기어 등 각종 기계의 부품에 쓰인다.

### 나. 알루미늄과 그 합금

알루미늄은 지구에서 산소(O)와 규소 다음으로 많은 원소이지만 다른 금속에 비해 늦게 사용되었으며, 1940년대부터 공업적으로 생산되고 있다. 알루미늄은 보크사이트 광석에서 알루미나($Al_2O_3$)를 분리 추출하여 전기 분해하여 제조하는데, 철에 이어 제2의 금속으로 다양한 분야에서 사용되고 있으며 재활용이 용이하다.

알루미늄은 비중이 2.7로 비교적 낮은 반면, 강도가 높고 내식성이 풍부하며 전연성이 좋아 가공이 용이한데 판, 선, 봉, 얇은 박막까지 만들 수 있고 주조도 가능하다. 순도가 낮은 것은 대기 중에서 빨리 부식하나 순도가 높은 것은 내식성이 크다. 그러나 산, 알칼리 및 콘크리트에 접하거나 해수에 침식되거나 흙에 매몰될 경우에는 부식된다. 이러한 산화를 방지하기 위해 산화피막을 형성하는 양극산화법(anodizing)을 이용하면 표면을 보호할 수 있다. 이 밖에도 아연 도금을 하거나 합성수지 도료를 도장하여 표면 마감하여 사용하는데, 이때 은색에서 회색까지 연출이 가능하다.

조경에서 알루미늄은 주로 펜스, 가드레일, 볼라드, 알루미늄 캐스팅 의자, 그레이팅 등 경량구조물에 사용한다.

## 6. 금속재의 가공 및 설치

### 가. 금속재의 가공 및 제작

1) 녹막이처리

① 강철 및 철금속 제품은 녹막이처리 및 도금처리를 해야 한다.

② 비철금속 제품의 경우 접하는 다른 재료에 의해 부식될 우려가 있을 때는 방식처리를 한다.

③ 공장에서 제작된 후 녹막이칠을 해야 하며, 운반이나 현장설치 중 도장이 손상되면 그 부위는 재도장해야 한다.

2) 절단

① 강판을 절단할 때에는 미리 선을 긋고 강판이 우그러지거나 변형되지 않도록 주의하여 절단한다.

② 절단기로 절단할 수 없는 두께의 금속재는 톱절단이나 가스절단을 해야 한다.

③ 절단 후 뒤말림과 찌그러짐이 생기면 줄 및 스크레이퍼를 이용하여 마무리해야 한다.

④ 스테인리스강재를 절단할 때에는 스테인리스강재 전용 절단기를 사용해야 한다.

⑤ 절단규격은 추가가공에 의한 수축 변형 및 마무리를 고려하여 실제 규격보다 약간 크게 한다.

3) 구멍뚫기

① 볼트, 앵커볼트, 철근의 관통구멍은 드릴로 뚫는 것을 원칙으로 하는데, 지름 13mm 이하인 경우 전단 구멍뚫기도 가능하다. 단, 구멍의 크기가 30mm 이상인 경우 가스 구멍뚫기도 가능하다.

② 드릴에 휨이 있으면 구멍을 크게 하므로 휨이 없어야 하며, 부재 표면에 직각을 유지해야 하고, 안전하고 적정한 힘을 가할 수 있는 위치에서 작업한다. 구멍뚫기 후 구멍 주변의 흘림, 끌림, 쇳가루 등을 완전히 제거한다.

③ 얇은 판에 구멍을 뚫을 때에는 흠이 생기기 쉬우므로 고무받침이나 목재받침을 끼운 후 작업해야 한다.

④ 부재의 두께가 리벳, 볼트의 공칭직경에 3mm를 가산한 값보다 클 경우에는 서브 펀치(sub punch)한 다음 리머(reamer)로 넓혀도 된다. 펀치로 인해 구멍 주위에 미세한 균열이 생기는 경우에는 예정직경보다 3~6mm 적게 서브 펀치하여 리머로 예정직경까지 구멍을 넓히면서 균열을 제거해야 한다.

⑤ 스테인리스강재의 구멍뚫기는 스테인리스강재 전용 드릴날을 사용해야 한다.

4) 성형

① 성형할 때 기준이 되는 마무리치수는 정확해야 하며, 표면에 가공흠 등이 없는 것으로 한다.

② 강판을 절곡할 때 흠이 없게 하고 상온이나 가열 가공을 하는데, 가열가공은 적열상태로 시행해야 한다.

③ 상온에서 구부림 내반경은 판 두께의 2배 이상으로 하여 강판이 꺾어지지 않도록 주의한다.

④ 구부림 부분의 주름살 수정은 관 내에서 하는데, 끝에 강구를 붙인 강철선으로 빼내든가 여러 강구를 밀어 넣어 한다.

⑤ 변형을 교정할 때에는 평활한 규준반 또는 적당한 본틀 위에서 목재 또는 고무망치로 변형 부분 주위를 두드린다.

## 나. 용접

### 1) 용접 일반

① 용접은 해당 작업의 공인자격증을 가진 용접공이 시행해야 한다.

② 마무리형상은 용접에 의한 수축량과 찌그러짐 등의 변형을 고려해야 한다.

③ 철강재를 용접하는 방법에는 가스용접, 불활성 가스 아크용접, 아르곤가스 용접 등이 있는데, 재료 및 부위별로 적합한 방법을 선택한다.

④ 모재의 용접 면은 용접 전에 도료, 기름, 녹, 수분, 스케일 등 용접에 지장이 있는 것을 제거해야 한다.

⑤ 용접기와 부속기구는 용접조건에 알맞은 구조 및 기능을 갖추어 안전하게 용접할 수 있어야 한다.

⑥ 용접봉은 해당 한국산업규격에 합격한 것이어야 하고, 실제 사용할 위치와 기타 조건에 적합한 것으로 제작자가 추천하는 크기와 분류번호를 가진 피복된 용접봉이어야 한다.

⑦ 용접봉은 습기를 흡수하지 않도록 건조한 곳에 보관하고, 박탈, 오손, 변질, 흡습, 녹이 발생한 것은 사용해서는 안 되며, 흡습이 의심되는 용접봉은 재건조하여 사용해야 한다.

⑧ 용접부 간격은 스페이서를 이용하여 조정해야 하며, 중심을 맞추기 위해 관에 무리한 외력을 가해서는 안 된다.

⑨ 예열이 필요한 경우에는 철강재의 화학성분, 두께, 온도 등 특성을 파악하여 적절한 조건으로 해야 한다.

⑩ 용접 부분은 과도한 살돋움, 살붙임이 있거나 표면상태가 불규칙해서는 안 되고, 그라인더나 줄칼로 매끄럽게 다듬어야 한다.

⑪ 비가 오거나 바람이 심하게 불거나 기온이 0℃ 이하일 때에는 용접을 해서는 안 된다.

⑫ 용접은 원칙적으로 하향자세로 하고, 관의 경우 회전하면서 한다.

⑬ 강관은 관직경과 같은 크기의 강판으로 모가 지지 않게 끝마무리 부분을 막는 것으로 마무리한다.

⑭ 용접에 대한 검사는 육안검사나 비파괴검사로 한다.

2) 가스용접

① 산소아세틸렌 용접에는 순도 98% 이상의 산소를 사용하고, 아세틸렌은 용해아세틸렌을 사용함을 원칙으로 한다.

② 노즐의 끝에 플럭스가 붙지 않도록 주의해야 하며, 용접 후 남아 있는 플럭스는 완전히 제거한다.

③ 용접봉은 선재를 사용하고, 노즐구멍의 지름은 재료의 두께에 적합한 것을 사용한다.

④ 부재 두께의 20~30배 간격으로 가붙임을 하고, 망치로 우그러진 것을 편 다음 중간 부위부터 좌우로 정붙임을 한다.

⑤ 용접은 1회로 함을 원칙으로 하며, 특히 수밀, 기밀을 요할 때에는 반드시 준수해야 한다.

3) 불활성 가스 아크용접

① 플럭스에 의해 부식될 우려가 있는 곳의 용접, 열 영향을 고려해야 하는 곳의 용접, 수직면 및 머리 위의 맞댄 용접 시 사용한다.

② 용접기는 고주파 발생장치를 가진 교류용접기를 사용한다.

③ 토치는 가스캡, 텅스텐전극, 가스공급구멍을 가진 것을 사용한다.

④ 텅스텐전극의 위치조절 또는 교환은 반드시 전원을 끈 후에 한다.

⑤ 토치를 모재에서 약 3mm 띄어서 작은 원을 그리며 가열하고, 모재의 표면이 녹기 시작하면 균일한 속도로 용접한다.

⑥ 토치는 모재에 70~90° 각도를 유지하며 전진법으로 용접한다.

⑦ 부재 두께가 6mm 이상일 때에는 거듭하여 용접을 한다.

4) 아르곤가스(argon gas) 용접

① 스테인리스강재의 용접에는 아르곤가스 용접을 한다.

② 아르곤가스는 순도 99.9% 이상, 기압 14.7MPa(150kgf/cm$^2$) 이하의 것을 사용하고, 감압밸브 및 유량계를 사용한다.

## 다. 볼트, 리벳 접합

1) 볼트 접합

① 볼트, 너트, 와셔의 품질은 한국산업규격의 규정을 따른다.

② 볼트의 길이는 'KS B 1002(6각 볼트)'의 부표 1에 명시되어 있는 호칭길이로 나타내고, 조임길이는 조임 종료 후 너트 밖에 3개 이상의 나사선이 나와야 한다.

③ 와셔는 볼트머리 아래, 너트 아래에 각각 한 장씩 사용하며, 볼트머리 및 너트는 정연하게 놓여야 한다.

④ 볼트는 핸드렌치, 임팩트렌치 등을 이용하여 느슨하지 않도록 조이며,

구조상 중요한 부분에는 스프링 와셔나 잠금기기가 붙은 것을 사용하여 풀림을 방지해야 한다.

⑤ 볼트는 나사를 무리하게 조여 손상되지 않도록 하고, 정확하게 구멍 속으로 박아야 하며, 볼트를 박는 동안에 볼트머리가 손상되지 않도록 해야 한다.

⑥ 볼트조임 전후에 불량볼트의 유무를 검사하고, 불량볼트에 대해서는 교체 등 보완조치를 취해야 한다.

⑦ 접합부의 접촉표면에는 페인트, 래커 등 마찰을 감소시키는 칠이 없어야 한다.

⑧ 볼트 및 너트, 와셔는 용융 아연 도금한 것이나 스테인리스강이어야 한다.

2) 리벳 접합

① 리벳의 품질은 한국산업규격의 규정을 따른다.

② 리벳의 길이는 구멍의 지름 및 조립되는 판의 두께에 따라 결정한다.

③ 리벳치기는 손치기 또는 기계치기로 하며, 기계치기인 경우 압축공기 또는 전동식 리베터를 사용한다.

④ 리벳치기를 하는 동안 부재를 핀이나 볼트로 완전히 고정해야 하고 리벳구멍이 완전히 충진되도록 한다.

⑤ 리벳치기 후에는 불량리벳의 유무를 검사하여 불량리벳은 교체해야 한다.

### 라. 설치

① 가설치를 할 경우에는 수직, 수평이 잘 맞아야 하고, 정식으로 설치할 경우에는 설계도면 및 공사시방서에 따라 세밀히 시행한다.

② 철강재가 지표면에 접하는 부분은 부식을 방지하기 위해 녹막이도료를 2중으로 도장하거나 별도의 조치를 취해야 한다.

③ 기둥설치 시 기초콘크리트에 묻히는 부분은 철근을 가로로 덧붙여 흔들림을 방지해야 한다.

④ 현장에 반입된 부재는 빠른 시간 내 설치하며, 불가피하게 장기간 보관할 경우에는 적절한 조치를 취해야 한다.

⑤ 앵커볼트로 시설물의 상부와 기초 부위를 고정할 때에는 단단히 고정하여 이완되지 않도록 해야 한다.

## 7. 금속재료의 부식과 방지

### 가. 부식(corrosion)

금속은 자연상태에서 다른 원소와 결합하여 산화물, 탄산화물 등 안정된 화합물로 변화하려는 경향을 갖는데, 부식은 금속재료가 접촉환경과 반응하여 변질 및 산화, 파괴되는 현상을 말한다.

부식은 금속 전체 표면에 거의 균일하게 일어나는 전면 부식, 스테인리스강과 같이 표면에 생성된 부동태막이 손상되어 발생하는 국부 부식, 이종금속이 접촉하여 발생하는 이종금속 접촉 부식(galvanice corrosion) 등으로 분류할 수 있다.

이 중에서 이종금속 접촉 부식은 가장 많이 일어나는 것으로, 이종금속을 서로 붙여 부식 환경에 두면 두 금속의 이온화 경향〔알루미늄(Al)＞아연(Zn)＞철(Fe)＞니켈(Ni)＞주석(Sn)＞납(Pb)＞구리(Cu)＞은(Ag)＞백금(Pt)＞금(Au)〕이 달라 전위차가 생겨 이온화 경향이 큰 것이 용해되어 빠르게 부식(또는 산화)되는 현상이다. 따라서 동판과 철판을 서로 접하여 사용하면 빗물 또는 습기가 작용하여 철판을 단독으로 사용한 경우보다 빨리 부식된다.

또한 철판은 단독으로 사용해도 노점(露點) 이상의 습기 중이나 산소가 있는 수중에서 물의 분해에 의해 발생하는 수소이온 사이에 전해작용이 일어나 표면에 먼저 수산화제1철〔$Fe(OH)_2$〕이 생기고 이것이 다시 산화되어 수산화제2철〔$Fe(OH)_3$〕이 되어 빨간 녹이 생긴다. 이 과정을 반응식으로 나타내면 다음과 같다.

$$Fe \rightarrow Fe^{++} + 2e$$

$$H_2O \rightarrow H + (OH)$$

$$Fe^{++} + 2(OH)^{-} \rightarrow Fe(OH)_2$$

$$4Fe(OH)_2 + O_2 + 2H_2O \rightarrow 4Fe(OH)_3$$

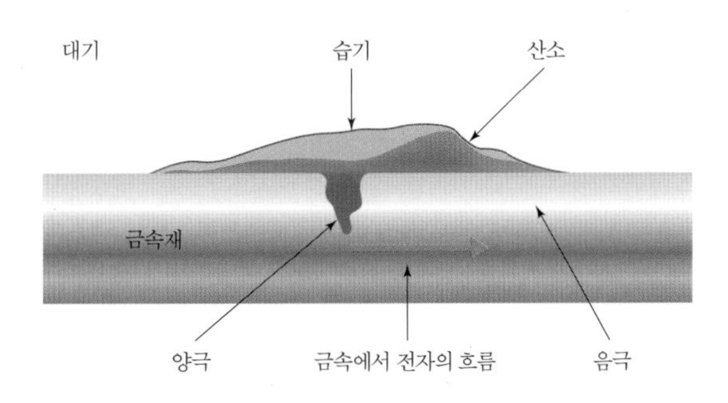


9-9 금속의 부식

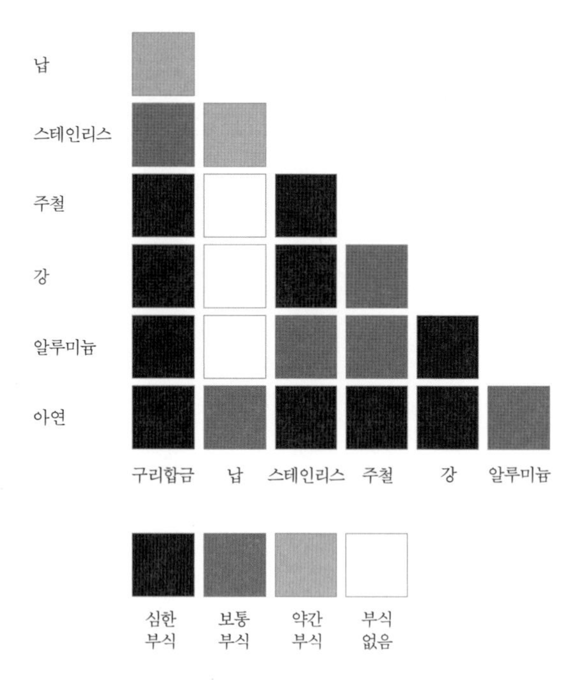


9-10 수분에 노출된 이종금속 간의 부식 정도

녹은 금속의 일부에만 생겨도 점점 커지며, 아황산가스, 탄산가스, 염분이 존재하면 그 부식작용은 한층 빨라진다. 또한 금속을 단독으로 사용하더라도 물리적으로 변형되어 조직의 밀도가 다르거나 성분이 변하거나 녹의 정도가 화학적으로 상이한 경우에는 그들 간에 국부전류가 발생하여 부식하게 되는데, 철판의 자른 부분, 구멍을 뚫은 주위, 철근이 굽어진 부분이 이에 해당된다.

### 나. 금속의 부식 방지 대책

#### 1) 부식을 최소화하기 위해 유의할 사항

① 가능한 한 다른 금속을 접촉하여 사용하지 않는다.

② 표면을 깨끗하게 하며, 가능한 한 건조상태를 유지한다.

③ 부분적으로 녹이 나면 즉시 제거한다.

④ 금속은 균질한 것을 선택하고, 사용 시 큰 변형을 주지 않는 것이 좋다.

#### 2) 금속표면 피복법

① 페인트, 바니시 등 도료를 사용한다.

② 아스팔트, 콜타르 등 광유성재를 도포(塗布)한다.

③ 고무 및 합성수지로 소부(燒付)한다.

④ 아연도금이나 주석도금을 한다. 단, 도금은 부분적으로 불완전한 곳이 있으면 오히려 부식을 촉진하므로 주의한다.

⑤ 인산염 용액에 금속을 담가 표면에 피막을 형성한다.

⑥ 모르타르 및 콘크리트로 피복하면 강표면에 형성되는 $Fe(OH)_2$는 알칼리 중에서도 안정된다.

## 8. 금속 제품

### 가. 구조용 강재(structural steel)

전기로에서 정제한 강괴를 압연·압출하여 성형한 압연강재로, 형강, 봉강, 강관, 강판, 철근 및 평강이 있다.

#### 1) 형강〔shaped steel, KS D 3503(일반 구조용 압연 강재)〕

특정한 단면 형상을 이루고 있는 구조용 강재의 총칭으로, 등변ㄱ형강, I형강, ㄷ형강, T형강, H형강, 비대칭 H형강 등이 있다. 조경분야에서는 등변ㄱ형강, I형강, H형강을 주로 사용한다. 형강의 종류는 〈표 9-4〉와 같다.

〈표 9-4〉 **형강의 종류**

| 명칭 | 형상 | 표시법 |
|---|---|---|
| 등변 ㄱ형강 | A, t, B | L $A \times B \times t$ |
| I형강 | H, $t_2$, $t_1$, B | I $H \times B \times t_1 \times t_2$ |
| ㄷ형강 | H, $t_2$, $t_1$, B | [ $H \times B \times t_1 \times t_2$ |
| H형강 | H, $t_2$, $t_1$, B | H $H \times B \times t_1 \times t_2$ |

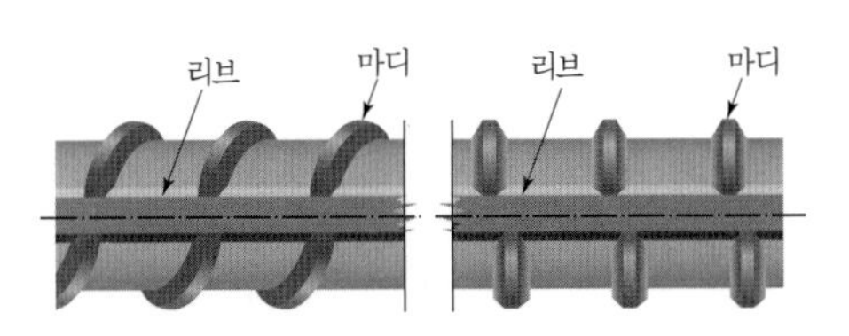


9-11 철근 콘크리트용 이형봉강의 모양

2) 봉강(bar steel)

철근 콘크리트용 봉강〔(KS D 3504(철근 콘크리트용 봉강)〕, 철근 콘크리트용 재생 봉강〔KS D 3527(철근 콘크리트용 재생봉강)〕은 콘크리트를 보강하기 위한 강재로, 크게 단면이 원형인 원형철근(SBC)과 이형인 이형철근(SBD)으로 분류한다.

원형철근은 철근 표면에 리브(rib) 또는 마디 등의 돌기가 없는 매끈한 단면의 봉강으로 콘크리트와의 부착력이 낮은 반면, 이형철근은 표면에 리브 또는 마디 등의 돌기를 붙여 콘크리트와 철근의 부착력을 높인 것이다. 리브는 축선방향(길이방향)의 돌기이며, 마디는 고리모양의 돌기이다. 이형철근은 돌기가 있으므로 이형철근의 단위길이당 무게와 동일한 원형철근의 지름인 공칭지름으로 표기한다. 조경분야에서는 D9～22mm의 것을 가장 많이 사용한다.

3) 강관(steel pipe)

강관은 탄소강으로 만든 일반 구조용 탄소 강관(KS D 3566)과 일반 구조형 각형 강관(KS D 3568)으로 나뉜다. 일반 구조용 탄소 강관(STK)은 정제한 강괴를 압출 성형하거나 강판을 용접하여 제조하며, 비계, 말뚝, 시설물 부속재료 그리고 조경용 강구조물을 만드는 데 사용한다. 일반 구조용 각형 강관(SPSR)은 용접강관을 각형으로 성형하거나 강판을 용접하여 제조하며, 시설물 부속재료 및 조경용 강구조물을 만드는 데 사용한다.

4) 강판(steel plate)

강판은 강괴를 압연하여 얇고 넓게 만든 판으로, 두께에 따라 박강판(두께 3mm 이하의 얇은 강판), 중강판(두께 3～6mm의 강판), 후강판(두께 6mm 이상의 두꺼운 강판)으로 나뉜다. 또 제조공정에 따라 열간압연강판(열연강판)과 냉간압연강판(냉연강판), 도금 및 가공 여부에 따라 무늬강판, 아연도금강판(함석), 컬러강판, 갈바늄강판, 비닐피복강판 등으로 구분한다.

(1) 열간압연강판(열연강판): 강을 재결정온도(1,200°C) 이상으로 가열한 후 압연하여 조직을 치밀하게 하여 강하게 만든 철판으로, 주로 중강판이나 후강판으로 제작한다.

(2) 냉간압연강판(냉연강판): 용광로, 전로, 열연 공정을 거쳐 생산된 핫코일(hot coil)을 상온에서 압연한 것으로, 열간압연강판보다 얇고 표면이 곱다. 주로 박강판으로 제작하여 사용한다.

(3) 무늬강판: 강판 표면에 마름모나 격자형 무늬를 넣어 미끄러지지 않게 한 강판으로, 가설물의 바닥재, 시설물의 계단, 디딤판 등에 사용한다.

(4) 아연도금강판(함석): 기초소재인 냉연강판에 부식을 방지하기 위해 아연을 도금한 것으로, 냉연강판에 비해 부식이 잘 안 된다. 평판이나 골판으로

지붕재 및 공조 설비재 등에 사용한다.

(5) 컬러강판: 냉연강판, 아연도금강판, 알루미늄강판 등에 폴리에스테르, 실리콘수지, 불소수지 등 합성수지를 입히거나 인쇄 필름을 접착시켜 표면에 색깔 또는 무늬를 입힌 강판이다.

(6) 갈바늄강판: 강판 표면에 알루미늄 55%, 아연 43.4%, 실리콘 1.6%의 합금 도금층을 도장한 강판으로, 알루미늄과 아연의 장점을 결합한 것이다. 아연도금강판보다 내구성이 3~6배 뛰어나며, 내열성, 열반사, 도장성이 우수하고, 표면이 미려한 은백색이다. 지붕재, 벽체 외관, 울타리, 공조설비재, 조형시설물, 가벽 등에 사용한다.

## 나. 금속선 및 금속망

### 1) 금속선(金屬線)

금속선은 연강선재를 상온에서 인발하여 실모양으로 가늘게 만든 것으로, 보통철선, 보통철선에 열처리를 한 어닐링철선, 보통철선 또는 어닐링철선에 아연을 도금한 아연도금철선(KS D 7011), 보통철선 또는 아연도금철선에 염화비닐수지를 밀착 피복한 PVC피복철선이 있다. 한편 와이어 로프는 몇 개 또는 몇십 개의 강선을 꼬아서 만든 로프로, 엘리베이터 당김줄, 크레인, 놀이시설물, 대형목 당김줄 등 다양한 용도로 사용한다. 1줄의 와이어 로프는 6줄의 스트랜드(strand)로 구성되며, 1줄의 스트랜드는 경강선 7, 12, 19, 24, 30, 37, 61가닥으로 구성되고, 스트랜드 중심에는 마섬유나 철심이 들어 있다. 와이어의 꼬임 방향에 따라 Z형, S형으로 구분하며, 직경 6~70mm 제품이 생산된다.

### 2) 금속망(金屬網)

보통철선, 아연도금철선, PVC피복철선 등을 이용하여 그물모양으로 만든 철망으로, 용접철망, 크림프철망, 직조철망, 엑스펜디드 메탈, PVC철망 등이 있다.

(1) 용접철망: 철선을 가로, 세로로 배열하고 각 교차점을 용접하여 그물모양으로 만든 것으로, 와이어 메시, 아연도금 용접철망 등이 있다. 시공이 간편하여 주로 콘크리트 보강용으로 콘크리트포장에 삽입되거나 블록 벽체의 균열방지를 위해 사용한다.

(2) 크림프철망(crimped wire cloth, KS D 7015): 아연도금철선이나 스테인리스강선을 지그[齒車]를 사용하여 균일한 파형(波形)으로 성형한 가로선과 세로선을 정해진 배열에 따라 직각으로 교차시켜 직조한 철망이다. 크림프철망은 10종으로 분류하는데, 종류는 〈표 9-5〉와 같다.

(3) 직조철망(woven wire cloth, KS D 7016): 어닐링철선제 직조철망, 아연도

〈표 9-5〉 **크림프철망의 종류**

| 종류 | 기호 | 보기 |
|---|---|---|
| 아연도금철선(S)제 크림프철망 | CR-GS2 | KS D 7011의 SWMGS-2를 사용한 것 |
| | CR-GS3 | KS D 7011의 SWMGS-3을 사용한 것 |
| | CR-GS4 | KS D 7011의 SWMGS-4를 사용한 것 |
| | CR-GS6 | KS D 7011의 SWMGS-6을 사용한 것 |
| | CR-GS7 | KS D 7011의 SWMGS-7을 사용한 것 |
| 아연도금철선(H)제 크림프철망 | CR-GH2 | KS D 7011의 SWMGS-2를 사용한 것 |
| | CR-GH3 | KS D 7011의 SWMGS-3을 사용한 것 |
| | CR-GH4 | KS D 7011의 SWMGS-4를 사용한 것 |
| 스테인리스강선(S)제 크림프철망 | CR-S(종류의 기호)W1 | KS D 3703의 종류의 기호 및 기호 W1을 사용한 것 |
| | CR-S(종류의 기호)W2 | KS D 3703의 종류의 기호 및 기호 W2를 사용한 것 |

자료: KS D 7015(크림프철망)

* 스테인리스강선제 크림프철망에는 기호에 KS D 3703의 종류의 기호 및 조질의 기호를 명기한다. (보기 1 CR-S304W1/보기 2 CR-S316W2)

〈표 9-6〉 **직조철망의 종류**

| 종류 | | 기호 | 적요 |
|---|---|---|---|
| 평직 철망 | | PW-A | KS D 3552에 규정하는 어닐링철선을 사용한 것 |
| | | PW-G | KS D 3552에 규정하는 아연도금철선 1종을 사용한 것 |
| | | PW-S | KS D 3703에 규정하는 스테인리스강선을 사용한 것 |
| 능직 철망 | | TW-A | KS D 3552에 규정하는 어닐링철선을 사용한 것 |
| | | TW-G | KS D 3552에 규정하는 아연도금철선 1종을 사용한 것 |
| | | TW-S | KS D 3703에 규정하는 스테인리스강선을 사용한 것 |
| 첩직 철망 | | DW-A | KS D 3552에 규정하는 어닐링철선을 사용한 것 |
| | | DW-S | KS D 3703에 규정하는 스테인리스강선을 사용한 것 |

금철선제 직조철망 및 스테인리스강선제 직조철망으로, 간격 및 짜임에 따라 평직철망, 능직철망, 첩직철망으로 구분한다. 직조철망은 8종으로 분류하는데, 종류는 〈표 9-6〉과 같다.

(4) 엑스펜디드 메탈(Expanded metal): 두께 1~9mm의 강판을 칼날모양의 파상배열로 절삭한 뒤 확장하여 그물모양으로 형상한 제품이다. 스탠더드형은 콘크리트 보강용, 펜스, 시설물 보호망, 보호울타리로, 그레이팅형은 공장 바닥, 집수뚜껑 등으로 사용한다.

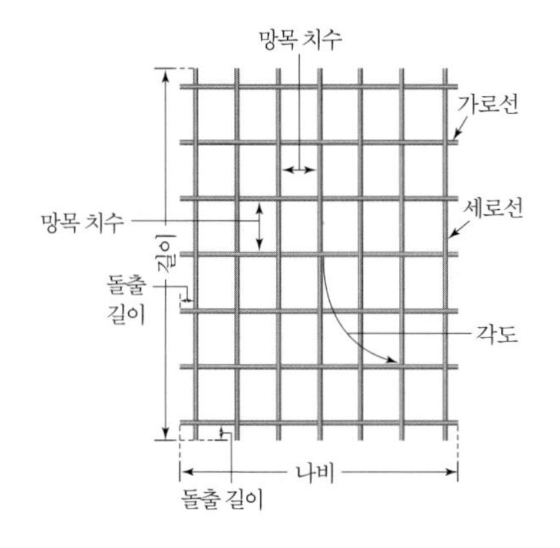


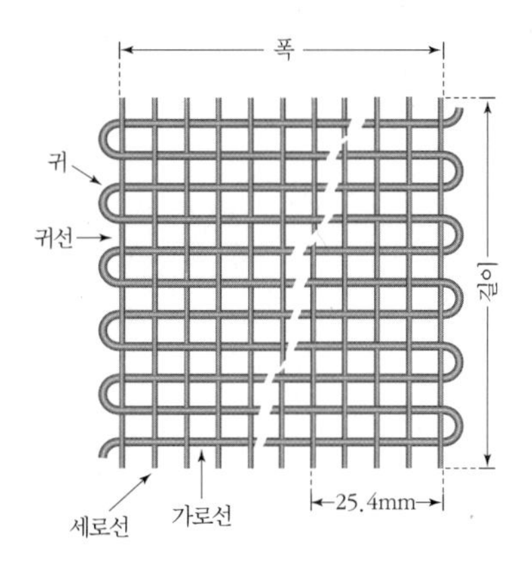


A B

9-12 크림프철망과 직조철망의 모양 및 각부의 명칭

A. 크림프철망의 모양 및 각부의 명칭

B. 직조철망의 모양 및 각부의 명칭

비고 1. 그림은 한 보기를 나타낸다.

2. 메시라는 것은 그물눈의 크기를 표시하는 단위로서, 25.4mm 사이에 있는 눈 수를 말한다. 그림 9-12의 경우 4메시라고 한다.

## 9. 긴결재 또는 이음재

간결재(緊結材) 또는 이음재는 각각의 부재를 긴밀하게 연결하여 부재의 이동 및 변형을 방지하고 하나의 목적물로 만드는 재료로, 금속성 보강철물을 총칭한다. 못, 볼트·너트, 리벳, 목구조용 철물 등이 있다.

### 가. 못

못에는 일반용 철못(KS D 3553) 이외에 재료, 형상, 치수에 따라 다양한 종류가 있다. 대부분 상온에서 인발 가공하여 제조된 선재를 성형해 만든다.

#### 1) 일반용 철못

일반용 철못은 선재를 절단하여 가공하며, 길이 19~150mm, 지름 1.5~5.2mm의 범위에서 생산된다. 목공사에서 판류 및 평각재 부착에는 두께의 2~2.5배, 각재에는 1.5~2배 이상 길이의 못을 이용한다.

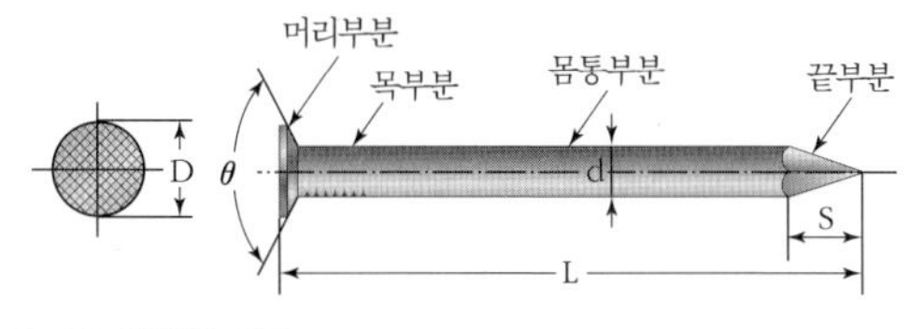


9-13 일반용 철못

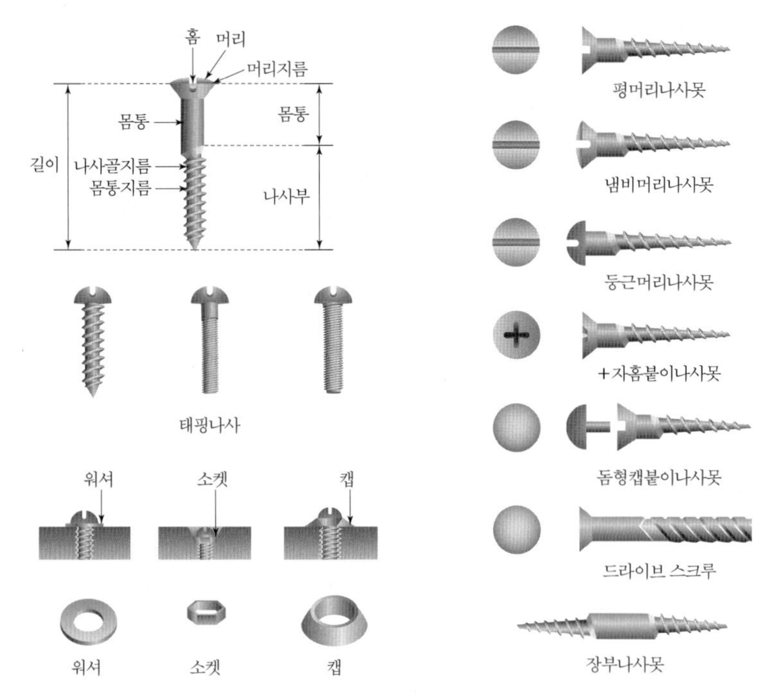

9-14 나사못의 종류 및 형상

2) 특수 못

특수한 용도로 사용하는 못으로, 콘크리트에 부재를 부착할 때 사용하는 콘크리트못, 슬레이트, 함석지붕, 빗물홈통 등과 같이 비를 맞는 곳에 사용하는 아연도금못, 가구 등 장식용으로 사용하는 구리못이나 황동못 등이 있다.

3) 나사못

나사못은 머리홈의 형태에 따라 十자 나사, 一자 나사로, 머리형태에 따라 평머리, 둥근머리, 냄비머리로 구분하며, 이 밖에 태핑나사 및 캡붙이나사가 있다.

## 나. 볼트 및 너트류

1) 볼트류

볼트는 축지름이 비교적 큰 여러 가지의 두부(頭部)를 가진 나사못으로, 주로 철골구조나 목구조에서 와샤 및 너트를 끼워 2개 이상의 부재를 죄어 이음 및 맞춤을 할 때 체결하거나 토대에 부착하는 데 사용한다. 볼트의 종류는 재질, 특성, 용도에 따라 매우 다양하여 관통볼트, 스터드볼트, 탭볼트, 전산볼트, 양나사볼트, 특수볼트 등 수백 종이 있다. 머리 모양은 보통 6각형이다.

(1) 관통볼트(through bolt): 가장 많이 사용하는 볼트로서 머리모양은 보통 6각으로, 단순히 볼트라고 할 때에는 관통볼트를 가리킨다. 연결할 두 부분에 구멍을 뚫고 두 구멍을 일치시켜 볼트를 집어넣고 너트로 죄어 고정시킨다.

(2) 스터드볼트(stud bolt): 볼트의 머리부분이 없는 수나사로 되어 있다. 한쪽 끝은 상대 쪽에 암나사를 만들어 미리 반영구적으로 박음을 하고 다른 쪽 끝은 너트를 끼워 조인다.

(3) 탭볼트(tap bolt): 조이려고 하는 부분이 두꺼워서 관통구멍을 뚫을 수 없거나 구멍을 뚫었다 해도 구멍이 너무 길어서 관통볼트의 머리가 숨겨져 죄기 곤란할 때 상대편에 직접 암나사를 깎아 너트 없이 죄어서 체결하는 볼트이다.

(4) 전산볼트(full threaded bolt): 볼트 전체에 나사 홈이 있어 필요한 만큼 잘라 양쪽에서 너트 조임하여 사용한다.

(5) 양나사볼트(double pointed bolt): 양끝에 나사가 있어 너트로 조이는 볼트이다.

(6) 아이볼트(eye bolt): 머리부분에 고리가 달린 볼트로, 주로 기계설비 등 큰 중량물을 크레인으로 들어 올리거나 이동할 때 사용하는 걸기용 용구이다.

(7) 훅볼트(hook bolt): 볼트의 선단을 L자나 갈구리 모양으로 구부린 볼트이다.

### 2) 앵커

앵커의 top tail expansion으로 모재 및 구조물의 부착력을 극대화하여 구조물을 연결하는 제품이다. 대표적으로 기초앵커, 스트롱앵커, 세트앵커, 케미컬앵커, 인서트앵커, 플러그앵커, 스터드앵커 등이 있다.

(1) 기초앵커(anchor bolt): 구조물과 콘크리트 또는 철근콘크리트의 기초를 연결하는 볼트로 상단은 나사, 하단은 갈고리 모양이다.

(2) 스트롱앵커(strong anchor): 콘크리트 타설이 완료된 곳에 구멍을 뚫어 쐐기를 삽입하고 너트를 박아 넣으면 쐐기효과에 의해 고정되는 구조로 되어 있으며, 천장이나 벽 등에 매달리거나 부착되는 기구 및 가설물 설치에 사용한다.

(3) 세트앵커(set anchor): 콘크리트 타설이 완료된 곳에 구멍을 뚫어 볼트나 슬리브만 집어넣고 펀칭하여 고정시키고 부착물을 부착한 후 너트를 조이면 쐐기효과에 의해 고정되는 구조로 되어 있다. 커튼월 공법의 조임 및 간판, 새시 등의 조임공사에 사용한다.

### 3) 너트 및 와샤

(1) 너트(nut): 수나사인 볼트에 맞추어 부품의 체결 및 고정에 사용하는 암

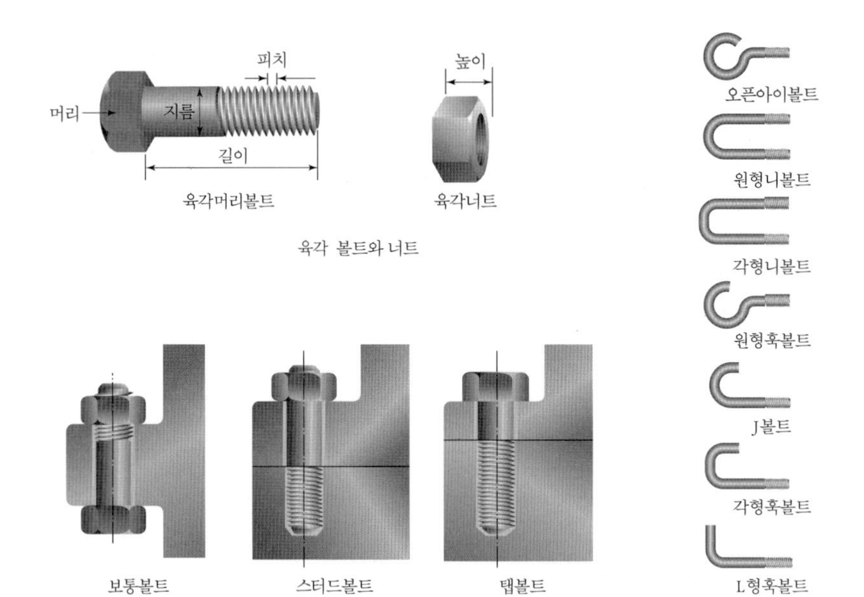


9-15 볼트의 종류

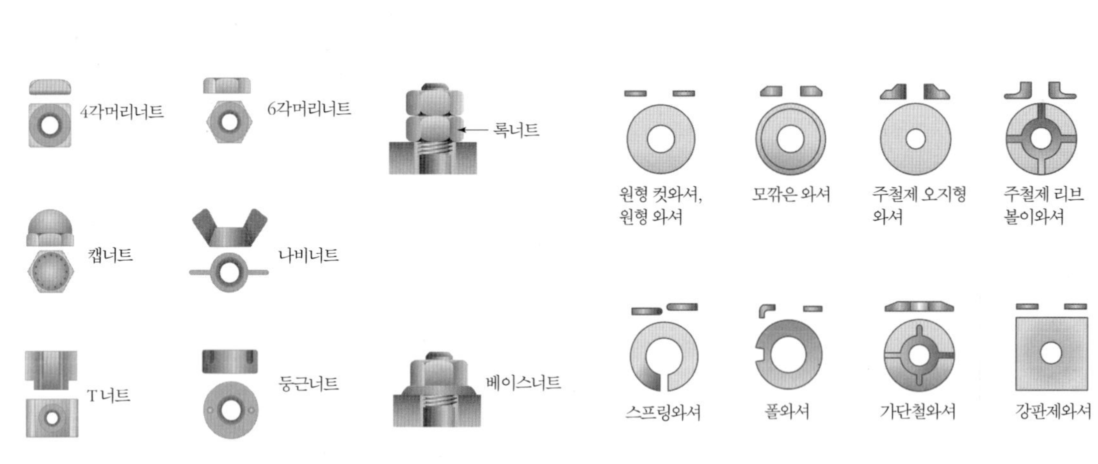


9-16 너트 및 와셔의 종류 및 형상

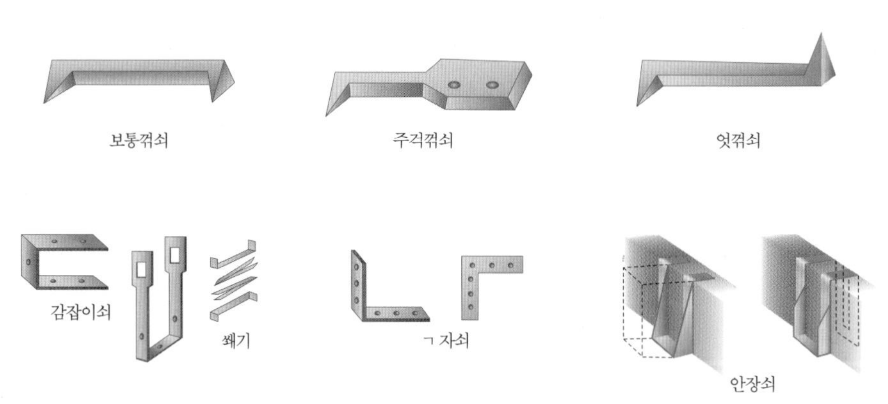


9-17 목구조용 철물

나사이다. 머리모양에 따라 6각, 4각, 8각 너트가 있으며, 특수너트로 록너트, 캡너트, 나비너트, 둥근너트 등이 있다.
(2) 와셔(washer): 너트의 접촉면을 증대시켜 풀림을 방지하거나 체결구멍이 너무 클 때 사용한다. 일반 와셔로는 원형, 원형 컷 스프링, 특수 와셔로는 주철제 오지형, 주철제 리브형, 강판제 등이 있다.

### 다. 리벳

리벳(rivet)은 강구조에서 형강 또는 평강 등의 부착 연결재로 연성이 높은 리벳용 원형강을 절단하여 한쪽에 리벳머리를 만들어 제작한다. 종류로는 둥근머리리벳, 납작머리리벳, 둥근민머리리벳, 민머리리벳 등이 있다.

### 라. 목구조용 철물

목구조의 이음 및 맞춤을 보강하거나 연결하는 철물이다. 부재를 이어 연결 및 고정하는 꺾쇠(clamp), 부재의 이음부 및 맞춤새에 덧대어 보강하는 띠쇠(strap), 보를 매달거나 기둥에 들보를 걸칠 때 보강하는 감잡이쇠(stirrup), 작은 보나 귀보 등을 고정하는 안장쇠가 있다. 또한 듀벨(dubel)은 목재이음부 연결 시 전단응력을 증가시키고 견고하게 하는 데 이용된다.

## 10. 조경용 금속 제품

금속은 강도, 경도, 내마모성 등 역학적 성질이 뛰어나며 변형 및 가공이 자유로워 외부공간에서 벤치, 퍼걸러, 음수대 및 표지판 등 휴게시설, 경관조명시설, 환경조각 등 옥외시설, 수경시설, 놀이시설 등 조경용 제품으로 널리 사용되고 있다. 또한 코르텐강과 같은 재료는 금속의 단점인 부식현상을 이용하여 외부공간에서 내후성을 높이고 동시에 미적 효과를 얻을 수 있어 주목받고 있다.

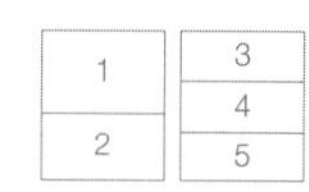


1 알루미늄 벤치(미야자키 역宮崎駅, Japan)
2 스테인리스강 조형물(오사카 코스모타워大阪 Cosmo Tower, Japan)
3 오귀스트 로댕(Auguste Rodin) 작 '칼레의 시민들(Les Bourgeois de Calais)'(스탠퍼드대학교Stanford University, USA)
4 콘크리트와 코르텐강(서울 송파구 아시아공원)
5 스테인리스강으로 만든 조형물(서울 예술의 전당)

| 1 | | 4 |
|---|---|---|
| 2 | 3 | 5 |

1 임옥상 작 '공간상락'(청동주물, 서울 잠실)
2 스테인리스강 조형물(프랑크푸르트 팔먼가튼Palmengarten in Frankfurt, Germany)
3 스테인리스강의 반사효과(서울 중구 서소문공원)
4 루이스 부르주아(Lousie Bourgeois) 작 '마망(Maman)'(청동, 서울 용산구 삼성 리움박물관)
5 금속 조명 열주(서울 국립중앙박물관)

| 1 | 2 | 4 | 5 |
|---|---|---|---|
| 3 | | | |

1 강구조물 사이에서 다양한 꽃이 피어나는 희망나무를 상징
2 스테인리스강과 물을 이용하여 세대와 세대 사이의 지식을 전달하는 모습을 상징적으로 표현
(Victor Tan Wee Tar 작 'Passing of knowledge', 보타닉가든botanic garden, Singapore)
3 자연석과 스테인리스강을 이용하여 별자리를 상징적으로 표현
(피터 랜달페이지Peter Randall–Page 작 '별자리Constellation')
4 철판 위 도장(조나단 보롭스키Jonathan Borofsky 작 '망치질하는 사람Hammering Man', 서울 광화문 흥국생명 앞)
5 코르텐강과 스테인리스강의 이미지를 대조적으로 표현

| 1 | 2 |
|---|---|
| | 3 |
| | 4 |

1 금속재 어린이놀이시설(울름 2008 정원박람회2008 Ulm Garden Expo, Germany)
2 강재 벤치
3 야외벤치(주물 및 강판 위 도장)
4 강재 퍼걸러(여수엑스포)

1 편칭메탈을 이용한 녹화 벽
2 스테인리스강 녹화 조형물
3 비계를 이용한 설치예술
4 강판을 구부리고 우레탄도장을 하여 만든 벤치와 녹슨 철근의 조화
5 코르텐강과 아연도 강판망을 이용하여 만든 데크
6 코르틴강과 강선을 이용한 녹화 조형물

## ※ 연습문제

1. 철강과 관련된 기업, 기관의 홈페이지를 방문하여 철강의 생산과정을 알아보시오.
2. 탄소강의 열처리 중 담금질, 불림, 풀림, 뜨임에 대해 비교하여 설명하시오.
3. 탄소강의 기계적 성질을 탄소 함유량과 연관시켜 설명하시오.
4. 조경분야에서 많이 사용하는 STS 304(18Cr−8Ni)의 특성에 대해 설명하시오.
5. 외부공간에서 일어나는 금속의 부식현상을 파악하고, 그 대책을 알아보시오.
6. 서로 다른 이종금속의 접촉사용을 피하는 이유에 대해 설명하시오.
7. 내후성강 표면의 화학적 · 미적 특성에 대해 알아보시오.
8. 조경제품에 적용되는 금속재의 활용실태를 알아보시오.

## ※ 참고문헌

(사)대한건축학회. 『건축기술지침 Rev.1 건축II』. 서울: 도서출판 공간예술사, 2010, 363~365쪽.

(사)대한건축학회. 『건축 텍스트북 건축재료』. 서울: 기문당, 2010.

(사)한국조경학회. 「조경공사 표준시방서」, 2008, 269~274쪽.

정용식 저. 『건축재료학』. 서울산업대학출판부, 1989, 201~282쪽.

한국조경학회. 「조경설계기준」, 2013.

Hegger, Manfred; Volker, Auch−Schweik; Matthias, Fuchs; Thorsten, Rosenkranz. *Construction Materials Manual*. Basel: Birkhäuser, 2006.

Holden, Robert; Liversedge, Jamie. *Costruction for Landscape Architecture*. London: Laurence King Publishing Ltd., 2011.

Jones, Denny A. *Principles and prevention of corrosion* 2nd ed., Singapore: Prentice Hall, 1997.

Lyons, Arthur. *Materials For Architects and Builders*. London: ARNOLD, 1997.

Sovinski, Rob W.. *Materials and their Applications in Landscape Design*. New Jersey: John Wiley & Sons, 2009, pp.91−109.

Topos. *Stucco, Stone and Steel*. München: Callway Publishers, 1999.

Weinberg, Scott S.; Gregg, A. Coyle. *The Handbook of Landscape Architectural Construction*. Washington D.C.: Landscape Architecture Foundation, 1988.

Zimmermann, Astrid(ed.). *Constructing Landscape: Materials, Techniques, Structural Components*. Basel: Birkhäuse, 2008.

## ※ 관련 웹사이트

포스코(http://www.posco.co.kr)

한국철강협회(www.kosa.or.kr)

**※ 관련 규정**

한국산업규격

KS B 1002 6각 볼트
KS B 1010 마찰 접합용 고장력 6각 볼트, 6각 너트, 평 와셔의 세트
KS B 1012 6각 너트
KS B 1101 냉간 성형 리벳
KS B 1102 열간 성형 리벳
KS B 2023 깊은 홈 보올 베어링
KS B 2402 열간 성형 코일 스프링
KS D 3502 열간 압연 형강의 모양·치수·무게 및 그 허용차
KS D 3503 일반 구조용 압연 강재
KS D 3504 철근 콘크리트용 봉강
KS D 3506 용융 아연도금 강판 및 강대
KS D 3507 배관용 탄소 강관
KS D 3512 냉간 압연 강판 및 강대
KS D 3514 와이어 로프
KS D 3515 용접 구조용 압연 강재
KS D 3527 철근 콘크리트용 재생 봉강
KS D 3529 용접 구조용 내후성 열간압연 강재
KS D 3530 일반 구조용 경량 형강
KS D 3536 기계구조용 스테인리스강 강관
KS D 3546 체인용 원형강
KS D 3552 철선
KS D 3553 일반용 철못
KS D 3557 리벳용 원형강
KS D 3558 일반 구조용 용접 경량 H 형강
KS D 3566 일반 구조용 탄소 강관
KS D 3568 일반 구조용 각형 강관
KS D 3576 배관용 스테인리스 강관
KS D 3692 냉간 가공 스테인리스 강봉
KS D 3698 냉간 압연 스테인리스 강판 및 강대
KS D 3705 열간 압연 스테인리스 강판 및 강대
KS D 3706 스테인리스 강봉
KS D 4101 탄소강 주강품
KS D 4103 스테인리스강 주강품
KS D 4301 회 주철품
KS D 4302 구상 흑연 주철품
KS D 4307 배수용 주철관
KS D 5512 납판 및 경납판
KS D 6701 알루미늄 및 알루미늄 합금의 판 및 띠

KS D 6759 알루미늄 및 알루미늄 합금 압출 형재
KS D 7004 연강용 피복 아크 용접봉
KS D 7006 고장력 강용 피복 아크 용접봉
KS D 7011 아연도금철선
KS D 7014 스테인리스강 피복 아크 용접봉
KS D 7015 크림프 철망
KS D 7016 직조철망
KS D 9521 용융 아연 도금 작업 표준

# 10 콘크리트

## 1. 개요

콘크리트는 골재, 물, 시멘트, 그리고 필요시 콘크리트의 여러 성질을 개선하기 위해 혼화재료를 혼합하여 비빈 것으로, 시간이 경과함에 따라 시멘트와 물의 수화반응(水和反應)에 의해 경화하는 성질을 가지고 있다. 시멘트와 물을 혼합한 것을 시멘트풀(cement paste), 시멘트풀에 잔골재를 혼합한 것을 모르타르(mortar)라고 한다. 콘크리트는 오늘날 건설 구조물을 만드는 데 있어 가장 중요하고 보편적인 재료로, 조경분야에서는 구조물, 옹벽, 포장 등 다양한 용도로 사용되고 있다.

## 2. 골재

시멘트와 물이 결합할 때 함께 뭉쳐 하나의 덩어리로 굳어지는 건설용 광물질 재료를 말하는데, 화학적으로 안정된 물질로 모래, 자갈, 부순 골재, 슬래그(slag) 등이 있다. 콘크리트 중 골재가 차지하는 용적이 60~90%에 달하므로 골재의 종류나 성질에 따라 콘크리트의 성질이 좌우되는데, 골재의 품질은 콘크리트의 강도 및 내구성에 결정적 영향을 준다. 조경분야에서는 멀칭(mulching), 배수로, 성토재 등으로도 골재를 활용하기도 한다.

## 가. 골재의 분류

### 1) 입자크기에 따른 분류

(1) 잔골재〔細骨材, fine aggregates〕

① KS F 2523(골재에 관한 용어의 정의)

- 10mm 체를 통과하고 5mm 체를 거의 다 통과하며 0.08mm 체에 거의 다 남은 입상 상태의 암석이 자연적으로 붕괴 마모되어 생성된 것 또는 파쇄되기 쉬운 사암을 인공 처리한 것
- 5mm 체를 통과하고 0.08mm 체에 남는 골재로, 암석이 자연적으로 붕괴 마모되어 생성된 것 또는 파쇄되기 쉬운 사암을 인공 처리한 것

② 건축공사 표준시방서(2006): 체규격 5mm의 체에서 중량비로 85% 이상 통과하는 골재

(2) 굵은 골재〔粗骨材, coarse aggregates〕

① KS F 2523(골재에 관한 용어의 정의)

- 5mm 체에 거의 다 남은 입상상태의 재료로, 암석이 자연적으로 붕괴 마모되어 생성된 것 또는 이것이 연약하게 얽혀져서 만들어진 역암을 인공 처리한 것
- 5mm 체에 다 남은 골재로, 암석이 자연적으로 붕괴 마모되어 생성된 것 또는 이것이 연약하게 얽혀져서 만들어진 역암을 인공 처리한 것

② 건축공사 표준시방서(2006): 체규격 5mm의 체에서 중량비로 85% 이상 남는 골재

### 2) 산지 및 제조방법에 의한 분류

(1) 천연골재: 천연 풍화작용에 의해 암석에서 생긴 골재로, 하천, 산, 바다에 있는 모래, 자갈을 말한다.

10-1 인공골재의 생산 및 분류 과정
10-2 배수로에 사용된 쇄석

(2) 인공골재: 암석을 크러셔 등으로 부수어 만든 골재로, 입도에 따라 잔골재 및 굵은 골재로 나뉜다. 또한 용광로에서 철광을 제련할 때 발생하는 슬래그를 부수어 만든 광재(鑛材)자갈이 있으며, 소성품으로 팽창점토, 펄라이트 등이 있다.

### 3) 중량에 의한 분류

(1) 보통골재: 일반적인 콘크리트에 사용하는 골재로, 비중이 2.50~2.65(2,500~2,650kg/m³)에 달한다.

(2) 경량골재(light weight aggregates): 주로 콘크리트의 중량을 감소시킬 목적으로 사용하는 비중 2.2~2.5의 골재로, 천연 경량골재와 인공 경량골재로 구분된다. 천연 경량골재에는 경석, 화산력, 응회암, 용암 등이 있으며, 인공 경량골재에는 팽창성 혈암, 팽창성 점토, 플라이 애시 등을 주원료로 하여 인공적으로 소성한 것과 팽창 슬래그, 석탄 찌꺼기 등과 같은 부산물 및 그 가공품이 있다.

(3) 중량골재: 방사선 차단효과를 높이기 위해 사용하는 자철광, 갈철광 등 밀도가 보통골재보다 큰 골재로, 비중이 2.70 이상인 골재이다.

### 4) 순환골재

우리나라에서는 「건설폐기물의 재활용촉진에 관한 법률」에 근거하여 건설공사 등에서 나온 건설폐기물을 친환경적으로 적절하게 처리하고 그 재활용을 촉진하여 국가자원을 효율적으로 이용하도록 하면서 순환골재와 순환골재 재활용 제품을 의무적으로 사용하도록 하고 있다. 여기서 '순환골재'란 물리적 또는 화학적 처리과정 등을 거쳐 순환골재 품질기준에 맞도록 제작된 것을 말한다.

순환골재는 도로공사용, 건설공사용, 주차장 또는 농로 등의 표토용, 순환골재 재활용 제품 제조용 등의 용도로 사용할 수 있다. 그러나 용도별 품질기준 및 설계·시공지침에 적합하도록 사용하고, 순환골재의 생산과정에서 환경적 오염을 방지하도록 해야 한다.

## 나. 골재의 품질

① 물리적·화학적으로 안정해야 한다.

② 먼지, 흙, 유기불순물 등 유해물질을 함유하지 않아야 한다.

③ 골재의 강도는 경화 시멘트풀의 강도 이상이어야 한다.

④ 골재의 입형이 둥글고 입도가 적절해야 한다.

⑤ 잔골재의 염분 허용 한도는 0.04% 이내이어야 한다.

〈표 10-1〉 **보통골재의 품질**

| 종류 | 절대건조밀도 (g/cm³) | 흡수율 (%) | 점토량 (%) | 씻기시험에 의해 손실되는 양(%) | 유기불순물 | 염화물 (NaCl)(%) |
|---|---|---|---|---|---|---|
| 굵은 골재 | 2.5 이상 | 3.0 이하 | 0.25 이하 | 1.0 이하 | - | - |
| 잔골재 | 2.5 이상 | 3.5 이하 | 1.0 이하 | 3.0 이하 | 표준색보다 진하지 않은 것 | 0.04 이하 |

자료: 「건축공사 표준시방서」(2006), 120쪽.

〈표 10-2〉 **보통골재의 표준입도**

| 구분 | | 체를 통과하는 질량 백분율(%) | | | | | | | | | | | |
|---|---|---|---|---|---|---|---|---|---|---|---|---|---|
| 종류 | 최대치수(mm) \ 호칭치수(mm) | 50 | 40 | 25 | 20 | 15 | 10 | 5 | 2.5 | 1.2 | 0.6 | 0.3 | 0.15* |
| 굵은 골재 | 40 | 100 | 95~100 | - | 35~70 | - | 10~30 | 0~5 | - | - | - | - | - |
| | 25 | - | 100 | 95~100 | - | 25~60 | - | 0~10 | 0~5 | - | - | - | - |
| | 20 | - | - | 100 | 90~100 | - | 20~55 | 0~10 | 0~5 | - | - | - | - |
| 잔골재 | | - | - | - | - | - | 100 | 95~100 | 80~100 | 50~85 | 25~60 | 10~30 | 2~10 |

자료: 「건축공사 표준시방서」(2006), 120쪽.
* 부순모래 또는 고로슬래그 잔골재를 혼합하여 사용하는 경우, 혼합한 잔골재의 체를 통과하는 질량 백분율은 2~15%로 한다.

## 다. 골재의 성질

### 1) 비중

절대건조상태에서의 비중은 절대건조상태의 골재중량을 표면건조포화상태의 골재용적으로 나눈 값이고, 표면건조포화상태에서의 비중은 표면건조포화상태의 골재중량을 그 용적으로 나눈 값이다. 골재의 비중은 일반적으로 표면건조포화상태에서의 비중을 말한다. 잔골재는 2.50~2.65, 굵은 골재는 2.55~2.70으로 비중이 클수록 골재의 조직이 치밀하고 흡수량이 낮으며 내구성이 크므로 콘크리트용 골재로 적당하다.

### 2) 강도

골재의 압축강도는 콘크리트의 압축강도시험과 원석의 강도로부터 추정하는데, 양질의 골재의 압축강도 평균치는 80MPa(N/mm²)이다. 암갈색의 연질사암이나 응회암 등은 강도가 약하므로 이것에서 생산된 골재는 콘크리트용으로 부적합하다.

### 3) 단위용적중량, 실적률, 공극률

(1) 단위용적중량: 공극을 포함시킨 단위용적(1m³)에 대한 골재의 중량으로,

〈표 10-3〉 **각종 골재의 단위용적중량 및 실적률**

| 구분 | 단위 | 강모래/강자갈 | 깬자갈 | 인공경량 굵은 골재 | 인공경량 잔골재 |
|---|---|---|---|---|---|
| 단위용적중량 | ($ton/m^3$) | 1.58~1.8 | 1.53~1.68 | 0.7~0.83 | 0.9~1.2 |
| 실적률 | (%) | 55~70 | 57~61 | 56~65 | 55~68 |

골재의 비중, 입도, 모양, 함수량 등에 따라 차이가 있다.

(2) 실적률: 단위용적 내 골재입자가 차지하는 실용적의 비율로, 실적률이 클수록 골재의 모양이 좋으며 입도분포가 적당하여 시멘트풀 양이 절감된다. 또한 건조수축이 많이 일어나지 않고 수화열이 낮으며, 콘크리트의 밀노, 내구성, 마보 저항성이 승가한다.

(3) 공극률: 골재의 단위용적 내 공극부의 비율을 말한다. 골재의 비중을 $g$, 단위중량을 $w$라 하면, 실적률($d$)과 공극률($v$)은 다음과 같이 구할 수 있다.

$$d = \frac{w}{g} \times 100\ (\%)$$

$$v = (1 - \frac{w}{g}) \times 100\ (\%) = 100 - d\ (\%)$$

### 4) 흡수율, 함수율

(1) 골재의 함수상태

① 절대건조상태(절건상태): 골재 내부의 빈틈에 수분이 전혀 포함되어 있지 않은 상태를 말한다.

② 공기 중 건조상태(기건상태): 공기 중에서 골재입자의 표면과 골재 내부의 일부가 건조된 상태를 말한다.

③ 표면건조포화상태(표건상태): 골재입자의 표면수는 없으나 공극에 물이

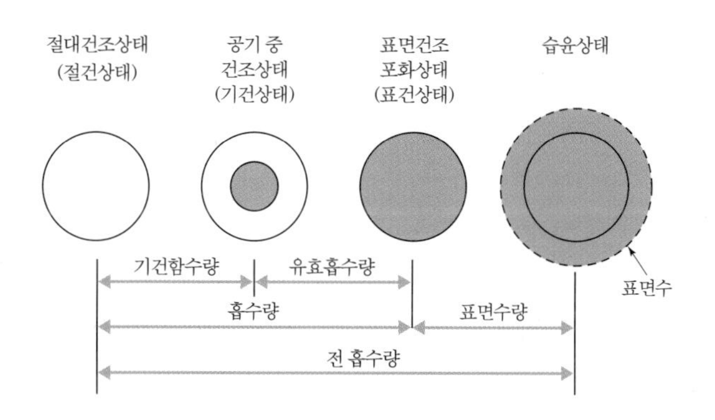


10-3 골재의 함수상태

차 있는 상태를 말한다.

④ 습윤상태: 공극에 물이 차 있고 골재입자의 표면에도 물이 부착된 상태를 말한다.

(2) **흡수량**: 골재가 절건상태에서 표건상태가 될 때까지 흡수하는 수분량을 말한다.

(3) **흡수율**: 표건상태에 있는 골재에 함유된 수분량의 절건상태의 골재질량에 대한 백분율을 말한다.

(4) **함수율**: 골재의 표면 및 내부에 있는 물의 전체 질량의 절건상태의 골재질량에 대한 백분율을 말한다.

### 5) 입도와 조립률

(1) **입도**(粒度, gradation): 골재의 작고 큰 입자가 혼합된 정도를 말한다. 적당한 입도를 가진 골재를 사용하면 단위수량을 적게 할 수 있고 재료분리현상이 감소되어 적은 시멘트량으로 소요품질의 콘크리트를 만들 수 있다. 동시에 콘크리트의 건조수축이 적어지며 내구성도 증대된다.

(2) **골재의 조립률**(粗粒率): 75mm, 40mm, 20mm, 10mm, 5mm, 2.5mm, 1.2mm, 0.6mm, 0.3mm, 0.15mm 체 등 10개의 체를 1조로 하여 체가름을 시험했을 때, 각 체에 남은 누계량의 전체 시료에 대한 질량 백분율의 합을 100으로 나눈 값이다.

### 6) 굵은 골재의 최대치수

질량으로 90% 이상을 통과시키는 체 중에서 최소치수 체눈의 호칭치수로 골재의 크기를 나타내는 것이다. 일반적으로 굵은 골재의 최대치수가 클수록 소요품질의 콘크리트를 얻기 위한 골재 단위수량 및 시멘트량이 감소하는데, 20mm 정도에서 가장 경제적이다. 굵은 골재의 최대치수가 지나치게 크면 혼합이 불완전하여 재료분리 현상이 발생할 수 있다.

〈표 10-4〉 **굵은 골재의 최대치수**

| 구조물의 종류 | 굵은 골재의 최대치수(mm) |
|---|---|
| 일반적인 경우 | 20 또는 25 |
| 단면이 큰 경우 | 40 |
| 무근콘크리트 | 40<br>부재 최소치수의 1/4을 초과해서는 안 됨. |

자료: 「콘크리트 표준시방서」(2009)

## 3. 배합수

콘크리트에 사용되는 물은 콘크리트 용적의 15%를 차지하여 굳지 않은 콘크리트에 필요로 하는 유동성을 주고 시멘트와 수화반응을 일으켜 경화를 촉진한다. 배합수(配合水)는 콘크리트와 강재의 품질에 나쁜 영향을 주는 기름, 산, 알칼리, 염류, 유기물 등 유해물질을 함유하지 않은 물을 사용해야 하는데, 불순물을 함유한 물을 배합수로 사용하면 콘크리트 강도 저하 및 백화현상 등이 발생할 수 있다.

### 가. 배합수의 구분

① 상수돗물

② 상수도 이외의 물: 공업용수 및 상수돗물로 처리되지 않은 물로, 지하

〈표 10-5〉 **배합수의 품질**

상수돗물

| 항목 | 허용량 |
|---|---|
| 색도 | 5도 이하 |
| 탁도(NTU) | 0.3 이하 |
| 수소이온 농도(ph) | 5.8~8.5 |
| 증발 잔류물(mg/L) | 500 이하 |
| 염소이온($cl^-$)량(mg/L) | 250 이하 |
| 과망간산칼륨 소비량(mg/L) | 10 이하 |

상수돗물 이외의 물

| 항목 | 허용량 |
|---|---|
| 현탁 물질의 양 | 2g/*l* 이하 |
| 용해성 증발 잔류물의 양 | 1g/*l* 이하 |
| 염소이온($cl^-$)량 | 250mg/L 이하 |
| 시멘트 응결 시간의 차 | 초결은 30분 이내, 종결은 60분 이내 |
| 모르타르의 압축 강도비 | 재령 7일 및 28일에서 90% 이상 |

회수수

| 항목 | 허용량 |
|---|---|
| 염소이온($cl^-$)량 | 250mg/L 이하 |
| 시멘트 응결 시간의 차 | 초결은 30분 이내, 종결은 60분 이내 |
| 모르타르의 압축 강도비 | 재령 7일 및 28일에서 90% 이상 |

자료: KS F 4009(레디믹스트 콘크리트) 부속서 2 레디믹스트 콘크리트의 혼합에 사용되는 물

수, 하천수, 저수지수 등

③ 회수수(回收水): 레미콘 공장에서 세척에 의해 발생하는 물을 정화하여 얻는 물의 총칭

④ 슬러지수: 콘크리트의 세척 배수에서 골재를 분리, 회수하고 남은 현탁수

⑤ 상징수(上澄水): 슬러지수에서 슬러지 고형분을 침강 또는 기타 방법으로 제거한 물

### 나. 배합수의 품질

배합수는 상수돗물의 경우 색도, 탁도, 수소이온 농도, 증발 잔류물, 염소이온량, 과망간산칼륨 소비량에 대한 허용량을, 상수돗물 이외의 물이나 회수수는 염소이온량, 시멘트 응결 시간의 차, 모르타르의 압축강도비 등의 항목에 대한 허용량을 정하고 있다.

## 4. 시멘트

시멘트(cement)는 넓은 의미로는 물과 혼합하여 시간이 경과함에 따라 경화되는 분말의 무기질 교착제(膠着劑)를 나타내며, 보통은 포틀랜드 시멘트를 말한다. 인류는 이집트 피라미드를 구축하는 데 석회를 사용했고, 로마시대에는 화산회나 암석의 풍화물에 소석회를 섞어 물로 반죽하여 경화시켜 사용했다. 그러다가1824년 영국의 조지프 애스프딘(Joseph Aspdin)이 석회와 점토를 혼합 소성하여 제조한 포틀랜드 시멘트를 발명하면서 시멘트가 공업적으로 대량 생산되기 시작했다. 이후 철근콘크리트 구조물이 대량으로 건설되면서 시멘트는 건설재료로 중요성이 더욱 커지게 되었으며, 우리나라도 석회석이 매우 풍부하여 시멘트산업이 발달했다.

### 가. 시멘트의 화학성분 및 종류

#### 1) 포틀랜드 시멘트의 제조공정

시멘트 제조공정을 보면 우선 원료인 석회석을 채광하여 일정한 크기로 조쇄(粗碎)한다. 이후 석회석의 품위를 균일하게 만든 다음 점토, 규석, 철광석 등 부원료를 일정비율로 혼합하고 더욱 잘게 분쇄한다. 잘게 분쇄된 혼합원료를 대형 회전로에서 1,450°C의 고온으로 소성하여 각종 화학반응을 일으켜 클링커(clinker)를 만든다. 시멘트 응결 시간을 조절하기 위해 클링커에 석고를 첨가하고 적정의 분말도가 되도록 잘게 분쇄하여 완성된다. 제조공정은 원재료와 생산과정에서의 물의 함량에 따라 습식, 반습식, 반

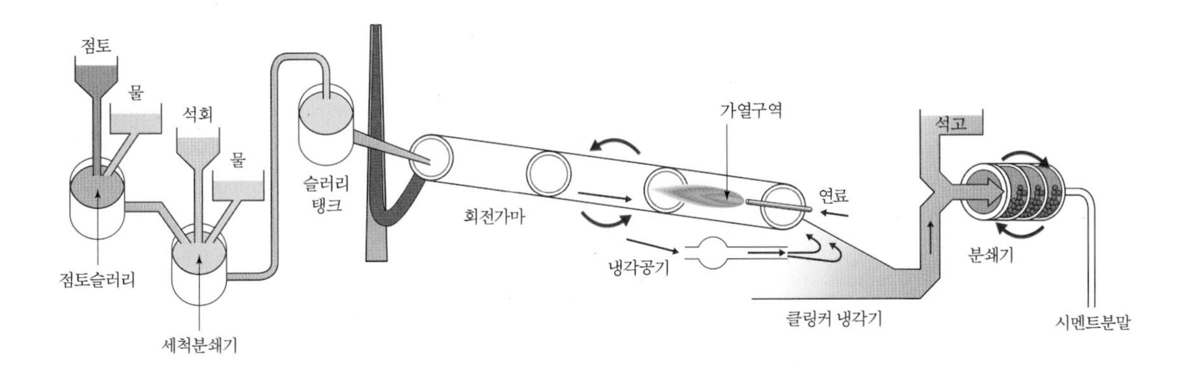


10-4 포틀랜드 시멘트 습식 제조공정

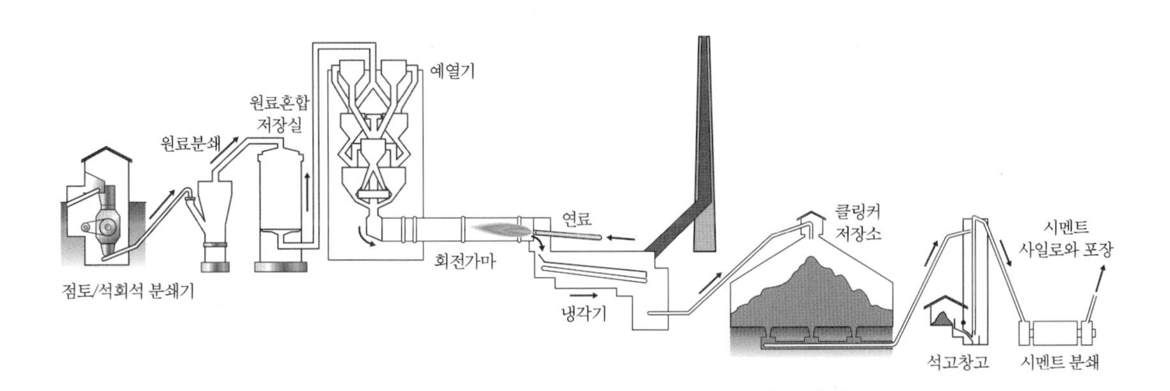


10-5 포틀랜드 시멘트 건식 제조공정

건식, 건식으로 구분하는데, 우리나라에서는 대부분 건식제조법을 사용하고 있다. 습식과 건식 과정은 그림 10-4, 10-5와 같다.

### 2) 포틀랜드 시멘트의 화학성분

포틀랜드 시멘트에는 주성분인 석회, 실리카, 알루미나, 산화철과 부성분인 아황산, 마그네시아, 나트륨, 칼륨 등이 포함되어 있는데, 시멘트의 화학성분에 대해서는 KS L 5120(포틀랜 시멘트의 화학 분석 방법)에서 부속서법에 의한 화학성분의 분석결과를 〈표 10-6〉과 같이 제시하고 있다.

이러한 원료를 혼합하고 소성하여 클링커를 생산하는 과정에서 원료는 화학 반응하여 규산삼석회($C_3S$: $3CaO \cdot SiO_2$), 규산이석회($C_2S$: $2CaO \cdot SiO_2$), 알루민산삼석회($C_3A$: $3CaO \cdot Al_2O_3$), 알루민산철사석회($C_4AF$: $4CaO \cdot Al_2O_3 \cdot Fe_2O_3$) 등 화합물로 변화되는데, 시멘트 종류별 각 화학성분의 구성 및 성질은 〈표 10-7〉, 〈표 10-8〉과 같다.

〈표 10-6〉 **시멘트의 화학성분** (단위: %)

| 종류 | 실리카 ($SiO_2$) | 알루미나 ($Al_2O_3$) | 산화철 ($Fe_2O_3$) | 석회 (CaO) | 마그네시아 (MgO) | 아황산 ($SO_3$) | 아산화망간 (MnO) |
|---|---|---|---|---|---|---|---|
| 보통 포틀랜드 시멘트 | 21.01~21.46 | 5.42~5.59 | 2.93~3.04 | 65.30~65.42 | 0.82~0.96 | 1.94~2.02 | 0.12~0.16 |
| 중용열 포틀랜드 시멘트 | 23.31~23.59 | 3.34~3.56 | 4.13~4.20 | 64.05~64.30 | 0.83~0.87 | 1.85~1.90 | 0.08~0.11 |
| 고로슬래그 시멘트 B종 | 25.83~26.07 | 8.70~9.30 | 1.80~1.86 | 53.93~54.60 | 3.31~3.40 | 1.96~2.06 | 0.14~0.18 |
| 플라이애시 시멘트 B종 | 25.42~25.92 | 8.23~8.54 | 2.99~3.12 | 55.86~56.53 | 1.41~1.59 | 1.58~1.64 | 0.03~0.04 |

비고: 본 표는 KS L 5120(포틀랜드 시멘트의 화학 분석 방법)에 제시된 일본시멘트협회 제작 화학 분석용 시멘트 표준 시료를 분석한 결과이다.

〈표 10-7〉 **포틀랜드 시멘트의 화합물 조성**

| 종류 | 재령 28일 강도($N/mm^2$) | 조성(%) | | | | 분말도 ($m^2/kg$) |
|---|---|---|---|---|---|---|
| | | $C_3S$ | $C_2S$ | $C_3A$ | $C_4AF$ | |
| 보통 포틀랜드 시멘트 | 42.5~62.5 | 55 | 20 | 10 | 8 | 340 |
| | 52.5 이상 | 55 | 20 | 10 | 8 | 440 |
| 백색 포틀랜드 시멘트 | 62.5 이상 | 65 | 20 | 5 | 2 | 400 |
| 내황산염 포틀랜드 시멘트 | 42.5~62.5 | 60 | 15 | 2 | 15 | 380 |

〈표 10-8〉 **시멘트 화합물의 성질**

| 화합물 | 성질 |
|---|---|
| $C_3S$ | 조기에 경화되고 강도가 발현되며 수화열 큼. |
| $C_2S$ | 경화 및 강도 증진이 느리며 수화열 적음. |
| $C_3A$ | 응결 및 경화가 빠르지만 최종강도가 낮으며 수화열 큼. |
| $C_4AF$ | 서서히 경화되고 시멘트의 회색에 영향을 주며 수화열 적음. |

### 3) 시멘트의 종류

(1) 포틀랜드 시멘트(portland cement, KS L 5201)

① 1종: 보통 포틀랜드 시멘트

② 2종: 중용열 포틀랜드시멘트

③ 3종: 조강 포틀랜드 시멘트

④ 4종: 저열 포틀랜트 시멘트

⑤ 5종: 내황산염 포틀랜트 시멘트

⑥ 백색 포틀랜드 시멘트(white portland cement, KS L 5204)

(2) 혼합 시멘트

① 고로슬래그 시멘트(portland blast furnace cement)

② 실리카 시멘트(silica cement)

③ 플라이애시 시멘트(fly-ash cement)

(3) 특수 시멘트

① 알루미나 시멘트(alumina cement)

② 팽창 시멘트(expansion cement)

③ 초속경 시멘트

④ 마그네시아 시멘트(magnesia cement)

## 나. 시멘트의 성질

### 1) 비중 및 중량

보통 포틀랜드 시멘트의 비중은 평균 3.15이다. 한국산업규격에서는 비중을 3.05 이상으로 규정하고 있으며, 중량은 1,500kg/m³를 표준으로 한다. 시멘트가 풍화하거나 저장기간이 길어짐에 따라 비중이 낮아지므로 사용에 주의해야 한다.

〈표 10-9〉 시멘트의 물리 성능

| 항목 \ 종류 | | | 1종 | 2종 | 3종 | 4종 | 5종 |
|---|---|---|---|---|---|---|---|
| 분말도 | 비표면적(blaine) (cm²/g) | | 2,800 이상 | 2,800 이상 | 3,300 이상 | 2,800 이상 | 2,800 이상 |
| 안정도 | 오토클레이브 팽창도 (%) | | 0.8 이하 | 0.8 이하 | 0.8 이하 | 0.8 이하 | 0.8 이하 |
| | 르샤틀리에(Lechatelier) (mm) | | 10 이하 | 10 이하 | 10 이하 | 10 이하 | 10 이하 |
| 응결시간 | 비카시험 | 초결 분 | 60 이상 | 60 이상 | 45 이상 | 60 이상 | 60 이상 |
| | | 종결 시간 | 10 이하 | 10 이하 | 10 이하 | 10 이하 | 10 이하 |
| 수화열 J/g | 7일 | | - | 290 이하 | - | 250 이하 | - |
| | 28일 | | - | 340 이하 | - | 290 이하 | - |
| 압축강도 MPa (N/mm²) | 1일 | | - | - | 10.0 이상 | - | - |
| | 3일 | | 12.5 이상 | 7.5 이상 | 20.0 이상 | - | 10.0 이상 |
| | 7일 | | 22.5 이상 | 15.0 이상 | 32.5 이상 | 7.5 이상 | 20.0 이상 |
| | 28일 | | 42.5 이상 | 32.5 이상 | 47.5 이상 | 22.5 이상 | 40.0 이상 |
| | 91일 | | - | - | - | 42.5 이상 | - |

자료: KS L 5201(포틀랜드 시멘트)

비고 1. 안정도 시험 방법은 수요자의 요구에 따라 오토클레이브 시험과 르샤틀리에 시험 중 택일하여 실시한다.
2. 중용열 시멘트의 28일 수화열은 수요자의 요구가 있을 때만 적용한다.
3. 3일 강도는 1일 강도보다, 7일 강도는 3일 강도보다, 28일 강도는 7일 강도보다 커야 한다.
4. 압축 강도 중 포장 시멘트의 28일 강도, 비포장 시멘트의 7일, 28일 강도는 수요자가 요구하지 않을 때는 생략할 수 있다.

2) 분말도

시멘트의 성분이 일정할 경우 분말이 미세할수록 물과 혼합 시 접촉하는 면적이 크므로 수화작용과 초기강도의 발생이 빠르며 강도 증진율이 높다. 아울러 블리딩 현상이 적고 색은 밝아지는 경향이 있다. 보통 포틀랜드 시멘트의 분말도는 2,800cm$^2$/g 이상이다.

3) 수화 및 수화열

시멘트가 물에 닿으면 시멘트 내의 수경성 화합물과 물이 화학반응을 일으키는 것을 수화(水和, hydration)라고 하며, 수화반응에서 발생하는 열을 수화열이라고 한다. 발열량은 시멘트의 종류, 물과 시멘트 비율, 분말도에 따라 달라지는데, 시멘트가 풍화하면 수화열이 감소하고 물시멘트비가 증가하면 수화열이 증가한다.

4) 응결과 경화

응결(凝結, setting)은 시멘트풀이 시간이 경과함에 따라 수화작용에 의해 유동성과 점성을 상실하고 고체화하는 현상이며, 경화(硬化, hardening)는 응결 후 점차 딱딱하게 굳어지는 현상이다. 응결은 첨가된 석고량이 많거나 물시멘트비가 높을수록 천천히 진행되고, 분말도가 높고 알칼리 성분이 많으면 빨리 응결한다. 응결이 끝난 시멘트 경화체는 시간이 경과하면서 시멘트 입자 사이가 치밀해지는 경화가 진행된다.

5) 강도

시멘트 품질의 대표적인 특성값인 경화된 시멘트풀의 강도는 시멘트의 품질, 물시멘트비, 재령, 양생조건 등에 따라 달라진다. 보통 포틀랜드 시멘트의 압축강도는 재령 28일 기준으로 28.4MPa(N/mm$^2$)이다.

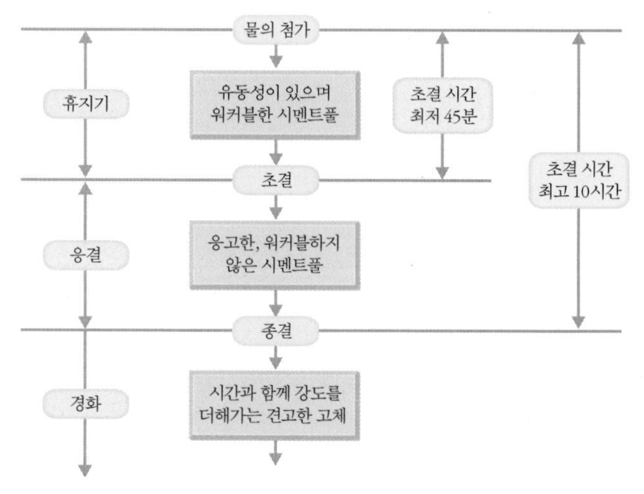


10-6 시멘트풀의 응결 및 경화 과정

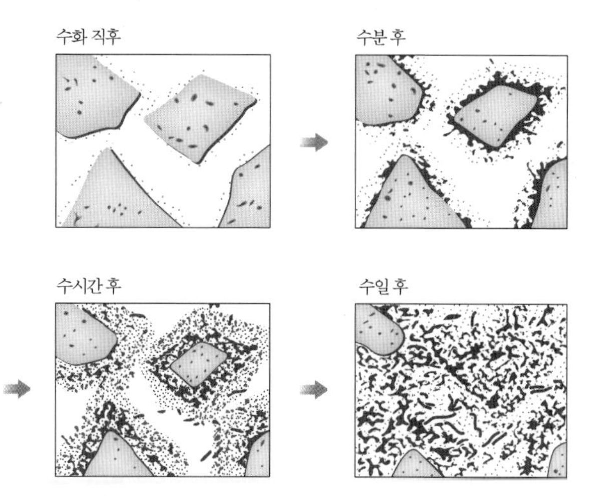


10-7 포틀랜드 시멘트의 응결과 경화 과정

### 6) 풍화

시멘트의 풍화(風化, aeration)는 시멘트가 수분을 흡수하여 수화작용을 한 결과로 수산화석회와 공기 중의 탄산가스가 작용하여 탄산칼슘($CaCO_3$)을 만드는 작용이다. 풍화에 의해 시멘트의 품질이 저하되는데, 일반적으로 공기 중에서 1개월에 약 15%, 3개월에 약 30%, 1년에 약 50%의 강도 감소가 일어난다. 따라서 풍화를 줄이기 위해 시멘트 저장기간을 줄이고 저장 시에는 방습 구조의 창고에 보관해야 한다. 포대 시멘트는 지상 30cm 이상의 위치에 공기가 통하지 않도록 기밀하게 쌓아야 하는데, 이때 포대는 13포 이하로 쌓되 장기간 저장 시에는 7포 이하로 쌓아야 한다.

## 다. 시멘트의 종류별 특성

### 1) 포틀랜드 시멘트

#### (1) 보통 포틀랜드 시멘트

① 가장 보편화된 시멘트로, 우리나라 시멘트 생산과 소비의 90%를 차지한다.

② 중용열 포클랜드 시멘트와 조강 포틀랜드 시멘트의 중간적 성질을 지닌다.

#### (2) 중용열 포틀랜드 시멘트

① 수화반응에서 발열량이 적어지도록 제작한 시멘트로, 발열량을 7일에서 70cal/g 이하, 28일에서 80cal/g 이하로 규정하고 있다.

② 주로 댐, 고속도로 등의 매스 콘크리트로 사용한다.

### (3) 조강(早强) 포틀랜드 시멘트

① 조기 강도가 높게 나타나도록 제작한 시멘트이다.

② 보통 포틀랜드 시멘트의 재령 28일 강도를 7일 만에 발현한다.

③ 장기강도는 보통 포틀랜드 시멘트와 동일하다.

④ 양생기간을 단축할 수 있어 공기단축이 가능하므로 긴급공사에 사용한다.

⑤ 수화속도가 빠르고 수화열이 크므로 동절기 저온 시에도 공사가 가능하지만, 수축이 커서 매스 콘크리트에는 부적당하다.

### (4) 백색 포틀랜드 시멘트

① 시멘트 원료로 백색 석회석과 철분이 적은 백색점토를 사용하고 제조과정에서 착색원료가 섞이지 않도록 제조한 것이다.

② 순백색으로 각종 안료를 섞어 아름답게 착색할 수 있어 장식용, 미장용, 인조석 제조용으로 사용한다.

## 2) 혼합 시멘트

포틀랜드 시멘트 제조 시 내구성, 장기강도, 화학적 저항성, 수밀성, 내수성 등의 성질을 향상하고 경량화하기 위해 적당한 혼화재료를 넣어 만든 시멘트이다.

### (1) 고로슬래그 시멘트

① 시멘트 제조 시 급랭한 고로슬래그를 혼합하고 석고를 가해 분쇄한 시멘트이다.

② 초기강도는 약간 낮으나 장기강도는 포틀랜드 시멘트와 같은 수준으로 장기양생이 필요하다.

③ 화학적 저항성이 높아 해수, 하수, 공장폐수에 접하는 구조물 축조에 적합하다.

### (2) 실리카 시멘트

① 시멘트 제조 시 포졸란[1]을 혼합하고 석고를 가하여 분쇄한 시멘트이다.

② 초기강도는 약간 낮으나 장기강도는 포틀랜드 시멘트보다 높다.

③ 수밀성 및 내구성 있는 콘크리트 제작에 유리하여 구조용, 미장 모르타르용으로 사용한다.

### (3) 플라이애시 시멘트

① 급냉각 슬래그와 플라이애시(fly-ash)를 첨가하여 만든 시멘트이다.

② 플라이애시는 화력발전소 및 분탄보일러의 탄진과 혼합된 연도가스를 집진기로 채취하여 얻은 분말을 말한다.

③ 해수에 대한 내화학성이 강하다.

1 로마시대 베수비오화산 근처의 포촐리(Pozzoli)란 지역에서 산출되는 로만시멘트를 포촐라나(Pozzolana)라고 부르기 시작했는데, 영어식으로 발음하여 포졸란(Pozzolan)으로 부른다. 포졸란이란 그 자체만으로는 수경성을 갖지 않지만, 물에 용해되어 있는 수산화칼슘과 상온에서 서서히 반응하여 물에 녹지 않는 화합물을 만들 수 있는 미분상태의 물질을 일컫는다. 포졸란에는 응회암, 규조토와 같은 자연에서 얻을 수 있는 천연 포졸란과 소성 점토, 실리카겔, 실리카퓸, 플라이애시 등과 같이 인공적으로 만들어진 인공 포졸란이 있다. 분말도가 좋고 형태가 구형인 플라이애시가 주로 쓰이는 포졸란 물질이다. 포졸란을 시멘트와 섞어서 사용하면 워커빌리티가 증가하고 수화열의 발생이 낮아지며, 해수에 대한 화학적 저항성 및 수밀성이 높아진다.

## 5. 혼화재료

모르타르와 콘크리트의 품질 개선 및 성질 변화를 위해 부가적으로 사용하는 재료로, 워커빌리티 증진, 강도 증진, 응결시간 조절, 내구성 증진, 기후에 대한 대응 등의 효과를 얻을 수 있다.

### 가. 혼화재(mineral admixture)

시멘트 중량에 대해 5% 이상 첨가하는 것으로, 용적으로 고려해야 한다.
① 포졸란 작용: 플라이애시(KS L 5405), 규조토 등
② 잠재 수경성: 고로슬래그 미분말 및 실리카퓸(KS F 2567)
③ 콘크리트 팽창: 콘크리트용 팽창재(KS F 2562)
④ 콘크리트 착색: 착색재
⑤ 기타: 고강도용 혼화재, 증량재, 폴리머 등

### 나. 혼화제(chemical admixture)

시멘트 중량에 대해 1% 전후 첨가하는 것으로, 용적으로 고려하지 않는다.
① 동결 융해 및 워커빌리티 개선: AE제(air entraining agent, 계면활성제), AE감수제
② 감수제: 고성능 감수제
③ 응결, 경화 조절제: 촉진제, 지연제, 급결제 등
④ 방수효과: 방수제

### 다. 혼화재료의 구비조건

① 굳지 않은 콘크리트에 대한 점성 저하, 재료 분리, 블리딩이 크지 않아야 한다.
② 응결시간에 영향을 미치지 않아야 한다.
③ 수화발열이 크지 않아야 한다.
④ 경화 콘크리트의 강도, 수축, 내구성 등에 나쁜 영향을 미치지 않아야 한다.
⑤ 인체에 무해하며, 환경오염을 유발시키지 않아야 한다.
⑥ 시험을 통해 품질이 확인된 것이어야 한다.

## 6. 콘크리트

### 가. 콘크리트의 장단점

1) 장점

① 크기나 모양에 제한을 받지 않고 구조물을 축조할 수 있다.

② 압축강도가 다른 재료에 비해 크며, 필요로 하는 강도(설계 강도)를 쉽게 달성할 수 있다.

③ 내화성, 내구성, 내진성 등이 우수한 구조물을 축조할 수 있다.

④ 다른 재료에 비해 값이 저렴하고, 유지관리비가 저렴하다.

2) 단점

① 자중(自重)이 크므로 콘크리트의 응용범위에 제한이 있다.

② 압축강도에 비해 인장강도와 휨강도가 작다.

③ 건조 수축성이 있어 균열이 발생하기 쉽다.

④ 재생이 불가능하고 보수나 철거 시 파괴하는 데 어려움이 있다.

⑤ 경화하는 데 긴 시간이 소요되어 시공기간이 늘어난다.

### 나. 콘크리트의 분류

1) 중량에 따른 분류

① 보통콘크리트

② 경량콘크리트

③ 중량콘크리트

2) 재료 보강에 따른 분류

① 무근콘크리트

② 철근콘크리트

③ 프리스트레스트 콘크리트

④ 섬유보강콘크리트

3) 생산방법 및 시공방법에 따른 분류

① 레디믹스트 콘크리트: 레미콘

② 프리캐스트 콘크리트

③ 고강도콘크리트

④ 수중콘크리트

⑤ 뿜어붙이기 콘크리트

4) 기후적응방식에 따른 분류

① 한중(寒中)콘크리트

② 서중(暑中)콘크리트

### 다. 굳지 않은 콘크리트의 성질

굳지 않은 콘크리트는 비빔 직후부터 거푸집 내에 부어 응결과정을 거쳐 소정의 강도를 나타낼 때까지의 콘크리트 상태를 말한다. 시공 시 작업이 용이해야 하고, 경화 후 적정한 품질을 가져야 한다.

#### 1) 굳지 않은 콘크리트에 필요한 성질

① 거푸집 구석구석 또는 철근 사이를 충분히 채울 수 있도록 유동성이 있어야 한다.
② 운반, 붓기, 다지기, 표면마감 등 각 시공단계에서 작업이 용이해야 한다.
③ 시공 시, 시공 전후에 재료의 분리가 적어야 한다.
④ 블리딩 현상 및 굳은 후 균열이 발생하지 않아야 한다.

#### 2) 굳지 않은 콘크리트의 성질

(1) 워커빌리티(workability)

① 워커빌리티의 지표가 되는 반죽질기(consistency)에 따른 시공성을 말한다.
② 운반에서 치기까지 재료분리 없이 시공이 가능한 연도(軟度)를 말한다.
③ 굳지 않은 콘크리트의 품질을 판정하는 필수조건이다.
④ 시공방법 및 구조물의 종류 등에 따라 요구되는 워커빌리티가 다르다.
⑤ 영향 요인: 시멘트의 양과 품질, 단위수량, 골재의 입도 및 모양, 배합, 혼화재료, 비빔 등

(2) 성형성(plasticity): 거푸집에 쉽게 다져 넣을 수 있고 거푸집 제거 시 그 형상이 무너지거나 재료가 분리되지 않는 성질이다.

(3) 마감성(finishability)

① 구조물의 표면평활도 등 마감성의 난이도를 말한다.
② 영향 요인: 굵은 골재의 최대치수, 잔골재율, 잔골재의 입도, 반죽질기 등

#### 3) 콘크리트의 시공성에 영향을 주는 요인

(1) 시멘트의 양과 품질

① 시멘트의 사용량이 증가하면 시공연도가 향상한다.
② 시멘트량이 적으면 재료분리 현상이 일어난다.
③ 분말도가 너무 높으면 점성이 높아지므로 유동성이 저하한다.
④ 분말도가 낮아 점성이 너무 낮으면 재료분리 현상이 일어난다.
⑤ 풍화된 시멘트는 시공연도가 저하한다.

(2) 단위수량

① 물의 양이 증가하여 유동성이 증가하면 시공성이 향상한다.
② 물이 지나치게 증가하면 슬럼프값이 증가하고, 강도가 저하하고, 재료

가 분리된다.

③ 물의 양이 너무 적으면 유동성이 저하하여 시공연도가 저하한다.

(3) 골재의 입도 및 입형

① 입도가 적당하면 시공연도가 향상하고 블리딩이 감소한다.

② 잔골재율이 크면 시공연도가 향상하고 단위수량이 증가한다.

③ 0.3mm 이하 세립분은 콘크리트의 점성을 증가시켜 성형성이 향상한다.

④ 세립분이 지나치게 많으면 유동성이 저하한다.

⑤ 둥근 모양 강자갈은 워커빌리티가 양호하고, 모난 깬자갈은 유동성이 낮아지고 시공연도가 저하한다.

(4) 혼화재료

① 포졸란, 플라이애시 사용 시 시공연도가 향상한다.

② 감수제를 사용하면 단위수량이 10～20% 감소한다.

(5) 온도 및 비빔

① 온도가 높을수록 유동성이 저하한다.

② 비빔이 충분하지 않으면 불균질한 콘크리트가 되어 시공연도가 저하한다.

③ 비빔시간이 너무 길면 수화작용으로 응결현상이 일어나 시공연도가 저하한다.

(6) 공기량

① 공기량이 1% 증가하면 슬럼프값이 2% 증가한다.

② 동일 슬럼프에서 공기량이 1% 증가하면 단위수량은 3% 감소한다.

### 4) 워커빌리티 측정

워커빌리티는 일반적으로 반죽질기에 좌우되므로 반죽질기를 측정하여 워커빌리티를 판단한다. 측정방법으로는 슬럼프 테스트(slump test), 플로우 테스트(flow test), 구관입 테스트(ball penetration test, 또는 켈리볼 관입 테스트), 리몰딩 테스트(remolding test), 비비 테스트(vee-bee test) 등이 있다.

슬럼프 테스트(KS F 2402)를 하는 방법은 다음과 같다.

① 슬럼프콘을 수평으로 설치한 후 수밀성이 있는 강재평판 위에 놓고 시료를 3층으로 나눠서 채운다. 이때 양은 거의 같아야 한다.

② 각 층을 다짐봉으로 고르게 한 후 25회 똑같이 다진다. 다짐봉의 다짐 깊이는 그 앞 층에 거의 도달할 정도로 한다.

③ 슬럼프콘에 채운 콘크리트의 윗면을 슬럼프콘의 상단에 맞춰 고르게 한 후 즉시 슬럼프콘을 가만히 연직으로 들어 올리고 콘크리트 중앙부에서 공시체 높이와의 차이를 5mm 단위로 측정하여 이것을 슬럼프값으로 한다.

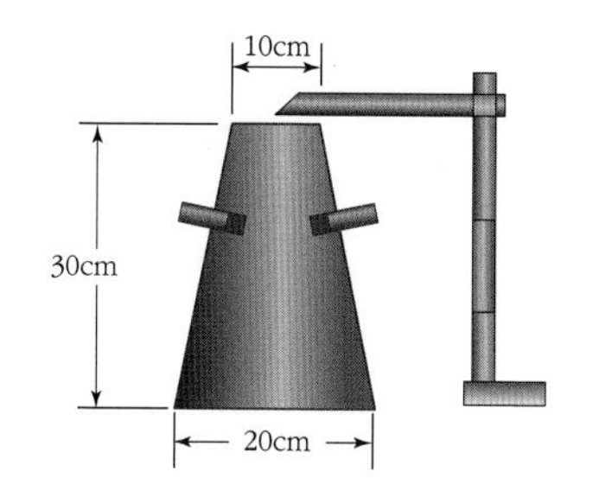


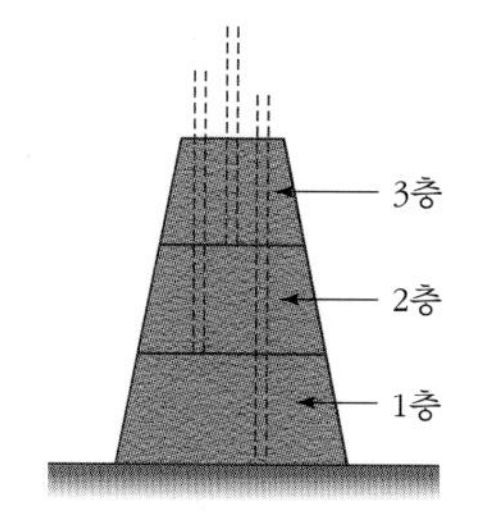


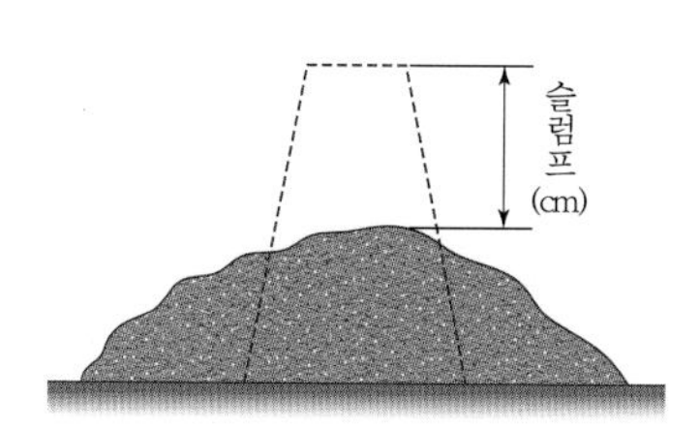


10-8 슬럼프 테스트 방법

**〈표 10-10〉 슬럼프의 표준값** (단위: mm)

| 종류 | | 슬럼프값 |
|---|---|---|
| 철근 콘크리트 | 일반적인 경우 | 80~150 |
| | 단면이 큰 경우 | 60~120 |
| 무근 콘크리트 | 일반적인 경우 | 50~150 |
| | 단면이 큰 경우 | 50~100 |

비고 1. 여기에서 제시된 슬럼프값은 구조물의 종류에 따른 슬럼프의 범위를 나타낸 것으로, 실제로 각종 공사에서 슬럼프값을 정하고자 할 경우에는 구조물의 종류나 부재의 형상, 치수 및 배근상태에 따라 알맞은 값으로 정하되, 충전성이 좋고 충분히 다질 수 있는 범위에서 되도록 작은 값으로 정해야 한다.

2. 콘크리트의 운반시간이 길 경우 또는 기온이 높을 경우에는 슬럼프가 크게 저하되므로 운반 중의 슬럼프 저하를 고려한 슬럼프값에 대해 배합을 정해야 한다.

④ 콘크리트가 슬럼프콘의 중심축에 치우치거나 무너져 모양이 불균형이 된 경우에는 다른 시료로 재시험한다.

5) 재료분리(segregation)

콘크리트는 비중과 입자 크기가 다른 여러 종류의 재료로 구성되어 있어 비비기, 운반, 다지기 등 시공 중이나 콘크리트 타설 후에 재료분리 현상이 일어날 수 있다. 재료분리 현상이 발생하면 콘크리트가 불균질화하여 강도, 수밀성, 내구성이 저하된다.

(1) 시공 중 재료분리: 시공 중 재료분리는 굵은 골재의 최대치수가 지나치게 큰 경우, 입자가 너무 거친 잔골재를 사용한 경우, 배합이 부적절하여 단위수량 또는 단위골재량이 너무 많은 경우, 운반이나 다짐 시 심한 진동이 있는 경우 일어나는데, 이로 인해 굵은 골재가 철근에 걸려 모르타르와 분리되거나 굵은 골재가 모여 벌집처럼 우둘투둘한 하니컴(honey comb) 현상이 발생한다. 이를 개선하기 위해서는 잔골재 비율을 늘리고 잔골재의 세립분(0.3mm 이하)을 증가시키며, 물시멘트비(water/cement raito)를 감소시키고 AE제 등 혼화제를 사용해야 한다.

(2) 콘크리트 타설 후의 재료분리

① 블리딩(bleeding): 콘크리트 타설 후 시멘트와 골재 등이 중력에 의해 침하되어 물이 분리 상승하여 표면에 떠오르는 현상으로, 상부의 콘크리트를 다공질화하여 강도, 수밀성 및 내구성을 저하시킨다. 블리딩을 억제하기 위해서는 단위수량을 적게 하고 적당한 입도의 골재를 사용하며, AE제, 분산감수제 등 혼화제를 사용해야 한다.

② 레이턴스(laitance): 블리딩에 의해 미세한 물질이 침전되는 것으로, 레이턴스는 접착력을 극히 저하시켜 이음 타설 부분의 밀착성과 수밀성을 저해한다. 풍화한 시멘트나 불순물 및 미세립분이 많은 골재를 사용할 때 발생하므로 주의한다.

## 라. 경화된 콘크리트의 성질

경화된 콘크리트의 성질로 가장 중요한 것은 강도와 내구성(durability)이다. 콘크리트의 강도는 일반적으로 표준양생을 실시한 콘크리트 공시체의 재령이 28일일 때의 시험값을 기준으로 한다. 콘크리트 구조물의 설계에서 사용하는 강도에는 압축강도 이외에 인장강도, 휨강도, 전단강도, 지압강도, 강재와의 부착강도 등이 있는데, 압축강도가 콘크리트의 역학적 기능을 대표하므로 주로 압축강도를 기준으로 한다. 또한 콘크리트는 구조물이 사용기간 중에 받는 여러 가지의 화학적 · 물리적 작용에 대해 충분한 내구성을 가져야 하며, 내부에 배치되는 강재가 사용기간 중 정해진 기능을 발휘할 수 있도록 강재를 보호하는 성능을 가져야 한다.

### 1) 압축강도

압축강도는 콘크리트의 강도를 판단하는 대표적 기준으로, 재령이 많아질수록 증대한다. 한편 인장강도와 휨강도는 압축강도에 비해 매우 작은데, 인장강도는 압축강도의 1/10~1/3, 휨강도는 압축강도의 1/8~1/5이므로 인장강도 및 휨강도가 낮은 것을 보완하기 위해 철근을 삽입한 철근콘크리트를 사용한다.

### 2) 재령 경과에 따른 압축강도 추정

콘크리트 재령 경과에 따른 압축강도를 추정하는 방법은 다음과 같다.

$$(f_c')_t = \frac{t}{\alpha + \beta \cdot t}(f_c')_{28}$$

$$(f_c')_t = \frac{t}{\alpha / \beta + t}(f_c')_u$$

$\alpha$ : 시멘트의 종류와 양생방법에 따라 결정되는 상수(0.05~9.25)

$\beta$ : 시멘트의 종류와 양생방법에 따라 결정되는 상수(0.67~0.98)

$t$ : 콘크리트의 재령(day)

$(f_c')_t$ : 재령이 t일 때의 콘크리트 압축강도

$(f_c')_{28}$: 재령 28일일 때의 콘크리트 압축강도

$(f_c')_u$ : 콘크리트 극한강도

상수 $\alpha$ , $\beta$ : 시멘트 종류와 양생방법에 의해 결정, 골재에 따른 영향은 크지 않음.

시멘트 타입 II, 타입 V, 포졸란이 섞인 콘크리트에는 적용이 불가능하다.

① 시멘트 타입 I : 보통 포틀랜드 시멘트

② 시멘트 타입 II: 중용열 포틀랜드 시멘트

③ 시멘트 타입 III: 조강 포틀랜드 시멘트

④ 시멘트 타입 IV: 저열 포틀랜드 시멘트

⑤ 시멘트 타입 V: 내황산염 포틀랜드 시멘트

〈표 10-11〉 **콘크리트 재령 경과에 따른 압축강도 추정표**

| 시간비 | 양생 방법 | 시멘트 타입 | 상수 $\alpha, \beta$ | 콘크리트 재령 | | | | | | | 극한 강도 $(fc')u$ |
|---|---|---|---|---|---|---|---|---|---|---|---|
| | | | | 일수(일) | | | | | 연수(년) | | |
| | | | | 3 | 7 | 14 | 21 | 28 | 1 | 10 | |
| $\frac{(fc')t}{(fc')_{28}}$ | 습윤 | I | $\alpha=4.00$ $\beta=0.85$ | 0.46 | 0.70 | 0.88 | 0.96 | 1.00 | 1.16 | 1.17 | 1.18 |
| | | III | $\alpha=2.30$ $\beta=0.92$ | 0.59 | 0.80 | 0.92 | 0.97 | 1.00 | 1.08 | 1.09 | 1.09 |
| | 증기 | I | $\alpha=1.00$ $\beta=0.95$ | 0.78 | 0.91 | 0.98 | 1.00 | 1.00 | 1.05 | 1.05 | 1.05 |
| | | III | $\alpha=0.70$ $\beta=0.98$ | 0.82 | 0.93 | 0.97 | 0.99 | 1.00 | 1.01 | 1.02 | 1.02 |
| $\frac{(fc')t}{(fc')u}$ | 습윤 | I | $\alpha/\beta=4.71$ | 0.39 | 0.60 | 0.75 | 0.82 | 0.86 | 0.99 | 1.00 | 1.00 |
| | | III | $\alpha/\beta=2.50$ | 0.54 | 0.74 | 0.85 | 0.89 | 0.92 | 0.99 | 1.00 | 1.00 |
| | 증기 | I | $\alpha/\beta=1.05$ | 0.74 | 0.87 | 0.93 | 0.95 | 0.96 | 1.00 | 1.00 | 1.00 |
| | | III | $\alpha/\beta=0.71$ | 0.81 | 0.91 | 0.95 | 0.97 | 0.97 | 1.00 | 1.00 | 1.00 |

자료: (사)대한건축학회(2010), 『건축기술지침 Rev. 1 건축 I』, 317쪽.

비고 1. 초기 재령(2일 이내)의 압축강도는 혼화재료 및 공시체 수화열의 영향으로 추정식과는 오차가 있을 수 있다.

2. 압축강도 추정식은 실험실 표준 환경조건에서 실시된 평균 실험결과를 나타내는 간략식이다.

3. 현장에서 측정된 값과는 오차가 있을 수 있음에 유의한다.

### 3) 콘크리트 강도에 영향을 미치는 요인

콘크리트 압축강도는 시멘트, 골재, 물, 혼화재료 등 재료의 품질, 물시멘트비, 단위시멘트량, 골재량 등 배합 및 시공 방법, 양생 등 다양한 요인에 의해 영향을 받는다.

(1) 재료품질의 영향

① 시멘트의 강도가 높을수록 콘크리트 강도도 커진다.

② 골재의 표면이 거칠수록 골재와 시멘트풀의 부착력이 증대한다.

③ 물시멘트비가 일정하더라도 굵은 골재의 최대치수가 클수록 강도가 저하한다.

(2) 물시멘트비의 영향: 물시멘트비(시멘트, 물 비는 물시멘트비의 역수)는 콘크리트의 강도를 결정짓는 중요한 요인으로, 물시멘트비가 적을수록 강도, 수밀성, 내구성이 증가한다. 보통 물시멘트비는 0.4에서 콘크리트 내부의 물의 공극을 시멘트 수화물이 채우게 되지만, 이보다 커지면 시공성은 좋아지지만 과다한 물로 인해 콘크리트 내부에 공극이 증가하여 강도가 낮아진다.

(3) 시공방법의 영향

① 일반적으로 손비빔보다 기계비빔이 강도가 10~20% 증가한다.

② 비빔시간 및 믹서의 회전속도에 따라 차이가 있다.

③ 진동기(vibrator)를 사용한 진동다짐을 하면 된반죽 콘크리트에서 강도가 증가한다.

④ 진동다짐 시간이 길어지면 재료분리 현상이 발생한다.

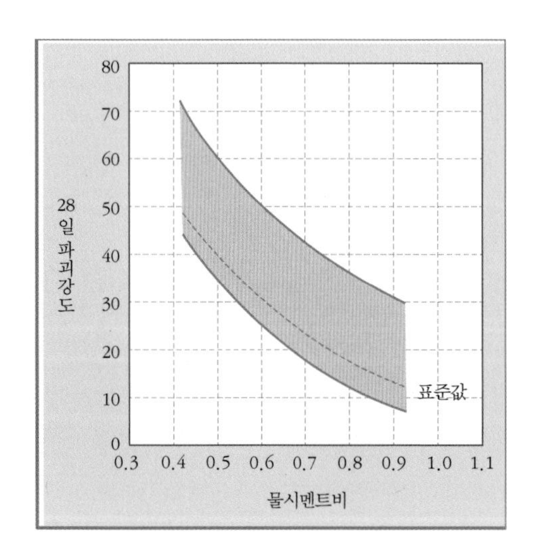


10-9 물시멘트비에 따른 콘크리트 파괴강도의 변화

(4) 양생방법의 영향: 충분한 습도와 적당한 온도를 유지하여 소요강도를 가질 수 있도록 콘크리트에 분무 및 살수를 하여 습윤양생을 하면 강도가 좋아지나, 증기양생의 경우에는 강도가 저하된다.

(5) 재령

① 콘크리트의 강도는 경과시간(재령)에 따라 증가하는데, 재령 초기에 급격하게 증가한다.

② 콘크리트의 강도는 보통 재령 28일을 기준으로 한다.

#### 4) 콘크리트의 중량 및 체적

콘크리트의 중량은 골재의 비중, 입도, 모양, 최대치수, 배합, 건조상태 등에 따라 차이가 있으나, 보통콘크리트는 2,300kg/m$^3$, 철근콘크리트 2,400 kg/m$^3$, 모르타르 2,100kg/m$^3$, 경량콘크리트 2,000kg/m$^3$ 정도이다. 콘크리트의 체적변화는 수화열, 온도변화, 알칼리-골재 반응, 시멘트의 이상응결, 소성수축, 자기수축, 건조수축 등 다양한 요인에 의해 발생하며 균열의 원인이 되기도 한다.

#### 5) 콘크리트의 내구성능

외부공간에 노출되는 콘크리트는 본래의 품질뿐만 아니라 온도, 습도, 강우 등 기상작용, 위치 등 환경조건, 물에 의한 침식, 화학적 오염, 염해, 답압 및 마찰에 의한 마모, 이용조건 등 다양한 요인에 영향을 받아 내구수명이 달라진다. 목표 내구수명은 1등급 구조물(높은 내구성 요구) 100년, 2등급 구조물(일반 구조물) 65년, 3등급 구조물(짧은 내구 수명) 30년이다.

### 마. 콘크리트 배합

#### 1) 계획배합(시방배합)

시방서 또는 책임기술자의 지시에 의해 실시되는 배합으로 계획배합 시 사용되는 골재는 표면건조포화상태이어야 한다.

〈표 10-12〉 **계획배합의 표시방법**

| 배합강도 (N/mm$^2$) | 슬럼프 (mm) | 공기량 (%) | 물시멘트비(%) | 굵은 골재의 최대치수 (mm) | 잔골재율 (%) | 단위수량 (kg/m$^3$) | 절대용적($l$/m$^3$) | | | | 질량(kg/m$^3$) | | | | 화학혼화제의 사용량 (kg/m$^3$) 또는 (C×%) |
|---|---|---|---|---|---|---|---|---|---|---|---|---|---|---|---|
| | | | | | | | 시멘트 | 잔골재 | 굵은 골재 | 혼화재 | 시멘트 | 잔골재* | 굵은 골재* | 혼화재 | |
| | | | | | | | | | | | | | | | |

자료: 「건축공사 표준시방서」(2006)

* 절대건조상태인지 표면건조포화상태인지를 명기한다. 다만 경량골재는 절대건조상태로 표시한다. 혼합골재를 사용하는 경우, 필요에 따라 혼합 전의 각 골재 종류 및 혼합비율을 나타낸다.

### 2) 현장배합

현장에 보관되어 있는 골재의 표면수량과 유효흡수량 및 잔골재와 굵은 골재의 혼합률을 고려하여 계획배합에 맞도록 현장에서 하는 배합을 말한다.

### 3) 중량배합

콘크리트 1m$^3$를 비벼내는 데 소요되는 각 재료의 양을 중량으로 표시한 배합(kg/m$^3$)을 말한다. 중량배합은 정확도가 높은 합리적인 방법으로, 콘크리트 배합은 중량배합을 원칙으로 하며 공장에서 레미콘을 생산할 때 적용한다.

「건설공사 표준품셈」 토목부문 제6장 철근콘크리트공사에는 소량의 콘크리트 또는 구조적으로 중요하지 않은 콘크리트인 경우에는 〈표 10-13〉에 따라 1m$^3$당 재료를 중량으로 계산하도록 되어 있다. 이 경우 (B)배합을 표준으로 하고 모래가 부족한 경우에는 (A)배합, 많은 경우에는 (C)배합으로 하되, 모래는 건조상태를 기준으로 한 것이므로 모래가 젖어 있을 경우에는 시멘트 중량 50kg마다 510kg을 가산하며, 단위수량은 물시멘트비가 45~65%가 되는 범위에서 요구되는 콘크리트의 성질, 시공난이도에 따라 결정한다.

〈표 10-13〉 **중량배합** (m$^3$당)

| 골재의 최대치수(mm) | 배합종류 | 시멘트(kg) | 모래(kg) | 자갈 또는 부순돌(kg) |
|---|---|---|---|---|
| 13 | (A) | 390 | 1,018 | 706 |
| | (B) | 385 | 963 | 778 |
| | (C) | 379 | 949 | 828 |
| 19 | (A) | 368 | 921 | 882 |
| | (B) | 357 | 893 | 931 |
| | (C) | 351 | 841 | 992 |
| 25 | (A) | 357 | 893 | 931 |
| | (B) | 346 | 828 | 1,011 |
| | (C) | 340 | 779 | 1,049 |
| 40 | (A) | 335 | 838 | 1,032 |
| | (B) | 323 | 775 | 1,101 |
| | (C) | 318 | 728 | 1,157 |
| 50 | (A) | 318 | 795 | 1,116 |
| | (B) | 312 | 748 | 1,196 |
| | (C) | 301 | 690 | 1,277 |

자료: 「건설공사 표준품셈」 토목부문 제6장 철근콘크리트 공사

골재의 중량 계산 사례

골재 최대치수 40, 표준 (B)배합의 경우, 콘크리트 $10m^3$ 제조 시 각 재료의 중량 및 용적을 구하라. (단, 단위중량은 시멘트 $1,500kg/m^3$, 모래 $1,300kg/m^3$, 자갈 $1,600kg/m^3$)

① 시멘트량: $323 \times 10 = 3,230/40$(kg/포) = 80.75포

② 모래중량: $775 \times 10 = 7,750$(kg), 모래용적: $7,750 \div 1,300 = 5.96(m^3)$

③ 자갈중량: $1,101 \times 10 = 11,010$(kg), 자갈용적: $11,010 \div 1,600 = 6.88(m^3)$

### 4) 용적배합

콘크리트 $1m^3$를 비벼내는 데 소요되는 각 재료의 양을 용적($m^3$)으로 표시한 것으로, 절대 용적배합, 표준계량 용적배합, 현장계량 용적배합으로 구분한다.

(1) 절대 용적배합: 콘크리트 $1m^3$를 비벼내는 데 소요되는 각 재료의 양을 절대용적 $l/m^3$으로 표시한 배합을 말한다.

(2) 표준계량 용적배합: 콘크리트 $1m^3$를 비벼내는 데 소요되는 각 재료의 양을 표준계량용적으로 표시한 배합을 말한다(단, 시멘트는 1,500kg을 $1m^3$로 계산한다).

(3) 현장계량 용적배합: 콘크리트 $1m^3$를 비벼내는 데 소요되는 각 재료 중에서 시멘트는 포대수, 골재는 현장계량 방법에 의한 용적으로 표시한 배합으로, 시멘트 : 모래 : 자갈(1 : 2 : 4, 1 : 3 : 6, 1 : 4 : 8 등)의 배합비율로 표기한다. 주로 구조적으로 중요하지 않은 경우에 사용한다.

(4) 표준계량용적에 의한 계산

배합비 $l : m : n$ 이고 물시멘트비가 $x$ 일 때 콘크리트의 비벼내기량은 $V$($m^3$)이고, 콘크리트의 비벼내기량을 각 재료의 실적량의 합계(공극이 없는 것)로 가정하면 다음과 같다.

$$V = \frac{lWc}{Gc} + \frac{mWs}{Gs} + \frac{nWg}{Gg} + Wc \cdot x(m^3)$$

$Wc$: 시멘트의 단위용적중량($t/m^3$)

$Ws$: 모래의 단위용적중량($t/m^3$) – 표면건조내부포화상태

$Wg$: 자갈의 단위용적중량($t/m^3$) – 표면건조내부포화상태

$Gc$: 시멘트의 비중(3.15), $Gs$: 모래의 비중, $Gg$: 자갈의 비중

시멘트 소요량: $C = \frac{l}{V}(m^3)$

모래 소요량: $S = \frac{m}{V}(m^3)$

자갈 소요량: $S = \frac{n}{V}(m^3)$

표준계량용적에 의한 계산 사례

표준계량용적 배합비(시멘트 : 모래 : 자갈)는 1 : 2 : 4 , 물시멘트비 x는 60%이다. 콘크리트 $1m^3$ 제조 시 각 재료의 필요량을 용적과 중량으로 구하시오. (단, 단위중량은 시멘트 1,500kg/$m^3$, 모래 1,300 kg/$m^3$, 자갈 1,600 kg/$m^3$, 비중은 시멘트 3.15, 모래 2.67, 자갈 2.64)

① 용적산출

$$V = \frac{lWc}{Gc} + \frac{mWs}{Gs} + \frac{nWg}{Gg} + Wc \cdot x(m^3) =$$

$$\frac{1 \times 1.5}{3.15} + \frac{2 \times 1.3}{2.67} + \frac{4 \times 1.6}{2.64} + 1.5 \times 0.6 = 4.77(m^3)$$

시멘트 소요량: $1 \div 4.77 = 0.210m^3$

모래 소요량: $2 \div 4.77 = 0.419m^3$

자갈 소요량: $4 \div 4.77 = 0.839m^3$

② 중량산출

시멘트량: $1 \times 1500 \div 4.77 = 314.47$(kg)

모래: $2 \times 1300 \div 4.77 = 545.07$(kg)

자갈: $4 \times 1600 \div 4.77 = 1341.72$(kg)

물: $314.47 \times 0.6 = 186.68$(kg)

## 바. 배합설계

콘크리트 배합설계(mix proportion)란 콘크리트를 만드는 데 필요한 각 재료의 비율 또는 사용량을 적절히 결정하는 것으로, 소요의 워커빌리티, 강도, 내구성, 균일성 등을 가진 콘크리트를 가장 경제적으로 얻을 수 있도록 시멘트, 물, 잔골재, 굵은 골재 및 혼화재료의 비율을 선정하는 것이다. 주로 중량에 의해 배합하며, 콘크리트 $1m^3$당 필요한 재료량을 기준으로 단위량을 산정하는데, 배합설계의 순서는 다음과 같다.

① 설계 기준강도, 조골재 최대치수, 목표 슬럼프, 공기량을 결정한다.

② 배합강도를 결정한다(표준편차 가정 s = 0.07~0.09fck, 필요시 조정이 가능).

③ 강도 및 내구성을 고려하여 물시멘트비를 결정한다.

④ 잔골재율, 단위수량을 결정한다.

⑤ 배합조건에 따라 잔골재율, 단위수량을 보정한다.

⑥ 굵은 골재 및 잔골재의 양을 결정한다.
⑦ 시멘트 및 혼화제의 양을 결정한다.
⑧ 실내 시험결과를 분석한다(시험배치, 슬럼프, 공기량 확인, W/C 및 S/a 결정).
⑨ 시험생산을 통해 현장배합을 설계한다.
⑩ 실제 생산되는 현장 콘크리트의 강도를 일정기간 확인하고 표준편차를 분석한다.
⑪ 최적의 표준편차에 따라 배합강도와 배합비를 조정 검토하여 적용한다.

## 사. 콘크리트 공사

### 1) 타설(打設) 준비사항

① 콘크리트 타설 수량 및 작업 인원을 확인한다.
② 콘크리트 타설 및 운반 장비를 확인한다.
③ 타설 구획 및 순서를 결정한다.
④ 타설 및 운반 장비가 이동하거나 작업할 현장 내 가설도로를 확인한다.
⑤ 가동할 다짐장비를 확인하고 배치계획을 세운다.
⑥ 양생포, 비닐, 살수장비, 차단막 등 양생장비를 확인한다.
⑦ 강우 및 강설, 기온 등 기상예보를 확인하고 강우 시 대책을 마련하다.
⑧ 교통상황 및 행사 등 주변 여건을 파악한다.
⑨ 거푸집 설치 상태, 철근의 배근 상태 및 기타 타설 부위 등을 점검한다.

### 2) 레미콘 공장의 선정 및 발주

① 공장은 KS F 4009(레디믹스트 콘크리트)에 의한 품질관리를 실시했는지 확인한다.
② 반드시 KS 표시 허가를 받은 공장을 선정한다.
③ 레미콘 운반시간을 고려하여 가까운 곳의 공장을 선정한다.
④ 제조 및 출하 능력을 보유하고 있는지 확인한다.
⑤ 이상을 고려하여 레미콘 공장은 선정 전 반드시 실사를 실시한다.
⑥ 시공자는 콘크리트의 종류, 1일 소요량, 콘크리트 타설 개시 시간, 소요 콘크리트의 품질〔굵은 골재 최대치수(mm), 28일 압축강도(MPa), 소요 슬럼프값(mm)〕을 생산자에게 알린다.

### 3) 운반

① 레미콘이 현장에 도착하면 송장을 확인하고, 비빔시각으로부터 부어넣기 종료까지 외기 25°C 이상 90분 이내, 외기 25°C 미만 120분 이내의 시간한도 조건을 확인한다.
② 콘크리트는 재료의 분리, 슬럼프의 감소를 방지할 수 있도록 신속히 운반하여 타설한다.

③ 접근이 가능한 곳은 레미콘 운반차를 직접 이동시켜 타설하며, 소량의 콘크리트를 단거리 운반할 때는 버킷(bucket)이나 손수레, 대규모 공사에서는 콘크리트 펌프 압송, 슈트, 벨트 컨베이어 등을 사용한다.

4) 치기

콘크리트 타설 및 다짐에 사용하는 기기, 용구, 인원의 배치, 거푸집 및 배근 등이 설계도서대로 되어 있는지 확인하고 타설장소를 깨끗이 정리한다. 콘크리트 타설 이음 면이 있다면 레이턴스나 취약한 콘크리트를 제거하고 타설 이음부의 콘크리트는 살수하여 습윤시켜 새로 타설하는 콘크리트와 일체가 되도록 한다.

운반한 콘크리트는 재료의 분리 및 손실을 방지하기 위해 즉시 거푸집에 넣어야 한다. 일반적으로 콘크리트의 치기 높이는 재료분리를 방지하기 위해 버킷이나 호퍼 등의 출구로부터 1.5m 이내로 하며, 1회로 타설 구획된 곳은 일체가 되도록 연속하여 타설한다.

5) 다지기

철근 및 매설물 등의 주위와 거푸집의 구석구석까지 콘크리트가 충전되어 밀실한 콘크리트를 얻을 수 있도록 봉형 진동기, 거푸집 진동기 또는 다짐봉을 사용하여 다진다. 봉형 진동기는 삽입 간격을 500mm 이하로 하고, 철근 및 철골에 직접 접촉시키지 않고 콘크리트 윗면에 페이스트가 떠오를 때까지 사용한다.

6) 피복두께

철근콘크리트 내부의 철근은 부식을 방지하기 위해 적절한 두께의 콘크리트로 보호해야 한다. 피복두께는 콘크리트의 노출환경, 강도, 사용 부위 등에 따라 달라진다. 예시적으로 유로코드(Eurocode) 2에서는 노출환경등급 및 콘크리트 강도를 고려한 피복두께의 최솟값을 제시하고 있다. 설계피복두께는 이 값에 시공오차 등을 고려하여 10mm 더한 값 이상으로 해야 한다.

7) 면처리

콘크리트의 단면치수를 표준오차 내에 있도록 하고 표면을 평활하고 미려하게 마감한다. 거푸집 판에 접하지 않는 면은 '규준대 초벌 고르기 → 탬핑(tamping) → 흙손 고르기 → 최종 흙손 고르기'의 절차로 시행한다.

8) 양생

양생은 콘크리트를 경화 중 충격, 온습도 변화, 일조, 풍우 등으로부터 보호하고, 일정기간 동안 상온(5~20℃)에서 습윤상태를 유지하여 강도, 내구성, 수밀성을 확보하기 위한 것이다. 보양방법에는 습윤보양, 피막보양, 증기보양, 전기보양 등이 있는데, 일반적으로 습윤보양을 많이 사용한다. 콘크

〈표 10-14〉 **유로코드 2에서 제시하고 있는 콘크리트 노출등급**

| 노출등급 | | | 대표적 환경 조건 |
|---|---|---|---|
| 1 | 건조환경 | | 거주지나 사무실 실내 |
| 2 | 습한 환경 | a | 고습의 실내, 외부요소, 보통 흙에 있는 요소 |
| | | b | 서리에 노출되기 쉬운 외부요소 |
| 3 | 서리 및 제설 염화물이 있는 습한 환경 | | 서리나 제설 염화물에 노출된 요소 |
| 4 | 해수 환경 | a | 해수, 소금, 해풍에 노출된 요소 |
| | | b | 해수, 소금, 해풍, 서리에 노출된 요소 |
| 5 | 공격적인 화학적 환경 | a | 약간 공격적인 화학적 환경 |
| | | b | 보통 공격적인 화학적 환경 |
| | | c | 매우 공격적인 화학적 환경 |

자료: Sovinski(2009), *Materials for Architects and Builders*, P. 59.

〈표 10-15〉 **유로코드 2에서 제시하고 있는 내구성을 위한 강도등급과 피복두께**

| 노출등급 | 정규 피복두께(mm) | | | | |
|---|---|---|---|---|---|
| 1 | 20 | 20 | 20 | 20 | 20 |
| 2a | - | 35 | 35 | 30 | 30 |
| 2b | - | - | 35 | 30 | 30 |
| 3 | - | - | 40 | 35 | 35 |
| 4a | - | - | 40 | 35 | 35 |
| 4b | - | - | 40 | 35 | 35 |
| 5a | - | - | 35 | 30 | 30 |
| 5b | - | - | - | 30 | 30 |
| 5c | - | - | - | - | 45 |
| 최소 콘크리트강도 등급 | C25/30 | C30/37 | C35/45 | C40/50 | C45/55 이상 |

자료: Sovinski(2009), *Materials for Architects and Builders*, P. 59.
비고: C25/30, C30/37 등에서 숫자는 ENV 206:1992에 따라 150/300mm 실린더 및 150mm 큐브에 의한 실험에서 얻어진 재령 28일 강도 〔MPa (N/mm²)〕임.

〈표 10-16〉 **콘크리트 마무리의 평탄도 표준값**

| 콘크리트의 내외장 마감 | 평탄도 (mm) | 적용 | |
|---|---|---|---|
| | | 기둥, 벽의 경우 | 바닥의 경우 |
| 마감두께가 7mm 이상인 경우 또는 바탕의 영향을 그다지 받지 않는 경우 | 1m당 10 이하 | ·바름벽<br>·띠장바탕 | ·바름바닥<br>·이중바닥 |
| 마감두께가 7mm 미만인 경우, 그 외의 상당히 양호한 평탄함이 필요한 경우 | 3m당 10 이하 | ·뿜칠<br>·타일압착 | ·타일붙임<br>·융단깔기<br>·방수 |
| 콘크리트가 제물치장 마감이거나 마감두께가 매우 얇을 때, 그 외의 양호한 표면상태가 필요할 때 | 3m당 7 이하 | ·제물치장 콘크리트<br>·도장<br>·천붙임 | ·수지바름바닥<br>·내마모바닥<br>·쇠흙손마감바닥 |

자료: 「건축공사 표준시방서」(2009)

리트 타설 후 1일간 밟거나 중량물을 올려놓아서는 안 되며, 3일간 진동이 일어나지 않게 하여 양생에 해로운 충격을 주지 않아야 한다.

(1) 습윤보양: 콘크리트 타설 직후에 습한 짚, 거적, 시트 등으로 덮고 물뿌리기 등을 통해 습윤상태로 보호하는 방법이다. 보통 포틀랜드 시멘트의 습윤양생기간은 일평균기온 15°C 이상일 경우 최소 5일, 10°C 이상일 경우 최소 7일, 5°C 이상일 경우 최소 9일 하도록 한다.

(2) 피막보양: 아스팔트 유제, 비닐 유제 등 막이 되는 보양제를 발라서 콘크리트를 피복하고 물의 증발을 억제하는 방법이다.

(3) 증기보양: 거푸집을 빨리 철거할 필요가 있거나 단기간에 조기강도를 얻고자 할 때 고온, 고습, 고압의 증기로 콘크리트를 보양하는 방법이다.

(4) 전기보양: 콘크리트에 저압교류를 통하게 하여 콘크리트의 전기저항에 의해 생기는 열을 이용하여 콘크리트를 덥게 하는 방법을 말하며, 전열선을 쓰는 것을 전열보양이라 한다.

9) 콘크리트 이음

콘크리트는 아스팔트포장에 비해 상대적으로 균열이 발생하기 쉬우므로 이음이 필요하다.

(1) 시공이음(construction joint): 현장 여건에 의해 작업을 중지했다가 다시 할 경우, 이미 타설된 콘크리트와 새로 타설할 콘크리트의 연결을 위해 설치하는 것이다. 가능하면 시공이음을 만들지 않는 것이 좋으며, 불가피한 경우 신축줄눈과 일치시키는 것이 좋다. 시공이음은 강도의 영향이 적고 이음 길이 및 단면이 짧은 곳에 직선으로 설치하는 것이 좋다. 다시 작업할 때 굳은 콘크리트의 표면을 청소하고 물을 충분히 흡수하도록 한다.

(2) 신축이음(expantion joint): 온도변화 및 건습에 따라 발생하는 신축에 의한 균열을 방지하고 부동침하 및 진동에 의한 균열을 방지하기 위한 것으로, 콘크리트 면에 홈을 내고 신축재를 설치한다. 시멘트 콘크리트 포장의 경우 가로 수축줄눈은 보도의 경우 폭이 1m 미만인 경우에는 3m마다, 1m 이상인 경우에는 5m마다 설치하며, 이음의 깊이는 콘크리트 두께의 1/4 이상으로 한다.

## 7. 각종 콘크리트의 종류 및 특성

### 가. 무근(無筋)콘크리트(plain concrete)

철근, 철강 등 보강재를 사용하지 않는 콘크리트의 총칭으로, 와이어 메시(철망)를 보강한 것도 포함된다. 주로 보통 포틀랜드 시멘트나 조강 포틀랜드 시멘트를 현장비빔[2]하여 만들며 시설물 기초, 포장용에 사용한다.

## 나. 철근(鐵筋)콘크리트(reinforced concrete)

취약한 인장강도, 휨강도, 전단강도를 보강하기 위해 콘크리트 속에 이형 철근을 넣은 것으로, 콘크리트는 압축력, 철근은 인장력에 유효하게 작용한다. 내구성이 좋고 압축과 인장, 휨 작용에 강하여 대부분의 구조물에 광범위하게 사용한다.

## 다. 철골(鐵骨)콘크리트(steel framed concrete)

형강이나 철골이 콘크리트와 일체가 되도록 한 것이다. 내구성 및 내화성이 우수하고 일체 구조로 자유로운 형상을 만들 수 있으나, 자중이 크므로 부재나 기초의 크기가 크며, 철근조립 등 시공이 복잡하고 공사기간이 길다.

## 라. 레디믹스트 콘크리트(ready mixed concrete)

콘크리트 제조 공장에서 주문자가 요구하는 품질의 굳지 않은 콘크리트를 미리 비벼서 특수 운반차량을 사용하여 공급하는 것이다. 공장제작이므로 양질의 균등한 콘크리트를 확보할 수 있으며, 협소한 장소에서도 대량의 콘크리트 작업이 가능하고, 현장에 콘크리트 배합장비가 없어도 되므로 시공능률을 향상시키고 공사기간을 단축할 수 있다. 그러나 생산과정에서 콘크리트의 품질관리가 어려우며, 비빔시각부터 부어넣기 종료까지 시간 한도가 있으며, 운반 중 시간경과 및 가수로 인해 콘크리트의 품질이 저하될 수 있다. 레미콘의 굵은 골재 최대치수(mm), 호칭강도(N/mm$^2$), 슬럼프(cm) 등에 따라 다양한 종류가 있다.

## 마. 수밀(水密)콘크리트(watertight concrete)

모든 콘크리트는 물이 침투하는데, 밀도를 높게 하여 물의 침투 및 균열을 방지하고 철근 및 철골의 녹을 방지할 수 있도록 만든 콘크리트이다. 잔골재의 미립분을 많게 하여 콘크리트 내부의 공극을 적게 하고 물시멘트비를 낮게 하여 방수성 및 내수성을 높일 수 있으므로 주로 수조, 수영장, 지하실 등에 사용한다.

## 바. 경량(輕量)콘크리트(light weight concrete)

경량골재를 사용하거나 기포를 혼합하여 만든 것으로, 기건비중이 2.0 이하의 콘크리트이다. 다공질이며 흡수성 및 투수성이 크므로 철골콘크리트의 피복용, 단열용, 옥상조경을 위한 구조물 등에 사용된다. 보통 경량골재

2 현장비빔 콘크리트 제조과정은 다음과 같다.
① 현장에서 소량의 콘크리트를 간편하게 삽을 이용하여 인력비비기를 한다.
② 배합이 완전해도 비비기가 불충분하면 소요강도를 얻을 수 없으므로 소규모 공사 또는 중요하지 않은 부위에 주로 사용한다.
③ 비비기 작업은 수밀성을 가진 비비기판에서 실시하며, 비빈 콘크리트의 색깔이 고르고 균등질이 될 때까지 비빈다.
④ 보통 시멘트와 모래를 3회 이상 마른비빔을 하고 자갈을 넣고 물비빔을 4회 이상 한다.

〈표 10-17〉 **레디믹스트 콘크리트의 종류**

| 콘크리트의 종류 | 굵은 골재의 최대 치수 (mm) | 슬럼프 또는 슬럼프 플로 (mm) | 호칭강도 MPa( = N/mm²)[a] | | | | | | | | | | | | |
|---|---|---|---|---|---|---|---|---|---|---|---|---|---|---|---|
| | | | 18 | 21 | 24 | 27 | 30 | 35 | 40 | 45 | 50 | 55 | 60 | 휨 4.0[b] | 휨 4.5[b] |
| 보통 콘크리트 | 20, 25 | 80, 120, 150, 180 | ○ | ○ | ○ | ○ | ○ | ○ | – | – | – | – | – | – | – |
| | | 210 | – | ○ | ○ | ○ | ○ | ○ | – | – | – | – | – | – | – |
| | | 500[c], 600[c] | – | – | – | ○ | ○ | ○ | – | – | – | – | – | – | – |
| | 40 | 50, 80, 120, 150 | ○ | ○ | ○ | ○ | ○ | ○ | – | – | – | – | – | – | – |
| 경량 콘크리트 | 15, 20 | 80, 120, 150, 180, 210 | ○ | ○ | ○ | ○ | ○ | ○ | ○ | – | – | – | – | – | – |
| 포장 콘크리트 | 20, 25, 40 | 25, 65 | – | – | – | – | – | – | – | – | – | – | – | ○ | ○ |
| 고강도 콘크리트 | 15, 20, 25 | 120, 150, 180, 210 | – | – | – | – | – | – | ○ | ○ | ○ | – | – | – | – |
| | | 500[c], 600[c], 700[c] | – | – | – | – | – | – | ○ | ○ | ○ | ○ | ○ | – | – |

자료: KS F 4009(레디믹스트 콘크리트)

[a] 종래 단위의 시험기를 사용하여 시험할 경우 국제단위계(SI)에 따른 수치의 환산은 1kgf=9.8N으로 환산한다. 즉, 1MPa=10.2kgf/cm²가 된다.

[b] 휨 4.0, 휨 4.5는 포장용 콘크리트에서 휨 호칭 강도를 의미한다.

[c] 슬럼프 플로 값을 의미한다.

를 사용한 보통 경량 콘크리트와 AE제, 알루미늄 분말 등과 같은 발포제를 넣은 기포콘크리트(ALC; autoclaved lightweight concrete) 등이 있다.

### 사. 프리캐스트 콘크리트(PC; precast concrete)

구조물을 일반 공업제품과 같이 부품화하여 공장에서 생산하고 현장에서 조립함으로써 품질을 균등화하고 대량생산을 통해 원가상의 이점을 얻을 수 있다. 공장에서 포장재 등의 부재를 철제거푸집을 써서 제작하고 고온다습한 증기 양생실에서 단기 양생하여 콘크리트 벽돌(KS F 4004), 콘크리트 경계 블록(KS F 4006), 보차도용 콘크리트 인터로킹 블록(KS F 4419), PC 패널 등 다양한 프리캐스트 콘크리트 제품을 생산하고 있다.

### 아. 뿜어붙이기 콘크리트(shotcrete)

압축공기로 콘크리트를 시공할 면에 뿜어 붙여서 성형한 콘크리트이다. 거푸집이 불필요하고 다양한 형태를 만들 수 있으나, 밀도 및 수밀성이 낮고 수축균열이 발생할 가능성이 높으며 숙련된 작업요원이 필요하다. 건식방법은 시멘트와 골재를 마른비빔으로 노즐까지 보내어 노즐 부분에서 물과 합류시켜 뿜어 붙이는 방법으로, 장거리 시공이 가능하지만 품질저하 및 분진발생이 심하다. 습식방법은 모든 재료를 믹서로 비빈 후 압축공기를 공급하여 뿜어 붙이는 방법으로, 단거리 시공에 사용되지만 품질관리가 용이하고 적게 튄다. 주로 건축물 및 구조물 내외 라이닝이나 비탈면 보호용으로 사용된다.

### 자. 투수(透水)콘크리트(porous concrete)

콘크리트의 모르타르 부분을 적게 하고 입도가 균일한 굵은 골재를 상대적으로 많이 사용하여 연속적인 공극이 많게 만든 것이다. 빗물의 침투가 용이하며, 연속공극률(연속공극률 용적/전공극률 용적)을 높게 하면 콘크리트 블록 내부로 식물의 뿌리가 생장할 수 있고 미생물의 번식도 가능하며, 표면이 거칠어 흙이 쉽게 침적하므로 식물이 생육할 수 있어 생태복원재로 널리 사용되고 있다. 그러나 공극이 많아서 강도가 약하고 골재의 입자가 분리되는 구조적 단점이 있다.

### 차. 광촉매(光觸媒)콘크리트(photocatalytic concrete)

산화티탄($TiO_2$) 광촉매 입자를 시멘트와 섞어 굳히거나 콘크리트 표면에 산화티탄 박막을 코팅하여 만든다. 자동차에서 배출되는 대기오염물질인 질소산화물(NOx)이나 황산화물(SOx)의 산화를 촉진하여 대기 오염물질을 정화하고 더러움을 방지한다. 광촉매 콘크리트를 도로 노면이나 주차장에 사용하면 태양광에 잘 노출되므로 질소산화물과 황산화물을 효과적으로 질산이온과 황산이온으로 바꿀 수 있으며, 빗물에 의해 표면이 세척되면 계속 사용할 수 있다. 또한 수경시설나 해안가 벽, 풀장 등에 사용하면 물때 방지, 이끼 방지, 곰팡이 방지 등의 기능을 하며, 건물 외벽에 사용하면 더러움 방지나 오염물질인 질소산화물이나 황산화물의 제거 등의 기능을 한다 최근 광촉매 프리캐스트 블록이나 구조재 생산이 시도되고 있다.

### 카. 유리섬유보강콘크리트(GFRC; glass fiber reinforced concrete)

인장강도와 연성이 낮은 재료를 사용할 경우 균열이 일어나기 쉬운데, 이러한 현상을 방지하기 위해 강섬유(KS F 2564), AR-Grass Fiber[3](alkali-resistance glass fiber, 내알칼리성 유리섬유), 폴리프로필렌섬유, 탄소섬유, 비닐론섬유 등 보강용 섬유를 시멘트나 콘크리트와 함께 사용하고 여기에 폴리머 및 안료를 첨가하여 만든 것이다. 기존 주재료인 시멘트를 고로슬래그로 대체하고 소석회를 혼합한 것은 유리섬유강화슬래그(GRS; glass fiber reinforced slag)라고 한다.

조경분야에 사용되는 인조암은 일반적으로 내알칼리성 유리섬유와 시멘트나 콘크리트를 혼합한 GFRC이다. 경량으로 형틀에 넣어 제작이 가능하여

3 보통 GFRP에 사용되는 E-glass fiber는 시멘트 경화물과 같은 높은 알칼리 환경에서 급속히 부식되므로 지르코늄 산화물을 넣어 E-glass fiber를 개선한 것이 AR-glass fiber이다.

콘크리트의 두께를 줄일 수 있고 품질이 양호한 표면을 만들 수 있으며, 특히 자연 슬레이트의 질감과 색을 연출할 수 있어 FRP를 대체하여 인공폭포 및 구조물을 만드는 데 사용되고 있다. 일부 회사에서는 염료, 충진제, 합성섬유 등을 혼합하여 다양한 색과 질감을 갖는 GFRC를 만들고 있다.

**타. 노출콘크리트**(visual concrete)

콘크리트를 구조체와 마감치장 면으로 동시에 사용하는 것이다. 조형의 자유성, 표면 질감의 다양성, 표현의 담백성 등 콘크리트가 지닌 본질적인 미학적 속성 그 자체를 구조물의 외부 표현에 이용하는 것으로, 제물치장콘크리트와 혼용되기도 한다.

노출콘크리트에 사용되는 콘크리트에 대한 품질은 명확하게 정해져 있지 않으나 내구성이 높은 콘크리트 사용이 필수적이다. 우리나라에서는 노출기법이 많이 사용되는 옹벽이나 건축물의 강도가 주로 25MPa(N/mm$^2$) 정도이므로 이 정도가 기준강도로 통용되고 있으며, 하중을 많이 받지 않는 장식적인 구조물에서는 18~22MPa(N/mm$^2$)의 강도면 충분하다. 노출콘크리트의 품질 확보를 위해서 굵은 골재의 최대치수는 25mm 이하로 가급적 천연 자갈 및 모래를 사용하는 것이 유리하다. 거푸집은 비틀림이 없는 두께 12mm 이상의 합판, 판재나 메탈폼, 알루미늄이나 플라스틱 거푸집 등을 사용하는데, 쪼아내기, 샌드블라스트 등 원하는 표면을 만들 수 있는 평활하고 손상이 없으며 깨끗하게 처리된 것이 좋다.

노출콘크리트는 한 번 타설한 후 다시 고칠 수 없으므로 시공계획을 면밀히 수립하고, 정확한 치수로 거푸집을 조립하며, 줄눈의 어긋남이나 배부름 등을 방지하고, 콘크리트 타설 면의 청결상태를 유지한다. 콘크리트 타설 시에는 적정한 양질의 콘크리트를 사용하여 이어치기 없이 연속된 작업시간 내 끝낼 수 있도록 하며, 거푸집 제거 후 철근의 녹이나 시멘트풀 등 오염이 없도록 비닐시트를 덮어 양생한다.

## 8. 시멘트 및 콘크리트 제품

프리캐스트 콘크리트 제품은 포장 및 옹벽용 블록으로 조경분야에 널리 사용되고 있다. 시멘트를 모재(母材)로 하여 골재를 12종 배합하여 성형 제조한 것이나 공장에서 제조된 콘크리트 및 철근 콘크리트 부재가 있다. 공장제작으로 품질이 균등한 제품을 대량 생산할 수 있으며, 현장에서 거푸집이나 동바리 등이 불필요하여 시공을 단순화하고 양생기간을 최소화하여 공기를 단축할 수 있다. 그러나 수량이 작거나 형태가 다양한 콘크리트 제품을 생산하는 데 제약이 있다.

### 가. 콘크리트 벽돌(KS F 4004)

시멘트와 보통골재, 경량골재 등을 배합하고 콘크리트의 물시멘트비는 25% 이하로 하여 가압 성형한 후 증기 양생한 벽돌이다. 형태에 따라 기본 벽돌(길이 190mm×높이 57mm×두께 90mm)과 이형벽돌, 품질에 따라 경량골재를 사용한 A종(압축강도 8N/mm$^2$ 이상)과 B종(압축강도 12N/mm$^2$ 이상), 보통골재를 사용한 C종 1급 벽돌(압축강도 16N/mm$^2$ 이상)과 C종 2급 벽돌(압축강도 8N/mm$^2$ 이상)로 구분하며, 주택, 공장시설, 담장, 조경구조물 등에 널리 사용한다.

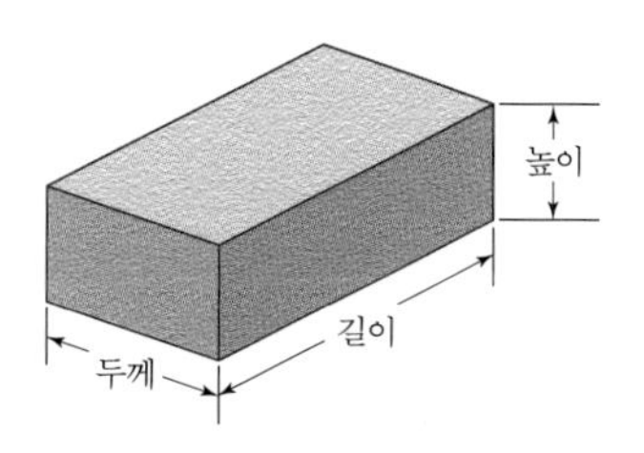


10-10 콘크리트 벽돌의 길이, 높이 및 두께〔자료: KS F 4004(콘크리트 벽돌)〕

〈표 10-18〉 **콘크리트 벽돌의 품질**

| 구분 | | 기건 비중 | 압축강도 N/mm$^2$ | 흡수율 % |
|---|---|---|---|---|
| A종 벽돌 | | 1.7 미만 | 8 이상 | – |
| B종 벽돌 | | 1.9 미만 | 12 이상 | – |
| C종 벽돌 | 1급 | – | 16 이상 | 7 이하 |
| | 2급 | – | 8 이상 | 10 이하 |

자료: KS F 4004(콘크리트 벽돌)

〈표 10-19〉 **콘크리트 벽돌의 모양, 치수 및 허용차** (단위: mm)

| 모양 | 길이 | 높이 | 두께 | 허용차 |
|---|---|---|---|---|
| 기본 벽돌 | 190 | 57<br>90 | 90 | ±2 |
| 이형 벽돌 | 홈 벽돌, 둥근 모접기 벽돌과 동일한 크기인 것의 치수 및 허용차는 기본 벽돌에 준한다. 다만 그 외의 경우는 당사자 사이의 협의에 따른다. | | | |

자료: KS F 4004(콘크리트 벽돌)

### 나. 속빈 콘크리트 블록(KS F 4002)

시멘트와 보통골재, 경량골재 등을 배합하고 콘크리트의 물시멘트비는 30% 이하로 하여 가성형한 후 증기 양생한 블록이다. 형태에 따라 기본블록(길이 390mm×높이 190mm×두께 100, 150, 190mm)과 이형블록, 품질에 따라 경량골재를 사용한 A종 블록(전 단면적에 대한 압축강도 $4N/mm^2$ 이상)과 B종 블록(전 단면적에 대한 압축강도 $6N/mm^2$ 이상), 보통골재를 사용한 C종 블록(전 단면적에 대한 압축강도 $8N/mm^2$ 이상)으로 구분하며, 건축물, 공장, 담장 등에 사용한다.

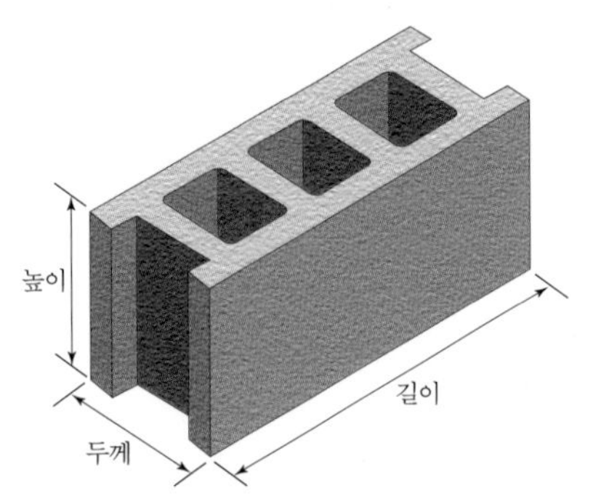


10-11 속빈 콘크리트 블록의 길이, 높이 및 두께〔자료: KS F 4002(속빈 콘크리트 블록)〕

〈표 10-20〉 속빈 콘크리트 블록의 품질

| 구분 | 기건 비중 | 전 단면적*에 대한 압축강도 $N/mm^2$ | 흡수율 % |
|---|---|---|---|
| A종 블록 | 1.7 미만 | 4 이상 | – |
| B종 블록 | 1.9 미만 | 6 이상 | – |
| C종 블록 | – | 8 이상 | 10 이하 |

자료: KS F 4002(속빈 콘크리트 블록)

* 전 단면적이란 가압면(길이×두께)으로서, 속 빈 부분 및 블록 양끝의 오목하게 들어간 부분의 면적도 포함한다.

〈표 10-21〉 속빈 콘크리트 블록의 모양, 치수 및 허용차 (단위: mm)

| 모양 | 치수 | | | 허용차 |
|---|---|---|---|---|
| | 길이 | 높이 | 두께 | |
| 기본 블록 | 390 | 190 | 190<br>150<br>100 | ±2 |
| 이형 블록 | 가로근용 블록, 모서리용 블록과 같이 기본 블록과 동일한 크기인 것의 치수 및 허용차는 기본 블록에 준한다. 다만 그 외의 경우는 당사자 사이의 협의에 따른다. | | | |

자료: KS F 4002(속빈 콘크리트 블록)

### 다. 콘크리트 경계 블록(KS F 4006)

시멘트와 보통골재를 혼합하고 콘크리트의 물시멘트비는 30% 이하로 하여 추가적으로 혼화재료 및 착색재료를 더하여 가압 성형 후 증기 양생하여 만든 블록이다. 종류에 따라 보차도 경계 블록과 도로 경계 블록, 보차도 인조석 경계 블록, 도로 인조석 경계 블록으로 구분한다. 블록의 겉모양은

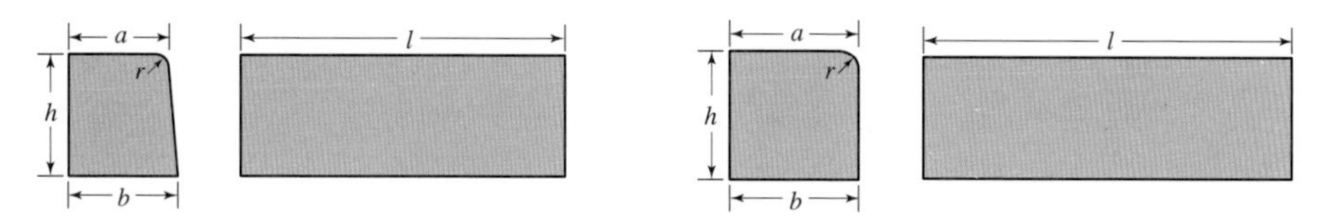


10-12 콘크리트 경계 블록의 모양(자료: KS F 4006(콘크리트 경계 블록))

〈표 10-22〉 콘크리트 경계 블록의 성능

| 호칭 | | $l$ = 600mm | $l'$ = 1,000mm | 흡수율 |
|---|---|---|---|---|
| | | 파괴하중 kN | 파괴하중 kN | |
| 보차도 경계 블록 및 보차도 인조석 경계 블록 | A | 28.5 | 17.0 | 5% 이내 |
| | B | 54.0 | 29.5 | |
| | C | 77.5 | 45.0 | |
| 도로 경계 블록 및 도로 인조석 경계 블록 | SA | 8.0 | 5.0 | 5% 이내 |
| | SB | 10.0 | 6.0 | |
| | SC | 16.0 | 10.0 | |

자료: KS F 4006(콘크리트 경계 블록)

〈표 10-23〉 콘크리트 경계 블록의 치수 및 그 허용차 (단위: mm)

| 호칭 | | 치수 | | | | | | | | | | |
|---|---|---|---|---|---|---|---|---|---|---|---|---|
| | | a | 허용차 | b | 허용차 | h | 허용차 | r | $l$ | 허용차 | $l'$ | 허용차 |
| 보차도 경계 블록 | A | 150 | ±2 | 170 | ±3 | 200 | ±3 | 20 | 600 | ±3 | 1,000 | ±5 |
| | B | 180 | | 205 | | 250 | | 30 | | | | |
| | C | 180 | | 210 | | 300 | | 30 | | | | |
| 도로 경계 블록 | SA | 120 | | 120 | | 120 | | 10 | | | | |
| | SB | 150 | | 150 | | 120 | | 10 | | | | |
| | SC | 150 | | 150 | | 150 | | 10 | | | | |
| 보차도 인조석 경계 블록 | A | 150 | ±3 | 170 | ±4 | 200 | ±4 | 20 | 600 | ±3 | 1,000 | ±5 |
| | B | 180 | | 205 | | 250 | | 30 | | | | |
| | C | 180 | | 210 | | 300 | | 30 | | | | |
| 도로 인조석 경계 블록 | SA | 120 | | 120 | | 120 | | 10 | | | | |
| | SB | 150 | | 150 | | 120 | | 10 | | | | |
| | SC | 150 | | 150 | | 150 | | 10 | | | | |

자료: KS F 4006(콘크리트 경계 블록)

균일하고, 비틀림, 해로운 균열, 틈이 없어야 하며, 표면층이 유색일 경우에는 색상은 일정해야 하며, 색 얼룩 등이 없어야 한다. 일반적으로 보도 및 차도 또는 도로 경계부에 사용하여 콘크리트 경계석으로 통칭하기도 한다.

### 라. 보차도용 콘크리트 인터로킹 블록(KS F 4419)

시멘트와 골재를 배합하고 콘크리트의 물시멘트비는 25% 이하로 하여 진동 압축기와 소성로에서 가압 성형하고 증기 양생하여 제조한다. 용도에 따라 보도용 및 차도용으로 구분하고, 형태에 따라 I형, O형, S형, U형, R형, Y형, Z형, D형, H형 등으로 구분하고, 기능에 따라 보통 블록 및 투수성 블록으로 구분한다. 블록의 겉모양은 균일하고, 비틀림, 해로운 균열, 틈이 없어야 하며, 표면층이 유색일 경우에는 색상은 일정하고 색 얼룩 등이 없어야 하며, 유색층의 두께는 8mm 이상이어야 한다. 휨강도는 보통 블록은 5.0MPa(N/

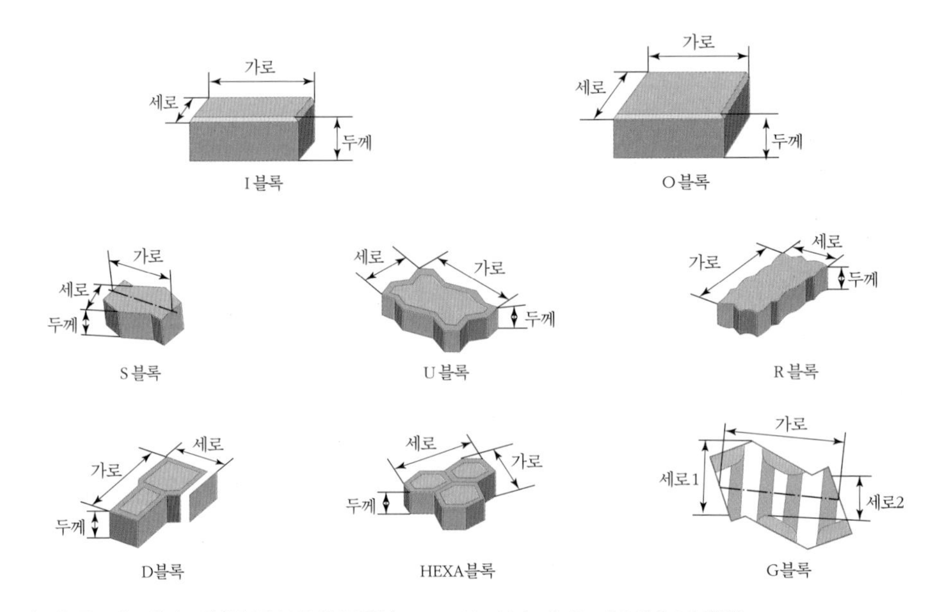


10-13 보차도용 콘크리트 인터로킹 블록의 종류 및 규격〔자료: KS F 4419(보차도용 콘크리트 인터로킹 블록)〕

〈표 10-24〉 보차도용 콘크리트 인터로킹 블록의 성능

| 구분 | 휨강도 MPa(=N/mm$^2$) | | 흡수율 % | | 투수계수(mm/sec) |
|---|---|---|---|---|---|
| | 보도용 | 차도용 | 개개 | 평균 | |
| 보통 블록 | 5.0 이상 | | 10 이하 | 7 이하 | - |
| 투수성 블록 | 4.0 이상 | 5.0 이상 | - | - | 0.1 이상 |

자료: KS F 4419(보차도용 콘크리트 인터로킹 블록)

〈표 10-25〉 보차도용 콘크리트 인터로킹 블록의 치수 및 허용차 (단위: mm)

<table>
<tr><th rowspan="2">구분</th><th colspan="2">두께</th><th rowspan="2">허용차</th></tr>
<tr><th>보도용</th><th>차도용</th></tr>
<tr><td rowspan="2">인터로킹 블록</td><td>60</td><td>80</td><td>가로, 세로: ±2, 두께: ±3</td></tr>
<tr><td colspan="3">I블록, O블록, S블록, U블록, R블록, D블록, HEXA블록, G블록 등 블록의 모양, 길이, 나비는 부도 1에 따른다.</td></tr>
</table>

자료: KS F 4419(보차도용 콘크리트 인터로킹 블록)

mm$^2$) 이상, 투수성 블록은 보도용 블록은 4.0MPa(N/mm$^2$) 이상, 차도용 블록은 5.0MPa(N/mm$^2$) 이상으로 한다.

### 마. 투수성 프리캐스트 포장블록

투수성 프리캐스트(precast) 포장블록은 우수 유출을 감소시킬 수 있으므로 친환경적인 도시를 만드는 데 효과적인 재료이다. 블록 자체의 투수성보다는 블록 사이의 연결과 공극을 만드는 것이 중요하며, 주차장 등에서는 공극을 크게, 보행자 공간에서는 작게 해야 한다.

### 바. 옹벽용 프리캐스트 블록

옹벽용 프리캐스트 블록은 기존의 중력식 옹벽에 비해 미관적으로 아름답고, 초화류 및 관목류 식재가 가능하며, 비교적 시공이 용이하고, 색상 및 마감을 다양하게 할 수 있다. 블록에는 모르타르를 사용하지 않고 연결을 위해 키나 핀을 이용하며, 각 층은 아래층보다 약간 뒤로 물리어 쌓아 전도 저항성을 높일 수 있다. 일반적인 콘크리트 옹벽과 마찬가지로 기초부에는 배수시설이 필요하지만, 옹벽부에는 블록 사이의 공극이 배수구 역할을 하므로 별도의 배수구가 필요 없다. 대표적으로 보강토 옹벽은 블록을 쌓아가면서 지오그리드를 설치해 흙의 자중에 의해 그물망이 눌리고 그 그물망이 콘크리트 블록을 붙잡아 구조적으로 안전하게 만드는 구조이다. 구조적 안전성뿐만 아니라 경제성, 시공성, 미관성이 뛰어나 사면의 구조공법으로 널리 사용되고 있다.

| 1 | 4 |
|---|---|
| 2 | |
| 3 | 5 |

1 노출콘크리트 벽(임진각 경기평화센터)
2 노출콘크리트벽과 성산 일출봉(안도 다다오安藤忠雄 작 '글라스 하우스', 제주도 섭지코지)
3 노출콘크리트 열주(서울 국립중앙박물관)
4 그림을 그린 콘크리트 벽(2008 빙겐 정원박람회2008 Bingen Garden Expo, Germany)
5 노출콘크리트 벽(요코하마 야마시타공원横濱 山下公園, Japan)

1 2 3 | 4 5 6

1 반복되는 콘크리트 구조체(아와지시마 유메부타이 백단원淡路島 夢舞台 百段園, Japan)
2 어린이놀이터 콘크리트 벽(시안 다탕푸룽위안西安 大唐芙蓉園, China)
3 콘크리트로 만든 X게임 경기장(울름 2008 정원박람회Ulm 2008 Garden Expo, Germany)
4 콘크리트 블록으로 만든 계단 및 벽(조지 부시 대통령 도서관 및 박물관George Bush Presidential Library and Museum College station in Texas, USA)
5 노출콘크리트로 만든 진입로(히로시마 국립 히로시마 원폭사몰자 추도평화기념관広島 国立広島原爆死没者追悼平和祈念館, Japan)
6 노출콘크리트로 만든 건물(도쿄 고라쿠엔東京 後樂園 옆 추모공간, Japan)

| 1 | 2 | 3 |
|---|---|---|
| | 4 | 5 |
| | 6 | 7 |

1 노출콘크리트로 만든 벽에 개구부를 만들고 주변 경치를 끌어들임(도쿄 수도대학도쿄東京 首都大学東京, Japan)
2 노출콘크리트 벽(나오시마 지추미술관直島 地中美術館, Japan)
3 노출콘크리트 벽(고베 나기사공원神戸 なぎさ公園, Japan)
4 콘크리트 위 모르타르 마감(2008 빙겐 정원박람회2008 Bingen Garden Expo, Germany)
5 노출콘크리트 플랜터 겸용 벤치(아와지 유메부타이淡路 夢舞台, Japan)
6 노출콘크리트로 만든 조형 벽과 의자(서울 동대문 역사문화공원)
7 노출콘크리트 벽(도쿄 국립신미술관東京 國立新美術館, Japan)

THE NATIONAL ART CENTER, TOKYO

| 1 | 3 |
|---|---|
| | 4 |
| 2 | 5 |

1 GFRC 인공폭포(서울 송파구 오금공원)
2 GFRC 인공폭포(순천만국제정원박람회)
3 콘크리트 벽과 블록(서울 영등포구 선유도공원)
4 콘크리트로 만든 화장실(삿포로 모에레누마공원(札幌 モエレ沼公園, Japan).
5 콘크리트 블록(프랑크푸르트Frankfurt, Germany)

**※ 연습문제**

1. 굵은 골재와 잔골재에 대해 설명하시오.
2. 골재의 흡수율과 함수율을 구분하여 설명하시오.
3. 수중골재를 채취했는데 중량 2,000kg, 표면건조 1,800kg, 대기건조 1,720kg, 완전건조 1,700kg이다. 함수량, 표면수율, 흡수율, 유효흡수율을 구하시오.
4. 시멘트에 포함된 환경유해물질이나 폐기물을 사용한 시멘트에서 발생하는 발암물질 6가크롬의 위해성에 대해 알아보시오.
5. 콘크리트를 만들기 위해 사용되는 배합수의 품질조건에 대해 알아보시오.
6. 보통 포틀랜드 시멘트(포틀랜트 시멘트 1종)의 특성에 대해 알아보시오.
7. 콘크리트 혼화재인 포졸란의 특성 및 효과에 대해 알아보시오.
8. 워커빌리티를 정의하고 측정방법에 대해 알아보시오.
9. 굳지 않은 콘크리트의 재료분리 현상을 막기 위한 방법을 기술하시오.
10. 굳지 않은 콘크리트에서 블리딩 및 레이턴스에 대해 설명하시오.
11. 콘크리트 강도에 영향을 주는 요소에 대해 설명하시오.
12. 물 29l, 시멘트 60kg, 표면수율이 2%인 골재 330kg을 섞어서 비비었다면 이때 물 시멘트비는 얼마인가 구하시오.
13. 레미콘 공장을 방문하여 생산과정 및 품질관리 실태에 대해 알아보시오.
14. 콘크리트포장에서 철근이나 와이어 메시를 삽입하는 이유에 대해 설명하시오.
15. PC 콘크리트와 PS 콘트리트를 구별하여 설명하시오.
16. 노출콘크리트의 미적 효과 및 시공 시 주의사항에 대해 알아보시오.
17. 조경분야에서 활용하는 콘크리트 제품의 유형을 살펴보고 생산 및 시공 과정에 대해 알아보시오.
18. 콘크리트 시공 후 발생하는 균열현상의 원인과 방지대책에 대해 알아보시오.
19. 외부공간에서 콘크리트의 노화현상을 설명하고 방지대책을 제시하시오.

**※ 참고문헌**


「건설공사 표준품셈」 토목부문 제6장 철근콘크리트공사.

국토해양부. 「콘크리트 표준시방서」, 2009.

(사)대한건축학회. 「건축공사 표준시방서」 05000 콘크리트 공사, 2006.

(사)대한건축학회. 『건축기술지침 Rev.1 건축 I』. 서울: 도서출판 공간예술사, 2010, 309~333쪽.

(사)대한건축학회. 『건축 텍스트북 건축재료』. 서울: 기문당, 2010.

(사)대한토목학회. 「토목공사표준일반시방서」 제4장 콘크리트 공사, 2005.

한국도로공사. 「고속도로공사 전문시방서」 7-5 콘크리트 공사, 2009.

Hegger, Manfred; Volker, Auch-Schweik; Matthias, Fuchs; Thorsten, Rosenkranz. *Construction Materials Manual*. Basel: Birkhäuser, 2006.

Holden, Robert; Liversedge, Jamie. *Costruction for Landscape Architecture*. London: Laurence King Publishing Ltd., 2011, p. 7.

Lyons, Arthur. *Materials For Architects and Builders*. London: ARNOLD, 1997.

Sovinski, Rob W.. *Materials and their Applications in Landscape Design*. New Jersey: John Wiley & Sons, 2009, pp.57-90.

Weinberg, Scott S.; Gregg, A. Coyle. *The Handbook of Landscape Architectural Construction*. Washington D.C.: Landscape Architecture Foundation, 1988.

Zimmermann, Astrid(ed.). *Constructing Landscape: Materials, Techniques, Structural Components*. Basel: Birkhäuse, 2008.

**※ 관련 웹사이트**

국가표준인증종합정보센터(http://www.standard.go.kr)
한국건설기술연구원(http://www.kict.re.kr)
한국레미콘공업협회(http://www.krmcia.or.kr)
한국시멘트협회(http://www.cement.or.kr)
한국콘크리트학회(http://www.kci.or.kr)

**※ 관련 규정**

한국산업규격

KS F 2401 굳지 않은 콘크리트의 시료 채취 방법
KS F 2402 콘크리트의 슬럼프 시험 방법
KS F 2403 콘크리트의 강도 시험용 공시체 제작 방법
KS F 2405 콘크리트의 압축 강도 시험 방법
KS F 2408 콘크리트의 휨강도 시험 방법
KS F 2427 굳지 않은 콘크리트의 반죽질기 시험 방법(비비방법)
KS F 2452 굳지 않은 콘크리트의 반죽질기의 시험 방법(다짐도 방법)
KS F 2502 굵은 골재 및 잔골재의 체가름 시험 방법
KS F 2503 굵은 골재의 밀도 및 흡수율 시험 방법
KS F 2504 잔골재의 밀도 및 흡수율 시험 방법
KS F 2505 골재의 단위용적질량 및 실적률 시험 방법
KS F 2507 골재의 안정성 시험 방법
KS F 2510 콘크리트용 모래에 포함되어 있는 유기 불순물 시험 방법
KS F 2515 골재중의 염화물 함유량 시험 방법
KS F 2523 골재에 관한 용어의 정의
KS F 2526 콘크리트용 골재
KS F 2527 콘크리트용 부순 골재
KS F 2534 구조용 경량 골재
KS F 2544 콘크리트용 고로 슬래그 골재
KS F 2550 골재의 함수율 및 표면수율 시험 방법
KS F 2560 콘크리트용 화학혼화제
KS F 2561 철근 콘크리트용 방청제

KS F 2562 콘크리트용 팽창재
KS F 2563 콘크리트용 고로슬래그 미분말
KS F 2564 콘크리트용 강섬유
KS F 2565 콘크리트용 강섬유의 인장강도 시험 방법
KS F 2573 콘크리트용 순환 골재
KS F 2594 굳지않는 콘크리트의 슬럼프 플로우 시험 방법
KS F 3110 콘크리트 거푸집용 합판
KS F 4002 속빈 콘크리트 블록
KS F 4004 콘크리트 벽돌
KS F 4005 콘크리트 및 철근 콘크리트 L형
KS F 4006 콘크리트 경계 블록
KS F 4009 레디믹스트 콘크리트
KS F 4035 기성 테라조
KS F 4403 원심력 철근 콘크리트관
KS F 4416 콘크리트 적층 블록
KS F 4419 보차도용 콘크리트 인터로킹 블록
KS F 4571 콘크리트용 전기로 산화슬래그 골재
KS F 8004 콘크리트 봉형 진동기
KS F 8005 콘크리트용 거푸집 진동기
KS F 8009 강제 혼합 믹서
KS L 5113 백색 포틀랜드 시멘트의 백색도 시험 방법
KS L 5119 포틀랜드 시멘트 조기 경화 시험 방법(모르타르 방법)
KS L 5120 포틀랜드 시멘트의 화학 분석 방법
KS L 5121 포틀랜드 시멘트의 수화열 시험 방법
KS L 5201 포틀랜드 시멘트
KS L 5204 백색 포틀랜드 시멘트
KS L 5210 고로 슬래그 시멘트
KS L 5211 플라이 애시 시멘트
KS L 5220 건조 시멘트 모르타르
KS L 5401 포틀랜드 포졸란 시멘트
KS L 5405 플라이 애시

# 11 점토

## 1. 개요

점토(粘土, clay)는 친근한 느낌을 주는 자연소재로, 인간은 오래전부터 진흙으로 빚은 벽돌을 햇볕에 말려 건축재료 및 도기로 사용해 왔다. B.C. 4000년경부터는 이집트, 메소포타미아, 인도, 중국 등에서 구운 점토벽돌을 건설용 재료로 사용했는데, 이렇게 소성한 벽돌은 햇볕에 말린 벽돌보다 내구성과 강도가 뛰어났다.

벽돌 및 타일의 재료로 사용되는 점토는 암석이 오랜 기간에 걸쳐 풍화 또는 분해되어 생긴 세립 또는 가루 상태의 토상 혼합체로, 습윤상태에서 가소성(可塑性, plasticity)을 띠고 건조하면 강성(剛性)을 나타내며 고온에서 구우면 경화된다. 비중은 2.5~2.6, 입자의 크기는 보통 2$\mu$ 이하의 미립자로 간혹 모래를 포함하고 있다.

점토의 주성분은 규산($SiO_2$, 50~70%)과 알루미나($Al_2O_3$, 15~36%)이며, 그 밖에 산화철($Fe_2O_3$), 산화칼슘(CaO), 산화마그네슘(MgO), 산화칼륨($K_2O$) 등을 소량 함유하고 있다. 성분의 함유상태에 따라 제품의 내화도, 수축성, 가소성, 소성변형, 색채변화 등 성질이 달라진다. 규산이 많은 점토는 가소성이 좋으며, 주성분 외의 성분이 많으면 연화온도가 낮아지고 소성변형이 커져서 좋은 제품을 만들 수 없다. 또한 점토의 성형건조 및 소성 과정에서 발생하는 수축현상도 점토가공에 있어 주요한 문제이다.

점토의 성질 중 가소성은 점토성형에 있어서 중요한 성질로, 양질의 점토일수록 좋으나 가소성이 너무 크면 성형이 어려우므로 모래나 규석, 소성한 내화점토의 분말인 샤모테(chamotte)를 섞어 조절해야 한다.

## 2. 점토의 종류

점토는 생성과정에 따라 1차점토(잔류점토殘留粘土)와 2차점토(침적점토沈積粘土)로 나뉜다. 1차점토는 암석이 풍화한 위치에 그대로 남아 있는 점토로, 상대적으로 가소성이 적으며 비교적 침식작용을 덜 받았기 때문에 입자가 크다. 2차점토는 암석에서 분해된 미립자들이 바람이나 물의 힘으로 먼 곳으로 이동하여 침적된 점토로, 입자는 미세하고 가소성이 크다.

### 가. 1차점토

잔류점토를 칭하는 용어로, 물에 흘러서 이동하는 기회가 적으므로 입자가 거칠고 점력이 부족하여 형태를 만드는 데는 부적당하다. 그러나 유기물과 철분 등의 불순물 함유량이 적어 백색이 많고 규석성분이 많아 내화도(耐火度)가 높다.

#### 1) 고령토(高嶺土, kaolin)

고령토는 물이나 탄산 등에 의한 화학적 작용으로 말미암아 바위와 돌이 분해되어 생긴 순수한 진흙이다. 보통 바위 속에 있는 정장석(正長石), 소다장석, 회장석(灰長石) 등의 장석류가 탄산과 물에 의해 화학적으로 분해되어 석영 및 탄산염류와 함께 만들어지는데, 순수한 것은 흰색 또는 회백색이다. 도자기 원료로 사용되며, 중국의 대표적 도자기 생산지인 경덕진요(景德鎭窯) 부근의 고령촌에서 많이 산출되어 고령토라고 불리게 되었다. 주로 미세한 분말점토의 형태로 생산되는데, 수분을 가하면 가소성을 가지고 건조하면 강성을 나타내기 때문에 도자기의 원료로 적합하다. 세계 여러 곳에서 채취되며 우리나라에서는 하동 및 산청의 고령토가 유명하다.

#### 2) 도석(陶石)

화강암, 석영 등 장석질 암석은 풍화하면 장석이 되는데, 이러한 암석이 충분한 풍화작용이 일어나지 않아 입자가 거친 덩어리 상태로 남아 있는 것이다. 고령토에 비해 알칼리 또는 규산의 함유량이 많은 것을 말하며, 도토(陶土)라고도 한다. 백색이고 차지며, 도자기나 고급타일을 만드는 데 사용한다.

## 나. 2차점토

2차점토는 물이나 바람에 의해 이동하여 침적된 미세한 입자의 집합체로, 가소성이 높고 소결력(燒結力)이 우수하다. 점토의 분해 및 생성 과정에서 산출 지역에 따라 여러 불순물을 함유하기 때문에 소성색은 유색일 경우가 많다.

### 1) 볼클레이(ball clay)

대표적인 2차점토이다. 화강암질 암석이 풍화된 후 흐르는 물에 의해 먼 곳으로 밀려 내려가 가라앉아 쌓인 탓으로 입자가 대단히 부드럽고 점토 원료 중 가장 가소성이 풍부하여 성형하는 데 아주 유리하며, 소지에 첨가하면 가소성과 건조강도를 높일 수 있다. 그러나 이동과정에서 철분과 유기물(생물의 유체) 등 불순물을 많이 함유하기 때문에 가스가 발생할 수 있으며 색상은 엷은 황갈색에서 짙은 회색을 띠고 있다.

### 2) 석기점토(stoneware clay)

대체로 내화점토의 성분과 비슷하나 내화점토보다는 훨씬 많은 양의 장석질(長石質)을 함유하고 있으며, 소성하면 회색이 된다. 화도는 1,180~1,300°C이며 입자가 부드럽지 않으며 건조가 빠르고 성형하는 데 유리하다. 우리나라 각 지방에서 나오므로 공업용 타일, 토관, 기와 등의 생산에 많이 사용한다.

### 3) 내화점토(fire clay)

내화점토라 함은 규산, 알루미나, 물을 주성분으로 하고, 기타 약간의 철분 등 불순물을 포함하고 있으며, 소성하면 일반적으로 황색을 나타내는 내화도 SK[1] 26번(1,580°C) 이상의 점토를 총칭한다. 내화점토는 소성하면 400~600°C에서 탈수하고, 1,000°C 이상에서 물라이트(mullite, $3Al_2O_3 \cdot 2SiO_2$)와 크리스토발라이트(cristobalite, $SiO_2$)로 변하며, 고온소성을 하면 유리질 물질을 생성하여 소결된다. 단열벽돌 및 경질내화벽돌 등 내화제품 생산에 사용한다.

### 4) 도기점토(earthenware clay)

도기점토는 250년경까지는 모든 도자기 제품의 주원료이었으나, 점차 고화도 소성방법이 발달하면서 고급도자기를 만드는 데 거의 쓰이지 않게 되었다. 서양에서는 1710년경 자기소성이 성공할 때까지 서양도기의 주원료였다. 화도는 940~1,060°C로 비교적 저화도이며, 많은 양의 철분을 함유하고 있고 점력이 대단히 좋아 큰 기물을 만드는 데 편리하다. 도예가들이 작품제작에 종종 사용하고, 건축용 적벽돌과 타일, 화분 등을 만드는 데 많이 쓰인다.

### 5) 벤토나이트(bentonite)

대단히 입자가 작은 점토로 소량을 사용하면 가소성을 높일 수 있다. 화산

1 KS L 8001(제겔콘)에서는 소정의 조건하에서 규정의 가열 속도로 승온되었을 때 제겔콘이 구부러지고 그 끝이 설치된 받침대에 접촉할 때의 용도(溶倒)온도와의 관계를 제겔콘의 SK 번호와 용도온도로 나타내고 있다.

재가 분해되어 만들어진 것으로, 색상은 백색에서 흑색에 이르기까지 다양하다. 물을 가하면 크게 부풀어 올라 '팽유토(膨由土)'라고도 하는데, 방수용 재료로 사용되기도 하지만 건조하면 수축이 심하여 형태를 유지하지 못한다. 유약의 침전을 막아주고 접착력을 높이는 데 쓰이나 소량인 3% 이내로 사용해야 한다.

## 3. 점토의 건조 및 소성

점토는 소성수축 시 균열을 최소화하기 위해 소성(燒成)에 앞서 건조를 한다. 성형한 점토를 점차 가열하여 120°C에 이르면 성형을 위해 필요했던 입자 사이의 자유수 입자가 제거되며, 450~600°C에서는 결합수(bonded water)와 결정수(water of crystallization)가 제거된다. 소성온도 800°C부터 성형체의 입자가 서로 밀착하여 고결화하는 소결현상(燒結, sintering)을 보이면서 다공질 소성체로 바뀌기 시작한다. 소성온도 1,200°C에서는 알루미나(alumina)와 실리카(silica) 성분이 멀라이트(mullite)를 형성하고, 소성온도를 더욱 높이게 되면 재결정화가 더욱 촉진되어 유리질 세라믹이 생성되며, 1,300°C에 도달하면 모든 실리카가 재결정화된다. 이러한 과정에서 칼륨(potassium)과 나트륨(sodium)염의 유리화작용(琉璃化作用, vitrification)이 일어나면서 흡수율이 낮은 불침투성의 소성체가 만들어진다.

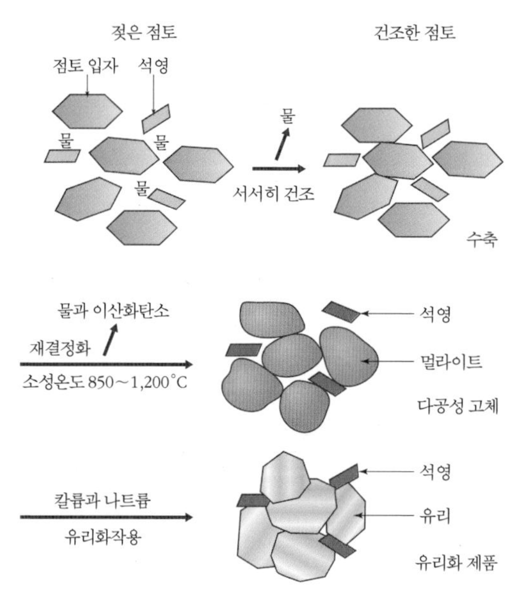


11-1 점토의 건조 및 소성 과정

## 4. 점토 제품의 종류

### 가. 점토벽돌

점토나 고령토 등을 원료로 하여 혼련(混鍊), 성형(成形), 건조(乾燥), 소성(燒成)시켜 만든 벽돌로, 적색이나 적갈색을 띠는 경우가 많은데 이는 점토에 포함되어 있는 산화철분 때문이다.

벽돌이라는 말은 벽을 쌓는 돌, 즉 흙을 성형, 건조한 후 불에 구어서 만든 벽체를 형성하는 인조석이라는 말로, 조선 후기에 생겨난 것으로 짐작된다. 시대에 따라 또는 종류 및 용도에 따라 다양한 명칭으로 불리었는데, 굽지 않은 벽돌은 혹, 이전이라 했고, 일반벽돌은 전, 적, 정, 벽, 유, 녹, 사, 이, 전벽, 전돌이라 했고, 깔벽돌은 동, 백, 영백, 영적이라 했으며, 탑재벽돌은 탑전, 탑벽, 묘재벽돌은 묘전, 묘벽이라 했다.

조선 말까지는 검정색이 주로 쓰였으나 구한말경부터 서양의 벽돌기술이 들어오고 일제의 영향을 받아 적색벽돌이 주류를 이루게 되었는데, 한국산업규격을 제정하면서 영어권의 'clay brick'을 번역하면서 점토벽돌이 공식 명칭으로 쓰이게 되었다.

#### 1) 제조과정

점토벽돌은 '점토조절 → 원료배합 → 제토 → 숙성 → 성형(압출) → 절단 → 건조 → 소성(온도 900~1,100°C) → 유약 → 2차소성 → 제품화'의 과정으로 제조된다.

| A | B | C | D |
|---|---|---|---|
| E | F | G | H |

11-2 점토벽돌의 제조공정

A. 원료 제토 → B. 숙성 → C. 운반 → D. 성형 → E. 절단 → F. 건조 → G. 소성 → H. 제품

〈표 11-1〉 **벽돌의 품질**

| 품질 | 종류 | | |
|---|---|---|---|
| | 1종 | 2종 | 3종 |
| 흡수율(%) | 10 이하 | 13 이하 | 15 이하 |
| 압축강도(N/mm²) | 24.50 이상 | 20.59 이상 | 10.78 이상 |

자료: KS L 4201(점토벽돌)

〈표 11-2〉 **벽돌의 치수 및 허용차** (단위: mm)

| 품질 | 종류 | | |
|---|---|---|---|
| | 길이 | 나비 | 두께 |
| 치수 | 190 | 90 | 57 |
| 허용차 | ±5.0 | ±3.0 | ±2.5 |

자료: KS L 4201(점토벽돌)

### 2) 점토벽돌의 종류

(1) 한국산업규격에 의한 구분: KS L 4201(점토벽돌)에서는 미장벽돌을 점토 등을 주원료로 하여 소성한 벽돌로 속이 빈 하중 지지면의 유효 단면적이 전체 단면적의 50% 이상이 되도록 제작한 벽돌, 유약벽돌을 점토 등을 주원료로 하여 외부에 노출되는 표면에 유약 또는 그와 유사한 원료로 용융된 상태로 소성한 벽돌로 정의하고 있으며, 모양에 따라 일반형과 구멍이 있는 유공형으로 구분하고 있다. 벽돌은 고급일수록 강도가 크고 흡수율이 적고 모양이 바르고 갈라지는 결함이 적어야 하는데, 이에 따라 미장벽돌과 유약벽돌을 1종, 2종, 3종으로 구분하고 있으며 벽돌의 치수 허용차를 규정하고 있다.

(2) 용도에 의한 분류

① 점토벽돌(치장벽돌): 건물의 내외장 치장 및 구조용으로 사용하는 조적용 벽돌이다.

② 점토바닥벽돌: 보도, 광장, 공원, 주차장, 차도 등 바닥포장용으로 사용하는 벽돌이다.

(3) 소성방법에 의한 분류

① 산화소성벽돌: 4~7%의 철분을 함유한 일반점토에 공기를 충분히 공급하여 소성한 벽돌로, 적점토질에서는 붉은 색상을 띤다. 강도가 환원식 및 자연식에 비해 낮으며 풍화작용에 약하여 시공 후 2~3년이 경과하면 약해지며 표면이 부스러진다.

② 견출벽돌[흔히 일본말로 미다시(見出)라 불림]: 소성온도 900℃에서 1,000

℃ 사이에서 산화 소성한 벽돌로, 일반적인 온도는 960℃이다. 환원식 및 자연식보다는 소성온도가 낮다.

③ 환원소성벽돌: 4~7%의 철분을 함유한 일반점토를 소성온도 1,000℃에서 1,300℃(일반적 온도 1,200℃) 사이에서 공기의 공급을 적게 하여 불완전 연소상태에서 소성한 벽돌로, 높은 온도에서 소성되므로 강도가 높고 흡수율이 낮으며 백화현상이 적다. 소성 후 흑색, 진갈색, 회흑색을 띠며, 적점토질에서는 적색과 청회색을 띤다.

④ 후레싱소성벽돌: 최근 가장 많이 사용되는 방법으로 산화소성방법과 환원소성방법의 중간방법이다. 벽돌의 강도가 높고 흡수율이 낮으며, 그린색이나 엷은 갈색을 띤다.

(4) 표면처리에 의한 분류

① 무늬벽돌: 벽돌표면에 다양한 형태의 무늬를 새겨 넣은 벽돌이다.

② 민자벽돌: 표면에 아무런 처리를 하지 않은 고운 표면의 벽돌이다.

③ 토석벽돌: 표면을 깎아내어 거친 질감을 갖게 한 벽돌이다.

④ 유약벽돌: 표면에 유약(유광, 무광)처리를 한 벽돌이다.

(5) 속칭에 따른 분류

① 과소벽돌(clinker brick): 소성온도가 지나치게 높아 질이 견고하여 두드리면 금속성 청음(淸音)이 나며, 흡수율이 낮으나 형상이 일그러져 부정형이며, 치수오차가 크다. 일반구조용보다는 장식용으로 많이 사용한다.

② 소벽돌(1급벽돌): 소성온도가 적당하며 두드리면 청음이 나고 빛깔은 검붉은 색이며, 일반구조용으로 많이 사용한다.

③ 보통소벽돌(2급벽돌): 소성온도가 보통이고 두드리면 탁음이 나며 빛깔은 붉은 주홍색으로, 강도가 낮고 흡수율이 다소 높아서 외부공간에 사용하기 어렵다.

④ 변색벽돌: 과열되어 모양이 일그러지고 빛깔도 검붉은 벽돌로, 치장용으로 사용한다.

11-3 다양한 벽돌

| A | B |
|---|---|

11-4 전통벽돌의 적용 사례
A. 경복궁 교태전 아미산 굴뚝
B. 창덕궁 낙선재 만월문

⑤ 경량벽돌: 벽돌의 무게를 감소시키고 단열과 방음 효과를 높이기 위해 벽돌 내부에 다량의 공극이나 구멍을 만든 것으로, 구멍벽돌(hollow brick)과 다공질벽돌(porous brick)이 있다.

⑥ 내화벽돌: 내화점토를 사용하여 만든 벽돌로, 내화온도가 1,500~2,000℃인 황백색 벽돌이다.

(6) 기타

① 전통벽돌(전돌塼乭): 전벽돌, 한식벽돌 등으로 불린다. 근대 벽돌기술이 도입되기 전에 생산되던 방식(훈화소성燻化燒成)으로 만든 벽돌로, 짙은 회색을 띤다. 우리나라에서는 탑재, 묘재, 성재(예: 수원성)에 주로 사용되었다.

② 파벽(破甓): 오래된 벽돌건물을 철거할 때 나온 벽돌을 다듬어 재생한 벽돌로, 오래되고 고풍스런 멋을 연출할 수 있다.

### 3) 점토벽돌 사용 시 주의사항

① 보통벽돌을 물에 젖을 수 있는 곳이나 습기가 있는 곳에 사용하면 흡수 또는 동결로 인해 벽돌 자체가 분해되어 벽돌구조가 파괴된다.

② 강도가 부족한 벽돌을 사용하면 벽돌 벽에 균열이 발생한다.

③ 흡수율이 높고 질이 좋지 않은 보통벽돌을 사용하면 벽돌 외부에 백화 현상이 발생한다.

## 나. 타일

타일(tile)은 점토 또는 암석의 분말을 성형, 소성하여 만든 박판제품을 총칭한다. 미국재료시험협회(ASTM)에 의하면 "타일은 요업제품으로, 보통은 표면적에 비하여 상당히 얇고, 점토 또는 점토와 다른 원료와의 혼합물로 만든 것"이라고 정의하고 있다.

타일은 이집트에서 가장 오랜 역사를 찾을 수 있으나, 건축이나 조경에 사용되기 시작한 것은 이슬람교의 영향이 크다. 이후 실크로드를 통해 중국의 도기공예기술이 전파되면서 영국, 프랑스 등 유럽의 각 나라에도 타일 제조기술이 전파되어 타일을 제조하기 시작했으며, 18세기 산업혁명을 계기로 타일 생산이 기계화되고 사용이 일반화되었다.

1) 타일의 원료

(1) 장석: 규산, 알루미늄, 나트륨, 칼슘, 알칼리 등으로 되어 있어 용융점이 다른 원료보다 낮고 결정수를 빼앗긴 점토 또는 규석을 용해하여 자기를 구성하는 중요한 원료이다.

(2) 도석: 운모와 규석이 혼합된 물질로, 그 자체만으로도 도자기를 만들 수 있다. 도토 또는 백토라고 하며, 암석상태이면 도석이라고 한다.

(3) 납석: 산화알루미늄이 주성분이며, 탈수감량이 작고 소성수축이 적다.

(4) 고령토: 알루미나와 무수규산의 함수화합물로 바위 속 장석의 풍화에 의해서 생기는데, 미세한 박판상 또는 인편상으로 산출되며 내화성이 강하고 소성색상이 거의 순백색이다. 하동, 산청, 상주 등에서 품질 좋은 고령토가 산출된다.

(5) 규석: 규산을 성분으로 한 석영, 수정 등의 광물이다. 도자기 속에 넣으면 점성을 제거하는 효과가 있고, 다른 성분과 혼합하여 잘 녹으며, 유리질이 빨리 생긴다.

2) 성형 제조 과정에 의한 분류

(1) 건식방법(dry process): 3~10%의 수분을 함유한 분말을 프레스 금형에 넣고 200~300kgf/cm$^2$의 압력으로 찍어내는 방법으로, 평판형태 타일의 대량 생산이 가능하다. 건식타일은 그 치수가 정확하고 표면이 매끄러우며 뒤틀림이 없고 형상 및 치수가 매우 다양하므로 태토의 질에 따라 내장용 벽타일과 바닥용 타일 또는 외장용 타일 등 다양하게 사용한다.

(2) 습식방법(wet process): 원료에 수분을 다량 함유시켜 원료를 가소성이 있는 상태로 반죽하여 사출시켜 만들어내는 방법으로, 건식타일에 비해 치수의 편차가 크다. 또한 철분 함량이 많은 저급점토를 사용하고 제토공정에서 거의 대부분 미분쇄공정을 거치지 않기 때문에 표면이 거칠다. 정밀한 시공이 필요하지 않은 외벽용 타일로 주로 사용한다.

3) 타일의 구분

호칭명에 따라 내장타일(3~12mm), 외장타일(5~25mm), 바닥타일(7~25

mm), 모자이크타일(4~10mm), 소지의 질에 따라 자기질 타일(3.0% 이하), 석기질 타일(3.0~5.0), 도기질 타일(5.0~18.0% 이하, 외부 사용 곤란), 유약의 여부에 따라 시유타일, 무유타일로 구분한다. 호칭명과 소지의 질에 따른 구분의 조합은 〈표 11-3〉과 같다. 이러한 구분에 따라 타일은 소지의 질-유약의 유무-호칭명의 순서로 부른다.

### 4) 타일시공법

타일시공법은 대표적으로 떠붙이기공법, 압착공법, 먼저붙임공법(KS L 1001) 등으로 나누는데, 붙임재의 사용법에 따라 〈표 11-5〉와 같이 세분된다.

(1) 떠붙이기공법: 가장 기본적인 방법이다. 타일의 뒷면에 붙임 모르타르를

〈표 11-3〉 **호칭명에 따른 구분과 소지의 질에 따른 구분의 조합**

| 호칭명 | 소지의 질 |
|---|---|
| 내장타일 | 자기질, 석기질, 도기질 |
| 외장타일 | 자기질, 석기질 |
| 바닥타일 | 자기질, 석기질 |
| 모자이크타일 | 자기질 |
| 클링커타일이라는 호칭을 사용하는 경우가 있는데, 이것은 비교적 두꺼운 바닥 타일로 시유 또는 무유의 석기질 타일을 말한다. | |

〈표 11-4〉 **타일의 종류별 특성**

| 분류 | 소성온도(℃) | 흡수율(%) | 주성분 | 건축재료 | 특성 |
|---|---|---|---|---|---|
| 자기질 | 1,160~1,450 | 3.0 이하 | 점토, 석영, 장석계, 도석 | 모자이크타일,<br>외장타일,<br>위생도기,<br>바닥타일 | · 투과성이 높다.<br>· 전기의 불량도체이다.<br>· 화학적 내식성, 내열성이 뛰어나다.<br>· 방수성이 크고 강도가 강하다.<br>· 내산성, 내알칼리성, 내동해성, 내마모성이 우수하다. |
| 석기질 | 1,160~1,350 | 3.0~5.0 | 저급점토에 석영, 철화합물, 알칼리토류 및 알칼리염류 등의 불순물을 많이 함유하고 있는 점토 | 외장타일,<br>바닥타일,<br>클링커타일 | · 투과성이 떨어진다.<br>· 흡수성이 감소한다.<br>· 시유 소성하면 광택이 나고 방수성이 크다. |
| 도기질 | 1,050~1,200 | 5.0~18.0 | 점토, 석영, 도석, 납석, 장석질 원료 | 내장타일 | · 경도와 기계적 강도가 낮다.<br>· 소지는 다공질이고 흡수성이 있다.<br>· 치수가 정확하다.<br>· 시유하면 방수성이 크고 견고하다.<br>· 색상과 디자인의 화려함을 추구한다. |
| 토기질 | 700~1,000 | 20.0 이상 | 점토 | 기와,<br>벽돌 | · 불투명이며 흡수성이 높다.<br>· 소지는 다공성이다.<br>· 깨어지기 쉽다.<br>· 경도 부족으로 취약하다.<br>· 최저급 원료를 사용한다. |

〈표 11-5〉 붙임재 사용법에 따른 분류

| 타일 쪽에 붙임재를 바르는 공법 | 바탕 쪽에 붙임재를 바르는 공법 | 양쪽에 붙임재를 바르는 공법 |
|---|---|---|
| · 떠붙이기공법<br>· 개량 떠붙이기공법<br>· 개량 모자이크타일 붙임공법 | · 압착공법<br>· 밀착공법<br>· 접착공법<br>· 모자이크타일 붙임공법 | · 개량 압착공법 |

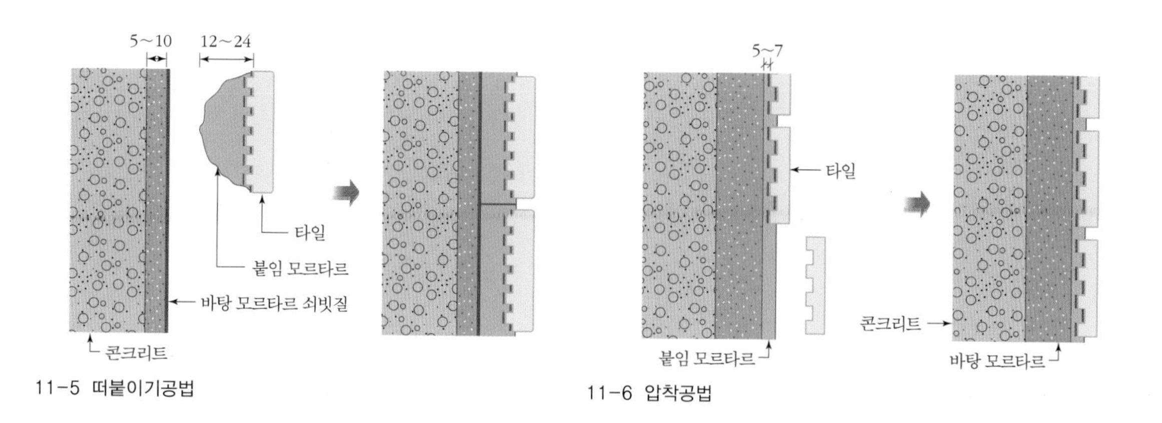

11-5 떠붙이기공법

11-6 압착공법

올려 1매씩 구조물 바탕에 밀어 붙여가는 방법으로, 모르타르를 바른 후 5분 이내에 붙인다. 뒷면에 공동 부분이 생기면 박리와 백화의 원인이 되므로 박리를 막기 위해 뒷굽이 깊은 타일을 사용하고, 타일의 뒷면에 빈배합 모르타르를 놓고 붙여야 하므로 숙련공이 필요하다.

(2) 압착공법: 혼합제가 들어 있는 모르타르를 미리 바탕 면에 바르고 그곳에 타일을 눌러 붙이는 공법으로, 바탕 면에 모르타르를 바른 후 30분 이내에 붙인다. 타일과 붙임재 사이에 공극이 없어 백화가 발생하지 않고 시공능률이 양호하나, 붙임 모르타르를 바른 후 방치시간이 길어지면 시공불량의 원인이 된다.

(3) 먼저붙임공법: 타일을 미리 형틀 면에 배열하여 고정하고 콘크리트를 타설하는 공법이다. 이 공법에는 프리캐스팅 철근 콘크리트 패널 먼저붙임공법과 현장 형틀 타일 먼저붙임공법이 있다.

(4) 바닥타일 손붙임 공법: 작은 규모나 물구배가 필요한 바닥에 모르타르를 사용하여 물구배를 잡은 후 붙임 모르타르를 이용하여 타일을 붙이는 구배 모르타르 붙임공법, 바탕에 건비빔 모르타르를 타일 2~3열 정도로 깔고 시멘트풀을 뿌리면서 큰 타일을 위치에 맞게 붙이는 깔기 모르타르 붙임공법, 넓은 면적의 바닥미장 또는 제물마감 콘크리트 면 위에 직접 모르타르를 바르고 바닥타일을 붙이는 압착 붙임공법이 있다. 모르타르 붙임공법을 적용할 때에는 부실한 바탕 조직에 흡수된 빗물에 의해 겨울철 동결 및 융해로 바닥타일이 탈락하는 하자가 발생할 수 있으므로 외부 바닥타일은 압

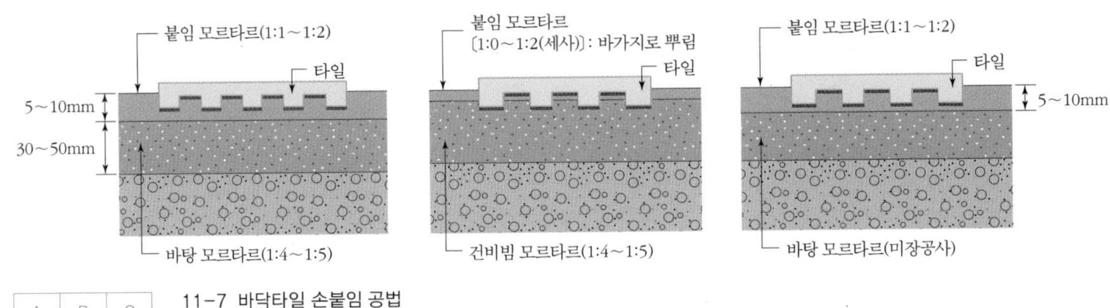


11-7 바닥타일 손붙임 공법
A. 구배 모르타르 붙임공법 B.깔기 모르타르 붙임공법 C.압착 붙임공법

착 붙임공법을 원칙으로 한다. 또한 바탕 면이 콘크리트인 경우에는 콘크리트의 신축줄눈과 타일의 신축줄눈을 일치시키고, 벽과의 연결 부위에도 신축줄눈을 설치한다.

### 5) 타일공사의 하자현상과 원인

타일은 상대적으로 두께가 얇고 가벼워 박리, 들뜸, 균열 등의 하자가 발생하기 쉬우며, 시멘트 및 콘크리트에 포함된 염류에 의해 백화현상이 일어나 미관적으로 심각한 문제를 야기한다.

### 6) 타일 및 벽돌의 백화현상

백화(efflorescence)란 시멘트 및 콘크리트에 포함된 염류가 물에 의해 용해되어 벽돌벽의 표면으로 나와 물이 증발하면 백색분말 형태의 물질로 벽돌 표면에 나타나는 현상을 말한다. 이러한 현상은 아름다운 벽돌건물이나 구

〈표 11-6〉 타일공사의 하자현상과 원인

| 하자현상 | | 하자발생 관련요인(부위, 재료) | | | | | | |
|---|---|---|---|---|---|---|---|---|
| | | 바탕 골조 | 바탕 모르타르 | 붙임 모르타르 | 타일 | 줄눈 | 신축 줄눈 | 두겁대 물끊음 |
| 박리, 박락 | 바탕 모르타르를 포함한 타일 마감층 및 타일이 박리에 의해 낙하하는 현상 | ○ | ◎ | ◎ | ◎ | ○ | ◎ | ○ |
| 들뜸 | 바탕 골조면과 바탕 모르타르 사이에 생기는 박리현상 | ○ | ◎ | – | – | – | – | – |
| 균열 | 붙임 모르타르와 타일 사이에 생기는 박리현상 | – | – | ○ | ◎ | – | – | – |
| | 바탕 골조와 바탕 모르타르의 신축과 균열로 타일표면에 생기는 균열 | ◎ | ○ | ○ | ◎ | ○ | ◎ | – |
| 백화 | 타일표면과 줄눈 사이에 생기는 백화현상 | ○ | ○ | ○ | ○ | ◎ | – | ◎ |
| 동해 | 동결·융해작용으로 타일표층이 들뜨거나, 타일 표면으로 바탕 및 붙임 모르타르가 돌출 | – | ○ | ○ | ◎ | ◎ | – | ○ |
| 누수 | 건축물 내로 물기가 침입하여 누수되는 현상 | ◎ | – | – | – | ○ | ○ | ◎ |

자료: (사)대한건축학회(2010), 『건축기술지침 Rev.1 건축 II』, 155쪽.
◎는 중대요인, ○는 보통요인

조물의 외관을 훼손하는 결과를 초래하므로 주의해야 한다.

(1) 백화발생과정

시멘트 석회성분 물에 의해 용해(CaO+$H_2O$) → 수산화석회($Ca(OH)_2$) → 수산화석회 외부표출 + $CO_2$ → 탄산칼슘($CaCO_3$) + $H_2O$

(2) 백화를 예방하는 방법

① 백화는 물을 매개체로 하기 때문에 우천 시에는 조적을 피하고, 조적 후 양생이 안 된 상태에서는 비닐로 덮어 비를 피한다.

② 가용성 염류가 많은 해사를 사용하지 않도록 한다.

③ 모르타르 배합 시 깨끗한 물을 사용한다.

④ 줄눈용 모르타르에는 방수제를 혼합하거나 전용 줄눈용 모르타르를 사용하는 것이 효과적이나.

⑤ 흡수율이 적은 벽돌을 사용한다.

⑥ 벽돌을 조적하거나 치장줄눈 바르기를 할 때 벽돌표면에 모르타르가 묻지 않게 하고, 만약 묻었을 경우 경화되기 전에 닦아낸다.

(3) 백화 제거 방법: 백화란 결국 수용성 염류 성분이기 때문에 이를 제거하는 가장 좋은 방법은 거친 솔이나 스펀지 등을 사용하여 깨끗한 물로 닦아내는 것이다. 이러한 방법에 의해서도 제거되지 않는 백화는 전용클리너 제품을 사용한다. 이후 물이 침투하는 원인을 찾아 문제를 해결하고 벽면을 건조한 후 발수제 등을 도포한다.

## 다. 테라코타(terracotta)

이탈리아어로 '구운 흙'이라는 뜻으로, 붉은 도기 점토를 반죽하여 상대적으로 낮은 800~900℃에서 소성한 조각이나 속이 빈 대형의 점토제품이다. 점토 내 불순물이나 모래 등의 영향과 저온에서 소성한 결과 약간의 수분을 흡수한다.

토기는 점토를 재료로 하여 형태를 만들고 불로 구운 다공질(多孔質)의 용기를 말하지만, 테라코타는 양질의 점토로 구워낸 토기를 형틀로 사용하여 만드는 방법이라는 면에 있어 토기와 차이가 있다. 점토로 조형한 제품의 규모가 작을 경우에는 그대로 건조하여 구워 쉽게 만들 수 있으나, 커지면 점토층이 두꺼워져서 구워낼 때 갈라질 우려가 있으므로 형틀을 이용하는 것이다. 돌, 나무, 강재 등의 재료로 원형의 외형을 만들고 거기에 점토를 채워 내부를 공동(空洞)으로 하고, 점토 벽을 얇게 만들어 건조시킨 후 외형을 벗겨 구워낸다. 이러한 테라코타는 모양과 색을 자유롭게 연출할 수 있어 예술적 가치가 높으므로 조경분야에서는 부조판, 화분, 플랜터 등에 사용하지만, 제작비가 많이 든다.

沖縄を体験
してネッ
ヒラトンマー

| 1 | 4 |
|---|---|
| 2 | |
| 3 | |

1 다양한 물고기를 그린 부조타일(오키나와 류큐무라沖縄 琉球村, Japan)
2 벽돌을 이용한 벽(서울 종로구 세종로공원)
3 테라코타를 이용한 부조 벽(고베 히가시유원지神戸 東遊園地, Japan)
4 벽돌을 이용한 문과 벽(후쿠오카 우미노나카미치해변공원福岡 海の中道海浜公園, Japan)

| 1 | 3 |
|---|---|
| | 4 |
| 2 | 5 |

1 벽돌을 이용한 벽(오키나와 해양박람회공원沖縄 海洋博覽會公園, Japan)
2 점토 부조 벽(슈투트가르트 빌헬마 극장Wilhelma theater in Stuttgart, Germany)
3 진시황릉 병마용갱(서안西安, China)
4 전벽돌을 이용하여 축성한 성벽(시안 시안성벽西安 西安城墻, China)
5 전벽돌 월문(경기도 용인시 호암미술관 희원)

| 1 | | 4 |
|---|---|---|
| | | 5 |
| 2 | 3 | 6 |

1 타일로 마감한 조형물(삿포로 모에레누마공원札幌 モエレ沼公園, Japan)
2 니키 드 생팔(Niki de Saint Phalle)의 타일 작품(하노버 헤렌하우젠 궁원 Herrenhausen palace in Hannover, Germany)
3 타일조각을 모자이크 형식으로 붙인 기둥(유근상 작 '코레아 환타지아', 서울 강남)
4 타일을 이용한 벽화(오사카 츠루미료쿠치 역大阪 鶴見緑地駅, Japan)
5 모자이크타일을 이용한 조형물(센토사섬 멀라이언 워크Sentosa Island Merlion walk, Singpore)
6 타일로 마감한 수벽(서울 여의도)

| 1 | 3 |
| --- | --- |
| 2 | 4 |

1 타일을 이용한 벽 조형(바르셀로나 구엘공원Guell park in Barcelona, España)
2 타일 벽(서울 청계천변)
3 타일 계단(오사카 꽃박람회장大阪 国際花と緑の博覧会, Japan)
4 타일로 마감한 수로의 벽(요코하마 야마시타공원横濱 山下公園, Japan)

## ※ 연습문제

1. 점토의 종류를 구분하고 특성을 설명하시오.
2. 점토제품 생산 공장을 방문하여 생산과정 및 품질관리에 대해 알아보시오.
3. 한국산업규격에 의한 점토벽돌의 종류와 품질 특성에 대해 설명하시오.
4. 타일을 호칭명과 소지의 질에 따라 구분하고 특성을 설명하시오.
5. 타일의 종류별 특성에 대해 설명하시오.
6. 시유의 목적에 대해 설명하시오.
7. 외부공간 바닥타일의 손붙임 공법에 대해 설명하시오.
8. 타일과 벽돌의 백화현상에 대해 설명하고 개선방안을 제시하시오.
9. 테라코타에 대해 설명하고 조경분야에서의 적용사례를 드시오.

## ※ 참고문헌


(사)대한건축학회. 『건축기술지침 Rev.1 건축II』. 서울: 도서출판 공간예술사, 2010, 135~155쪽.

(사)대한건축학회. 『건축 텍스트북 건축재료』. 서울: 기문당, 2010.

(사)한국조경학회. 『조경공사 표준시방서』. 서울: 문운당, 2008.

Hegger, Manfred; Volker, Auch-Schweik; Matthias, Fuchs; Thorsten, Rosenkranz. *Construction Materials Manual*. Basel: Birkhäuser, 2006.

Holden, Robert; Liversedge, Jamie. *Costruction for Landscape Architecture*. London: Laurence King Publishing Ltd., 2011, p. 7.

Lyons, Arthur. *Materials For Architects and Builders*. London: ARNOLD, 1997.

Weinberg, Scott S.; Gregg, A. Coyle. *The Handbook of Landscape Architectural Construction*. Washington D.C.: Landscape Architecture Foundation, 1988.

Zimmermann, Astrid(ed.). *Constructing Landscape: Materials, Techniques, Structural Components*. Basel: Birkhäuse, 2008.


## ※ 관련 웹사이트

대한도자기타일 공업협동조합(http://www.koceramics.com)
우성벽돌(http://www.wsbrick.co.kr)
(주)공간세라믹(http://www.ggceramic.com)
한국세라믹기술원(http://www.kicet.re.kr)
한국세라믹학회(http://www.kcers.or.kr)
한국재료학회(http://www.mrs-k.or.kr)

## ※ 관련 규정

한국산업규격

KS F 2447 벽돌과 점토 타일 시료 채취 및 시험 방법

KS F 2556 표면 처리된 외벽용 도기 타일 . 외벽용 벽돌 . 견고한 조석재

KS L 1001 도자기질 타일

KS L 1592 도자기질 타일 시멘트

KS L 3113 내화물의 내화원료의 내화도 시험 방법

KS L 4201 점토벽돌

KS L 8001 제겔콘

Meet pleasure to plant your own NATURE

# 12

# 합성수지

## 1. 개요

합성수지(合成樹脂, synthetic resin)는 석탄, 석유, 천연가스 등의 원료를 인공적으로 합성시켜 얻은 고분자 물질(분자량 크기가 10,000 이상인 화합물)을 말한다. 식물, 동물로부터 얻을 수 있는 수지상 물질인 목재, 피혁 등 천연수지(天然樹脂)에 대응하는 개념으로 이해할 수 있다.

합성수지에는 가소성(可塑性, plasticity)이 풍부한 성질이 있어 일정 온도 범위에서 가소성을 유지하는 고분자화합물을 총칭하는 플라스틱(plastic)과 같은 뜻으로 쓰이는 경우가 많다. 한국산업규격 KS M 3000(플라스틱 용어)에서는 "플라스틱이란 고중합체(高重合體)를 필수성분으로 포함하며, 최종 제품을 만드는 가공단계에서 유동현상을 거쳐 성형할 수 있는 물질로, 고무와 같은 탄성물질도 유동에 의해 성형할 수 있으나 플라스틱이라 하지 않는다"라고 정의하고 있다.

이와 같이 합성수지와 플라스틱은 아주 유사한 의미를 갖는 용어이며, 실제로 혼용되고 있다. 당초 합성수지는 천연수지를 대용하기 위해 개발되기 시작했으나, 현재 우리가 사용하는 합성수지는 천연수지의 대용이 아닌 새로운 인조물질이므로 플라스틱이라는 용어가 더욱 합당하다고 볼 수 있다. 그러나 보통 플라스틱은 성형 가공한 고체만을 대상으로 하는 경우가 있어 도료, 접착제 같은 액상물질과 섬유는 제외되는 문제가 있으므로 여기서는 합성수지로 부른다.

합성의 출발점을 이루는 것을 단량체(單量體, monomer)라 하며, 중합(重合, polymerization)반응 및 축합(縮合, condensation polymerization)반응을 통해 합성 결합된 것을 중합체(重合體, polymer)라고 한다. 여기서 중합은 결합 시 단량체 중 어느 하나도 소실하지 않고 연속되는 것이지만, 축합은 일부($nH_2O$)가 소실되거나 새로운 형태로 되어 결합된 상태이다. 열가소성 수지의 경우 중합반응을 통해 합성되는 반면, 열경화성 수지는 축합반응을 통해 합성된다.

합성수지는 1869년 셀룰로이드를 시작으로 20세기 초부터 활발히 개발되었으며, 현재는 100개가 넘을 정도로 종류가 다양하다. 최근에는 중합 또는 축합된 단량체의 수, 조합의 변화, 광물분이나 유리섬유 등 충전제나 보강제의 종류 및 양 등에 따라 같은 계통의 수지라도 형상 및 성질이 현저하게 다른 것이 제조되고 있으며, 품질이 크게 개선되어 사용이 늘어나고 있다.

대부분의 합성수지는 석유화학 생산공정을 통해 얻어진다. 석유 또는 천연가스에서 얻은 나프타를 원료로 하는 에틸렌, 프로필렌, 부타디엔 등의 올레핀 제품과 벤젠, 톨루엔, 자일렌 등 방향족 제품이 생산되고, 이를 원료로 합성수지, 합성섬유, 합성고무, 기타 화학제품이 생산된다.

조경재료로 사용되는 합성수지는 20종 정도인데, 가로환경시설, 어린이놀이시설, GFRP를 이용한 구조재 등으로 쓰인다. 또 에폭시 수지 완충재, 지오텍스 타일, PE나 PP 배수파이프, 지오그리드, 페인트 및 도장재, 접착제 등으로도 사용된다.

## 2. 합성수지의 성질

합성수지는 재료가 갖는 기능과 미관, 강도, 내마모성 등 물리성, 화학성, 기계성, 내구성, 경제성 등을 이해하고 온도 및 태양광의 영향 정도, 마모 및 충격 정도 등 사용환경을 고려하여 어떤 것을 사용할지 결정해야 한다. 또한 합성수지는 가격이 다른 재료에 비해 비싸고 내후성과 내열성이 약한 단점이 있으며, 원재료인 석유자원이 고갈되고 있을 뿐만 아니라 환경에 미치는 피해로 인해 주요한 환경적 이슈가 되고 있으므로 사용에 주의해야 한다.

### 가. 열에 대한 성질

합성수지는 유기재료로 내열성이 약하고 열에 의한 팽창수축이 심하며 연

〈표 12-1〉 각종 재료의 열팽창계수 (단위: $10^{-5}$/℃)

| 종류 | 목재(섬유방향) | 콘크리트 | 탄소강재 | 알루미늄 | FRP | PVC(경질) | 메타크릴 수지 | 고무 | 유리 |
|---|---|---|---|---|---|---|---|---|---|
| 열팽창계수 | 0.3~0.6 | 0.9~1.4 | 1.0~1.2 | 2.3 | 3.5 | 12.0 | 7.0 | 7.7 | 0.8~0.9 |

소 시 유독가스가 발생한다. 규소수지나 멜라민 수지와 같이 열에 제법 견디는 것도 있지만, 대부분의 수지는 화학조성의 본질적 변화에 의해 열노화가 일어나고 강도와 강성이 저하하여 사용가능온도가 낮아진다. 열가소성 수지는 60~80℃에서 연화되며, 열경화성 수지는 130~200℃에서 연화된다. 각종 재료의 열팽창계수는 〈표 12-1〉과 같다.

### 나. 내후성

내후성이 약해 재료의 변색, 팽창수축 등 변형이 심하다. 일광을 받지 않는 곳에 사용하는 경우 내구성은 큰 문제가 되지 않으나, 외부공간에서 자외선, 풍우, 냉해에 의해 직접 영향을 받는 경우 스티롤 수지, 아크릴 수지 등은 급격하게 강도가 저하한다. 특히 PVC는 냉해를 입을 경우 충격에 대한 강도가 급속히 저하되며, 자외선에 의해 열화되는 것도 있다. 색소를 가미한 합성수지 제품을 옥외에 사용할 때에는 자외선에 의한 탈색이 현저하게 진행되므로 자외선 변색을 방지하기 위해 겔코팅(gel coating)을 해야 한다.

### 다. 역학적 성질

경량(비중 0.9~2.0)으로 강, 콘크리트에 비해 훨씬 가벼우나 강도가 크므로 경량구조물로 활용 가능성이 높다. 예를 들어 적층플라스틱의 중량비 대 강도는 2.2로 강 0.05, 콘크리트〔압축강도 14.7MPa(N/mm) 기준〕 0.06, 벽돌 0.22, 목재 0.7에 비해 상당히 높다. 그러나 하중을 받는 구조재로 사용하기에 부적합하므로 이를 보강하기 위해 콘크리트 속에 철근을 넣는 것처럼 수지 속에 강화재로 섬유를 넣어 유리섬유 강화 플라스틱(GFRP; glass fiber reinforced plastics)을 만들어 사용한다.

### 라. 내마모성

경도가 낮아 표면에 흠이 나기 쉽다. 멜라민 수지와 같이 단단한 것도 유리의 1/3~1/2에 불과하다. 특히 열을 가한 경우 마모가 더욱 심해지므로 외부공간에서 이용자의 직접적인 접촉이 있는 곳에 플라스틱을 사용할 경우 주의가 필요하다.

〈표 12-2〉 **합성수지의 물리 · 역학적 성질**

| 종류 \ 성질 | | | 밀도 (kg/m³) | 인장강도 (N/mm²) | 탄성계수 (N/mm²) | 파단연신율 (%) | 열전도도 (W/mk) | 열팽창계수 (mm/mk) | 사용가능 한계온도 (°C) |
|---|---|---|---|---|---|---|---|---|---|
| 열가소성 수지 | 폴리에틸렌 수지 | PE | | | | | | | |
| | | PE-LD | 910~930 | 8~23 | 200~500 | 300~1,000 | 0.32 | 200~250 | 75/90 |
| | | PE-HD | 940~960 | 18~35 | 700~1,400 | 100~1,000 | 0.4 | 150~180 | 80/110 |
| | 폴리프로필렌 수지 | PP | 900~910 | 21~37 | 1,100~1,300 | 20~800 | 0.22 | 110~170 | 100/140 |
| | 염화비닐 수지 | PVC | | | | | | | |
| | | PVC-P | 1,160~1,350 | 20~25 | 25~1,600 | 170~400 | 0.15 | 150~210 | 55/65 |
| | | PVC-U | 1,380~1,550 | 50~75 | 1,000~3,500 | 10~50 | 0.16 | 70~80 | 85/100 |
| | 폴리스티렌 수지 | PS | 1,050 | 45~65 | 3,200 | 3~4 | 0.16 | 70 | 70/80 |
| | 메타크릴 수지 | PMMA | 1,170~1,200 | 50~77 | 2,700~3,200 | 2~10 | 0.18 | 70~80 | 90/100 |
| | 폴리카보네이트 수지 | PC | 1,200 | 56~67 | 2,100~2,400 | 100~130 | 0.18 | 60~70 | 135/160 |
| | 불소 수지 | PTFE | 2,150~2,200 | 25~36 | 410 | 350~550 | 0.23 | 100~200 | 150/200 |
| | 폴리우레탄 수지 | PUR | 1,050 | 70~80 | 4,000 | 3~6 | 0.58 | 10~20 | 100/130 |
| 열경화성 수지 | 에폭시 수지 | EP | 1,300 | 40~80 | 4,000 | 2~10 | 0.23 | 75 | 80/130에서 200 |
| | 불포화폴리에스테르 수지 | UP | 1,200 | 35~75 | 4,000 | 1~6 | 0.6 | 140 | 80/120 |
| | 유리섬유 강화 플라스틱(GFRP) 수지 | | | | | | | | |
| | 폴리에스테르 계열 유리플리스 질량 30% | | 1,400 | 90 | 7,000 | ≤1 | - | 50 | n.a. |
| | 폴리에스테르 계열 유리섬유 질량 40% | | 1,500 | 130 | 9,000 | ≤1 | - | 70 | n.a. |
| | 폴리에스테르 계열 유리섬유 질량 60% | | 1,700 | 320 | 19,000 | ≤1 | - | 110 | n.a. |
| 탄성중합체 | 스타이렌 부다티엔 고무 | SBR | 900~1,200 | 5~30 | - | 300~800 | - | n.a. | to 100 |
| | 클로로프렌 (네오프렌) 고무 | CR | 1,420 | 5~25 | - | 400~900 | - | n.a. | 100/120 |
| | EPDM 고무 | EPDM | 930~980 | 7~20 | - | 300~600 | - | n.a. | 120/150 |

#### 마. 가공성과 가방성

합성수지는 비교적 저온에서 가공, 성형이 가능하고, 성형과 주형에 있어 치수가 다양하거나 복잡한 모양일지라도 정확한 치수와 모양으로 가공할 수 있다. 방적(紡績) 및 적층(積層)이 가능하고 절단 및 구멍뚫기 등이 용이하여 판류, 시트, 파이프, 기구류 등 성형품과 실[絲] 또는 천을 만들 수 있다.

#### 바. 내약품성

산, 알칼리, 염류, 가스 등에 대한 저항성과 부식에 대한 저항성이 콘크리트와 강보다 우수하다. 이러한 내약품성은 합성수지나 그 속에 혼입되는 충전제의 종류 및 성질에 영향을 받는다.

#### 사. 내수성

내수성이 좋아 구조물의 방수 및 피막제로 적당하다.

#### 아. 전기절연성

대개 전기절연성이 우수하고 고주파에 대한 저항력이 높아 전기기기에 많이 사용되지만, 전기저항률이 커서 정전기를 띠기 쉬우므로 먼지가 잘 앉는다.

#### 자. 외관

일반적으로 투명 또는 백색의 물질로 표면 광택이 좋으며, 적당한 안료나 염료를 첨가함에 따라 자유롭고 선명하게 착색할 수 있어 장식적 용도의 마감재에 적합하다.

#### 차. 접착성

합성수지 상호 간, 그리고 금속, 콘크리트, 목재, 유리 등 다른 재료에 잘 접착되어 접착제 및 실링재 등에 적합하다.

## 3. 합성수지의 종류

합성수지는 종류가 많으나 분자구조, 생성반응방식과 열, 용제에 대한 성질에 따라 일반적으로 열가소성 수지(thermoplastic resin)와 열경화성 수지(thermosetting resin), 탄성중합체(elastomeric)로 대별된다. 이 중에서 PVC, PS, PP, PE는 전 세계 생산량의 60%를 차지하는 4대 합성수지이다.

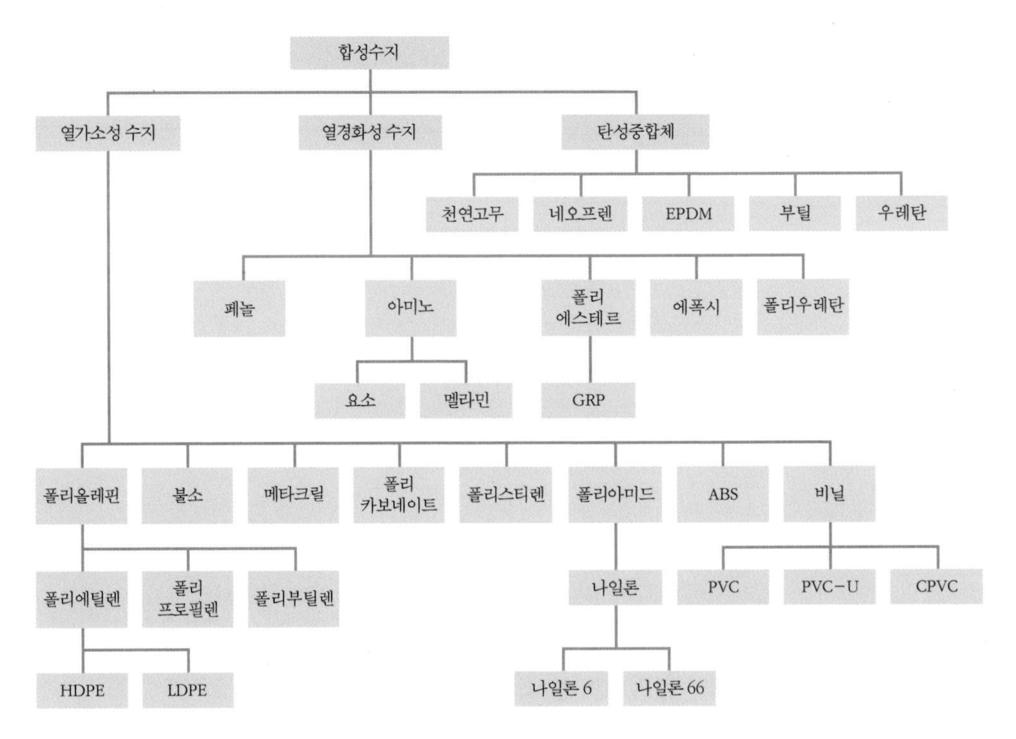


12-1 합성수지의 분류

## 가. 열가소성 수지

단량체가 상호 결합하는 중합을 행하여 고분자로 된 것으로, 일반적으로 무색투명의 중합체이다. 열가소성 수지는 가열하면 연화 또는 용융하여 가소성 또는 점성이 생기고 이것을 냉각하면 다시 고화하는 수지로, 2차 성형이 가능하고 보통 자유로운 형상으로 성형할 수 있다. 가격이 비교적 싸다는 이점이 있으나, 강도 및 연화점이 낮아 구조재로 사용하기에는 적합하지 않으며, 자외선, 열, 화학물질에 의해 쉽게 균열, 탈색되고 물리적 성질이 악화되는 경우가 많다.

### 1) 폴리에틸렌(PE; polyethylene) 수지

합성수지 중에서 제일 가볍고 가격이 가장 저렴하며, 건설재로 다양하게 이용된다. 상온에서 유백색이며 탄성이 있는데, 얇은 시트로 많이 이용되며, 내화학성 파이프 또는 기타 성형품으로 사용된다. 화학적 작용과 낮은 온도에 저항성이 있지만, 자외선에 의해 쉽게 깨지고 불에 타며 상대적으로 열팽창계수가 높다. 밀도에 따라 저밀도 폴리에틸렌(LDPE; low density polyethylene, 연화점 90°C)과 고밀도 폴리에틸렌(HDPE; high density polyethylene, 연화점 125°C)으로 구분되며, 밀도가 높아질수록 단단해진다.

저밀도 폴리에틸렌이 많이 사용되고 있는데 건설용으로는 방수용 필름 및 시트로 주로 사용되고, 고밀도 폴리에틸렌은 배수관으로 많이 사용된다.

### 2) 폴리프로필렌(PP; polypropylene) 수지

폴리프로필렌은 폴리에틸렌과 화학적 성질이 비슷하지만, 좀 더 단단하며 150°C에서 연화되고 융점이 높다. 가볍고 강도가 높으며, 내약품성, 가공성, 내구성이 뛰어나지만, 자외선에 민감하고 0°C 이하에서 잘 깨진다. 일반적으로 관이나 배수시설을 만드는 데 사용되며, 섬유 강화 시멘트(FRC; fiber-reinforced cement)의 충격저항성을 높이기 위한 섬유재로 사용되기도 한다.

### 3) 염화비닐(PVC; polyvinyl chloride) 수지

염화비닐은 건설산업 분야에서 가장 널리 사용되는 합성수지로, 염화비닐, 초산비닐(polyvinyl acetate resin), 염화비닐리덴(polyvinyliden chloride resin) 등이 있다. 염화비닐은 염가이고 내산성 및 내알칼리성, 내후성이 크며, 판재, 타일, 파이프, 도료, 레더(인조가죽) 등의 재료로 많이 사용되고 있다. 대개 가연성이 있고 연소 시 독성물질을 발생하며 비교적 내수성이 적고, −10°C 정도의 저온에서는 유연성이 줄어들며 70~80°C의 고온에서는 연화되는 단점이 있어 뜨거운 물이 닿는 곳에는 사용할 수 없다. 이러한 문제를 개선하고자 다른 수지와 중공합하여 연소가 어려운 PVC-U(unplasticised PVC)와 고온에 사용하는 CPVC(chlorinated PVC)를 개발하여 사용하고 있다.

염화비닐 수지에 10% 정도의 안정제, 착색제와 소량의 가소제(可塑劑)를 혼합한 것을 경질 염화비닐 수지라 한다. 기계적 성질, 내산성, 내알칼리성, 내수성이 우수한 편이며 무색투명하고 착색이 자유롭고 가공성이 좋으나, 연화온도가 65~80°C로 낮은 것이 흠이다. 용도가 매우 광범위한데, 대표적으로는 관(管), 판(板), 타일 등에 쓰인다. 연질 염화비닐 수지는 가소제를 30~50% 함유한 것으로, 경질 염화비닐 수지에 비해 성능이 떨어지지만 유연성이 필요한 필름이나 시트로 자유롭게 성형할 수 있어 사용범위가 대단히 넓다.

초산비닐은 염화비닐에 비해 강도 및 내후성이 떨어지나 접착성이 크고 광택이 풍부하므로 도료나 접착제로 많이 사용되고 있다. 염화비닐리덴은 고가이나 내열성, 내화학성이 커 염화비닐과 중공합하여 사란(Saran, 폴리염화비닐리덴계 섬유)과 같은 섬유상품에 이용되고 있다.

### 4) 아크릴(acrylic) 수지

아크릴 수지는 평판 성형되어 유리와 같이 이용되는 경우가 많다. 무색투명판은 광선과 자외선의 투과성이 크고 내후성, 내약품성도 크다. 성형품은 색조가 선명하고 광택이 있어 아름다우나 내용제성이 약하므로 상처가 나기 쉽고 고가이다. 평판 성형하여 유리와 같이 사용하거나 간판이나 조명장치 등에 사용된다.

메타크릴(PMMA; polymethyle methacrylate) 수지는 아크릴 수지의 대표적 유형으로 퍼스펙스(Perspex: 유리 대신에 쓰이는 강력한 투명 아크릴 수지로 유기유리)로도 불린다. 합성수지 중에서도 내후성과 투명성이 우수하여 무색의 수지를 수년간 옥외에 두어도 변색되지 않고, 무기유리에 비해 자외선 투과율이 현저하게 크다. 또한 연화온도는 90℃ 정도로 전기절연성이 우수하고 흡수성은 매우 적으며 내약품성도 좋으나, 가격이 비싸고 무기유리에 비해서 표면의 경도가 낮아서 흠이 나기 쉽다. 간판, 돔(dome), 조명기구를 만들거나 페인트, 접착제를 만드는 데 사용된다.

5) 폴리카보네이트(PC; polycarbonates) 수지

내충격성이 높고 광학적으로 투명하며 불에 강하기 때문에 외부공간에서 유리 및 아크릴의 대용재로 사용할 수 있다. 또한 외부표면은 자외선에 강하여 10년 동안 탈색현상을 방지할 수 있어 가로시설의 지붕이나 벽체로 사용할 수 있다.

6) 폴리스티렌(PS; polystyrene) 수지

무색투명하여 착색이 자유롭고 빛에 대한 안정성과 내후성은 메타크릴 수지보다는 떨어지지만 비교적 좋은 편이고, 에스테르 및 방향족 탄화수소에 용해 또는 팽윤(膨潤)하지만 내약품성이 좋다. 그러나 연화온도가 낮고 충격에 약하다. 가격이 저렴하고 전기적 성질이 좋으며, 표면마감이 용이하고 다양한 색채를 낼 수 있다. 시트, 방음재, 조명기구, 벽타일 등을 만드는 데 사용된다. 폴리스티렌에 발포제(發泡劑)를 넣어 팽창시킨 것을 스티로폼(styrofoam), 발포스티렌, 스티로폴 등 여러 이름으로 부르는데, 영문 머리글자를 따서 EPS(Expandable Poly-Stylene)로 약칭하기도 한다. 스티로폴은 독일의 종합화학회사인 바스프(BASF AG)의 상표명이고, 스티로폼은 미국 다우케미컬사의 단열재 상표명으로, 한국에서는 스티로폴로 널리 알려져 있다. 스티로폴은 가벼우며, 내수성(耐水性), 단열성, 방음성, 완충성 등이 우수하여 단열재 및 방음재로 널리 사용된다.

7) ABS(Acrylonitrile Butadiene Styrene) 수지

아크릴로니트릴(A), 부타디엔(B), 스티렌(S)의 세 성분이 중합된 것으로, 합성고무와 플라스틱이 혼합된 것이다. 성형재료로 우수할 뿐 아니라 다른 수지와의 상용성(相溶性)이 좋으며, 충격과 인장강도가 좋다. ABS 수지는 저발포 성형재로, 우드스틱과 같은 외관이 목재와 비슷한 합성목재를 만드는 데 주로 사용된다.

8) 포화 폴리에스테르 수지

포화 폴리에스테르 수지는 가방성이 뛰어나고 탄성이 있고 잘 구겨지지 않으며 비중과 촉감이 양모와 비슷하여 섬유로 만들어 사용한다. 투명성, 강인성, 전기절연성이 좋아 필름, 테이프 등으로도 사용되지만 건설재료로는 별로 사용되지 않는다. 페트(PET)는 폴리에틸렌 테레프탈레이트(polyethylene terephthalate)의 약어로, 열가소성 폴리에스테르 수지의 일종이다. 질기고 투명하여 시중에 유통되는 대부분의 플라스틱 병을 만드는 데 사용된다.

## 나. 열경화성 수지

열경화성 수지는 성형 전에는 열가소성 수지와 같으나 한 번 성형된 후에는 열을 가하여도 연화되지 않는 수지로, 강도와 열경화점이 높고 유리섬유 등과 함께 사용하면 충분한 구조적 성질을 얻을 수 있고 내후성이 우수하다. 그러나 가격이 비싸고 성형이 어려우며, 용제에도 녹지 않고 재활용이 어렵다.

1) 페놀(PF; phenol formaldehyde) 수지

페놀은 1907년부터 공업화된 가장 오래된 합성수지로 가격이 저렴하다. 기계적 강도가 크고 치수 안정성과 내열성이 좋으며, 각종 용매와 그 밖의 화학약품에 대해 안정되고 전기절연성이 우수하지만, 알칼리에 약하고 햇빛에 변색되므로 대부분 갈색, 검은색, 진녹색으로 사용한다. 화장판에 쓰이는 적층판과 단열재료를 만드는 데 사용되고 도료 및 접착제에 사용된다.

2) 요소(UF; urea formaldehyde) 수지

대부분의 성질이 페놀 수지와 유사하지만 성능이 다소 떨어지며, 투명하기 때문에 착색이 자유롭다. 주로 합판의 접착제로 사용되고 전기용품이나 주형품을 만드는 데 사용되기도 한다. 요소 수지를 단열재로 사용할 경우 유해성 논쟁이 있다.

3) 멜라민(MF; melamine formaldehyde) 수지

멜라민 수지는 요소 수지와 성질은 같으나 그 성능은 보다 향상된 것으로, 무색투명하고 착색이 자유로우며 아주 굳고 내수성, 내약품성, 내용제성이 뛰어나며 기계적 강도, 전기적 성질, 노화에 대한 저항성이 우수하다. 용도로는 멜라민 적층판으로 많이 쓰이고, 금속 표면 도장을 위한 소부용(燒府用) 고급 페인트나 접착제로 쓰인다. 그러나 값이 비싸기 때문에 저렴하고 성능이 떨어지는 합성수지를 사용하는 경우가 많은데, 화장판으로 불포화

〈표 12-3〉 **건설공사에 사용되는 합성수지의 용도** 〔약호는 KS M(3000플라스틱 용어)의 규정을 따름〕

| 종류 | | 특징 | 용도 |
|---|---|---|---|
| 열가소성 수지 | 폴리에틸렌(PE) 수지 | 제일 가볍고 저렴, 전기절연성, 내화학성, 내수성 양호, 자외선에 약함, 열팽창계수 높음, HDPE는 LDPE보다 강인 | LDPE: 방수용 필름, 콘크리트양생필름<br>HDPE: 배수관, 물탱크 |
| | 폴리프로필렌(PP) 수지 | 폴리에틸렌과 비슷, 투명하고 연화점이 높으며 반복굽힘에 잘 견딤. | 배수관, 물탱크 등<br>폴리에틸렌 용도와 비슷, 로프, FRC용 섬유, 컨테이너 |
| | 염화비닐(PVC) 수지 | 가소제 배합에 의해 연질품 제작, 내약품성, 전기절연성 양호, 내열성이 약하고 연소에 의해 염화수소가스 발생 | 타일, 필름, 배수관, 지붕재, 창문틀, 전선 |
| | 염화비닐리덴(PVDC) 수지 | 염화비닐 수지보다 내열성, 내약품성, 내습성 양호 | 섬유, 식품포장용 필름 |
| | 초산비닐(PVAC) 수지 | 무색투명, 접착성이 크고 연화온도 낮음. | 에멀션도료, 접착제 |
| | 메타크릴(PMMA) 수지 | 무색투명, 평판성형, 투과성, 내후성, 광택, 광학적 성질 양호 | 간판, 방풍유리, 돔 및 천장, 조명기구 |
| | 폴리카보네이트(PC) 수지 | 강인, 투명, 자외선에 강하고 내열성, 내한성, 내후성 좋음. | 셸터, 창유리, 지붕덮개 |
| | 폴리스티렌(PS) 수지 | 무색투명, 전기절연성, 내약품성 양호, 연화점 낮음. | 스티로폼, 벽타일, 시트, 방음재 |
| | ABS(ABS) 수지 | 강인, 광택 양호, 내약품성 | 합성목재, 플랜터, 배수시설 |
| | 불소(PTFE) 수지 | 내약품성, 내마모성, 내열성, 전기절연성 양호, 가격 비쌈. | 전기절연재료 |
| | 폴리아미드(PA, 나일론) | 강인, 내마모성 양호, 흡수성 높음. | 섬유, 기계부품, 전기절연재료 |
| | PET 수지 | 대표적인 열가소성 폴리에스테르 수지로, 인장기계강도 크고 내마모성, 내약품성 양호 | 음료통, 섬유 |
| 열경화성 수지 | 페놀(PF) 수지 | 가격 저렴, 전기절연성, 강도, 내열성, 내산성 양호(알칼리에 약함, 암색), 1907년 공업화된 가장 오래된 수지 | 도료, 접착제, 전기기기, 화장판 |
| | 요소(UF) 수지 | 무색으로 착색 자유로움, 내수성, 내열성 약함. | 도료, 목재접착제, 전기기기 |
| | 멜라민(MF) 수지 | 우레아 수지와 비슷하나 경도가 높고 내수성 좋음. | 식기, 화장판, 도료, 금속도장, 섬유가공 |
| | 알키드(ALK) 수지 | 접착성, 유연성 좋으며 내후성 양호 | 도료 |
| | 불포화 폴리에스테르(UP) 수지 | 저압 성형 가능하고 유리섬유를 보강하면 강인, 산과 알칼리에 약함. | 유리섬유 강화 플라스틱(GFRP) |
| | 에폭시(EP) 수지 | 금속 및 무기질 접촉성 양호, 전기절연성, 내약품성 양호 | 도료, 접착제, 유리섬유 강화플라스틱 |
| | 규소(SI) 수지 | 전기절연성, 내열성, 발수성 양호, 가격 비쌈. | 전기절연재료, 윤활유, 도료 |
| | 폴리우레탄(PUR) 수지 | 탄성 있고 강인, 내마모성, 산, 알칼리, 뜨거운 물에 약함. | 바닥 포장, 완충재, 단열재, 도료,접착제 |

폴리에스테르 화장판이 많이 시판되고 있으며, 접착제로도 페놀 수지나 요소 수지가 더 많이 사용된다.

#### 4) 폴리에스테르(polyester) 수지

보통 폴리에스테르 수지라 하면 대부분 열경화성인 불포화 폴리에스테르 수지를 말하는데, 액상의 에스테르 축합물이다. 상온에서 경화하는데 압력을 가하지 않아도 접촉압 정도만으로도 경화하므로 목형이나 석고형 등의 틀을 사용해서 대형 성형품을 만들 수 있다. 내열성이 염화비닐보다 높아 100～150°C에서 사용할 수 있으나, 산과 알칼리에 약하다. 대표적인 용도로는 유리섬유로 보강한 유리섬유강화플라스틱(GFRP; glass fiber reinforced plastics)을 만드는 데 널리 사용되고 있다. GFRP는 높은 기계적 강도를 가져 욕조, 돔, 벽천, 조형물 등을 만드는 데 사용된다. 이 밖에 레진 콘크리트(resin concrete), 접착제, 도료를 만드는 데 사용된다.

#### 5) 에폭시(epoxy) 수지

굽힘 강도 등 기계적 성질과 내수성이 좋고 흡수율이 비교적 적으며 내약품성이 우수하다. 경화할 때 재료 면에서 큰 접착력을 가져 접착제 및 화학약품, 드럼통의 도료로 사용된다.

#### 6) 폴리우레탄(polyurethane) 수지

유연하고 강인하며 내마모성, 내약품성, 밀착성이 좋으나, 일광에 의해서 황변하는 단점이 있다. 도막방수제, 목재, 피혁, 유리 등의 접착제, 발포제로 많이 사용되며, 특히 옥외공간에서 콘크리트바탕 면을 평활하게 한 위에 프라이머를 바르고 초벌칠, 중벌칠, 상벌칠을 적당한 시간 간격을 두어 하면 탄력 있고 내수성이 있는 포장 면을 만들 수 있다.

### 다. 탄성중합체

탄성중합체는 탄성과 내수성이 우수한 재료로, 고무나무에서 원액을 추출하여 만든 천연고무와 합성수지를 이용하여 만든 합성고무로 구분한다. 1909년 독일 화학자 프리츠 호프만(Fritz Hoffman)이 온도에 따라 부드러움이 달라지는 탄성물질에 대한 특허를 받아 최초의 합성고무를 개발한 이래 독일, 미국 등에서 생산이 한정된 천연고무를 대체하기 위한 연구가 계속되어 1920년대 부타디엔 고무(butadiene rubber)가 개발되었고, 1931년에는 미국 화학제품기업인 듀폰에서 네오프렌(neoprene)을 개발했다. 합성고무는 천연고무에 비해 마모 및 침식에 대한 저항성, 열, 자외선에 대한 저항성, 내화성, 내약품성, 탄력성 등이 뛰어나 많이 사용되고 있다.

### 1) 천연고무(natural rubber)

① 천연고무는 고무나무에서 채취한 수액(latex)을 고결시켜 제조한다.

② 정제된 생고무는 비중 0.93의 무색투명한 탄성체로, 탄성이 우수하고 가공성이 뛰어나다.

③ 가열하면 130~140°C에서 연화되어 200°C에서 분해되며, 10°C 이하에서 경화되어 0°C 부근에서는 탄성이 생기지 않는데, 온도에 민감하고 내구성이 약하다.

④ 바닥타일, 시트, 발포 폼에 사용한다.

### 2) 합성고무

#### (1) 부틸 고무(butyl rubber)

① 이소부틸렌을 주재료로 하여 이소프렌과의 중합체로 만들어진다.

② 내열성 및 내후성이 뛰어나다.

③ 도료, 실링재, 접착제로 사용한다.

#### (2) 클로로프렌(네오프렌) 고무

① 클로로프렌(polychloroprene) 단독중합으로 만들며, 상품명은 네오프렌 고무이다.

② 비중은 1.2~1.25, 녹는 온도는 80°C 정도이다.

③ 내화학성, 내열성 및 내후성이 뛰어나다.

④ 방수재, 도료, 실링재, 접착제로 사용한다.

#### (3) 스타이렌 부타디엔 고무(SBR; styrene butadiene rubber)

① 스타이렌과 부타디엔의 중합체(질량비 25:75)로 만드는데, 스타이렌 성분이 많을수록 딱딱해지고 내마모성이 강해진다.

② 5°C에서 중합하여 얻어지는 콜드 러버(cold rubber)는 강도 및 가공성이 풍부하고, 50°C에서 중합하여 얻어지는 것은 핫 러버(hot rubber)라고 한다.

③ 합성고무 중에서 가장 오랜 역사를 가지고 있으며, 합성고무 생산량의 약 절반을 차지한다.

④ 시트, 바닥타일, 도료, 실링재, 접착제로 사용한다.

#### (4) 우레탄 고무(urethane rubber)

① 우레탄 수지를 주재료로 하여 제조하고, 연질부터 경질의 것까지 제조가 가능하다.

② 탄력성, 단열성, 내후성, 내약품성이 뛰어나다.

③ 방수제 및 코킹제 등으로 사용한다.

#### (5) EPDM(ethylene prophlene diene monomer) 고무

① EPDM은 에틸렌, 프로필렌, 디엔을 삼원 공중합한 열가소성 합성고무

| A | B |
|---|---|

12-2 고무포장의 사례

이다.

② 내후성, 내오존성, 내열성, 내한성, 내용재성이 뛰어나며 안전성이 좋아 다양한 색상과 패턴이 요구되는 탄성 포장재로 널리 사용된다.

③ 비중이 낮고 경제성이 뛰어난 합성고무로, 비용이 비싼 폴리우레탄 소재를 대체하여 탄성 포장재로 널리 사용된다.

④ EPDM 컬러고무칩을 어린이놀이터, 운동장, 광장, 보행로에 포장하면 우수한 탄성으로 보행감이 우수하고 피로도를 줄이며 충격흡수율이 좋아 안전사고를 예방할 수 있다.

⑤ 주변환경과 조화로운 친환경소재로, 쾌적한 놀이환경을 만들 수 있고 색상이 다양하며 자유로운 패턴 연출이 가능하다.

⑥ 내구성, 내마모성이 뛰어나며 시공이 간편하고 유지관리와 보수가 용이하다.

## 4. 합성수지의 성형가공법

합성수지는 종류와 제품의 형상에 따라 다양한 성형가공법이 있다. 열가소성 수지는 대부분 분말이나 입자 원료가 압출되거나 판상으로 된 후 다시 최종적인 형태로 성형되는 2단계 성형을 하지만, 열경화성 수지는 중합체, 수지, 경화제를 혼합한 상태에서 바로 성형되는 경우가 많다. 가공성형 시 착색제(안료), 안정제(합성수지의 노화를 막는 열산화 방지제, 자외선 흡수제 등), 표면개선제(표면의 정전기 축적을 막는 정전방지제 등), 충전제(수지의 기계적 성질이나 열적 성질 등을 개량하는 첨가제), 가소제(수지에 적당한 유연성, 내한성, 가공성 등을 주어서 용도에 맞도록 개량하는 첨가제), 발포제, 난연제 등 첨가재료를 혼입한다.

성형이란 재료를 금형 또는 형틀에 넣고 압력과 열을 가해 일정한 형상으로 만드는 과정으로, 성형공정은 유동화(流動化), 부형(附形), 고화(固化)의 3단계 과정으로 이루어진다. 이때 고화는 열가소성 수지는 냉각에 의해, 열경화성 수지는 가교반응(架橋反應, bridging reaction)에 의해 이루어진다. 대부분의 경우 알갱이, 미립자, 작은 조각이나 분말 형태의 수지를 유동할 수 있도록 열로 용융시켜 금형 안으로 밀어 넣고 냉각하여 경화시킨다.

### 가. 압축성형법(壓縮成形法, compression moulding)

주로 열경화성 수지의 성형에 사용하는 방법으로, 분말 또는 입상의 원료를 가열된 금형에 넣고 120～180℃, 150～300kgf/cm$^2$로 열압하여 경화 성형하는 방법이다.

### 나. 이송성형법(移送成形法, transfer moulding)

압축성형용 금형 위에 노즐을 부착시키고 노즐 위에 설치한 원료실에 수지 분말을 넣어 가열 연화시킨 후 노즐을 통해 예열된 금형 속에 압송(壓送)하여 경화 성형하는 방법으로, 성형품의 치수가 정확하다. 일종의 열경화성 수지의 사출성형법이라고 할 수 있다.

### 다. 사출성형법(射出成形法, injection moulding)

가열된 실린더 속에서 열가소성 수지를 가열하여 유동상태로 만든 후 노즐을 통해서 폐쇄된 금형 속에 플런저(plunger)로 사출하여 경화 성형하는 방법으로, 보통 자동화되어 반복조작에 의해 성형품을 대량 생산하는 방식이다.

### 라. 압출성형법(押出成形法, extrusion moulding)

가열된 실린더 속에서 열가소성 수지를 가열하여 유동상태로 만든 다음 스크루의 작용으로 압출 다이(die)를 통해서 연속적으로 압출하여 성형하는 것으로, 관, 봉(棒), 필름, 시트 등의 제조에 적합한 방법이다. 다이의 구멍 형상만 바꾸면 여러 가지 단면의 성형품을 만들 수 있다.

### 마. 블로우성형법(blow moulding)

두 장을 겹친 시트모양의 성형품 또는 관상(管狀) 성형품을 형(型) 속에 넣고 공기를 내부에 불어넣어 중공품(中空品)을 만드는 방법이다. 중공성형(中空成形)이라고도 하며, 폴리에틸렌 병, 용기 등을 만드는 데 응용된다.

### 바. 주조성형법(鑄造成形法, cast moulding)

페놀 수지, 요소 수지, 불포화 폴리에스테르 수지 등 열경화성 수지를 가열해서 유동상태로 만들어 주형 또는 면에 흘려 경화시키는 방법이다. 요즘에는 원심력을 이용해서 회전원통에 수지를 흘려보내 관상으로 경화시키는 방법도 사용한다.

### 사. 캘린더가공(calendering)

열가소성 수지를 가열한 2개의 롤(roll) 사이에서 압연(壓延)하여 필름 또는 시트 상태의 성형품을 만드는 방법이다. 롤에 종이나 천을 동시에 끼워 보내서 레더, 방수포, 적층품(積層品) 같은 것을 만들 수 있다.

### 아. 적층성형법(積層成形法, laminating)

열경화성 수지 용액을 기재인 합판, 철 또는 종이에 침투시켜 건조한 것을 중첩시켜서 열압(熱壓)하여 판상(板狀)으로 성형하는 방법이다. 페놀 수지, 요소 수지, 멜라민 수지 등은 경화 시에 휘발성 성분을 생성하므로 고압(100~200kgf/$cm^2$)을 해야 한다. 이 적층판 표면에 착색 모양지를 붙이고 그 위에 수지를 침투시킨 보호피막용 투명지를 겹쳐서 열압하면 적층화장판(積層化粧板)이 된다.

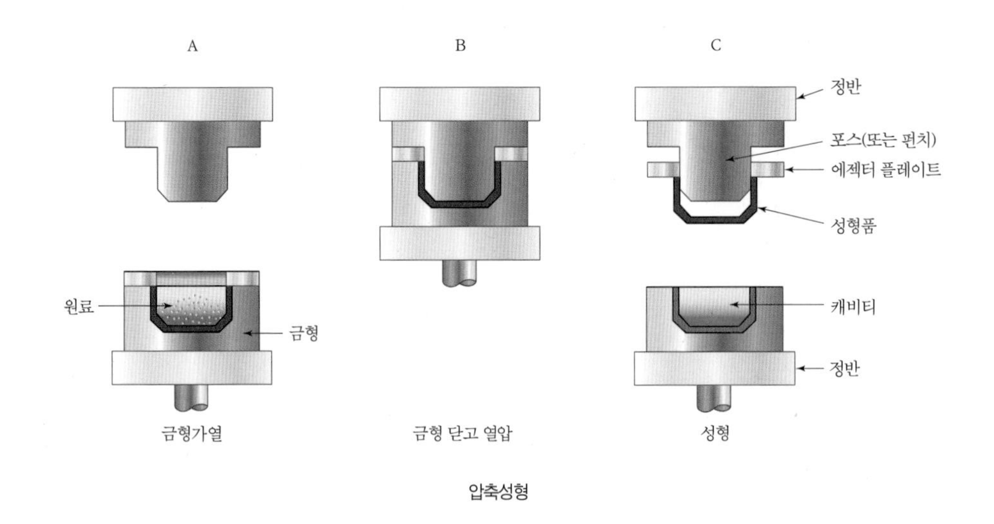


압축성형

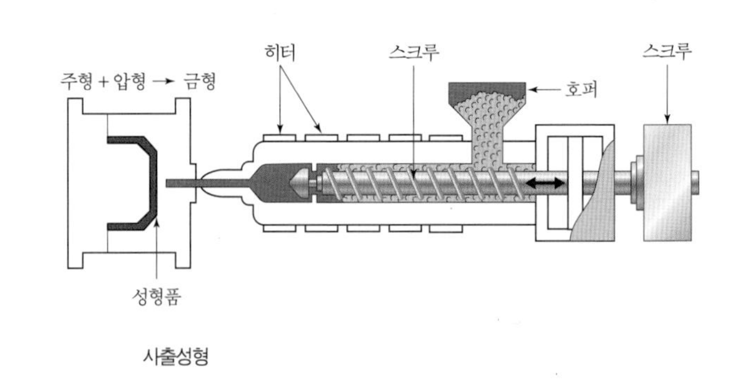


사출성형

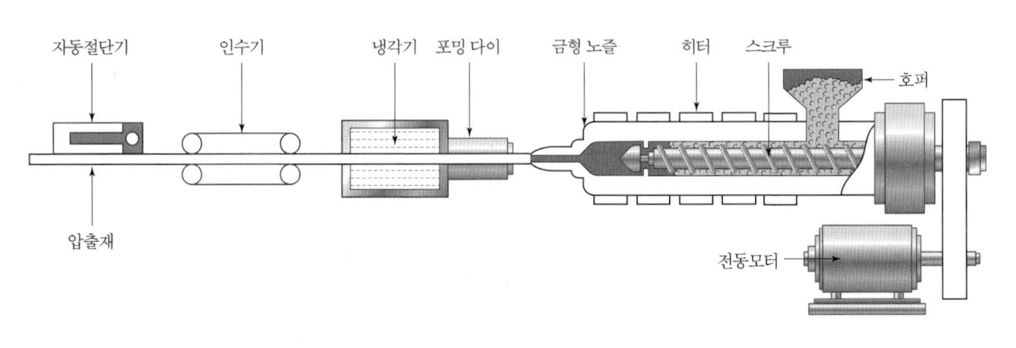


압출성형

12-3 합성수지의 성형가공법

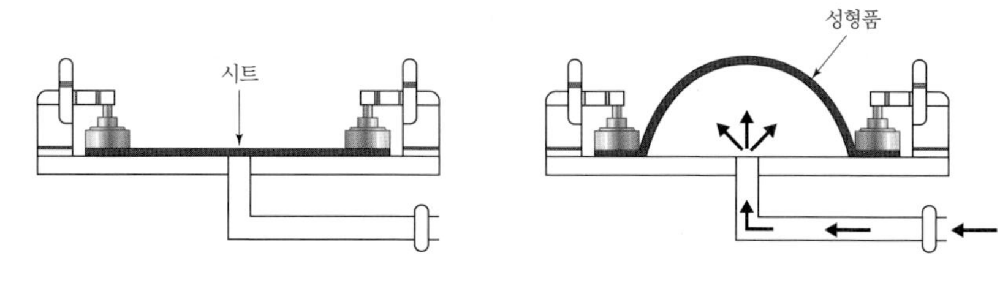


블로우성형

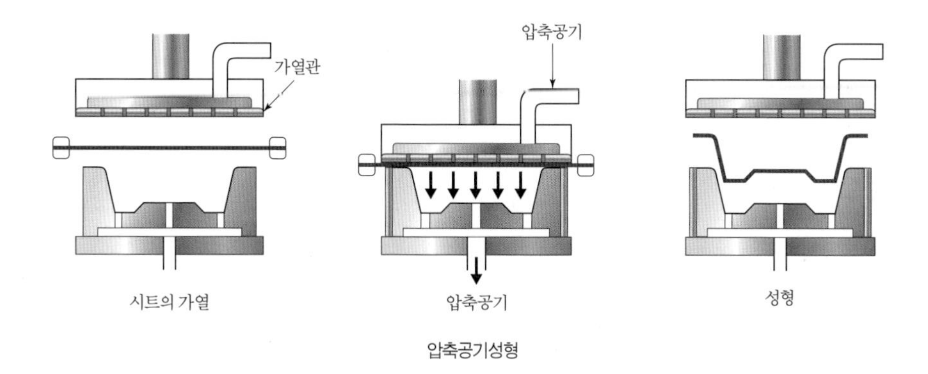


압축공기성형

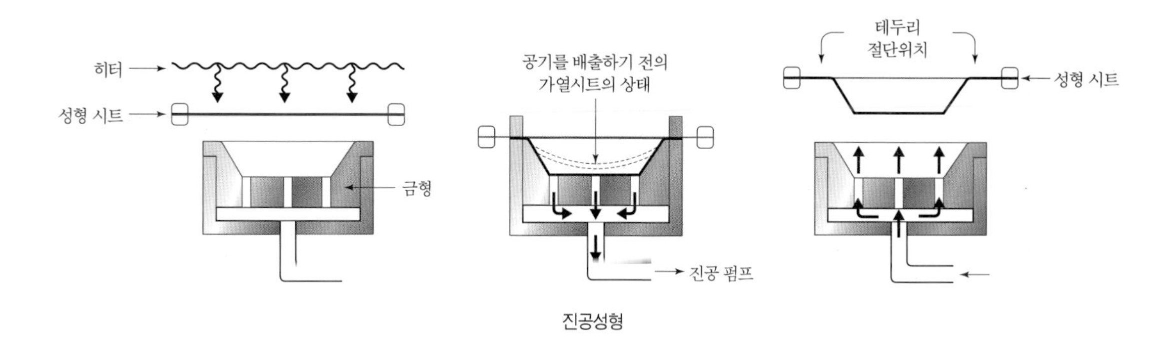


진공성형

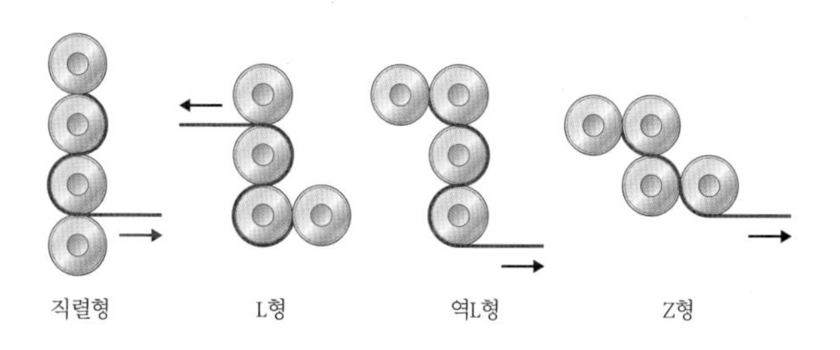


캘린더가공

## 5. 합성수지의 친환경적 활용

합성수지는 고분자 화합물로 변환되는 과정에서 PVC와 같이 깨지기 쉬운 합성수지에 가소제인 DEHP(Di-2-ethylhexyl phthalate)와 같은 첨가제를 사용하기 때문에 유해할 수 있으며, 연소 시 독성물질을 방출하며 알레르기를 유발한다. 그러나 합성수지의 경량성, 강인성, 가방성, 내수성 등의 특성을 활용하면 생태복원재료로 활용 가능성을 높일 수 있고 재활용이 가능하기 때문에 친환경적인 가치가 높다고 할 수 있다.

### 가. 환경위해성

합성수지는 생산과정에서의 에너지 비용뿐만 아니라 식물, 동물처럼 쉽게 썩지 않기 때문에 환경오염의 주범이 되고 있다. 특히 열가소성 수지는 분해과정 중 환경적으로 위해한 성분을 방출하고 불이 붙으면 다이옥신(dioxine), 퓨란(furan) 같은 독성 물질을 방출므로 주의해야 한다. 예를 들어 미국 캘리포니아주에서는 정원에서 사용되는 모든 비닐 호스에 "이 제품은 암을 유발하고 기형의 아기를 출산하게 하는 해로운 물질을 함유하고 있습니다"라는 경고문을 붙이도록 요구하고 있다.

이와 같이 환경위해성을 고려한다면 합성수지의 사용을 자제하는 것이 바람직하지만, 재료가 갖는 뛰어난 성질과 저렴한 가격으로 인해 불가피하게 사용이 증대되고 있는 상황이다. 이러한 문제를 개선하기 위해서는 녹말, 목재의 셀룰로오스 같은 천연중합체를 합성수지와 혼합하여 미생물, 효소, 자외선 등에 의해 분해될 수 있도록 한 생분해성 플라스틱(biodegradable plastics)과 같은 친환경적인 합성수지를 개발하거나 합성수지를 재활용하는 데 적극적으로 노력해야 한다. 이 밖에 합성수지를 태워서 에너지원으로 사용할 수 있으나 합성수지가 높은 온도에서도 연소되지 않을 경우 다이옥신, 카드뮴, 기타 중금속 물질이 굴뚝을 통해 방출될 수 있으므로 주의해야 한다.

### 나. 합성수지의 재활용

재활용은 제품의 효용가치가 다한 폐기물에서 유용한 물질이나 에너지를 얻는 것이다. 각종 폐기물이나 석재, 고무, 플라스틱, 콘크리트, 목재 등의 재료를 재활용하는 것을 말하는데, 에너지를 절약하고 폐기물의 처리에 따른 환경오염을 줄이는 데 효과적인 방법이다. 우리나라에서는 재활용을 촉진하기 위한 각종 제도를 시행 중에 있으며, 이에 따라 2010년 현재 발생한 생활폐기물, 사업장 폐기물, 건설폐기물 전체(365,154 t/day)에서 재활용 처

리량(304,381 t/day)이 83%에 달하고 있다.[1]

합성수지의 재활용은 기계적 재활용, 화학적 재활용, 유기적 재활용 3가지로 구별할 수 있다. 기계적 재활용은 합성수지 수거, 분류, 세척 분리, 과립화 등의 과정을 거쳐 진행되며, 화학적 재활용은 합성수지를 기본 단량체의 화학조성이나 탄화수소로 바꾸어 다른 고분자 중합의 원료로 사용하는 것이며, 유기적 재활용은 생분해되는 플라스틱을 혐기성 또는 호기성 분해 공정을 통해 처리하는 것이다.

재활용해서 사용하는 합성수지는 일반적으로 어느 정도 재가열이 가능하여 새로운 형태의 제품으로 만들 수 있는 열가소성 수지이다. 재활용 HDPE나 PET 조각을 깨끗하게 만든 후 압출성형이나 블로우성형을 통해 다양한 형태를 만들 수 있으며, 조경분야에서는 의자, 데크, 펜스 등에 사용할 수 있다. 반면 열경화성 수지는 용융재활용이 어려우므로 분말화하여 다른 물질을 적절히 첨가하여 재활용하거나 연료 등 에너지원으로 재활용할 수 있다.

합성수지의 재활용을 원활하게 하기 위해 합성수지 용기 사용 후 용이하게 분류하고 경제적으로 재활용하기 위한 코드시스템이 적용되고 있다. 가장 널리 사용되고 있는 합성수지인 PET, HDPE, PVC, LDPE, PP, PS, 기타로 구분하여 적용하고 있다.

최근 건설폐기물의 재활용에 대한 관심이 매우 높아 각종 특허 및 신기술 중에서 재활용을 주제로 한 것이 적지 않은데, 합성수지 역시 재활용의 주요한 대상이 되고 있다. 더구나 조경분야는 토목과 건축 분야보다 상대적으로 재활용이 용이하다. 또한 친환경이 조경 설계와 시공의 주요한 개념

1 환경부 전국 폐기물 발생 및 처리 현황(http://etips.me.go.kr/EP/web/etips/TP/m_statistic/TP_statistic06.jsp)

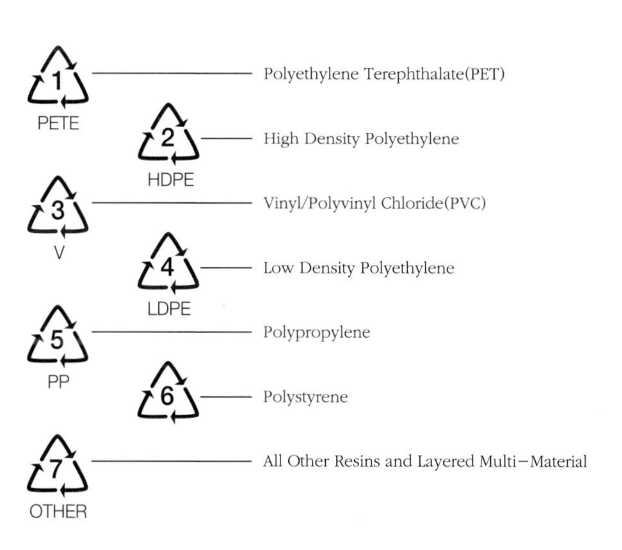


12-4 합성수지 용기의 코드시스템

| A | B |
|---|---|
| C | D |

12-5 합성수지를 재활용한 사례

A. 바다에서 채집한 폐기플라스틱을 이용하여 환경오염의 문제를 나타내는 '감성돔' 형태의 조형물(우노항宇野港, Japan)
B. 발포스티로폼을 재활용한 에코벤치
C. 플라스틱을 재활용한 탁자
D. 플라스틱 박스를 정원의 플랜터로 재활용

이 될 수 있으므로, 조경분야는 재활용 재료의 적용에 있어 중요한 영역이 되고 있다. 그러나 재활용된 자재는 품질이 저하되는 저순환(down-cycling)의 과정을 거치게 되므로 이것이 시공품질을 저하시키는 원인이 되어서는 안 되며, 폐기물을 재활용해도 좋다는 단순한 인식보다는 재활용의 개념을 받아들일 수 있는 전문영역으로 생태복원공학의 가능성을 열어두는 것이 바람직하다.

## 6. 합성수지 제품

오늘날 합성수지는 건설재료로 응용범위가 아주 넓으며 사용량이 점점 증가하고 있다. 예를 들어 성형재로는 평판류, 바닥용 타일류, 방수 시트 및 필름, 파이프, 조경용으로는 옥외포장재, 벤치 및 셸터 등 가로환경시설, 벽천, 어린이놀이시설 등이 있다. 이 밖에도 액상으로 도료, 접착제, 실링재 등으로 사용되기도 한다.

### 가. 일반 건설용 합성수지 제품

1) 폴리염화비닐타일(polyvinyl chloride tile)

염화비닐에 가소제를 섞어서 부드럽게 만든 후 여기에 석분, 석면, 코르크 분말 등 충전제를 혼합하고 안료를 섞은 것을 가열하면서 캘린더가공을 하여 시트상태로 만들어 소정치수로 절단한 것이다. 가격이 비교적 싸고 착색이 자유로우며, 약간의 탄력성, 내마모성, 내약품성이 있어 건물의 바닥재로 많이 쓰인다. 제품의 치수는 두께 2~3mm, 크기 30.5×30.5cm가 표준이다.

2) 폴리염화비닐시트(polyvinyl chloride sheet)

염화비닐과 초산비닐의 중공합체를 원료로 하여 대개 표층은 수지량이 많고 내마모성이 좋은 비닐시트, 기층은 강도와 바닥과의 접착성이 좋은 면포, 마포를 사용하고 중간층은 충전제를 넣어 만든다. 시판되는 비닐시트는 중간층 위에 착색무늬를 인쇄해 놓고 투명한 비닐시트를 겹쳐서 기층과 같이 캘린더가공을 하여 만든 것이다. 부드럽고 보행 촉감이 좋으며 자국이 나도 회복하기 쉽고 마모도 적으므로 목조마루, 온돌, 콘크리트바닥 등의 바탕에 자유로이 이용할 수 있다. 우리나라에서 시판되고 있는 상품으로는 모노륨, 골드륨, 비닐륨, 론륨 등이 있다.

3) 폴리염화비닐필름(polyvinyl chloride film)

염화비닐이나 폴리에틸렌 수지에 가소제를 혼합하여 캘린더가공을 하여 만든 얇은 막으로, 두께는 0.05~0.2mm이다. 무색투명하고 경량 강인하면서 유연하고 방수방습성이 뛰어나 농업용 온상이나 방수막 등으로 사용된다.

4) 레더(leather)

염화비닐에 가소제를 넣어 잘 이겨서 안료와 안정제를 혼합한 후 이를 바탕이 되는 면포와 함께 캘린더 롤러에 통과시켜 만든 것이다. 색채, 모양, 무늬 등을 자유롭게 할 수 있고, 표면을 천연가죽같이 보이게 하기 위해서 필름을 주름 같은 모양으로 부조(浮彫, embossing)하기도 한다.

5) 폴리염화비닐관(polyvinyl chloride pipe)

염화비닐에 안정제와 안료를 첨가하여 가열한 것을 압출 성형하여 관으로 만든 것이다. 색깔은 회색이고 관 내벽이 매끈하여 유체가 자유롭게 이동할 수 있고 내식성이 있으며 가공이 용이하고 용제접착이 가능하지만, 열팽창계수가 크다. 규격은 일반용 경질 폴리염화비닐관은 10~400mm, 수로용 경질 폴리염화비닐관은 13~300mm이며, 급배수관, 전선관 등에 주로 사용된다.

6) 폴리에틸렌관(polyethylene resin pipe)

폴리에틸렌 수지 원료를 고압 또는 저압으로 압축 성형한 관제품으로, 고압압출법에 의한 것은 다소 부드럽고 저압압출법에 의한 것은 약간 경질이다. 폴리염화비닐관과 같은 곳에 사용되는데, 내열성이 있어서 가격이 비싼 편이며, 녹이는 용제가 없으므로 접착공법을 적용하기 어렵다.

7) 발포제품

합성수지 발포제품은 여러 가지가 있는데, 대별해 보면 저발포제품과 고발포제품으로 나뉜다. 저발포제품의 원료로는 PS, PVC, ABS 수지가 주로 사용되고, 톱밥과 같은 목재 부스러기와 PS 및 ABC 수지, 발포제를 혼합하여 성형 시 발포시킨 합성목재가 대표적인 제품이다. 고발포제품으로는 폴리스티렌폼, 폴리우레탄폼, 폴리염화비닐폼, 페놀폼, 폴리에틸렌폼, 우레아폼이 있다.

### 나. 조경용 합성수지 제품

1) 합성수지 매트 및 네트

합성수지 매트 및 네트는 표토를 침식으로부터 보호하고 식물이 생육할 수 있도록 안정적인 녹화 면을 조성하기 위한 것이다. 폴리프로필렌 네트에 짚을 분쇄하여 넣은 매트와 나일론 선을 이용하여 망형으로 만든 매트, 폴리에틸렌으로 만든 네트, 종자를 부착한 매트 등 다양한 종류가 사용되고 있다. 합성수지 매트와 네트는 제방, 수로, 비탈면 등 침식이 우려되는 곳에 광범위하게 사용되고 있는데, 보통 매트를 설치하고 여기에 녹화용 토양을 뿌리면 식물종자가 발아하여 녹화 면을 만들 수 있다.

2) 합성목재(WPC; wood plastic composite)

PE 및 PVC 같은 열가소성 수지나 에폭시 및 폴리에스테르 같은 열경화성 수지를 혼합하여 첨가제를 더하고 압출 성형하여 옥외공간의 벤치나 데크 등을 만드는 데 사용된다. 한국산업규격 KS F 3230(목재 플라스틱 복합재 바닥판)에서 성능기준을 규정하고 있다. 일반적인 합성수지나 방부목재와 달리 독성이 없고 다양한 색을 낼 수 있으며, 썩거나 벗겨지고 갈라지는 문제가 없어 내구성이 좋으며, 플라스틱 쓰레기를 재활용한다는 측면에서 친환경적인 방법이라고 볼 수 있다. 이러한 여러 가지 이점에도 불구하고 목재와 비교해 볼 때 가격이 비싸고 무거우며 온도에 의해 변형되고 지나치게 부드러운 단점이 있다. 합성목재는 사용된 플라스틱의 종류에 따라 HDPE와 같은 합성수지를 이용하여 만든 고품질 단일종 합성목재, 2개 이상의 합성수지가 혼합된 것, 플라스틱에 톱밥이나 이종의 물질을 넣어 딱딱하고 거칠게 만든 것으로 구분할 수 있다.

### 3) 잔디 보호 매트 및 투수성 플라스틱 포장재

잔디를 보호하고 우수를 투수시키며, 보행로나 광장에서 사람의 답압에 의한 잔디피해나 주차장에서 자동차에 의한 잔디피해를 방지하기 위해 합성수지 제품이 사용되고 있다. 폴리프로필렌, 폴리에틸렌, 폴리에스테르 등이나 일부 폐플라스틱을 사용할 수 있다.

### 4) GFRP(glass fiber reinforced polyester)

GFRP는 유리섬유, 탄소섬유, 케블라 등 방향족(芳香族) 나일론섬유와 불포화 폴리에스테르, 에폭시 수지 등 열경화성 수지를 결합한 물질이다. 열가소성 수지나 열경화성 수지 모두 다 유리섬유 강화 재료로 사용될 수 있는데, 불포화 폴리에스테르에 지름 0.1mm 이하로 가공한 유리섬유를 보강하는 방법이 가장 많이 사용된다. 유리섬유는 상당히 질겨서 여러 가닥을 모아 놓으면 외부 충격에 강하고 높은 강도를 가지지만 부서지기 쉽다는 단점 때문에 구조용 재료로 사용할 수 없으나, 합성수지에 요구하는 강도에 따라 중량비로 20~80%를 혼합하면 높은 강도를 갖는 유리섬유 강화 플라스틱이 된다. 보통 유리섬유 강화 플라스틱을 FRP라고 하지만 탄소섬유 강화 플라스틱(CFRP; carbon fiber reinforced plastic)과 구별할 때는 GFRP라고 하며 케블라 및 탄소섬유와 같은 폴리아라미드를 혼합하면 더욱 높은 인장강도를 얻을 수 있다.

유리섬유 강화 플라스틱은 1940년대 초부터 사용되기 시작했으며, 1960년대 이후 유리섬유보다 우수한 탄소섬유가 출현해 플라스틱과 결합함으로써 기존에 사용되던 금속, 세라믹 재료 등을 대체하고 있다. 가볍고 녹슬지 않으며 내구성, 내충격성, 내마모성 등이 우수하고 열에 변형되지 않으며 가공하기 쉽다는 것이 장점으로 꼽히지만, 고온에서 사용할 수 없으며 가격이 다소 비싼 것이 단점이다.

조경분야에서는 1979년 김포가도 변에 설치된 양화폭포를 기점으로 GFRP에 대한 관심과 사용이 증대되어 왔는데, 뛰어난 가공성과 내구성으로 인공폭포 및 인공암벽을 비롯하여 셸터, 화분대, 조형물, 수영장의 워터슬라이드, 놀이기구 등을 만드는 데 사용되고 있다.

일반적으로 플라스틱은 타서 없어지지만 FRP는 유리성분이 많이 포함되어 있어 파쇄하거나 소각 처리하기 어려워 환경오염의 주범으로 인식되고 있다. GFRC도 마찬가지로 폐기에 어려움이 있어 「폐기물관리법」에 의해 처리하고 있으나 처리비용이 많이 들어 문제가 되고 있다.
대표적인 GFRP 생산방법으로는 핸드레이업(hand lay-up), RTM(resin transfor moulding), 스프레이업(spray-up), 압축성형법, 필라멘트 와인딩(filament winding), 인발성형(pultrusion) 등이 있다.

5) 배수 및 저류 시설

합성수지의 내수성과 다양한 형태를 자유롭게 성형할 수 있는 성질을 이용하여 옥상정원이나 인공지반의 배수를 위해 경량의 플라스틱 배수판을 제작한다. 배수판은 슬라브와 흙이 직접 만나지 않고 공기와 물이 통하는 공간을 확보해주고, 강우를 일시적으로 저수할 수 있는 기능을 갖추어 우수유출을 줄이며 갈수기 때에도 식물에 수분을 공급할 수 있게 한다. 그러나 하자발생이 많으며 보수가 어려우므로 신중하게 시공해야 하며, 원활한 배수를 위해 옥상의 배수관과 적절하게 연결해야 한다. 최근 조립형 배수시스템을 적용하여 시공성, 배수성, 방근성을 높인 제품이 생산 시공되고 있다. 이 밖에 「물의 재이용 촉진 및 지원에 관한 법률」에 의거 건축물의 지붕면 등에 내린 빗물을 모아 이용할 수 있는 '빗물이용시설'을 설치하도록 규정하고 있는데, 이에 따라 다양한 제품이 생산되고 있다.

6) 막구조용 섬유

투광성이 좋아 자연광을 이용하여 필요한 조도를 얻을 수 있으므로 관리비용이 절감되고, 다른 건축자재에 비해 선이 부드럽고 아름다우며, 비교적 시공비용이 저렴하고 시공기간이 짧다. 그러나 시공방법이 복잡하므로 전문적인 시공이 필요하며, 시공방법 및 부자재 선정에 의해 막구조의 수명이 좌우되므로 주의가 필요하다.
경량 구조체의 지붕재로 사용되는 막구조는 폴리에스테르를 기본 천으로 하여 양면에 PVC 등 난연처리 및 오염방지 표면처리가 된 것으로 PTFE, PVF, PVDF, PVC 코팅 폴리에스테르, 실리콘 코팅 유리섬유 등을 사용한다.

7) 생분해성 플라스틱

생분해성 플라스틱은 "자연계에 있어서 미생물이 관여하여 저분자화합물로 분해된 플라스틱(고분자화합물 및 그 배합물)"이라고 표현할 수 있다. 생분해성 플라스틱에는 미생물 분해성과 함께 종래의 플라스틱에 못지않은 물리적 성질과 가공성이 요구된다. 때문에 우수한 성질과 미생물 분해성이라고 하는 2가지 요소를 모두 구비한 플라스틱을 찾아 세계 각국에서 활발하게 연구하고 있다.

생분해성 플라스틱은 화학 합성형, 광합성(식물생산)형, 미생물 합성형 3종류로 나누어지는데, 이들 형태를 조합하여 경제성과 물리화학적 특성을 개선한 복합형 플라스틱도 개발되고 있다. 한편 원료 면에서 생분해성 플라스틱은 석유화합계 화합물과 광합성 생산물 2가지로 나누어지는데, 전자는 고갈이 예측되는 화석자원인 데 비해 후자는 대기 중 이산화탄소를 고정하여 사용하는 재생가능 자원이다. 조경분야에서 생분해성 플라스틱은 비탈면을 녹화하는 녹화네트 및 원예용품 등에 사용되어 주목받고 있다.

| A | B |
| --- | --- |
| C | D |

| E | F |
| --- | --- |
| G | H |
| I | J |

12-6 조경용 합성수지 제품

A. 재활용 합성수지를 이용한 녹화 매트
B. 합성목재
C. 잔디 보호 매트
D. 투수 매트
E. GFRP로 만든 인공폭포
F. GFRP로 만든 놀이터
G. 합성수지 조립형 배수시설
H. 합성수지 빗물저장탱크
I. 막구조물의 사례
J. 막구조물의 사례

watersystem.co.kr
YEKUN
을 활용한 정원 관리
r Harvesting System for your garden
빗물을 활용한
Stylish tank

| 1 | | 4 |
|---|---|---|
| 2 | 3 | 5 |

1 렘 콜하스(Rem Koolhaas)가 설계한 서울대 미술관(폴리카보네이트의 최고급 소재인 DANPALON 사용)
2 합성수지를 이용한 재활용 조형물
3 폐타이어를 재활용한 조형물
4 막으로 만든 공연용 임시 텐트
5 막구조 셸터

CATS
CATS
CATS
CATS

천막극
Tent Theater

콘크리트 타설

<table>
<tr><td>1</td><td rowspan="2" colspan="2">4</td></tr>
<tr><td>2</td></tr>
<tr><td>3</td><td>5</td><td>6</td></tr>
</table>

1 폴리에틸렌으로 만든 조명의자
2 LLDPE로 만든 배수시설
3 FRP에 노란색과 검은색 우레탄을 도장한 조형물(쿠사마 야요이草間彌生 작 'Pumpkin', 나오시마直島, Japan)
4 GFRP로 만든 조형물
5 GFRP로 만든 조형물
6 태양을 에너지원으로 하여 생산된 벼를 나타냄(우베 브루크너Uwe R. Brückner 작 '블레이드Blade', 여수엑스포)

## ※ 연습문제

1. 합성수지, 플라스틱, 고분자물질에 대해 정의하고 상호관계에 대해 설명하시오.
2. 단량체(monomer)는 중합반응이나 축합반응을 통해 고분자화하여 합성수지가 된다. 중합반응과 축합반응에 대해 설명하시오.
3. 열가소성 수지와 열경화성 수지를 가열하면 어떤 현상이 생기는지 설명하시오.
4. 열가소성 수지와 열경화성 수지의 특성을 설명하고, 수지명을 각각 5개씩 적으시오.
5. FRP에 대해 설명하고 조경에 활용한 사례를 소개하시오.
6. 합성수지의 환경위해성에 대해 설명하시오.
7. 국내 합성수지의 재활용 실태를 알아보시오.
8. 생분해성 플라스틱의 개발 실태 및 조경분야 활용 가능성에 대해 알아보시오.

## ※ 참고문헌


김무한 · 신현식 · 김문한. 『건축재료학』. 서울: 문운당, 1995, 367~382쪽.

대한건축학회. 『건축 텍스트북 건축재료』. 서울: 기문당, 2010.

소양섭. 「폐건자재의 재활용 기술」. 『대한토목학회』 Vol. 46 No. 12(통권 224, 1998년 12월), 22~25쪽.

신익순. 「생태복원재료 관련 국내 실정법의 속성분석」. 『환경복원녹화』 Vol. 7 No. 1(2004. 2.), 85~96쪽.

윤복모. 「유리섬유 강화 자연형 인조암의 성능기준」. 상명대학교 대학원 박사학위논문, 2013. 2.

이국웅 · 문홍국. 『최신 플라스틱 기술』. 서울: 성안당, 1988.

이상석. 「조경자재의 미래」. 2003 조경산학기술대전 세미나(2003년 7월), 21~36쪽.

이재덕 편역. 『플라스틱 디자인』. 서울: 건우사, 1985.

임연웅. 『디자인재료학』. 서울: 미진사, 1995, 231~254쪽.

정용식. 『건축재료학』. 서울: 서울산업대학 출판부, 1989, 283~309쪽.

조준현. 『건축재료학』. 서울: 기문당, 1994, 380~395쪽.

최갑수. '생태권'. 중앙일보 1999년 12월 11일, 3쪽.

Andrews, Oliver. *Living Materials*. Berkeley: University of California Press, 1983.

Elizabeth, Lynne; Adams, Cassandra. *Alternative Construction*. New York: John Wiley & Sons, 2000.

Harland, Edward. *Eco-Renovation(the ecological home improvement guide)*. Vermont: Chelsea Green Publishing Company, 1999, pp. 163-213.

Hegger Construction Materials manual 2006.

Holden, Robert; Liversedge, Jamie. *Costruction for Landscape Architecture*. London: Laurence King Publishing Ltd., 2011.

Lyons, Arthur. *Materials For Architects and Builders*. London: ARNOLD, 1997, pp. 191-203.

Morgan, R. P. C.; R. J. Rickson(ed.). *Slope stabilization and erosion control:a bio-engineering approach*. New York: E & FN SPON, 1995, pp. 95-132, 221-248.

Schmitz-Günther, Thomas(ed). *Living Spaces(Sustainable Building and Design)*. Cologne: KÖNEMANN, 1998.

Thompson, J. William; Kim Sorvig. *Sustainable Landscape Construction*. Washington D.C.: Island Press, 2000, pp. 99-132, 173-224.

Weinberg, Scott S.; Gregg, A. Coyle. *The Handbook of Landscape Architectural Construction*. Washington D.C.: Landscape Architecture Foundation, 1988, pp. 313-340.

Zimmermann, Astrid(ed.). *Constructing Landscape: Materials, Techniques, Structural Components*. Basel: Birkhäuse, 2008, pp. 215-233.

**※ 관련 웹사이트**

국가표준인증종합정보센터(http://www.standard.go.kr)
한국프라스틱공업협동조합 연합회(www.koreaplastic.or.kr)
환경부(http://etips.me.go.kr)

**※ 관련 규정**

한국산업규격

KS F 3230 목재 플라스틱 복합재 바닥판
KS K 6405 폴리프로필렌 로프
KS M 3000 플라스틱 용어
KS M 3001 폴리에틸렌 필름의 기계적 성질 시험 방법
KS M 3006 플라스틱의 인장성 측정 방법
KS M 3015 열 경화성 플라스틱 일반 시험 방법
KS M 3016 플라스틱의 밀도 및 비중 시험 방법
KS M 3040 플라스틱의 부피 열 팽창 계수의 측정 방법
KS M 3042 플라스틱 제품의 치수 측정 방법 통칙
KS M 3085 유리섬유 강화 플라스틱의 샤르피 충격 시험 방법
KS M 3305 섬유 강화 플라스틱용 액상 불포화 폴리에스테르 수지
KS M 3380 유리섬유 강화 플라스틱의 시험 방법 통칙
KS M 3401 수도용 경질 폴리염화비닐관
KS M 3404 일반용 경질 폴리염화비닐관
KS M 3407 일반용 폴리에틸렌관
KS M 3507 비닐 장판
KS M 3802 PVC(비닐)계 바닥재
KS M 3805 폴리염화비닐 지수판
KS M 3808 발포 폴리스티렌(PS) 단열재
KS M ISO 15270 플라스틱-재활용을 위한 안내서

# 13

# 유리

## 1. 개요

유리는 금속과 마찬가지로 인류가 발견한 뛰어난 재료 중 하나이다. 외부공간을 밝히고 한기를 막아주며 구조물에 미관성을 부여하는 재료로, 온실, 간판, 장식벽, 건물외벽, 바닥, 조형물, 열주 등으로 다양하게 사용되고 있다.
유리의 발견은 B.C. 6000~5000년까지 거슬러 올라가지만, 당시에는 소량을 장식적으로 사용하는 데 불과했다. 이후 지속적으로 생산기술이 발전하면서 20세기에 들어서는 건축재료로 사용되기 시작하여 1926년에는 발터 그로피우스(Walter Gropius)의 바우하우스(Bauhaus) 신교사, 1950년대 초에는 필립 존슨(Philip Johnson)과 루드비히 미스 반 데어 로에(Ludwig Mies van der Rohe)의 유리커튼월 오피스건물이 등장했다. 1970년대에는 오일위기로 인해 유리기술이 크게 발전하여 보온성 및 투명성을 높인 복층유리가 건물의 외벽과 온실, 외부공간의 구조물로 사용되기에 이르렀다. 최근에는 유리블록, 유리섬유를 만드는 데 사용되는 등 신소재로서의 가능성이 높아지고 있다. 유리가 외부공간에 적용된 사례를 살펴보면, 이오 밍 페이(leoh Ming Pei)는 파리 루브르박물관 광장에 유리 피라미드를 설치하여 지하로 자연의 빛을 투과시키고 전통과 현대를 연결하는 매체로 사용했으며, 보스턴 홀로코스트 메모리얼의 6개의 유리타워 및 고베대지진 메모리얼의 유리타워는 희생자를 추모하고 기념성을 표현하는 상징적 매체로 사용되었다.

| A | B |
|---|---|
| C | D |

13-1 다양한 유리 구조물
A. 유리 피라미드(파리 루브르박물관Musée du Louvre in Paris, France)
B. 온실(오키나와 해양박람회기념공원沖繩 海洋博覽會記念公園, Japan)
C. 유리타워(보스턴 홀로코스트 메모리얼Holocaust Memorial in Boston, USA)
D. 유리타워(고베 고베지진 메모리얼神戶 神戸震災メモリアル, Japan)

## 2. 유리의 성분 및 제조

### 가. 유리의 성분

유리는 비유기물 재료로 만들어진 비결정구조(non-crystalline struc-ture)로, 무정형 고체이다. 유리의 화학성분을 보면 규사($SiO_2$)가 50~75%를 차지하고, 석회($CaO$), 소다($Na_2O$), 마그네시아($MgO$), 알루미나($Al_2O_3$) 등이 용도에 따라 적합한 비율로 포함된다.

유리는 일반적으로 규산염 유리, 소다석회 유리, 붕규산 유리, 인산염 유리 등으로 구분되는데, 건설용으로는 판유리 및 유리블록에 쓰이는 소다석회 유리와 유리섬유에 쓰이는 붕규산 유리가 주로 사용된다. 대표적인 건설용 유리인 소다석회 유리와 붕규산 유리의 화학성분은 〈표 13-1〉과 같다.

### 나. 유리의 원료

유리의 성질은 화학성분에 따라 변하므로 원하는 유리를 생산하기 위해서는 정확하게 원료를 혼합해야 한다. 원료는 규사($SiO_2$), 장석($K_2O \cdot Al_2O_3 \cdot 6H_2O$, 유리에 $Al_2O_3$ 제공), 석회석($CaCO_3$, 유리에 $CaO$ 제공), 백운석($MgCO_3 \cdot CaCO_3$, 유리에 $MgO \cdot CaO$ 제공), 소다석회($Na_2CO_3$, 유리에 $Na_2O$ 제공), 망초〔芒硝, 또는 황산나트륨($Na_2SO_4$, 유리에 $Na_2O$ 제공하고 기포 제거)〕, 붕사(硼砂, $Na_2B_4O_7 \cdot 10H_2O$, 유리에 $B_2O_3$3 제공) 등이며, 파쇄유리(cullet), 착색제 등을 혼합한다.

### 다. 유리의 제조

각종 원료를 용도에 적합한 비율로 계량하여 분쇄하고 여기에 파쇄유리(또는 재활용 유리)를 1/3 정도 섞어서 용해로에 넣고 1,500~1,700°C(소다석회 및 황산나트륨 등을 혼합하면 온도가 1,200~1,600°C로 낮아짐)에서 용해하여 용도에 따라 다른 성형과정을 거쳐 서냉하여 제품을 만든다. 필요하면 2차 성형을 한다.

〈표 13-1〉 유리의 화학성분

(단위: %)

| 종류 | $SiO_2$ | $CaO$ | $Na_2O$ | $Al_2O_3$ | $MgO$ | $B_2O_3$ |
|---|---|---|---|---|---|---|
| 소다석회 유리 | 70~75 | 8~14 | 12~16 | 0.5~1.5 | 0~3.5 | – |
| 붕규산 유리 | 60~65 | 14~16 | 8~10 | 4~6 | 3~6 | 5~6 |

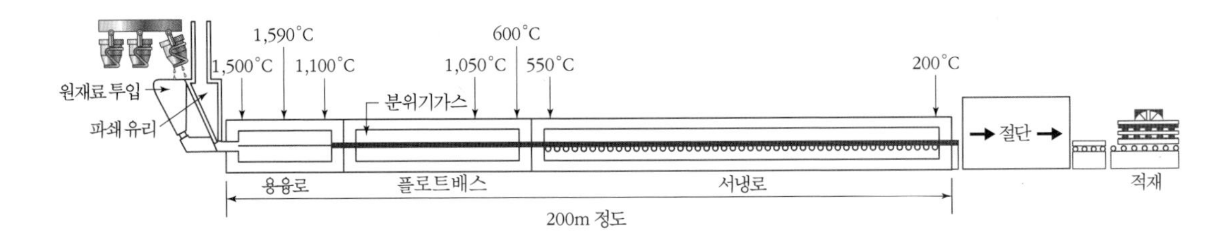


13-2 플로트 판유리 제조과정

## 3. 유리의 성질

유리가 갖는 가장 중요한 특성은 빛에 대한 투명성(transparency)으로, 원료의 순도와 포함된 철분의 양이 큰 영향을 준다. 광학성, 불연성, 내화학성, 내구성, 경제성이 뛰어나고 형태변화가 유연하고 색 효과가 다양한 장점이 있으나, 깨지기 쉬운 단점이 있다. 건설용 재료로 사용되는 소다석회 유리의 특징은 다음과 같다.

### 가. 물리적 성질

① 비중: 보통 유리의 비중은 2.5~2.6으로, 납이나 바륨 등 중금속을 다량 함유하면 비중이 증가한다.

② 경도: 모스 경도(Mohs hardness) 6~7로 정장석과 비슷하다.

③ 열에 대한 성질: 유리는 대체로 710~735°C에서 연화가 시작되며 1,300°C를 전후로 완전히 용융된다. 열전도율은 0.6~1.0W/m·K로 콘크리트의 1/2 정도이며, 열팽창계수는 함유되는 성분에 따라 다르나 선팽창계수 8.5~9.0×$10^{-6}$(상온~350°C), 비열 837J/g·K 정도로 크기 때문에 급히 냉각하거나 가열하면 파괴되기 쉽다. 따라서 열을 받는 곳에는 내열유리를 사용하는 것이 좋다.

### 나. 역학적 성질

유리는 탄성한도를 넘는 큰 힘을 가하면 금속재료나 목재와는 달리 소성변형을 일으키지 않고 바로 파괴되는 취약한 재료이다. 유리의 인장강도는 약 50MPa, 압축강도는 600~1,200MPa로, 압축강도가 인장강도의 10배가 넘으므로 대부분의 파괴는 인장응력에서 발생한다. 강화유리는 이러한 문제점을 개선하기 위해 유리표면에 고른 압축층을 덮어 인장강도를 증대시킨 것이다.

### 다. 화학적 성질

일반적으로 유리는 화학적으로 안정되어 약산에는 침식되지 않으나, 초산, 황산, 염산 등 강산에는 서서히 침식된다. 그러나 알칼리에는 쉽게 침식되며 불화수소(HF)와 불화암모늄($NH_4F$)과 같은 불산에는 급속이 침식되므로 이러한 성질을 이용하여 유리표면에 그림이나 문자 등을 새긴 에칭유리를 만든다. 공기 중 오염된 대기로 인해 유리의 표면에 수분이나 먼지가 침적되어 산과 알칼리가 쌓이기 좋은 조건이 되면 유리의 표면은 광택과 투명도를 잃기 시작하며 강도가 현저히 저하된다. 이 밖에 풍우의 반복에 의해 충격을 받거나 이산화탄소($CO_2$), 아황산가스($SO_2$), 암모니아($NH_3$) 등을 흡수하면 표면이 변색되고 투명도가 저하되며 반점이 생기므로 주의해야 한다. 판유리를 포장할 때 유리 사이에 종이를 끼우는 것은 파손과 풍화를 막기 위해서이다.

### 라. 광학적 성질

유리는 광선을 굴절, 분산, 반사, 흡수, 투과시키는 성질을 가지고 있는데, 이러한 성질을 이용하여 여러 가지 용도의 유리를 제조할 수 있다. 유리의 광선투과율(光線透過率)은 입사광선의 양에서 유리표면에서 반사된 양과 유리 내부를 통과할 때 흡수되는 양을 제외한 양의 백분율이다. 광선투과율은 유리의 종류, 색, 두께, 불순물 정도, 입사각에 의해 달라진다.

## 4. 유리 제품

### 가. 플로트 판유리(float plate glass)

플로트 판유리는 용해된 주석용기 위에 1,100°C 정도로 녹은 유리를 띄워서 두께 및 형상을 조절하고 냉각시켜 만든 것이다. 오늘날 대부분의 판유리는 이 방법으로 생산되는데, 투명하고 표면이 평활하며 품질이 좋은 대형 판유리를 얻을 수 있다. 복층유리, 강화유리, 접합유리와 같은 가공유리를 만드는 데 사용한다. 플로트 판유리를 640°C 이상으로 재가열하면 쉽게 구부릴 수 있어 성형이 가능하다. 플로트 판유리의 형태는 정사각형이나 직사각형으로 두께는 2~19mm이며, 최대규정치수는 두께 2~4mm 3100×2500, 두께 5~19mm 3100×6100이다.

① 마판유리(polished plate glass): 연마 방식에 의해 제조된 투명한 판유리
② 서리판유리: 모래로 표면을 갈거나 모래를 분사하는 등의 방법으로 표면의 광택을 제거한 판유리

### 나. 무늬유리(patterned glass)

롤아웃 방식에 의해 롤에 조각된 무늬를 유리 면에 열간 전사하여 제조한 유리이다. 한 면 또는 양면에 안개, 모란, 완자, 미스트라이트, 플로라, 철망 등 무늬가 찍혀 있다. 두께(표면 무늬 모양의 가장 높은 부분에서 반대편까지의 거리)는 2~12mm이다.

### 다. 망 판유리(wire glass)

유리는 연화점이 약 550°C이므로 고온에서 녹아내리고 파손되기 쉬운데, 이러한 점을 개선하기 위해 금속재 망을 유리 내부에 삽입한 판유리이다. 망의 모양에 따라 마름모망 판유리와 각망 판유리, 표면 상태에 따라 망무늬 판유리와 망 마판유리로 구분하고, 두께는 7, 10mm 등이 있다.

### 라. 강화유리(tempered glass)

판유리를 약 700°C까지 가열했다가 양면을 냉각공기로 고르게 급냉해서 만든 유리이다. 강화유리는 표면이 영구적인 압축층으로 덮이기 때문에 표면항장력은 보통 판유리의 3~5배가 되고 내풍압 강도도 커지므로 고층빌딩의 창유리로 적합하다. 또한 파손될 때는 유리 내부의 인장 및 압축의 긴장된 균형이 무너져서 유리 전체가 한순간에 예리한 모서리가 없는 소립으로 부서져 인체에 위험하지 않다. 국내에서는 플로트 판유리를 가공해서 만들며, 유리문, 창유리, 차유리, 계단, 외부 조형물에 사용된다.

### 마. 접합유리(laminated glasses)

2장 이상의 판유리(대개 플로트 판유리) 사이에 중간막(PVB; polyvinyl butyral film)을 넣고 150°C의 고열로 전면 접착해서 만든 유리로, 외력의 작용으로 파손되어도 중간막에 의해 파편이 떨어지지 않는다. 모양에 따라 평면 접합유리와 곡면 접합유리로 나뉘며, 안전유리라고도 불린다. 방음, 방화, 시각적 효과 등이 있어 자동차 및 고층건물의 창에 적합하다. 두께는 6~10mm이다.

### 바. 복층유리(sealed insulating glass)

2장 이상의 판유리, 가공유리 또는 그것들의 표면에 광학 박막을 가공한 유리를 똑같은 틈새를 두고 나란히 놓고, 그 틈새(중공층)에 대기압에 가까운 압력의 건조공기를 채우고 주변을 밀봉, 봉착한 것이다. 중공층은 2중, 3중으로 할 수 있고, 두께는 12~32mm까지 가능하다. 단열 복층유리, 태양열 차폐 복층유리 등으로 나뉜다. 단열효과가 크고 결로를 방지하여 에너지를 절약할 수 있으며, 방음효과도 크다.

### 사. 유리블록(hollow glass blocks)

2개의 뚜껑 없는 상자모양의 유리제품을 맞대어 약 600℃로 융착시키고 속에 0.3기압 정도의 건조공기를 봉입한 블록이다. 단열성, 방음성이 우수하고 부드러운 채광성을 갖는 속이 빈 유리블록이다. 모양은 125, 150, 160, 200, 300, 320mm 크기의 정사각형과 250×125mm(길이×높이), 320×160mm 크기의 직사각형이 있으며, 두께는 80, 95, 125mm 등이 있다. 유리블록의 표면에 여러 가지 무늬를 만들 수 있으며, 확산성 채광이 가능하여 다양한 분위기를 연출할 수 있다.

### 아. 재활용 유리(recycled glass)

재활용 유리는 최근 도로, 보도, 조경용으로 사용이 증가하고 있다. 투명, 청색, 녹색 등 다양한 색의 유리가 혼합되어 사용되고 있다. 차도 및 광장의 아스콘 포장을 위해 재활용 유리를 사용하면 시인성을 높이고 자원절약을 할 수 있으며, 좋은 다짐재로도 이용할 수 있다. 재활용 유리는 보통 2~14mm 크기의 입자로 분쇄하여 다루기 용이해야 하고 유리의 날카로운 면이 없도록 해야 한다. 이러한 용도 이외에 장식용 멀칭재, 기층재, 역청질 혼합제, 벽돌 및 타일 원료, 경량골재 등으로 사용할 수 있다.

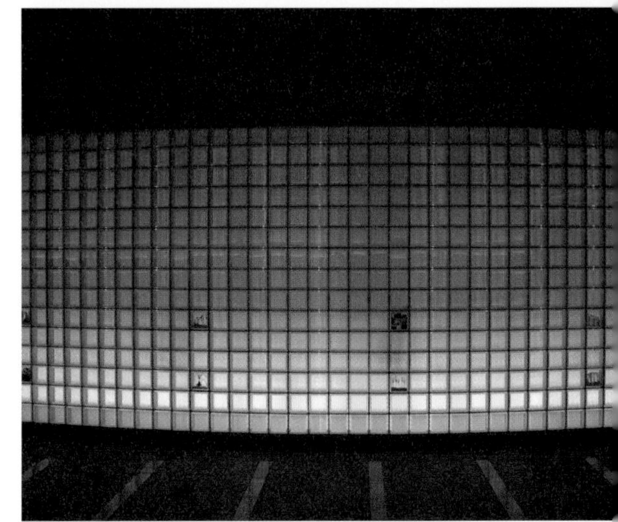

| A | B |
| --- | --- |
| C | D |

| E | F |
| --- | --- |
| G | H |

13-3 유리제품의 종류

A. 유리로 만든 스테이션(서울 예술의 전당)
B. 환기구를 유리타워로 만들어 경관성을 높임(도쿄 텐슈東京 天守, Japan)
C. 기하학적인 유리 피라미드(마리오 보타Mario Botta 작 '아고라', 제주도)
D. 지하 유리벽(오사카 난바 역大阪 難波駅, Japan)
E. 강화접합유리로 만든 파사드
F. 운전자에게 횡단보도를 잘 인지시켜 보행자의 안전을 도모하기 위해 아스콘 포장에 폐유리를 삽입하여 빛을 반사시킨 도로
G. 울름 2008 정원박람회에서 유리온실을 레스토랑으로 개조(울름 2008 정원박람회Ulm 2008 Garden Expo, Germany)
H. 유리 키오스크에 색유리 조형물을 넣은 환경조형물(뮌헨 페투엘 파크Petuel park in Munchen, Germany)

신도리코
신도리코

<table>
<tr><td>1</td><td rowspan="2">4</td></tr>
<tr><td>2</td></tr>
<tr><td>3</td><td>5 | 6</td></tr>
</table>

1 강화유리로 마감한 피아노 분수(대형 배기탑에서 나오는 공기와 냄새를 물을 이용하여 정화)
2 유리 건축물(이사무 노구치Isamu Noguch 작, 삿포로 모에레누마공원札幌 モエレ沼公園, Japan)
3 유리온실의 사례(프랑크푸르트 팔먼가튼palmengarten in Frankfurt, Germany)
4 에너지를 절약하는 저방사 복층유리로 마감한 서울특별시 신청사
5 유리로 만든 미술관(도쿄 국립신미술관東京 國立新美術館, Japan)
6 제주도 컨벤션센터

COEX Mall

1 유리 기둥(서울 강남구 코엑스)
2 유리 조형물(이토코 이와타Itoko Iwata 작 '清らかな自然の郷', 도쿄 나리타공항東京國際空港, Japan)
3 유리 벽(서울 강남구 코엑스몰)
4 스테인드글라스(도쿄 아오야마 도오리 東京 青山通り, Japan)
5 선큰 광장에 놓인 정육면체 유리 조형물(베를린Berlin, Germany)
6 유리 벽(서울 서초구 S사 사옥)

| 1 | 4 |
|---|---|
| 2 | 5 |
| 3 | 6 |

1 태양광 유리글로브 조형물(2005 아이치 박람회2005 Aichi World Exposition, Japan)
2 유리 플레이트(시안 다탕푸룽위안西安大唐芙蓉園, China)
3 유리로 만든 다리(제주도 유리의 성)
4 유리로 만든 콘테이너 박스(순천만국제정원박람회)
5 그림이 그려진 유리 벽(제주도 유리의 성)
6 원폭 희생자를 추모하는 유리 벽(나가사키 평화메모리얼長崎 平和公園, Japan)

Music
Gallery

### ※ 연습문제

1. 외부공간에 적용 가능한 유리의 이름을 적고 그 화학적 성분을 설명하시오.
2. 유리에 많이 함유되는 원료를 순서대로 5개 정도 나열하고 각각의 특성을 설명하시오.
3. 강화유리의 제조방법과 강도가 커지는 이유를 설명하시오.
4. 유리의 산과 알칼리에 대한 성질로 인한 문제점과 이에 대한 대처방안을 설명하시오.
5. 온실의 채광 및 보온 효과를 유지하기 위해 어떤 유리를 사용하는 것이 효과적인지 알아보시오.
6. 유리의 광학적 성질을 설명하시오.
7. 외부공간에 적용 가능한 유리제품의 사례를 들고 특성을 설명하시오.
8. 재활용 유리의 적용 사례를 들어 사용효과를 설명하시오.

### ※ 참고문헌

대한건축학회. 『건축 텍스트북 건축재료』. 서울: 기문당, 2010, 350~363쪽.

임연웅. 『디자인재료학』. 서울: 미진사, 1995, 295~321쪽.

정용식. 『건축재료학』. 서울: 서울산업대학출판부, 1989, 89~105쪽.

황용득. 『재료의 미학(돌, 철 그리고 나무)』. 경기: 도서출판 조경, 2004, 252~269쪽.

Hegger, Manfred; Volker Auch-Schweik; Matthias Fuchs; Thorsten Rosenkranz. *Construction Materials Manual*. Basel: Birkhäuser, 2006, pp. 84-89.

Holden, Robert; Jamie Liversedge. *Costruction for Landscape Architecture*. London: Laurence King Publishing Ltd., 2011, pp. 84-88.

Lyons, Arthur R. *Materials for Architects and Builders*. London: Arnold, 1997, pp. 153-171.

### ※ 관련 웹사이트

한국유리공업협동조합(http://www.glasskorea.org)

### ※ 관련 규정

한국산업규격

- KS F 2300 유리섬유 단열재의 단열 성능 시험 방법
- KS F 4802 유리섬유 강화 폴리에스테르 골판
- KS F 4903 속빈 유리 블록
- KS L 0004 유리 분야의 표준 용어
- KS L 2002 강화 유리
- KS L 2003 복층 유리
- KS L 2004 접합 유리

KS L 2005 무늬 유리
KS L 2006 망 판유리 및 선 판유리
KS L 2008 열선 흡수 판 유리
KS L 2011 X선 방호용 납 유리
KS L 2012 플로트 판유리 및 마판 유리
KS L 2014 열선 반사 유리
KS L 2015 배강도 유리
KS L 2308 소오다석회 유리의 화학 분석 방법
KS L 2313 유리로빙
KS L 2314 처리된 유리 직물
KS L 2315 유리 로빙포
KS L 2327 절단 유리 섬유 매트
KS L 2513 유리 섬유 일반 시험 방법
KS L 2518 유리 섬유 용어
KS L 2521 도로 표지 도료용 유리알
KS L 2523 막 구조용 무처리 유리포
KS L 2524 표면 피복용 유리 직물
KS L 2526 플루오르화 유리의 화학적 내구성 시험방법
KS L 8514 재활용 결정화 유리
KS L ISO 1887 유리섬유-강열감량 측정방법
KS L ISO 9385 유리 및 도자기의 누프 경도 시험 방법

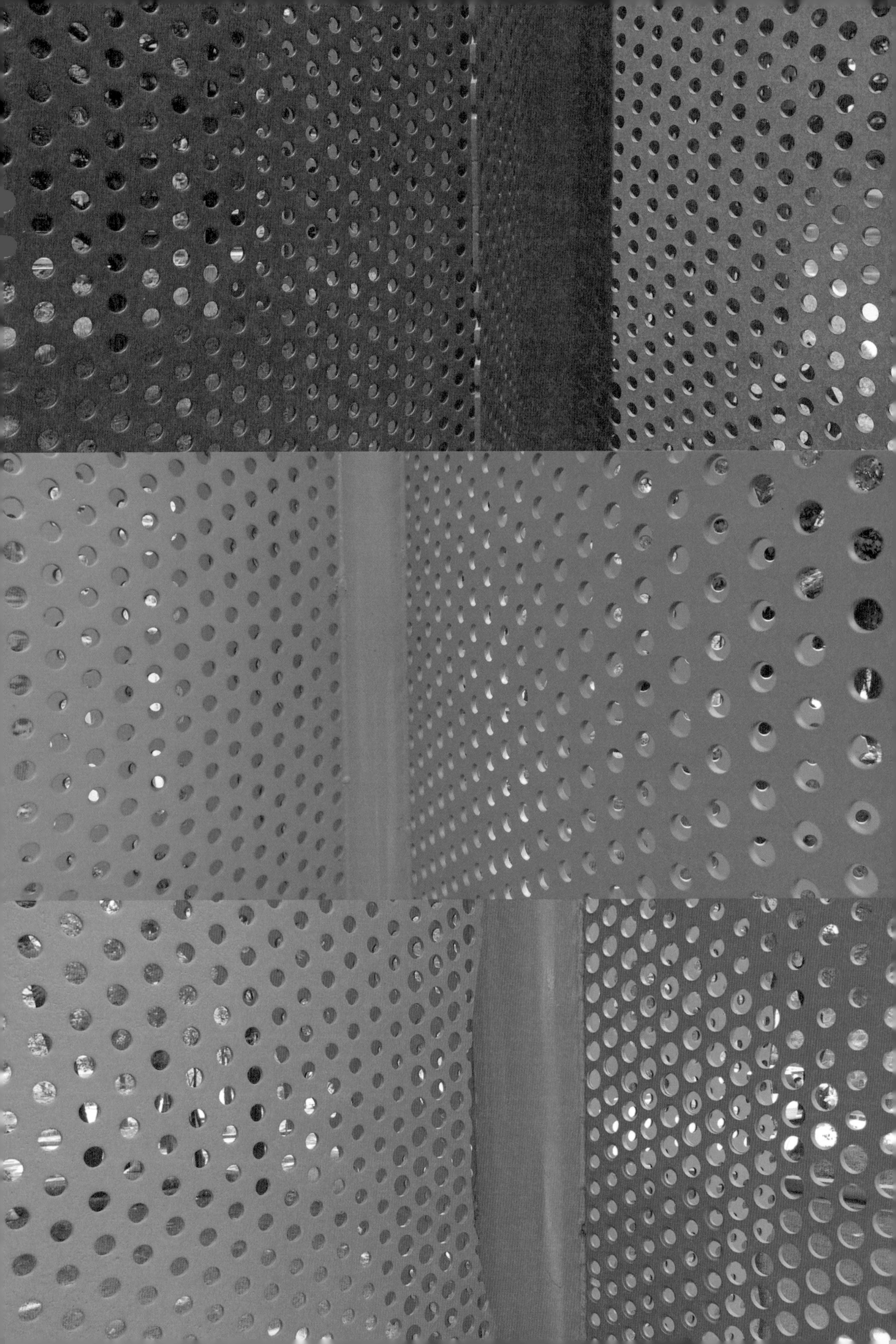

# 14

# 도료

## 1. 개요

도료(塗料)란 유동 또는 분말 상태로 물체의 표면에 도포하면 물리적 또는 화학적으로 변화되어 시간이 경과함에 따라 그 표면이 고화하여 연속적인 피막을 형성함으로써 미감을 부여하고 물체를 보호하는 물질을 말한다.
도료를 만드는 데 있어 자연자원 채취에서부터 제품생산에 이르기까지 전 과정에서 소비되는 에너지인 체화에너지(embodied energy)가 많이 소모된다. 또한 도료에는 합성 솔벤트와 같은 휘발성 유기화합물(VOCs; volatile organic compounds)이 포함되며, 유기용제 및 안료 등에는 중금속과 합성수지가 포함되어 있는데, 이러한 물질들은 대기오염, 수질오염, 산업폐기물, 악취, 광화학 스모그 등 공해의 주요한 발생원인이 되고 있다. 최근 이러한 문제를 개선하기 위해 자연적이거나 친환경적인 무공해 및 저공해 도료의 개발이 활발히 이루어지고 있다.

## 2. 도장

### 가. 도장의 목적

도장(塗裝)은 도료를 사용하여 물체의 표면에 도막을 형성하는 작업공정을 말한다. 구조물, 옥외시설물 등의 표면에 도장하면 내식성, 방부성, 내후성, 내화

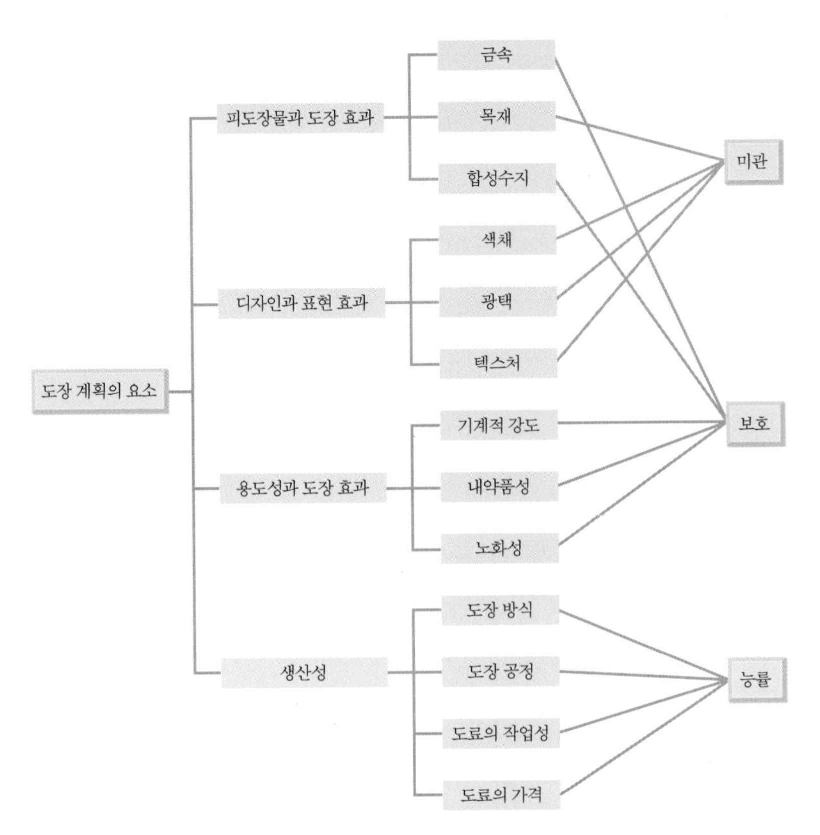


14-1 도장 계획의 요소

성, 내열성, 내구성, 내화학성, 방수성, 방습성, 내마모성 등을 높여 물체를 보호할 수 있고, 착색, 광택, 무늬 등으로 외관을 아름답게 할 수 있다.

### 나. 도장 계획 시 고려사항

① 피도물의 소재(금속, 목재, 콘크리트, 합성수지 등)와 그에 따른 상태나 형상, 사용하고자 하는 목적 등을 고려하여 적합한 도료를 선정하고, 주위환경과 조화를 이루는 기능적인 색채와 광택을 결정한다.

② 금속의 경우 종류에 따른 부식 방지효과와 도료의 부착성을 고려하여 도료를 선정한다. 목재는 색채와 광택은 물론 도막의 투명성과 목재의 수축팽창에 따른 도료의 탄성을 고려해야 하며 습기에 견디는 도장을 해야 한다. 한편 외관 도장 시에는 비바람과 공해 등으로 인한 오염을 고려하여 도료를 선정한다.

③ 도료의 작업성, 건조성, 물리화학적 조건, 도장 후 내구성 등을 고려해 각 피도물의 성질에 적합한 도료를 선택한다.

④ 도장 후 미적·심리적 효과를 얻기 위해 색채나 질감을 결정한다.

## 3. 도료의 구성

도료는 유지 및 수지 등 도막 주요소, 도막성능을 향상시키기 위해 첨가하는 첨가제 등 도막부요소, 안료, 용제 등으로 구성된다.

### 가. 도막 주요소

유지 및 수지와 같이 도포한 후 도막으로 남는 성분으로, 도료의 가장 중요한 성분이다. 저분자화합물로는 도막에 요구되는 기계적 · 화학적 성질을 얻을 수 없기 때문에 고분자화합물을 이용한다.

1) 유지(油脂)

도장 후에 공기 중 산소와 화합하여 경화되고, 건조 후에는 견고한 도막의 일부가 된다. 도료에 사용되는 유지는 대부분이 지방유로 아마인유, 대두유, 피마자유, 야자유, 마실유 등 식물유와 동물유이며 주로 건성유이다.

2) 수지(樹脂)

용제나 유지에 용해되어 있으나 도장 후에는 도막의 일부가 된다. 천연수지와 합성수지가 있는데, 합성수지는 열가소성 수지와 열경화성 수지로 구분된다. 천연수지는 융점이 높고 옅은 색일수록 품질이 좋아서 바니시를 만들면 내구성이 있다. 근래에는 합성수지가 다양하게 개발되어 천연수지는 일부 도료에서만 사용되고 대부분 합성수지가 사용되고 있다.

(1) 천연수지: 송진, 셸락, 댐머, 앰버 등

(2) 열가소성 수지: 염화비닐, 염화고무, 스틸렌 수지, 아크릴 수지 등

(3) 열경화성 수지: 페놀 수지, 알키드 수지, 에폭시 수지, 폴리우레탄 수지, 요소 수지, 불소 수지, 불포화 폴리에스테르 수지 등

### 나. 도막 부요소

도료의 제조, 저장, 도막형성 과정에서 필요한 여러 성질을 향상시키기 위해 첨가하는 보조제로 건조제, 가소제, 분산제 등이 있다.

1) 건조제(dryer)

도료의 건조를 촉진시키기 위해 사용하는 금속이나 그 화학물을 말하며, 일반적으로 납, 망간, 코발트의 산화물이나 염류 등이 사용된다.

2) 가소제(plasticizer)

건조된 도막에 탄성, 교착성, 가소성 등을 줌으로써 내구력을 증가시키는데 사용되는 재료이다. 가소제가 안료를 골고루 퍼지도록 하는 전색제에

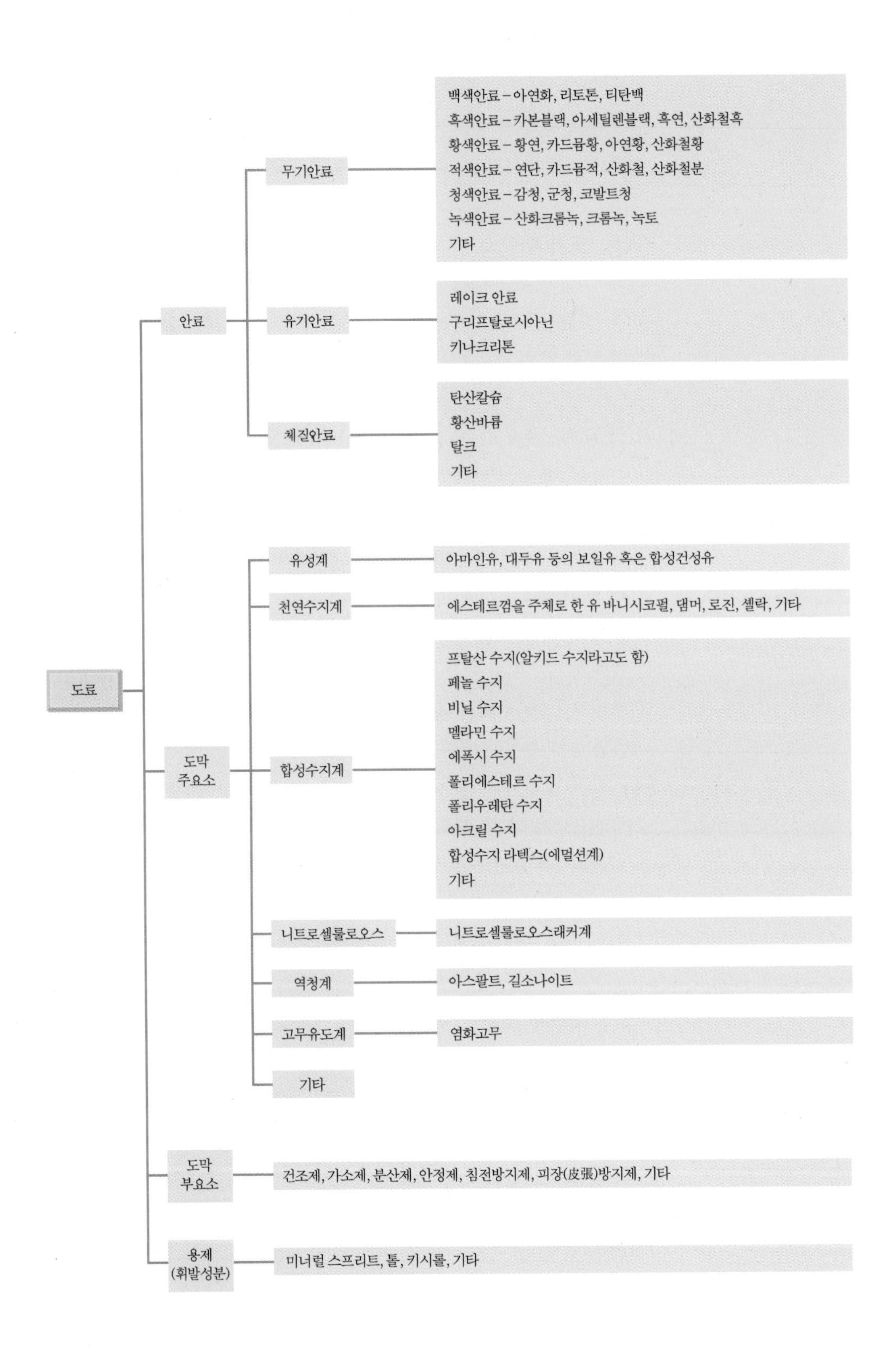
도료
안료
무기안료
백색안료 - 아연화, 리토톤, 티탄백
흑색안료 - 카본블랙, 아세틸렌블랙, 흑연, 산화철흑
황색안료 - 황연, 카드뮴황, 아연황, 산화철황
적색안료 - 연단, 카드뮴적, 산화철, 산화철분
청색안료 - 감청, 군청, 코발트청
녹색안료 - 산화크롬녹, 크롬녹, 녹토
기타
유기안료
레이크 안료
구리프탈로시아닌
키나크리톤
체질안료
탄산칼슘
황산바륨
탈크
기타
도막 주요소
유성계
아마인유, 대두유 등의 보일유 혹은 합성건성유
천연수지계
에스테르껌을 주체로 한 유 바니시코펄, 댐머, 로진, 셀락, 기타
합성수지계
프탈산 수지(알키드 수지라고도 함)
페놀 수지
비닐 수지
멜라민 수지
에폭시 수지
폴리에스테르 수지
폴리우레탄 수지
아크릴 수지
합성수지 라텍스(에멀션계)
기타
니트로셀룰로오스
니트로셀룰로오스래커계
역청계
아스팔트, 길소나이트
고무유도계
염화고무
기타
도막 부요소
건조제, 가소제, 분산제, 안정제, 침전방지제, 피장(皮張)방지제, 기타
용제 (휘발성분)
미너럴 스프리트, 톨, 키시롤, 기타

14-2 도료의 원료

대해 친화성이 없을 경우 도막 표면에서 분리되거나 결함이 생기므로 적합한 것을 사용해야 한다. 가소제는 프탈산 티부틸, 프탈산 디옥틸, 인산트라이크레실, 피마자유, 세바신산 에스테르 등이 있다.

3) 분산제(dispersing agent)

도료의 큰 입자나 응집한 입자를 분쇄하여 만든 미소 입자가 다시 응집하는 것을 방지하기 위해 가하는 계면활성제, 고분자 물질 등을 말한다.

### 다. 안료

안료(pigment)는 물, 기름, 기타 용제에 녹지 않는 착색분말로, 전색제와 섞어서 사용하는데 도료를 착색하고 유색의 불투명한 도막을 형성하여 도막의 기계적 성질을 보강한다. 또한 방청(연단, 징크로메이드 등), 독성(산화수은, 아산화동), 방화(인산화합물, 할로겐화합물) 등 특수한 효과를 얻기 위한 것도 있다.

1) 무기안료(inorganic pigment)

광물성 안료로 내광성, 내열성이 크고 유기용제에는 녹지 않는다. 유기안료에 비해 색상이 선명하지 않지만, 변색이 잘 안 되고 화학적으로 안정되어 있어 내구성이 높다.

(1) 백색안료: 아연화, 리토폰, 티탄백

(2) 흑색안료: 카본블랙, 아세틸렌블랙, 흑연, 산화철흑

(3) 황색(등색)안료: 황연, 카드뮴황, 아연황, 산화철황

(4) 적색(갈색)안료: 연단, 카드뮴적, 산화철, 산화철분

(5) 청색안료: 감청, 군청, 코발트청

(6) 녹색안료: 산화크롬녹, 크롬녹, 녹토

2) 유기안료(organic pigment)

유색의 유기 화합물을 색소의 주체로 하는 안료로, 수용성기를 함유하지 않는 안료와 수용성 염료를 불용화한 레이크 안료가 있다. 구리프탈로시아닌, 키나크리돈 등이 유명하다. 일반적으로 색깔이 선명하고 종류가 많으며 착색력이 크지만, 내광성, 견뢰도, 내열성, 내용제성은 무기안료에 미치지 못한다.

3) 체질안료(body pigment)

무기안료의 일종으로, 대체로 무색투명하고 도료의 착색과는 관계가 없으며, 초벌바름용 및 증량제나 내구력을 보강하기 위해 사용된다.

### 라. 용제

도료의 점도를 조절하여 도장 작업성을 높이고 건조가 원활하게 되도록 하

는데, 도장 후 증발되어 도막에 남지 않는다. 일반적으로 용제(solvent)에 필요한 성질로는 용해성이 좋고 적당한 휘발속도를 가지고 있어야 한다. 또한 불휘발성 성분을 함유하지 않고, 색은 무색 또는 담색이어야 하며, 휘발증기에 중독성과 악취가 없어야 한다. 화학구조에 따라 탄화수소계, 알코올류, 케톤류, 에스테르류, 에테르류로 구분한다.

## 4. 도료의 분류

### 가. 도료의 분류기준

도료는 용제 종류, 수지 종류, 도료 상태 및 성능, 도장 공정, 피도물 종류, 도막 상태, 경화 방식 등 다양한 기준에 의해 분류된다.

### 나. 한국산업규격에 따른 분류

한국산업규격에서는 수성도료, 유성도료, 방청도료, 래커도료, 바니시, 도료용 희석제, 분체도료 등으로 분류하여 규격을 정하고 있으며, 각 규격별로 세부적으로 종을 분류하고 있다.

### 다. 각종 도료의 성능비교

조합 페인트, 유성 바니시, 래커 클리어, 래커 에나멜, 에폭시 도료, 폴리우레탄 도료 등 대표적인 도료는 내후성, 내수성, 내열성, 난연성 등 고유한 성능을 갖고 있다. 이에 따라 각종 도료는 성능에 따라 목부, 철부, 콘크리트 등 적용 장소가 달라지므로 적절히 사용해야 한다.

1 1액형 도료와 2액형 도료는 경화제의 사용 여부에 따른 구분이다. 주위에서 손쉽게 구입할 수 있는 래커나 에나멜 및 수성 페인트는 1액형 도료로, 별도의 경화제 없이 시간이 경과함에 따라 건조되면서 피도 면을 미려하게 꾸미거나 보호하는 기능을 하는 도료인 반면, 2액형은 반드시 경화제를 혼합하여 도장해야만 건조되는 도료를 지칭한다. 2액형에 화학반응을 촉진시키거나 수지의 강화 및 가교화를 촉진시키는 촉진제를 넣게 되면 3액형이 된다. 1액형=원액(주제)+희석제, 2액형=원액(주제)+희석제+경화제, 3액형=원액(주제)+희석제+경화제+촉진제

〈표 14-1〉 도료의 분류

| 분류기준 | 종류 |
|---|---|
| 용제 종류별 | 수성도료/유성도료, 용제형 도료/무용제형 도료 |
| 수지 종류별 | 알키드계, 아크릴계, 염화고무계, 염화비닐계, 에폭시계, 우레탄계, 불소계, 실리콘계, 오일계 |
| 도료 상태별 | 액체도료(1액형 도료/2액형 도료)[1], 분체도료 |
| 도료 성능별 | 방청도료, 방염도료, 내화도료, 방균도료, 결로방지용 도료, 반사도료, 발수도료, 방수도료 |
| 도장 공정별 | 초벌마름용(프라이머용), 재벌마름용, 정벌마름용, 퍼티 |
| 피도물 종류별 | 무기질계용 도료, 금속용 도료, 목재용 도료, 합성수지용 도료 |
| 도막 상태별 | 투명도료/유색도료, 무늬도료, 유광도료/반광도료/무광도료 |
| 경화 방식별 | 상온 건조형, 가열 건조형, UV(자외선) 경화형, EB(전자 빔) 경화형, VC(증기) 경화형 |

〈표 14-2〉 한국산업규격별 분류

| 규격번호 | 규격명 | 종류 | 종명 |
| --- | --- | --- | --- |
| KS M 6010 | 수성도료 | 1종 | 합성수지 에멀션 페인트(외부용) |
| | | 2종 | 합성수지 에멀션 페인트(내부용) |
| | | 3종 | 합성수지 에멀션 퍼티 |
| KS M 6020 | 유성도료 | 1종 | 조합 페인트 |
| | | 2종 | 자연 건조용 에나멜 유광, 반광, 무광 |
| | | 3종 | 알루미늄 페인트 |
| | | 4종 | 아크릴 도료 |
| KS M 6030 | 방청도료 | 1종 | 광명단 조합 페인트 |
| | | 2종 | 크롬산아연 방청 페인트 |
| | | 3종 | 아연분말 프라이머 |
| | | 4종 | 에칭 프라이머 |
| | | 5종 | 광명단 크롬산아연 방청 프라이머 |
| | | 6종 | 타르 에폭시 수지 도료 |
| KS M 6040 | 래커도료 | 1종 | 래커 프라이머(금속 표면 처리 도장용) |
| | | 2종 | 래커 퍼티(초벌바름 수정 도장용) |
| | | 3종 | 래커 서페이서(초벌바름, 재벌바름용) |
| | | 4종 | 목재용 우드 실러 |
| | | 5종 | 목재용 샌딩 실러 |
| | | 6종 | 정벌바름 마감용 투명 래커 |
| | | 7종 | 정벌바름 마감용 래커 에나멜 |
| KS M 6050 | 바니시 | 1종 | 스파 바니시 |
| | | 2종 | 우레탄 변성 바니시 |
| | | 3종 | 알키드 바니시 |
| KS M 6060 | 도료용 희석제 | 1종 | 알키드 또는 페놀 에나멜 및 바니시용 |
| | | 2종 | 조합 페인트용 |
| | | 3종 | 니트로셀룰로오스 래커용 |
| | | 4종 | 아크릴 에나멜용 |
| KS M 6070 | 분체도료 | 1종 | 강관용 에폭시 분체 도료 |
| | | 2종 | 봉강용 에폭시 분체 도료 |
| | | 3종 | 폴리에스테르 분체 도료 |

〈표 14-3〉 **각종 도료의 성능비교**

| 도료의 종류 | 건조과정 | 건조시간 | 내후성 | 내휘발성 | 내산성 | 내알칼리성 | 내수성 | 내열성 | 난연성 | 굴곡성 | 적용장소 | | | |
|---|---|---|---|---|---|---|---|---|---|---|---|---|---|---|
| | | | | | | | | | | | 목부 | 철부 | 경금속 | 콘크리트 |
| 조합 페인트 | 상온 S | 20 | ◎ | △ | △ | × | ◎ | △ | × | ◎ | ◎ | ◎ | ○ | △ |
| 유성 바니시 | 상온 S | 10 | △ | △ | △ | × | ◎ | △ | × | ○ | ◎ | ◎ | ○ | × |
| 래커 클리어 | 상온 E | 1 | ○ | △ | ○ | ○ | ◎ | △ | × | × | ◎ | ○ | ○ | × |
| 래커 에나멜 | 상온 E | 1 | ○ | ◎ | ○ | ○ | ◎ | ○ | × | ○ | ◎ | ◎ | ○ | × |
| 하이솔리드 래커 | 상온 E | 1 | ◎ | ◎ | ○ | ○ | ◎ | ○ | × | ○ | ◎ | ◎ | ○ | × |
| 페놀 수지 도료 | 상온 S | 10 | △ | ◎ | ◎ | ○ | ◎ | ○ | × | △ | ◎ | ○ | ○ | × |
| 멜라민 수지 도료 | 소부 120°C | 0.5 | ◎ | ◎ | ◎ | ○ | ◎ | ○ | ○ | ○ | × | ◎ | ○ | × |
| 알키드 수지 에나멜 | 상온 S | 15 | ◎ | ◎ | △ | × | △ | ○ | × | ◎ | ◎ | ◎ | ○ | × |
| 초산비닐 아크릴 도료 | 상온 E | 1 | ○ | ◎ | ◎ | ◎ | ◎ | ○ | ◎ | ◎ | ◎ | ◎ | ○ | ○ |
| 아크릴 에멀션 페인트 | 상온 E | 1 | ○ | ◎ | ○ | ○ | ○ | ○ | ◎ | ◎ | ◎ | × | × | ◎ |
| 비닐계 에멀션 페인트 | 상온 E | 1 | ○ | ◎ | ○ | ○ | ○ | ○ | ◎ | ◎ | ◎ | × | × | ◎ |
| 에폭시 도료 | 상온 R | 4 | △ | ◎ | ◎ | ◎ | ◎ | ◎ | ◎ | ◎ | ○ | ◎ | ◎ | ○ |
| 폴리우레탄 도료 | 상온 R | 4 | ◎ | ◎ | ◎ | ◎ | ◎ | ◎ | ◎ | ◎ | ○ | ◎ | ○ | ○ |
| 알루미늄 페인트 | 상온 S | 15 | ◎ | ◎ | △ | × | ◎ | ◎ | ○ | ○ | ○ | ◎ | ○ | × |
| 염화고무 도료 | 상온 E | 1 | ◎ | ◎ | ◎ | ◎ | ◎ | ○ | ◎ | ◎ | ◎ | ○ | △ | ◎ |
| 염화비닐 도료 | 상온 E | 1 | ○ | ◎ | ◎ | ◎ | ◎ | ○ | ◎ | ◎ | ◎ | ◎ | ○ | ◎ |
| 아스팔트계 도료 | 상온 E | 1 | △ | ◎ | ◎ | ◎ | × | × | × | ○ | ○ | ○ | × | ○ |

자료: 대한건축학회 편(2010), 『건축 텍스트북 건축재료』, 443쪽.
S: 산화건조형, E: 증발건조형, R: 반응형, ◎: 양호, ○: 가능, △: 불충분, ×: 불량

## 5. 도료의 종류별 특성과 용도

도료는 회사별로 각각 차이가 있어 현장여건, 도장방법, 바탕별 특성을 고려하여 도료생산업체와 협의하여 사용한다. 한국페인트·잉크공업협동조합에서는 「산업표준화법」 제27조(단체표준의 제정 등)에 근거하여 국가표준이 규정하지 않는 부분의 세부적 보완, 국가표준과 사내표준의 교량적 역할 수행, 소비자의 다양한 욕구와 신기술, 신상품, 특수제품의 표준화 수요에 신속대응, 제품의 품질수준 향상으로 소비자보호에 기여 등의 필요에 의해 비주석계 자기 마모형 방오도료, 미끄럼 방지용 에폭시 도료, 우레탄계 도료, 수용성 무기질 아연말 도료 등 22개의 단체표준을 인증하고 있다.

〈표 14-4〉 **도료의 종류별 특성과 용도**

| 적용부위 | 적용 페인트 | | 특성과 용도 |
|---|---|---|---|
| 콘크리트 면 및 모르타르 면 | 유성 | 자연건조형 불소수지 페인트 | • 도막층: 에폭시 초벌도장 + 불소수지 초벌도장 + 불소수지 정벌도장<br>• 가장 내후성 뛰어난 도료로 해안지역, 공해지역 등 오염지역과 외부용으로 주로 사용 |
| | | 아크릴 우레탄 페인트 | • 도막층: 에폭시 초벌도장 + 아크릴 우레탄 정벌도장<br>• 내후성 도료로 해안지역, 공해지역 등의 오염지역에 사용 |
| | 수성 | 외부용 수성 페인트 | • 클리어 실러 + KS M 6010 1종 합성수지 에멀션 페인트(외부용) |
| | | 내부용 수성 페인트 | • 클리어 실러 + KS M 6010 2종 합성수지 에멀션 페인트(내부용) |
| | | 수성 침투성 실러 (클리어 실러) | • 수성 페인트의 초벌도장으로 콘크리트 백화현상 방지하고 정벌도장 시 수성 페인트와 부착력 증진 |
| | | 실리콘 페인트 | • 도막층: 클리어 실러 + 실리콘 페인트 |
| | | 무기질 실리케이트 페인트 | • 콘크리트 성분과 물리·화학적 결합을 이루는 무기질계 포타슘 실리케이트 수지 사용<br>• 방균성, 콘크리트 강도 보강, 친환경성 등의 물성이 우수한 내외부용 수성 페인트 |
| | | 친환경 페인트 | • 도막층: 클리어 실러 + 친환경 페인트<br>• VOCs 및 HCHO가 낮고, 중금속이 함유되어 있지 않은 페인트 |
| 외부 철재 구조물 | 아크릴 우레탄 페인트 | | • 도막층: 에폭시 방청 프라이머 + 아크릴 우레탄 정벌도장<br>• 내후성, 내마모성, 방청성, 내수성 등 물리·화학적 물성이 우수한 조합 페인트 |
| | 조합 페인트 | | • 도장시방: 광명단 방청 페인트 + 조합 페인트<br>• 가격이 경제적이고 작업이 용이하며 유연성 있음, 두꺼운 도막 유리 |
| 목재 부위 | 목재용 우레탄 페인트 | | • 도막층: 목재용 우레탄 초벌도장 + 목재용 우레탄 정벌도장<br>• 래커 페인트보다 건조 느리나 내외부용으로 유색/투명, 유광/무광/반광 선택 가능 |
| | 목재용 래커 페인트 | | • 도막층: 래커 서페이서 + 유색 래커 정벌도장/래커 샌딩 실러+ 래커 투명 정벌도장<br>• 연마가 용이하고 건조가 빠른 내부용으로 유색/투명, 유광/무광/반광 선택 가능 |

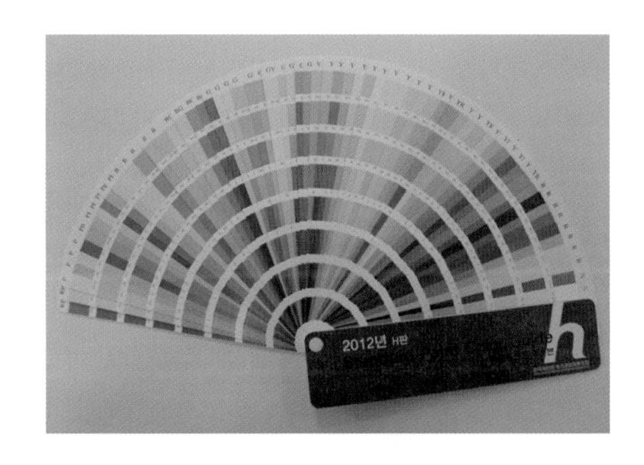


14-3 단체표준인증 도료 품질보증
14-4 2012년 도료용 표준색 견본(자료: 한국페인트·잉크공업협동조합)

## 6. 조색법

도료에는 착색안료의 종류에 따라 여러 가지 색이 있으며, 각기 다른 특징을 갖는다. 원색이란 단일안료를 사용한 도료를 말하는데, 각종 원색을 사용하여 지정된 색을 배합하는 작업을 조색 또는 색배합이라 한다.

### 가. 조색의 기본원리

① 상호 보색인 색을 배합하면 탁색이 된다.

② 도료를 혼합하면 명도, 채도가 낮아지며, 색의 종류가 많을수록 검정에 가까워진다.

③ 유시색을 혼합하면 채도가 낮아진다.

④ 양이 많은 원색을 먼저 조합하고 소량인 색을 첨가한다.

⑤ 흐린 색(명도가 높은 색)을 먼저 조합하고 짙은 색으로 명도와 채도를 조절한다.

### 나. 조색의 방법

1) 육안 조색법

경험에 의해 직접 눈으로 색상을 관찰하며 손으로 조색하는 방법으로, 많은 경험과 숙련이 필요하다.

2) 계량 조색법

조색 데이터를 기초로 원색을 이용하여 사용량을 저울의 눈금에 따라 무게 비율대로 적절히 배합해서 하는 방법으로, 색상의 오차를 줄이고 능률을 향상시킨다.

3) 컴퓨터 조색법

각 원색의 특정치를 컴퓨터에 입력시켜 놓고 조색하고자 하는 색상 견본의 반사율을 측정해서 원색의 배합률 계산을 컴퓨터로 하는 방법이다.

### 다. 조색의 순서

① 원색이 가지고 있는 색상, 명도, 채도를 판정하여 주제색과 첨가색을 정하고 배합량을 정한다.

② 주제색에 첨가색을 넣어 색상이 원색보다 흐린 듯하게 배합하고 첨가색을 조금씩 넣으면서 밝기와 색조를 조절하여 실험조색을 한다.

③ 도장하고자 하는 물체에 도장방법과 동일한 조건에서 시험도장을 한다.

④ 적절한 장소에서 목표색과 혼합색을 비교한다.

⑤ 부족한 색을 식별하여 추가조색을 한다.

### 라. 조색 시 주의사항

① 조색용 원색의 첨가수량을 최소화하여 선명한 색상을 만든다.
② 조색작업 시 많이 소요되는 색과 밝은 색부터 혼합한다.
③ 칠할 양의 80% 정도만 조색하여 추가조색에 따라 양이 과다하게 증가하는 것을 방지한다.
④ 항상 무게와 부피 등을 측정하여 혼합비율에 따른 색상 데이터를 만들어 놓는다.
⑤ 계통이 다른 도료와의 혼용을 피한다.
⑥ 조색 시 사용하는 용기나 교반봉 등은 항상 청결하게 유지한다.

## 7. 도장방법

도장에 사용되는 방법으로는 솔칠, 롤러도장, 뿜칠, 침적, 분체도장, 전착도장이 있다. 솔칠은 붓을 이용한 가장 손쉬운 도장이나 소량의 도장에만 사용되고 있어 조경분야에서 산업적으로 사용하는 경우는 드물고, 목재방부를 위한 침적, 조경시설물 및 체육시설을 도장하는 데 분체도장 및 전착도장을 사용하고 있다.

## 8. 건조방식

액상이나 분체 상태의 도료가 도장된 후 고체화하여 균일한 도막을 형성하는 것을 건조라고 한다. 일반적으로 도료의 건조는 온도가 높고 습도가 낮으며 환기가 잘되는 곳에서 잘 이루어진다.
건조방식은 건조조건에 따라 자연건조와 가열건조로 나눌 수 있으며, 건조작용에 따라 산화건조, 휘발건조, 축합건조, 중합건조가 있다.
① 자연건조: 도장한 후 단순히 상온에서 경화하는 것으로, 유성도료, 수성도료, 바니시, 래커도료, 에멀션도료, 비닐수지도료 등에 사용된다.
② 가열건조: 도장한 후 가열하여 경화하는 것으로, 주로 중합의 형성에 가열이 필요한 합성수지도료(아미노알키드 수지, 에폭시 수지, 페놀 수지 등)에 많이 사용된다.

〈표 14-5〉 **도장방법별 특성**

| 종류 \ 구분 | 개요 | 장점 | 단점 | 용도 |
|---|---|---|---|---|
| 솔칠 (brushing) | 붓을 이용하여 도료를 칠하는 가장 손쉬운 도장 방법 | • 손쉽게 도장 가능함.<br>• 소재의 구석구석에 도장 가능함.<br>• 피도물의 형상에 맞는 도장방법임.<br>• 뒷마무리가 쉬움. | • 붓자국이 남음.<br>• 도막을 균일하게 다듬기 어려움.<br>• 속건성 도료는 붓을 반복. 해 칠하기 어려움.<br>• 능률이 떨어짐. | 소형, 소량의 피도물 |
| 롤러도장 (roller coating) | 롤러를 상하좌우로 이동시켜 도료를 칠하는 방법 | • 높은 곳이나 넓은 곳의 도장에 적합함.<br>• 구조물의 도장에 효과적임.<br>• 도장 능률이 뛰어남. | • 용접부나 거친 표면의 도장이 어려움.<br>• 1회 도장 부위 면적이 제한적임.<br>• 기포가 생길 우려가 있음. | 실내 천장이나 벽 등 넓은 면적 |
| 뿜칠 (spraying) | 스프레이건으로 압축공기의 분무상으로 도료를 뿜어 피막을 형성 | • 건조가 빠른 도료의 도장이 가능함.<br>• 균일한 도장 면을 얻을 수 있음.<br>• 도장 능률이 뛰어남. | • 도료의 공중분산으로 환경오염 우려가 있음.<br>• 도료의 손실이 많아질 수 있음. | 구조물 |
| 침적 (dipping) | 피복물을 도료탱크 속에 침전 후 꺼내서 건조 | • 조작이 간단함.<br>• 도료 손실이 적고 복잡한 형상의 도장에 적합함.<br>• 초벌바름에 최적의 방법임. | • 저점도의 침전이 없는 도료에 한정하여 사용 가능 | 녹막이칠, 목재 방부 |
| 분체도장 (power coating) | 음(−)으로 대전된 에폭시나 폴리에틸렌계 분말상 도료를 피도물에 분사하여 전기적 작용으로 부착시킨 후 가열 경화시켜 도막 형성 | • 화재위험, 대기오염, 공해가 적음.<br>• 내식성, 접착성이 뛰어남.<br>• 도막 형성 시 주름이나 흐름현상이 없음.<br>• 도장작업이 간편하여 도장공정 단축이 가능함. | • 색상 변경이 곤란함.<br>• 전용도장기 필요함.<br>• 현장시공 불가능함.<br>• 가열건조 온도가 높음.<br>• 분체도장 후 소부(燒付) 처리해야 함. | 조경시설물, 건축자재, 운동체육시설 |
| 전착도장 (electrostatic painting) | 비교적 저농도로 희석된 전착도료를 탱크에 채우고 전도성이 있는 피도체를 담궈 도료와 반대 전하를 갖도록 전류를 흐르게 하여 전기적 인력으로 도장하는 방법 | • 담갔다 내놓는 것이므로 도료가 구석구석까지 들어감.<br>• 균일하고 불용성의 도장 면을 얻을 수 있어 고도의 방청성을 가짐.<br>• 금속도장에 널리 이용함. | • 여러 가지 장치가 필요함.<br>• 일정한 두께 이상은 부착하지 않음.<br>• 색상교환이 어렵거나 불가능함. | 자동차, 전기기기 |

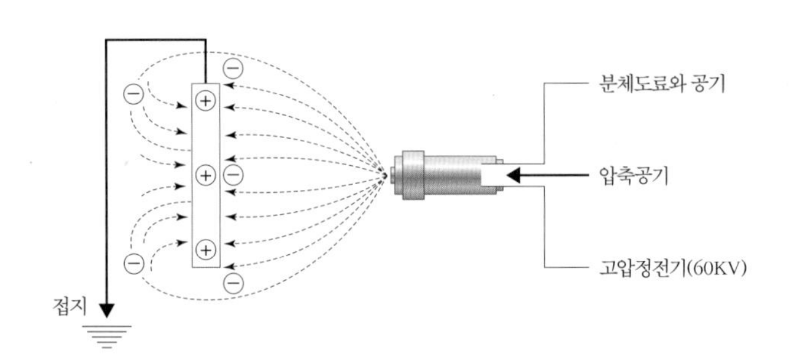


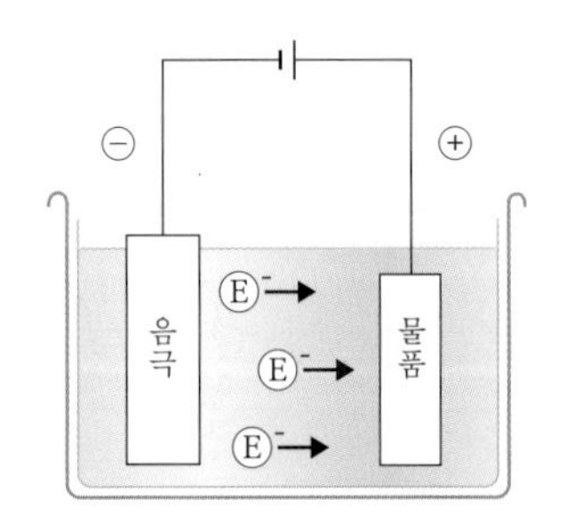


14-5 분체도장의 원리
14-6 전착도장의 원리

## 9. 각부 바탕별 도장

각각의 재료에 도장을 하기 위해서는 먼저 바탕의 상태를 점검하여 결함을 유발할 수 있는 이물질, 균열, 공극, 녹 등 문제점을 미리 제거하고, 도료가 소재에 양호하게 부착될 수 있도록 깨끗하게 처리해야 한다. 이러한 표면처리를 통해 바탕 면을 안정화하여 내구성을 향상시킬 수 있고 도료의 밀착성을 높일 수 있다. 표면처리가 끝나면 프라이머를 사용하여 바탕 면과 외부도장이 상호 결합할 수 있도록 밑칠을 하고, 이어 외부마감도장을 실시한다. 외부 표면에 사용하는 도료는 다양한 제품이 개발되어 있으므로 제품 선택 및 세부 시공사항은 선정된 도료생산 전문업체의 특기 시방을 적용하는 것이 좋다.

### 가. 도장 시 주의사항

① 도장에 사용하는 재료는 한국산업규격에 적합한 것을 선택해야 하고, 도료 생산업체의 지침서, 유효기간, 보관방법, 사용방법을 검토한 후 사용해야 한다.

② 여러 차례 도장을 할 경우에는 반드시 앞에 시행된 도장상태를 점검한 후 이상이 없을 때 다음 도장작업을 진행한다.

③ 화재 및 폭발 등의 안전사고를 방지하기 위해 도장재와 용제, 기타 인화성 재료는 취급에 주의를 해야 하며, 청결한 상태에서 작업해야 한다.

④ 기온 5°C 이하, 습도 85% 이상, 혹서기, 강우 시에는 도장을 해서는 안 되며, 맑고 건조하며 바람이 없는 날 시행한다.

⑤ 도장 면의 보호를 위해 완전히 건조될 때까지 보양을 해야 하며, 필요한 경우에는 줄을 치거나 경고안내판을 설치해야 한다.

### 나. 금속부 도장

금속계 소재를 도장하는 목적은 금속부에 발생하는 부식을 방지하고 미려한 광택과 색채 등으로 제품의 부가가치를 높이는 데 있다. 금속제 재료는 다른 재료에 비해 도료의 흡입이 전혀 없으며 바탕에 요철이 적어 도막의 부착이 가장 어려운 소재이므로 도장이 잘못되면 빠른 기간 내에 도료가 벗겨지고 녹이 발생하는 문제가 발생한다. 금속의 부식은 철이 물에 있는 산소와 만나 발생하며, 대기오염물질과 염분은 부식을 더욱 가속화한다. 따라서 금속 도장에서는 충분한 부착성을 얻을 수 있도록 바탕을 조정해야 하며, 적합한 도료 및 도장방법을 선택해야 한다.

### 1) 바탕 만들기

먼저 오염물, 유류, 녹 등을 제거한 다음 일반 철재부는 인산염 및 크롬산 처리, 금속바탕 처리용 프라이머 칠, 손·기계연마 등으로 바탕을 만들며, 아연도금 면은 금속바탕 처리용 프라이머(primer) 칠이나 황산아연 처리를 한다.

(1) **인산염 및 크롬산 처리**: 인산염 용액에 담그기 처리한 후 70~80℃ 더운물로 씻고 건조한 다음 크롬산에 다시 담가 처리한다.

(2) **금속바탕 처리용 프라이머 칠**: 프라이머를 1회 붓칠 또는 스프레이 도장하고 2시간 정도 건조한다.

(3) **황산아연 처리**: 황산아연 5% 수용액으로 1회 붓칠하고 5시간 정도 건조한다.

### 2) 철재부 및 아연도금 면 유성도료칠

(1) **바탕 만들기**: 연마지 F 120을 이용하여 오염부착물, 유류, 녹 등을 제거한다.

(2) **녹막이도장(1회)**: 에칭 프라이머(KS M 6030)를 0~10% 희석하여 0.09kg/m² 이상 도장하고 12시간 건조한다.

(3) **녹막이도장(2회)**: 아연분말 프라이머(KS M 6030)를 0~10% 희석하여 0.1 kg/m² 이상 도장하고 48시간 건조한다.

(4) **재벌도장(1회)**: 유성도료(KS M 6020)를 0~10% 희석하여 0.12kg/m² 도장하고 12시간 건조한다.

(5) **연마**: 연마지 F 180~240을 이용하여 가볍게 연마한다.

(6) **정벌도장**: 유성도료(KS M 6020)를 0~10% 희석하여 0.1kg/m² 도장하고 12시간 건조한다.

### 3) 시공 시 주의사항

① 시설물의 공장제작 및 현장설치 후 모서리 부분은 둥글게, 용접 부위는 부재의 원상태 표면과 같게 그라인더나 사포로 연마해야 하며, 볼트 구멍 주위, 접합 부분 주위는 철강재의 거스러미가 없게 매끄럽게 처리한 후 녹막이도장을 해야 한다.

② 외부마감도장 전에 녹막이도장 상태를 최종 점검한 후 시행하며, 도장 횟수 및 색채는 설계도면 및 공사시방서에 따른다.

③ 철강재시설의 부식방지를 위해 합성수지 마감을 할 경우에는 사전에 표면을 사포로 평활하게 다듬고 시너 등의 용제로 기름성분을 제거하고 폴리에스테르 수지를 도포한 후 합성수지 피복재를 밀착시켜 부착한다.

④ 유희시설에 색상도장을 할 경우에는 놀이환경에 적합한 색상을 사용하여 그림을 그려야 한다.

## 다. 목재부 도장

목재는 구조가 복잡하고 조직이 불균일하며 수분의 함수상태에 따른 수축팽창이 발생하여 도장이 어려운 소재이다. 그러나 대기에 노출된 목재는 자외선 및 건습이 반복되면서 점차적으로 회색을 띠어가며 노화되므로 이를 방지하고 부패 및 충해를 방지하기 위해, 즉 방부를 하기 위해 도장이 필요하다. 이때 목재 특유의 나뭇결, 모양, 촉감을 살릴 수 있는 투명 도장을 해야 한다. 또한 불투명 도장으로 인해 목재 내부의 리그닌이 광산화(photo-oxidation of lignin)되는 것을 예방하며, 목재의 함수율 증가를 예방하는 소수성(疏水性, hydrophobicity)을 증진하고, 색을 다양하게 연출할 것 등이 요구된다.

보통 목재용 도료는 상온 또는 60°C 이하의 저온에서 건조되고 친수성 물질인 목재의 재질에 잘 부착되는 것이 좋다. 또한 수축팽창에 견딜 수 있으며 열가변성이 적은 강인한 도막을 형성할 수 있어야 한다.

### 1) 바탕 만들기

바탕을 만들기 위해 목재의 함수율은 최대 18% 이하로 한다. 갈라진 부위는 퍼티(putty)로 메우고 24시간 이상 건조하고 못머리는 표면보다 낮게 박고 녹이 우려될 때에는 징크 퍼티를 채운다. 옹이는 셸락니스로 주위를 2회 붓칠하는데 각 회 1시간 이상 건조하고, 송진은 긁어내거나 인두로 지지고 휘발류로 닦는다.

### 2) 목부 도장

(1) 유성도료칠(조합 페인트 사용)

① 바탕 만들기: 표면의 거스러미를 연마지 F 120을 이용하여 평활하게 연마한다.

② 초벌(1회): 백색 또는 담색 목재 프라이머를 0~10% 희석하여 0.1kg/m$^2$ 도장하고 24시간 건조한다.

③ 나뭇결 메우기: 합성수지 퍼티로 균열을 메워 평활하게 하고 24시간 건조한다.

④ 연마: 연마지 F 180을 사용하여 퍼티 및 바탕 표면을 평활하게 한다.

⑤ 재벌(1회): 유성도료를 0~10% 희석하여 0.12kg/m$^2$ 도장하고 12시간 건조한다.

⑥ 정벌(2회): 유성도료 0~10% 희석하여 0.12kg/m$^2$ 도장하고 12시간 건조한다.

(2) 바니시칠

① 바탕 만들기: 표면의 거스러미를 연마지 F 120을 이용하여 평활하게 연

마한다.

② 초벌(1회): 바니시(1액형)를 5~20% 희석하여 도장하고 24시간 이상 건조한다.

③ 연마: 연마지 F 180을 사용하여 바니시 초벌 건조 면을 연마한다.

④ 재벌(1회): 바니시(1액형)를 5~20% 희석하여 도장하고 24시간 이상 건조한다.

⑤ 연마: 연마지 F 240~320을 사용하여 바니시 재벌 건조 면을 연마한다.

⑥ 정벌(1회): 바니시(1액형)를 5~20% 희석하여 도장하고 24시간 이상 건조한다.

바니시칠은 습도 85% 이하에서 외부용 바니시를 사용하여 붓도장을 하는데, 나뭇결에 평행으로 되돌리는 붓칠은 금지한다.

3) 시공 시 주의사항

① 목재시설물을 설치한 후 시설물의 모서리, 위험성이 있는 곳, 거스러미가 있는 부분은 둥그렇게 모를 따고 그라인더나 사포 등으로 연마한다.

② 볼트구멍 주위, 맞물림 부분, 목재와 이음재료 연결 부분은 매끄럽게 처리하고, 볼트머리는 톱밥이나 캡을 사용하여 묻히도록 한다.

③ 목재에 균열이 발생했을 경우에는 동일 성분과 색채를 가진 톱밥이나 퍼티로 충진하고 표면을 평활하게 다듬어야 한다. 단, 균열의 정도가 심할 경우에는 감독자의 지시에 따라 보완조치를 해야 한다.

④ 공사 중에 손상의 우려가 있거나 보호가 필요한 부분은 토분먹임, 종이붙이기, 널대기 등 적당한 방법으로 보양한다.

## 라. 콘크리트부 및 모르타르부 도장

1) 바탕 표면처리

콘크리트나 모르타르는 시공 후 한동안 수분을 함유하며 알칼리성을 띠고 있기 때문에 도장을 하기 전에 충분한 양생을 해야 한다. 보통 콘크리트의 건조기간은 계절 환경에 따라 다른데, 온도 20°C 기준으로 약 28일 이상 충분히 건조하여 표면함수율을 10% 미만이 되도록 하고 알칼리도는 pH 9 이

〈표 14-6〉 소재의 건조기간

| 구분 | 여름 | 봄가을 | 겨울 |
|---|---|---|---|
| 콘크리트 | 21일 | 21~28일 | 28일 |
| 모르타르 | 14일 | 14~21일 | 21일 |

자료: (사)대한건축학회(2010), 『건축기술지침 Rev.1 건축II』, 386쪽.

하로 해야 한다.

바탕 표면의 먼지, 모래, 유분, 레이턴스 등은 도료 접착을 저해하는 요인이 되므로 바탕 면 만들기를 하여 완전히 제거한다. 또한 온도 및 습도 변화, 기타 원인으로 발생된 균열을 도장 전에 퍼티, 모르타르, 수성 코킹재로 보수한다.

2) 수성도료칠(합성수지 에멀션 페인트 사용)

(1) 바탕처리: 표면의 레이턴스, 먼지, 유분 등 이물질을 연마지 F 100~160을 이용하여 제거한다.

(2) 초벌(1회): 합성수지 에멀션 투명 페인트를 0.08kg/$m^2$ 이상 도장하고 3시간 이상 건조한다.

(3) 피티 바르기: 퍼티로 균열을 메워 평활하게 하고 3시간 이상 건조한다.

(4) 연마: 연마지 F 180~240을 이용하여 퍼티 및 바탕 표면을 평활하게 한다.

(5) 재벌(1회): 합성수지 에멀션 페인트를 5~20% 희석하여 0.1kg/$m^2$ 도장하고 3시간 이상 건조한다.

(6) 정벌(1회): 합성수지 에멀션 페인트를 5~20% 희석하여 0.1kg/$m^2$ 도장하고 3시간 이상 건조한다.

3) 시공 시 주의사항

① 회반죽, 플라스터, 나무섬유판 등 흡수성이 심한 재료의 경우 흡수방지 도료를 도장해야 한다.

② 못, 철선, 핀 등의 철물은 구조체로부터 10mm 안쪽으로 전단하여 바탕 만들기를 한다.

③ 거친 면이나 깨진 곳은 보수하고, 구멍, 빈틈, 갈라진 곳은 퍼티를 눌러 채우고, 건조 후에는 연마지로 평활하게 마무리한다.

## 10. 하자 원인 및 방지대책

도장은 작업 중에 바탕 면의 준비상태, 도료의 품질, 도장방법, 작업조건, 보호 및 양생 등 다양한 원인에 의해 들뜸, 얼룩, 오그라듦, 거품, 백화, 변색, 부풀어오름, 균열 등 하자가 발생하므로 섬세한 준비 및 작업이 필요하다.

〈표 14-7〉 **하자유형별 원인 및 방지대책**

| 하자유형 | 원인 | 방지대책 |
|---|---|---|
| 들뜸 | • 바닥에 유지분이 남아 있거나 초벌칠 단계에서 연마가 불충분한 경우<br>• 온도가 너무 높을 때 도장한 경우<br>• 함수율이 높은 나무 면에 도장한 경우<br>• 한 번에 두껍게 도장한 경우 | • 유류 등 유해물을 휘발유, 벤졸 등으로 닦아내기<br>• 목부일 경우 면을 평활하게 연마<br>• 온도, 습기, 환기 상태를 고려하여 도장<br>• 점도를 낮게 하여 여러 번 나누어 칠함. |
| 흘림, 굄, 얼룩 | • 균등하지 않고 두껍게 도장한 경우<br>• 바탕처리가 잘 안 된 경우 | • 얇게 여러 차례 도장<br>• 바탕 면의 녹, 흠집 제거하고 퍼티로 채운 후 연마하기 |
| 오그라듦 | • 지나치게 두껍게 칠한 경우<br>• 초벌칠 건조가 불충분한 경우 | • 얇게 여러 차례 균등하게 칠하고 건조기간 내에 겹쳐 바르기 금지 |
| 거품 | • 용제의 증발 속도가 지나치게 빠른 경우<br>• 솔질을 지나치게 빨리한 경우 | • 도료의 선택을 신중히 하고 솔질(풀칠)이 뭉치거나 거품이 일지 않도록 천천히 바름. |
| 백화 | • 도장 시 온도가 낮을 경우 공기 중 수증기가 도장 면에 응축, 흡착된 경우 | • 기온 5°C 이하, 습도 85% 이상이며, 환기가 불충한 곳에서는 작업 중지 |
| 변색 | • 바탕이 충분히 건조되지 않은 경우<br>• 유기안료를 사용한 경우 | • 바탕 면을 함수율 8% 이하로 건조<br>• 바탕 면을 pH 9 이하로 양생 |
| 부풀어오름 | • 도막 중 용제가 급격히 가열되거나 물과 접촉하여 가열성 물질이 용해된 경우<br>• 초벌칠과 정벌칠의 도료질이 다른 경우<br>• 도막 밑에 녹이 생긴 경우 | • 도장 후 직사광선이 직접 닿지 않게 보양<br>• 바탕의 녹물 등 유해물 제거<br>• 도료의 질이 같은 동일회사 제품 사용<br>• 초벌칠 후 바탕이 충분히 건조된 후 재벌칠 |
| 균열 | • 초벌칠 건조가 불충분한 경우<br>• 초벌칠과 재벌칠의 도료질이 다른 경우<br>• 바탕 물체가 도료를 흡수한 경우<br>• 기온 차가 심한 경우<br>• 직사광선에 노출된 경우<br>• 저온에서 도장한 경우 | • 초벌칠 후 건조시간 준수<br>• 종류 및 배합률 등 질이 같은 도료 사용<br>• 바탕 면은 퍼티 등으로 연마 후 도장<br>• 기온이 5°C 이하, 습도 85% 이상이며, 환기가 불충한 곳에서는 작업 중지 |

## 11. 기타 도료

### 가. 오일 스테인(oil stain)

오일 스테인은 목재에 널리 사용되는 도료이다. 목재의 결을 나타내거나 목재에 색을 부여하여 미관적 효과를 얻을 수 있고, 물이 스며들지 않도록 하며 방부 및 방충 효과가 있어 목구조물을 오랫동안 보전할 수 있도록 한다. 목재를 소재로 한 통나무, 목조주택, 조경 및 체육 시설물, 공원시설물, 건축 내외장재 등에 사용된다.

### 나. 자외선(UV) 경화도료

자외선의 화학적 작용에 의해 단시간에 경화하는 도료로, 불포화 폴리에스테르형, 아크릴형, 에폭시형 등이 있다. 도막의 경화에 열이 직접 필요하지 않아 열가소성 플라스틱 등 가열이 곤란한 피도물에 도장할 수 있고, 가열경화형 도료 이상의 고품질 도장이 가능하다. 또한 가열건조형 도료에 비해 건조시간이 빠르고 비용이 적게 들고 생산성이 우수하고 경도 및 가소성이 높으며 고형분 도료이므로 환경오염이 적다.

### 다. 자가오염방지 페인트

연잎 표면 구조의 나노 이미지를 활용하여 물체 표면을 늘 깨끗하게 유지할 수 있어 옥외시설에 활용 가능한 도료로, 앞으로 추가적인 연구가 필요하다.

## ※ 연습문제

1. 도장의 목적에 대해 기술하시오.
2. 도료의 구성요소를 들어 특성을 설명하시오.
3. 바탕 면의 종류에 따라 적용 가능한 도료를 들고 특성을 설명하시오.
4. 철부 및 목부 도장을 할 때 절차 및 시공 시 주의사항에 대해 알아보시오.
5. 도장작업에 적합한 기후조건을 알아보시오.
6. 도장공사 하자유형 및 대책에 대해 알아보시오.
7. 오일 스테인의 용도 및 특성에 대해 알아보시오.
8. 외부공간에서 도장 면의 내구성을 증진하는 방안에 대해 설명하시오.
9. 도료가 인체 및 환경에 줄 수 있는 피해에 대해 알아보시오.

## ※ 참고문헌


대한전문건설협회 도장공사업협의회. 『도장기술매뉴얼』, 2008.

박조순 엮음. 『도장 이론과 실제』. 서울: 일진사, 1997.

(사)대한건축학회. 『건축기술지침 Rev.1 건축II』. 서울: 도서출판 공간예술사, 2010, 379~393쪽.

(사)대한건축학회. 『건축 텍스트북 건축재료』. 서울: 기문당, 2010.

(사)한국조경학회. 「조경공사 표준시방서」. 2008, 268~275쪽.

Hegger, Manfred; Volker, Auch-Schweik; Matthias, Fuchs; Thorsten, Rosenkranz. *Construction Materials Manual*. Basel: Birkhäuser, 2006.

Holden, Robert; Liversedge, Jamie. *Costruction for Landscape Architecture*. London: Laurence King Publishing Ltd., 2011.

Lyons, Arthur. *Materials For Architects and Builders*. London: ARNOLD, 1997.

Sauer, Christiance. *Made of... (New Materials Sourcebook for Architecture and Design)*, Berlin: Gestalten, 2010, p. 118.

Weinberg, Scott S.; Gregg, A. Coyle. *The Handbook of Landscape Architectural Construction*. Washington D.C.: Landscape Architecture Foundation, 1988.

Zimmermann, Astrid(ed.). *Constructing Landscape: Materials, Techniques, Structural Components*. Basel: Birkhäuse, 2008.


## ※ 관련 웹사이트

노루표페인트(http://www.noroopaint.com)

삼화페인트(http://www.spi.co.kr)

제비표페인트(http://www.jebi.co.kr)

(주)케이씨씨(http://www.kccworld.co.kr)

한국페인트 · 잉크공업협동조합(http://www.kpic.or.kr)

**※ 관련 규정**

한국산업규격

KS A 0011 물체색의 색 이름

KS M 5304 염화비닐수지 바니시

KS M 5305 염화비닐수지 에나멜

KS M 5306 염화비닐수지 프라이머

KS M 5318 조합 페인트 목재 프라이머 백색 및 담색(외부용)

KS M 5710 아크릴수지 에나멜

KS M 6010 수성도료

KS M 6020 유성도료

KS M 6030 방청도료

KS M 6040 래커도료

KS M 6050 바니시

KS M 6060 도료용 희석제

KS M 6070 분체도료

# 조경재료의 응용

# 15 조경수목 및 수목관리재료

## 1. 개요

조경공사에는 상록교목, 낙엽교목, 상록관목, 낙엽관목, 초화류, 잔디 등 다양한 식물이 사용되는데, 이러한 식물이 적절히 생육하도록 하기 위해 수목보호시설, 토양개량제, 인공토양, 발근촉진제, 증산억제제 등의 관리재료가 사용되고 있다.

## 2. 조경수목의 개요

조경수목은 정원, 공원, 주택단지, 가로수, 관광지 등 외부공간에 아름다운 경관을 창출하고 생태적으로 건강한 환경을 조성하기 위해 식재하는 식물이다. 건설공사로서 조경공사의 특성을 나타내는 자연적 소재로, 생명성이 있으며 계절에 따라 변화하므로 시공 및 유지관리에 있어 세심한 주의가 필요하다.

이러한 조경식물의 생산 및 조경건설업의 발전을 위해 (사)한국조경수협회가 만들어졌는데, 조경수 생산 및 개발에 관한 조사연구 및 기술지도 보급, 조경수의 생산성 향상, 경영합리화 및 기술개발 사업, 조경수의 국내외 시장 개척과 수출입알선, 기술교류사업 등을 추진해 오고 있다.

조경수를 식재함으로써 대기오염 완화, 소음 감소, 오수 및 빗물의 정화, 기

| A | B |
|---|---|

15-1 포지의 사례

후 조절, 에너지 절약, 농작물 생산, 탄소배출 저감, 각종 생물의 서식처 보호, 종다양성 증진, 지역적 정체성 고양 등 다양한 친환경적 효과를 높일 수 있어 조경수에 대한 관심이 높아지고 있다. 한편 조경수 가격 결정 체계의 개선, 포트재배의 활성화, 조경수목의 유지관리 활성화, 식물을 이용한 오염토양 정화 등이 주요한 이슈로 등장하고 있다.

## 3. 수목재료의 품질

① 지정된 규격에 합당한 것으로, 발육이 양호하고 지엽이 치밀하며 수종별로 고유의 수형을 유지하고 있어야 한다.

② 병충해로 인한 피해나 손상이 없고 건전한 생육상태를 유지해야 한다. 다만 병충해의 감염 정도가 미미하고 확산될 우려가 없는 경우에는 적절한 구제조치를 전제로 채택할 수 있다.

③ 활착이 용이하도록 미리 이식하거나 단근작업과 뿌리돌림을 실시하여 세근이 발달한 재배품으로, 포트(pot) 및 컨테이너(container) 등 용기 재배품을 우선적으로 사용한다.

④ 자연에서 굴취한 수목을 사용하는 경우에는 수형, 지엽 등이 표준 이상으로 우량하며 양호한 뿌리분을 갖추고 있으며 지정된 분보다 큰 경우에 한하여 채택할 수 있다.

## 4. 수목의 측정기준(「조경공사 표준시방서」)

① 수고(H)는 지표에서 수목 정상부까지의 수직거리를 말하며, 도장지는 제외한다. 단, 소철, 야자류 등 열대, 아열대 수목은 줄기의 수직높이를 수고로 한다(단위: m).

② 흉고직경(B)은 지표면으로부터 1.2m 높이의 수간직경을 말한다. 단, 둘 이상으로 줄기가 갈라진 수목의 경우는 다음과 같다(단위: cm).

- 각 수간의 흉고직경 합의 70%가 그 수목의 최대 흉고직경보다 클 때는 흉고직경 합의 70%를 흉고직경으로 한다.
- 각 수간의 흉고직경 합의 70%가 그 수목의 최대 흉고직경보다 작을 때는 최대 흉고직경을 그 수목의 흉고직경으로 한다.

③ 근원직경(R)은 수목이 굴취되기 전 재배지의 지표면과 접하는 줄기의 직경을 말한다. 가슴높이 이하에서 줄기가 여러 갈래로 갈라지는 성질이 있는 수목인 경우 흉고직경 대신 근원직경으로 표시한다(단위: cm).

④ 수관폭(W)은 수관의 직경을 말하는데, 타원형 수관은 최대층의 수관축을 중심으로 한 최단과 최장의 폭을 합하여 나눈 것을 수관폭으로 한다(단위: m).

⑤ 수관길이(L)는 수관의 최대길이를 말한다. 특히 수관이 수평으로 생장하는 특성을 가진 수목이나 조형된 수관일 경우 수관길이를 적용한다(단위: m).

⑥ 지하고는 지표면에서 역지 끝을 형성하는 최하단 가지까지의 수직거리를 말하는데, 능수형 수목은 최하단의 가지 대신 역지의 분지된 부위를 채택한다.

⑦ 수목규격의 허용차는 수종별로 −10~−5% 사이에서 여건에 따라 발주자가 정하는 바에 따른다. 단, 허용치를 벗어나는 규격의 것이라도 수형과 지엽 등이 지극히 우량하거나 식재지 및 주변여건에 조화될 수 있다고 판단되는 경우에는 사용할 수 있다.

## 5. 수목규격의 명칭과 표시방법

조경수목은 생육특성, 이용목적, 형태 등에 의해 다양하게 분류할 수 있으나, 조경실무에서는 수목의 성상별로 상록교목, 낙엽교목, 상록관목, 낙엽관목, 만경류, 초화류 등으로 분류하여 사용하고 있다. 국토교통부고시 제2013−46호(조경기준)에서는 '교목'은 다년생 목질인 곧은줄기가 있고, 줄기와 가지의 구별이 명확하여 중심줄기의 신장생장이 뚜렷한 수목, '상록교목' 은 소나무, 잣나무, 측백나무 등 사계절 내내 푸른 잎을 가지는 교목, '낙엽교목' 은 참나무, 밤나무 등과 같이 가을에 잎이 떨어져서 봄에 새잎이 나는 교목, '관목' 은 교목보다 수고가 낮고 나무줄기가 지상부에서 다수로 갈라져 원줄기와 가지의 구별이 분명하지 않은 수목, '초화류' 는 옥잠화, 수선화, 백합 등과 같이 초본(草本)류 중 식물의 개화 상태가 양호한 식물, '지피식물' 은 잔디, 맥문동 등 주로 지표면을 피복하기 위해 사용되는 식물로 정의하고 있다. 각 식물은 그 성상에 따라 규격표시 방법이 정해져 있다.

### 가. 교목류의 규격표시

① 「수고(H)×흉고직경(B)」으로 표시하며, 필요에 따라 수관폭, 수관의 길이, 지하고, 뿌리분의 크기, 근원직경 등을 지정할 수 있다. 근원직경으로 규격이 표시된 수목은 수종의 특성에 따른 「흉고직경(B)－근원직경(R)」 관계식을 구하여 산출하되, 특별히 관련성이 구해지지 않는 경우 R=1.2B의 식으로 흉고직경을 환산하여 적용할 수 있다.

② 곧은줄기가 있는 수목으로 흉고부의 크기를 측정할 수 있는 수목은 「수고(H)×흉고직경(B)」 또는 「수고(H)×수관폭(W)×흉고직경(B)」으로 표시한다.

③ 줄기가 흉고부 아래에서 갈라지거나 다른 이유로 흉고부의 크기를 측정할 수 없는 수목은 「수고(H)×근원직경(R)」 또는 「수고(H)×수관폭(W)×근원직경(R)」으로 표시한다.

④ 상록수로 가지가 줄기의 아랫부분부터 자라는 수목은 「수고(H)×수관폭(W)」으로 표시한다.

### 나. 관목류의 규격표시

① 일반적인 관목류로 수고와 수관폭을 정상적으로 측정할 수 있는 수목은 「수고(H)×수관폭(W)」으로 표시하며, 필요에 따라 뿌리분의 크기, 지하고, 가지수(주립수), 수관길이 등을 지정할 수 있다.

② 수관의 한쪽 길이 방향으로 발달하는 수목은 「수고(H)×수관폭(W)×수관길이(L)」로 표시한다.

③ 줄기의 수가 적고 도장지가 발달하여 수관폭의 측정이 곤란하고 가지수가 중요한 수목은 「수고(H)×수관폭(W)×가지수(지)」로 표시한다.

④ 수고(H)

⑤ ㅇ년생×가지수(지)

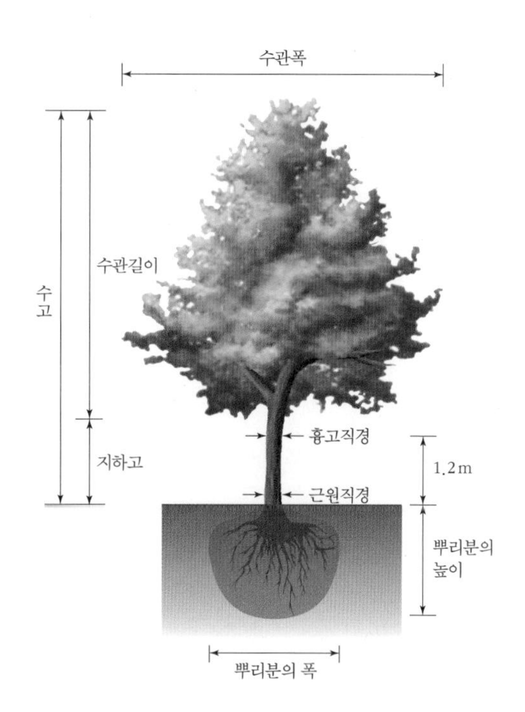


15-2 수목규격의 명칭

### 다. 만경류의 규격표시

① 「수고(H)×근원직경(R)」으로 표시하며, 필요에 따라 「흉고직경(B)」을 지정할 수 있다.

② 그 밖에 「수관길이(L)×근원직경(R)」, 「수관길이(L)」 또는 「수관길이(L)×○년생」 등으로 표시한다.

### 라. 묘목의 규격표시

「수간길이(L)」와 묘령으로 표시하며, 필요에 따라 「근원직경(R)」을 적용할 수 있다.

### 마. 초화류 및 지피류

초화류 및 지피류는 원래의 성상과 형태를 유지하고 건전한 생육을 유지한 것으로, 포트로 재배한 것을 사용해야 한다.

① 초화류 및 지피류의 종류는 종자 및 1년생, 2년생, 숙근류, 구근류 등으로 구분한다.

② 종자의 규격은 중량단위의 수량과 순량률, 발아율로, 초화류의 규격은 분얼, 포기 등으로 표시한다.

## 6. 수목보호시설

수목보호시설은 식재공사 과정 및 유지관리 단계에서 조경수목이 정상적으로 생장해 나갈 수 있도록 보호하는 데 필요한 시설로, 분뜨기 및 이식공사에 필요한 결속재, 수목의 지지를 위한 지주대 등이 있다.

## 7. 토양개량제

토양개량제(soil conditioner)는 토양의 물리적·화학적 성질을 식물생육에 알맞도록 개선하기 위해 사용하는 제품이다. 토양의 단립화(團粒化)를 촉진하기 위해서는 폴리비닐 계통의 고분자화합물을 투입하며, 토양의 화학적

〈표 15-1〉 **수목보호시설의 특성 및 용도**

| 구분 | 특성 및 용도 |
|---|---|
| 수목보호판 | • 수목을 답압으로부터 보호하여 고사를 방지<br>• 설치가 간편하고 반영구적임.<br>• 가로변 도시미관 향상을 위해 가로변, 광장, 보행자전용로에 설치<br>• 재료: 주철, 스테인리스강, 콘크리트, 합성수지 |
| 수목지주대 | • 바람 및 인위적 피해에 의한 전도와 기울임 방지<br>• 보통 수고 3.0m 이상의 조경수목에서 대형목까지 다양하게 이용<br>• 가로변, 광장, 보행자전용로 등은 미관 고려하여 설치<br>• 재료: 목재, 강철재, PP특수복합재, 당김줄 |
| 녹화마대 | • 수목의 줄기 또는 뿌리분을 보호<br>• 가볍고 포장이 간단하여 시공이 용이하고 경제성 있음.<br>• 줄기감기 후 농약살포 시 살충효과가 큼.<br>• 마사토 등 깨지기 쉬운 토양의 분감기에 적합<br>• 재료: 황마(jute)로 만든 천연섬유 시트 |
| 녹화끈 | • 지주목을 묶을 때 사용하여 고정, 수피의 손상 방지<br>• 작업성, 내구성, 경제성, 미관이 뛰어남.<br>• 통기성이 우수하여 수목의 생육에 좋음.<br>• 재료: 황마로 만든 천연섬유 노끈 |
| 결속재 | • 이식공사 시 뿌리분 결속<br>• 뿌리가 활착하고 잔뿌리가 충분히 발달할 때까지 지속됨.<br>• 분해 시 토양에 유해하지 않은 것 사용<br>• 재료: 고무밴드, 새끼, 철선, 가마니 |
| 멀칭재 | • 토양 수분 증발 및 잡초 생육 방지<br>• 미관적 효과 증진<br>• 재료: 조약돌이나 쇄석, 분해 가능한 바크, 분쇄목 등 자연 친화적 자재 |

| A | B |
| --- | --- |
| C | D |

15-3 수목보호시설의 종류

A. 수목보호판
B. 녹화마대
C. 수목지주대 및 플랜터
D. 분쇄목 멀칭재

성질을 개량하기 위해서는 벤토나이트, 제올라이트, 펄라이트, 버미큘라이트 등을 이용한다. 이 밖에 이탄(泥炭), 아탄(亞炭)을 화학처리한 부식산(腐植酸)인 암모늄, 마그네슘, 석회염 등이 있다. 또한 퇴비(두엄), 구비(외양간 두엄), 볏짚, 보릿짚, 들풀 등에도 토양의 단립화를 형성하는 능력이 있으므로 일종의 토양개량제라고 할 수 있다.

「비료관리법」에서는 '비료'를 식물에 영양을 주거나 식물의 재배를 돕기 위해 흙에서 화학적 변화를 가져오게 하는 물질, 식물에 영양을 주는 물질, 그 밖에 농림축산식품부령으로 정하는 토양개량용 자재 등으로 정의하고 있다. '비료 공정규격설정 및 지정'(농촌진흥청고시 제2012-34호)에서는 '보통비료'는 부산물비료 외의 비료로서 질소질 비료, 인산질 비료, 칼리질 비료, 석회질 비료, 상토 등 10종, '부산물비료'는 농업·임업·축산업·수산업·제조업 또는 판매업을 영위하는 과정에서 나온 부산물(副産物), 사람의 분뇨(糞尿), 음식물류 폐기물, 토양미생물 제제(제제, 토양효소 제제를 포함

〈표 15-2〉 **토양개량제의 특성 및 용도**

| 구분 | 특성 및 효과 | 용도 |
|---|---|---|
| 상토 | • 묘를 키우는 배지로서 유기물 또는 무기물을 혼합하여 제조한 것<br>• 제올라이트, 토탄, 규조토, 피트모스, 펄라이트, 퇴비 등을 원료로 사용<br>• 완숙된 상태이므로 뿌리에 직접 닿아도 식물에 전혀 피해가 없음.<br>• 이화학성이 좋고 병충해가 발생하지 않음. | • 배지용 토양<br>• 식재공사 시 밑거름용 또는 관리용 웃거름으로 사용 |
| 부식토 | • 흙 속에서 동식물의 유체가 미생물의 작용에 의해 부식되어 형성<br>• 완숙된 상태이므로 뿌리에 직접 닿아도 식물에 전혀 피해가 없음.<br>• 부식이 풍부한 흙은 유기성분이 많고 비옥하며 흑색이나 흑갈색임. | • 식재공사 시 밑거름용 또는 관리용 웃거름으로 사용 |
| 부엽토 | • 나뭇잎이나 작은 가지 등이 미생물에 의해 부패, 분해되어 생긴 흙<br>• 통기성, 배수성, 보수성 좋으며 영양분이 풍부<br>• 인공적으로는 땅을 파고 나뭇잎 등을 묻어 두면 1년이 지나 좋은 부엽토가 만들어짐.<br>• 활엽수의 낙엽이 유효성분도 많고 부숙도 빠름. | • 화분의 배양토로 사용 |
| 부숙톱밥 | • 우드칩, 대팻밥, 톱밥 등을 발효시킨 퇴비<br>• 다공성으로 보수성 및 보비성이 매우 좋음.<br>• 완전하게 부숙시키고 유해물질이 혼합되지 않도록 해야 함. | • 식재공사 시 밑거름용 또는 관리용 웃거름으로 사용 |
| 피트모스 | • 이탄의 일종으로 수만 년 전 거대한 습지의 수태가 퇴적되어 만들어짐.<br>• 자연 유기질 용토로 보수성, 보비성, 통기성이 좋음.<br>• 잔뿌리 발육과 호기성 미생물 증식 촉진<br>• 뿌리 건조와 냉해를 방지하는 산성 용토 | • 파종, 삽목, 화분용토, 조경용토, 잔디밭 등에 사용하며, 산성을 좋아하는 진달래과 식물에 좋음. |
| 제올라이트 | • 미세한 공극을 가진 무기고분자 물질로 뛰어난 이온교환 능력을 가짐.<br>• 보통 흙보다 수분 및 비료의 흡수, 보관 능력이 뛰어남.<br>• pH가 중성이므로 산성토양 교정과 지력 증진에 좋음. | • 사질토양, 간척지, 개간지, 초지조성지, 수경재배, 화분용으로 사용 |

| A | B |
|---|---|
| C | D |

15-4 토양개량제의 생산과 사용

A. 생명토 생산을 위한 이탄, 피트모스, 코코피트의 혼합
B. 부식토 생산
C. 부엽토 생산
D. 부숙톱밥의 사용

한다), 토양활성제 등을 이용하여 제조한 비료로서 부숙유기질 비료, 유기질 비료, 미생물비료 등 3종으로 분류하고 있다.

조경분야에서는 수목 식재 및 이식 공사를 하면서 토양의 보수력과 보비력을 증진시켜 수목의 활착 및 생육에 도움을 주기 위해 상토 및 부숙유기질 비료인 부식토, 부엽토, 부숙톱밥 등을 사용하고 있다.

각각의 토양개량제의 특성 및 용도는 〈표 15-2〉와 같다.

## 8. 인공토양

인공토양은 피트모스, 펄라이트, 버미큘라이트, 암면, 경석, 훈탄, 톱밥, 자갈, 모래 등을 이용해 인위적으로 만든 경량토양이다. 인공토양은 통기성, 배수성, 보수성, 보비성, 보비력이 우수하여 수목생육에 적합한 무기질계 토양으로 무독, 무취해야 한다. 재배목적에 따라 양분이 전혀 없는 것을 사용하기도 하고, 식물의 생육을 돕기 위해 필요한 요소를 첨가하기도 한다.

조경분야에서는 옥상조경이나 인공지반녹화를 위해 경량으로 보습력이 뛰어난 펄라이트와 버미큘라이트를 주로 사용하고 있다. 흑요석, 진주암 등의 광물을 적절한 입도로 분쇄하여 1,000°C 이상의 고열로 구우면 함유된 휘발성분이 가스화하여 연화된 입자의 내부에서 팽창하면서 기공이 형성되는데, 이것을 팽창시킨 것이 펄라이트이다. 펄라이트는 무게가 가볍고

〈표 15-3〉 **인공토양의 특성 및 용도**

| 구분 | 특성 및 효과 | 용도 |
| --- | --- | --- |
| 펄라이트 | • 다공성으로 비중이 낮아 옥상 또는 인공지반 위에서 하중문제 해결<br>• 단열 및 보온 효과 탁월<br>• 투수성과 통기성 우수<br>• 용도 및 기후조건을 고려하여 흙과 적절히 혼합하여 사용 | • 대표적인 인공토양 재료<br>• 베란다, 옥상, 주차장 등의 인공지반<br>• 대표적인 파라소(parraso)공법 |
| 버미큘라이트 | • 운모류 광석을 잘게 부수어 고열 처리하여 팽창시켜 제조<br>• 가벼우며 다공성 우수<br>• 보수성, 보비성, 통기성이 뛰어나며 보온 및 단열성 우수<br>• 펄라이트나 피트모스와 혼합하여 사용 | • 파종용토, 삽목용토, 화분용토, 테라륨 등에 사용 |
| 세라믹 토양개량제 | • 규조토를 균일한 형태로 성형하여 1,000°C 이상의 고온으로 소성<br>• 경량소재로 단열성, 통기성, 배수성, 보수성이 우수하여 식물 생육에 적합<br>• 시공 및 유지관리 용이 | • 골프장, 축구경기장, 공원의 녹지<br>• 간척지나 매립지의 토량개량제로서 뛰어난 보습효과<br>• 대표적으로 레인보우 세라소일 |

버미큘라이트보다 통기성과 투수성이 뛰어나다. 버미큘라이트는 모래 등 운모류 광석을 잘게 부수어 760~1,100°C의 고열에서 수증기를 가해 팽창시킨 것으로, 보습력이 좋으며 열의 전도가 적다. 한랭한 늪지대에서 물이끼, 수초 등의 유체가 퇴적되어 수만 년 동안 지층이나 물속에 갇혀 있으면서 공기가 차단되어 완전히 썩지 못하고 부분적으로 부식되어 만들어진 것이다. 피트모스는 상대적으로 가볍고 무게에 비해 최대 20배까지 물을 흡수할 수 있으며, 토양의 통기성을 좋게 하여 뿌리의 적절한 생장을 돕는다. 또한 유기질이 풍부하며 수년 동안 서서히 분해가 이루어져 식물에 지속적으로 양분을 공급할 수 있다. 피트모스를 토양에 첨가하면 유기물을 공급해줄 뿐만 아니라 보수력 및 보비력을 높이고 토양이 단단해지는 것을 막을 수 있으므로 원예용, 파종용, 토양개량용으로 사용된다.

코코피트는 야자열매인 코코넛의 겉껍질에서 섬유질을 빼고 난 부위에서

| A | B |
| --- | --- |
| C | D |

15-5 인공토양

A. 피트모스
B. 코코피트
C. 버미큘라이트
D. 펄라이트

추출한 입자성 유기질 성분이다. 리그닌과 셀룰로오스 성분이 많으며 많은 영양소를 함유하고 있기 때문에 원예용 토양으로 많이 사용되고 있으며, 인공토양으로도 적합하다. 무공해 재료로 통기성, 보수력, 보비력이 좋아 뿌리 성장에 유리하며, 토양미생물의 활동을 촉진한다.

## 9. 발근촉진제 및 증산억제제

### 가. 발근촉진제

발근촉진제는 뿌리가 잘나게 하고 부패를 방지하여 이식 후 식물의 활착 및 조기회복에 도움을 주므로 이식 및 삽목 시 사용한다. 발근을 촉진하는 물질로는 β-인돌초산(IAA, β-indoleacetic acid), β-인돌 낙산(IBA, β-indolebutyric acid), α-나프타린 초산(NAA, α-naphthalene acetic acid), α-나프타린 아세트 아미드(NAD, α-naphthalene acetamide), 2,4,5-트리클로루페노옥시플러피온산(2,4,5-TP, 2,4,5-trichlorophenoxy propionic acid) 등이 있다. 과거에는 IAA와 NAA가 많이 사용되었으나, 최근에는 IBA가 많이 사용되고 있다. 루톤, 옥시베론, 홀멕스, 타이탄F, 켈팍, 아토닉, 루팅파우다, 소일모이스트, 매직파워 등 다양한 제품이 개발되어 있으므로 목적에 맞는 제품을 선정하여 사용한다.

### 나. 증산억제제

증산억제제를 식물체의 잎과 줄기의 표면에 살포하면 얇은 피막이 생성되어 식물의 수분증발을 억제할 수 있다. 따라서 증산억제제를 사용하면 수목의 삽목 및 이식 시 수목의 몸살을 완화하고 뿌리 활착을 촉진시키며, 장기간 운반 시 건조피해를 줄일 수 있다. 제품으로는 크라우드 커버, 그리너, 윌트 푸르프, 워터카버 등이 있으므로 목적에 맞는 제품을 선정하여 사용한다.

## ※ 연습문제

1. 조경수 규격의 적정성에 대해 논하고 개선방안을 제시하시오.
2. 조경수 생산 유통 과정의 문제점을 알아보고 개선방안을 제시하시오.
3. 조경수의 컨테이너 재배에 따른 이점을 설명하시오.
4. 조경수 가격결정 및 유통구조 합리화 방안에 대해 설명하시오.
5. 펄라이트, 제올라이트, 버미큘라이트의 특성과 활용에 대해 비교 설명하시오.
6. '비료 공정규격설정 및 지정'(농촌진흥청고시 제2012-34호)에 명시된 비료의 종류 및 특성에 대해 살펴보시오.
7. 「비료관리법 시행령」[별표 1] '보통비료 중 유기질비료 및 부산물비료와 그 원료에 대한 중금속의 위해성 기준'에 대해 알아보시오.

## ※ 참고문헌


대한주택공사. 『조경설계자료집』. 1993.

(사)한국조경사회. 『조경설계 상세자료집』. 1997, 84~94쪽.

(사)한국조경학회. 『조경공사 표준시방서』. 서울: 문운당, 2008.

(사)한국조경학회. 『조경설계기준』. 2013.

㈜삼손. 『인공지반 녹화기술에 관한 가이드 북(I)』. 2000.

㈜한국조경신문. 『한국조경산업 자재편람』. 2011.

Benson, John F.; Maggie, H. Roe(ed.). *Landscape and sustainability*. London: Spon Press, 2000, p. 186.

Dunnett, Nigel; Andy, Clayden. 'Resources: The Raw Materials of Landscape'. *Landscape and sustainability*. London: Spon Press, 2000, pp. 179-201.


## ※ 관련 웹사이트

(사)한국조경수협회(http://www.kltta.or.kr)

산내식물원(http://www.sngp.co.kr)

## ※ 관련 규정

관련기준

- 농촌진흥청고시 제2012-34호 '비료 공정규격 설정 및 지정'
- 비료관리법 시행령 [별표 1] '보통비료 중 유기질비료 및 부산물비료와 그 원료에 대한 중금속의 위해성 기준'
- 국토교통부고시 제2013-46호 '조경기준'
- 산림청, 가로수조성 및 관리규정

한국산업규격

- KS F 3701 펄라이트
- KS F 4521 건축용 턴버클

# 16

# 조경포장

## 1. 개요

포장(paving)은 견고하고 아름다우며 내구성이 있는 표면을 만들기 위해 자연적이거나 인공적인 재료를 의도적으로 포설하여 만든 것이다. 외부공간의 기능, 용도, 분위기, 경관 등을 고려하여 포장재료의 색채, 질감, 다양성, 패턴 등을 결정해야 한다. 조경에서는 산책로, 보행로, 공원도로, 자전거도로 등의 도로와 운동장, 광장, 주차장, 건축물 주변 등의 공간에 마사토 및 혼합토, 조립블록, 석재, 타일, 우레탄, 인조잔디, 아스팔트 및 콘크리트 등을 사용하여 포장한다.

## 2. 포장재료의 선정기준

포장재는 공간적 특성, 기능성, 경제성, 쾌적성, 제품공급의 용이성 등을 고려하여 선정하는데, 역사성이 있는 공간에서는 해당 지역의 풍토, 문화, 역사 등을 고려하여 독자성 있는 재료를 선정해야 한다.

### 가. 지역특성

보행 및 차량 교통의 유형, 이용 빈도, 이용자의 특성, 주변 토지 이용, 기후, 환경 특성 등을 파악하여 결정한다.

### 나. 기능성

옥외포장은 보행 및 차량의 통행이 용이하고, 아름다워야 하며, 외부공간의 기능, 용도, 분위기, 경관 등을 고려하여 설치해야 한다. 또한 포장의 단면은 상부하중에 충분히 견딜 수 있는 지지력과 내구성을 가져야 한다.

### 다. 시공법

포장재의 시공법은 포장의 품질을 결정하고 시공비를 결정하는 주요한 요인이다. 최근에는 공장제품의 완성도를 높이고 현장시공을 간소화하여 비용을 절감하는 경향이 강해지고 있다.

### 라. 소요비용

포장에 소요되는 비용에는 생산비, 운송비, 현장설치비 등이 있으며, 사업예산을 고려하여 포장재를 결정해야 한다. 비용이 많이 소요되는 포장을 하려면 사업예산 확보단계에서 예산을 편성해야 한다.

### 마. 유지관리 용이성

화학물질이나 자외선은 포장재의 장기적 품질에 영향을 주며 여름과 겨울의 극심한 온도차 역시 신축 팽창 및 동결 융해를 일으켜 포장재가 파손되기 쉬우므로 유지관리가 용이한 포장재를 사용해야 한다. 또한 사용 중 보수 및 청소가 용이하고, 오염 및 탈색 등의 경년변화가 적은 것이 좋다.

### 바. 환경적 성능

표면수 유출을 줄이기 위한 투수성 포장이나 기후변화 및 환경오염에 대응하기 위해 온도저감 및 대기오염 정화 효과 등 환경적 성능을 가진 포장재가 선호되고 있다. 최근에는 충격흡수성, 방오성(防汚性), 소음저감성, 압전성(壓電性) 등을 지닌 포장재가 개발되고 있다.

## 3. 조경포장에 요구되는 기능

### 가. 통행기능

포장의 가장 기본적이고 중요한 기능으로 보행성 및 주행성, 시공성, 유지관리성 등을 들 수 있다. 보행성 및 주행성을 위해서는 평탄하고 배수가 양호하며, 미끄럼 저항성과 시인성이 높고, 충격흡수성이 양호한 것이 좋다. 시공성과 관련해서는 다양한 현장조건에 적용할 수 있으며 시공 및 마감이

용이한 포장재가 좋다. 또한 공기 및 양생기간을 단축하여 조기에 이용할 수 있는 것이 바람직하다. 유지관리성 측면에서는 교통하중에 잘 견디고 파손, 마모, 유동 등 변형이 적은 것이 좋다. 따라서 자외선에 의한 노화 및 탈색이 적고 오염에 강한 재료로 산성우, 한파, 건습의 반복에 강한 것이 좋다. 또한 일상적인 유지관리 및 보수공사가 용이한 재료가 좋다.

### 나. 공간기능

양호한 가로 경관을 형성하기 위해서는 옥외포장의 공간기능을 배려해야 하며, 지구 형성의 중심으로서 시가지 형성 기능, 오픈스페이스로서 환경 공간 기능, 기반시설로서 수용 공간 기능이 필요하다. 공간의 특징을 고려하여 옥외포장을 특화하고 주변의 토지이용 상황과 조화를 이루도록 한다.

### 다. 경관기능

포장재료의 색채, 형태, 질감, 패턴 등의 특성을 고려하여 포장지역을 시각적으로 아름답고 쾌적하게 만들 수 있다. 따라서 주변경관과 조화를 이루고 지역적 특성을 배려하는 포장재를 사용해야 한다. 그리고 다음의 기준을 반영한다.

① 단일 공간에 너무 다양한 재료와 문양을 사용하지 않도록 한다.
② 휴식장소에는 단위규격이 작고 거친 질감의 포장재를 사용하고, 넓은 광장에는 단위규격이 크고 고운 질감의 포장재를 사용하면 좋다.
③ 포장재의 색은 일반적으로 따뜻한 것이 무난하며, 차량통행이 빈번한 장소에는 단순한 포장이 좋다.

### 라. 환경부하를 경감하는 친환경 기능

최근 환경문제가 부각되면서 소음 감소, 대기질 개선, 포장 면 온도 저감, 집중호우 시 빗물의 저류 등 환경부하를 줄이는 포장에 대한 관심이 커지고 있다. 또한 고무칩이나 우드칩 등 재생재를 이용한 다양한 포장방법이 적용되고 있다.

### 마. 유니버설 디자인에 대한 배려

유니버설 디자인(universal design)이란 능력이나 나이에 관계없이 다양한 사용자들이 쉽게 사용할 수 있는 환경 및 제품을 만든다는 디자인 개념이다. 따라서 특정한 계층만을 위한 것이 아니므로 많은 사람이 차별이나 별도의 장치 없이 용이하게 사용할 수 있어야 한다.

〈표 16-1〉 **환경부하를 경감하는 포장**

| 내용 | | 포장의 종류 |
|---|---|---|
| 노면소음의 저감(타이어 노면소음 발생 억제) | | 투수성, 비수성 포장 |
| 대기질의 개선(대기 중 $NO_x$ 양의 저감) | | $NO_x$ 저감 포장 |
| 노면온도 저감 | 기화열 | 보수성 포장, 녹화포장, 투수성 포장, 흙포장 |
| | 적외선 반사 | 차열성 포장, 녹화포장 |
| 빗물의 일시저류 | | 투수성 포장 |

〈표 16-2〉 **재생재를 이용한 포장의 종류**

| 배출분야 | 재생재 | 내용 |
|---|---|---|
| 건설 | 아스팔트 괴 | • 재생 아스팔트 혼합물로 재이용 |
| | 콘크리트 괴 | • 파쇄물을 노반재로 이용 |
| | | • 재생골재로 이용 |
| | | • 부착된 모르타르의 보수성을 이용한 보수성 의석평판擬石平板 제작 |
| 타 산업 | 폐기와 | • 불량품이나 해체공사 후 발생된 폐기와를 표층재로 이용하거나 주차장에 이용 |
| | | • 기와의 공극을 이용한 투수성 보유 |
| | 주물폐사 | • 포장용 노반재 |
| | 폐플라스틱 | • 발포스티로폼 용해물을 인터로킹 블록용 골재로 이용.<br>• 통상 골재에 비해 열전도율이 1/15로 낮으며, 밀도는 1/2 정도로 투수성 있음. |
| | 폐유리 | • 파쇄하여 체질 후 골재로 이용 |
| | | • 폐유리골재를 이용한 투수성 인터로킹 블록과 에폭시 수지로 고화한 현장타설 투수성 포장에 활용 |
| | 폐타이어 | • 폐타이어칩을 우레탄 수지에 고화하여 다공질 탄성포장으로 이용 |

## 4. 조경포장에 요구되는 성능

### 가. 구조성

포장 면의 품질뿐만 아니라 보행자 및 차량의 통행에 따른 하중을 지탱할 수 있어야 하며 겨울철 결빙에 대한 저항성을 가져야 한다. 따라서 포장은 결빙보호층, 기층, 표면층으로 구성되는데, 포장의 용도 및 통행에 따른 하중, 하층토의 결빙 저항성, 지역의 기후조건 등을 고려하여 적절한 두께의 단면을 설치하여 하중의 재하 및 지반의 결빙에 견디고 노면의 손상을 방지할 수 있어야 한다. 기층은 표면층을 안정시키고 상부하중을 지반으로 안전하게 전달하기 위해 적정한 압축강도 및 전단강도를 가져야 하며 결빙에 대한 저항성이 강하고 식물의 생장을 막을 수 있어야 하므로 쇄석을 많이 사용한다.

## 나. 미끄럼 저항성

보행자 및 차량의 미끄럼을 방지하기 위해서는 적정한 포장 마찰력이 필요하다. 보행공간의 미끄럼 저항성 평가는 영국도로연구소에서 개발한 진자식 미끄럼 저항 시험기(BPT; British Pendulum Tester)를 사용해 시험한 결과 값인 미끄럼 저항기준(BPN; British Pendulum Number)을 사용하는데, BPN 수치가 클수록 미끄럼에 강하다. 일본 및 유럽연합 등에서는 보도 미끄럼 저항 안전기준을 40BPN 이상으로 관리하고 있다. 대표적인 보도블록인 소형고압블록은 60BPN 이상으로 미끄럼에 가장 안전하고, 타일은 외국 안전기준 40BPN에 미달하여 미끄럼에 취약하다. 서울시에서는 '서울시 보도포장 미끄럼 저항기준'을 마련하여 운영하고 있는데, 경사도가 0~2% 이하인 평지는 '40BPN 이상', 경사가 2~10% 이하인 완경사 구역은 '45BPN 이상', 경사도가 10%를 초과하는 급경사 구역은 '50BPN 이상'의 보도 포장재를 사용하도록 하고 있다. 한편 한국산업규격 KS F 4561(시각장애인용 점자블록)에서는 미끄럼 저항을 40BPN 이상으로 정하고 있다.

## 다. 투수성

KS F 2322(흙의 투수 시험 방법)에서는 포화상태에 있는 흙 속의 층류(層流) 상태로 침투할 때 투수계수(cm/sec)를 구하는 시험에 대해 규정하고 있는데, 투수계수를 침투류(浸透流)의 겉보기 유속과 동수(動水) 기울기를 관련짓는 비례상수로 정의하고 있다. 환경부에서는 투수 콘크리트 제품(EL245) 환경마크 인증기준에서 하중을 크게 받지 않는 노면 포장에 사용하는 투수 콘크리트 포장재 및 이를 원료로 한 투수 콘크리트 성형제품과 경사지면 및 절개지면 등에 식생을 위해 포장 시공하는 식생 콘크리트 포장재에 대해 제품의 투수기준으로서 투수포장재 및 투수성형제품은 0.01cm/sec 이상, 식생포장재는 0.1cm/sec 이상으로 규정하고 있다.

투수성 포장재는 제품 생산 당시에만 한국산업규격에 의한 투수시험을 진행해 초기 투수성능만 측정이 가능하다는 한계가 있다. 그런데 도로에서 발생하는 토사, 분진 등 협잡물에 의해 투수성 포장 공극이 막히는 현상, 차량 통행에 의한 충격 및 진동으로 협잡물이 공극을 막는 현상, 협잡물이 빗물과 함께 공극으로 침투하는 현상 등으로 인해 시간이 경과하면서 포장재의 실제적인 투수효과가 저하되는 문제가 발생한다. 서울시는 이러한 문제를 개선하기 위해 투수 성능이 오래 지속될 수 있는 포장재를 가려내기 위한 '투수 지속성 인증제'를 시행하고 있는데, 블록류, 아스팔트 콘크리트, 시멘트 콘크리트, 황토 등 투수 기능이 있는 모든 포장재와 보도, 차도, 공

〈표 16-3〉 **서울시 투수 지속성 인증 기준**〔투수, 배수성 포장의 초기 투수계수 기준(KS)〕

| 구분 | 투수계수(cm/sec) |
|---|---|
| 1등급 | 0.1 이상 |
| 2등급 | 0.05 이상 ~ 0.1 미만 |
| 3등급 | 0.01 이상 ~ 0.05 미만 |
| 4등급 | 0.005 이상 ~ 0.01 미만 |
| 등급 외 | 0.005 미만 |

원 및 광장, 주차장의 포장 등에 대해 인증제를 실시하여 '등급 외' 제품을 사용하지 않도록 추진하고 있다.

## 라. 탄력성

포장 면에 탄력성이 있으면 충격으로 인해 이용자가 피해를 입는 것을 방지할 수 있다. KS F 3888-2(학교 체육 시설-운동장 부대시설 시공)는 학교 생활체육을 위한 운동장의 부대시설에 관한 시공 가이드로 탄성 포장재, 탄성 고무 롤 시트 등에 관한 일반적 요구사항을 규정하고 있다. 포장방법에 따라 포설형 탄성 포장재, 시트형 탄성 포장재 등 6가지로 구분하고 재료의 품질 및 시험방법, 시공방법에 대해 규정하고 있다.

KS G 5758(충격흡수 놀이터 표면처리-안전 요구사항 및 시험방법)은 1998년에 발행된 EN 1177(Impact absorbing playground surfacing-Safety requirements and test methods)를 기초하여 작성한 표준으로, 기술적 내용 및 대응국제표준을 토대로 한다. 어린이 놀이터에서 표면 처리 및 충격 완화가 필요한 구역에 대한 요구사항 및 놀이터 표면 처리 시 고려해야 할 사항을 규정하고 있으며, 충격 감소 측정에 대한 시험방법을 설명하고 있다. 여기서는 사용자의 머리가 하강으로 인해 놀이터 표면과 충돌했을 때 발생할 수 있는

〈표 16-4〉 **탄성 포장재의 포장방법에 따른 종류**

| 종류 | 포장방법 | 비고 |
|---|---|---|
| 1종 | 포설형 탄성 포장재(단층, 복층) | 5.2.1 |
| 2종 | 시트형 탄성 포장재(공장 성형 제품) | 5.2.2 |
| 3종 | 포설 위 시트형 탄성 포장재 | 5.2.3 |
| 4종 | 포설 위 우레탄 수지 코팅형 탄성 포장재 | 5.2.4 |
| 5종 | 시트 위 우레탄 수지 코팅 탄성 포장재 | 5.2.5 |
| 6종 | 기타(시방에 의거 복합적으로 구성) | 5.2.6 |

자료: KS F 3888-2(학교 체육 시설-운동장 부대시설 시공)

상해 가능성인 '머리(두부) 상해 기준(HIC; Head Injury Criteria)'을 제시하고, HIC 1,000을 사망과 같은 치명적 결과를 초래하지 않는 범위 내에서 발생할 수 있는 가장 심각한 상해의 한계 수준으로 제시하고 있다.
행정안전부고시 제2012-10호(어린이놀이시설 시설기준 및 기술기준)에서도 충격흡수용 표면재에 대한 HIC 측정에서 낙하자유높이에 따른 충격흡수용 표면재의 HIC 측정은 「품질경영 및 공산품안전관리법」에 따른 안전인증대상공산품의 안전인증기준 부속서 12(제7부: 충격흡수표면구역의 안전요건 및 시험방법)에서 요구하는 측정장비를 사용하여 측정하도록 하고 있는데, 측정된 HIC 값은 1,000 이하이어야 한다.
마찬가지로 (사)한국운동장체육시설공업협회의 '어린이놀이시설 현장포설형 충격흡수 바닥재 단체표준'에서도 어린이 놀이기구가 설치되는 곳의 낙하충격에 의한 상해를 줄이기 위해 현장에서 포설하는 옥외 어린이 놀이시설용 충격흡수바닥재의 품질 및 포설에 관한 일반적인 사항을 규정하고 있다. 여기서 충격흡수바닥재의 재료로는 EPDM 고무분말, 우레탄 고무분말 등을 사용하고, 충격흡수보강층은 고분자 폼(PE foam, PVC foam)이나 고무 분말 성형제품 등을 사용할 수 있으며, 프라이머는 콘크리트 기층에 사용하는 우레탄 프라이머를 사용해야 하고, 접착제는 우레탄 바인더를 사용해야 한다고 규정하고 있다. 아울러 한계하강높이를 충격흡수바닥재 표면에 사용자의 수직낙하를 상정하여 모델링된 시험을 통해 충격흡수용 표면재의 적절한 충격 감쇠 효과를 확인하는 지표로 HIC 1,000에 상응하는 최대 수직 높이로 규정하고 있다.

### 마. 기울기

보도와 자전거도로의 노면 경사는 보행의 안전 및 편의성에 큰 영향을 주는데, 최근에는 과거에 비해 포장 면이 부드럽고 평탄해지는 경향이 있다. 옥외포장을 할 때 원활한 배수를 위해 표면 배수 기울기를 주고 있는데, 공원 및 보행자도로에서는 1.5~2.0%, 광장에서는 0.5~1.0%를 주도록 하고 있다. 보도의 경우 종, 횡단 방향에 따라 기울기가 달라지는데, 일반적으로 종단기울기는 5% 이하가 좋지만 지형 및 특수 조건에 따라 부득이한 경우에는 8%까지 완화할 수 있으며, 이 경우에는 미끄럼방지를 위해 거친 면으로 마무리해야 한다. 한편 횡단구배의 경우 1~2%로 하는 것이 바람직하다. 특히 장애인을 고려하되 무장애 관점에서도 보행의 연속성이 유지될 수 있도록 해야 하며, 가로수 근계부의 경우 생장에 따른 보행로의 변형 등에 대해서도 대책이 필요하다.

### 바. 내구성

옥외포장의 내구성은 하중 및 기후에 대한 내구성, 시간 경과에 따른 내마모성, 내화학성, 풍화, 탈색, 노화 등에 대한 저항성 등 용도, 사용환경, 예산에 의해 달라지는데, 내구연한은 3년 이상이 되도록 해야 한다.

### 사. 기타 성능

이러한 기초적인 성능 이외에도 오염방지 효과를 가질 수 있는 방오성, 온도저감 및 대기오염정화($SiO_2$, 음이온블록, 규사블록), 압전 등 친환경성, 보수성[1]이 중요한 성능으로 부각되고 있다. 압전포장은 운동에너지를 전기력으로 변환하는 포장으로, 재료가 변형되었을 때 전기를 생산한다. 이러한 자연적 현상은 세라믹, 크리스탈, 폴리머에서 관측되는데, 센서와 스위치에 응용되고 있다. 최근에는 바닥에서 인간 및 차량의 움직임으로부터 충격운동에너지를 얻어내는 방법이 연구되고 있는데, 전철역, 운동경기장과 같은 공공공간에서 사람들의 보행이나 공공공간, 주차장 및 진출입구에서 차량교통으로부터 동력에너지를 얻는 연구를 하고 있다. 이러한 시스템은 비록 낮은 전력을 생산하지만 인간으로부터 잠재적인 에너지를 얻을 수 있다는 데 의미가 있다.

## 5. 조경포장의 단면

자연지반의 흙은 그 자체로는 상부의 보행하중, 차량하중에 견딜 수 없으므로 인공적으로 포장 면을 조성해야 한다. 따라서 가해지는 하중의 크기와 종류, 접촉면적, 노상의 지지력, 사용재료에 따라 적합한 포장단면을 결정해야 한다.

포장형식에 따라 휨응력 및 전단응력에 저항하는 강성포장과 전단응력에 저항력을 갖는 연성포장으로 구분되는데, 각각 다른 포장단면을 갖게 된다.

① 강성포장(剛性鋪裝, rigid pavings): 두꺼운 시멘트 콘크리트 포장이나 콘크리트 기초 위에 설치되는 타일 및 석재판석 포장처럼 강성 콘크리트 기초가 교통하중에 의한 휨응력에 저항하는 강성이 큰 포장으로, 온도변화에 따라 쉽게 신축하고 시멘트의 경화 시에 수축하여 균열이 생기기 쉽다. 휨에 대한 저항력이 크며 보수가 곤란하다.

② 연성포장(延性鋪裝, flexible pavings): 아스콘 포장과 같이 표층은 얇은 반면 두꺼운 기층과 보조기층을 필요로 하는데, 포장강도는 기층에 의

1 보수성은 일정기간 동안 포장재가 빗물을 머금을 수 있게 하여 보수되었던 수분이 증발할 때 기화열에 의해 노면의 온도상승 및 빗물 유출량을 저감하며 물고임 현상을 없애 안전하고 쾌적한 보행을 가능하게 한다.

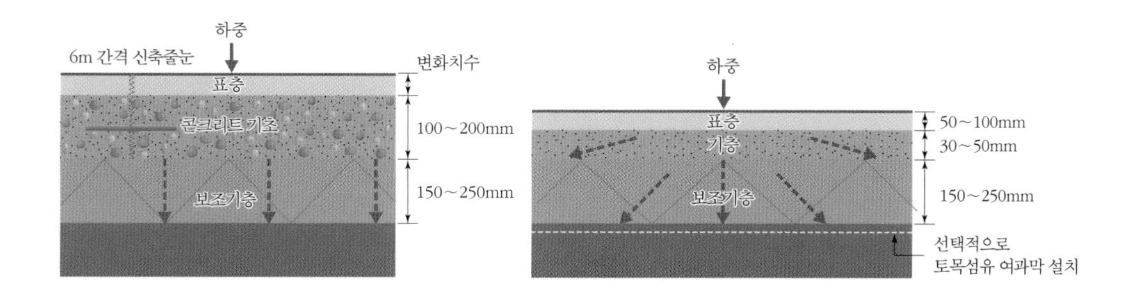


A | B

16-1 포장의 기본 단면구조
A. 강성포장
B. 연성포장

해 형성된다. 다져진 지반 위에 아스콘 포장, 판석 포장 등으로 경계를 마감해야 한다.

### 가. 노상(路床, subgrade)

포장을 지지하는 포장 하부의 지반으로 깊이는 1m 정도이다. 노상의 지지력이 작을수록 포장두께를 두껍게 하고 토질이 나쁘고 약할 때는 좋은 토질의 흙과 바꾸는 등 노상 구축에 충분한 배려를 하여 지지력이 저하되지 않도록 해야 하며, 충분히 다져야 한다.

### 나. 기층(基層, base course)[2]

표층에 작용하는 교통하중을 분산시켜 노상에 전달하고 동상(凍上)을 방지하는 기능을 수행한다. 또한 노상의 수분이 표층으로 이동하는 것을 방지하고 표층의 투과수를 확산시킨다. 경량포장의 경우 모래나 석분을 사용하여 기층을 만들 수 있으나, 중량포장 또는 연약지반에서는 쇄석(碎石)이나 자갈 등 조골재의 보조기층이 필요하다.

### 다. 표층(表層, surface course)

아스팔트 포장의 최상부층으로, 교통하중을 분산하여 하부에 전하는 구실 외에 안전하고 쾌적한 주행을 할 수 있도록 적당한 미끄럼 저항성과 평탄성이 요구된다. 일반적으로 치밀하고 불투수성이지만 투수기능을 부가한 투수성 포장도 있다.

2 기층과 유사한 기능으로 사용되는 노반(路盤, road base, subbase course)은 주로 철도에서 사용하는 레일이나 침목(枕木) 등과 같은 궤도하부의 토공 및 구조물을 나타내며, 때로는 기층 밑에 만들어지는 상층노반과 하층노반을 의미하기도 한다.

## 6. 포장재료의 분류

포장재료는 재료의 생산소재에 따라 자연재료, 인공재료로 구분할 수 있으며, 포장형식에 따라 강성포장, 연성포장으로, 제조방식에 따라 혼합물계, 도포계, 제품계로 분류할 수 있다.

### 가. 생산소재에 따른 분류

1) 자연재료

① 호박돌, 조약돌, 콩자갈, 자연석

② 판석, 사고석, 마사토

③ 원목, 목재 판 · 각재, 목재블록, 침목

2) 인공재료

① 아스콘(asphalt concrete), 칼라아스콘(아스팔트+무기질혼합재), 콘크리트

② 콘크리트블록, 벽돌, 점토바닥벽돌, 석재타일,

③ 고무매트, 고무칩, 우레탄, 잔디블록, KAP

### 나. 제조방식에 따른 분류

1) 혼합물계

① 아스팔트계: 보통 아스팔트 포장, 투수성 아스팔트 포장, 다공성 아스팔트 포장, 보수성 아스팔트 포장, 컬러 아스팔트 포장, 탄성 아스팔트 포장

② 콘크리트계: 보통 콘크리트 포장, 투수성 콘크리트 포장, 컬러 콘크리트 포장

③ 수지계: 열가소성 수지 포장, 수지모르타르 포장, 세라믹 포장, 고무칩 포장

④ 흙: 마사토 포장, 혼합토 포장

⑤ 목질계: 우드칩 포장

2) 도포계

① 우레탄 포장

② 수지모르타르 포장

3) 제품계

① 소형고압블록 포장

② 석재타일 포장

③ 점토바닥벽돌, 벽돌 포장

④ 고무블록 포장

⑤ 잔디블록 포장

## 7. 포장재료별 성능 및 적용장소

조경포장재는 종류가 다양하므로 각각 기능성, 미관성, 경제성, 시공성 등 고유한 성능을 갖고 있다. 이러한 성능에 따라 보행로, 광장, 운동장, 공원, 보행몰, 주차장 등에 사용되는데, 포장재료별 성능 및 적용장소는 〈표 16-5〉와 같다.

〈표 16-5〉 **포장재료별 성능 및 적용장소**

| 종류 | 성능 | | | | | | | | | | | | | | 적용장소 | | | | | | | |
|---|---|---|---|---|---|---|---|---|---|---|---|---|---|---|---|---|---|---|---|---|---|---|
| | | 경제성 | | 기능성 | | | | | | | | 미관성 | | | | | | | | | | |
| | 시공성 | 초기건설비 | 유지관리비 | 평탄성 | 하중저항성 | 미끄럼저항성 | 내후성 | 충격흡수성 | 투수성 | 소음저감성 | 노면온도 저감 | 색채다양성 | 질감 | 패턴효과 | 차도 | 주차장 | 보행몰 | 광장 | 운동장 | 보행로 | 공원 | 정원 |
| 보통 아스팔트 포장 | ○ | ○ | △ | ○ | ○ | ○ | ○ | × | × | △ | × | × | × | × | ○ | ○ | △ | △ | × | × | × | × |
| 투수성 아스팔트 포장 | ○ | ○ | △ | ○ | △ | ○ | ○ | × | ○ | ○ | × | × | × | × | △ | △ | △ | × | × | ○ | ○ | × |
| 탄성 아스팔트 포장 | ○ | ○ | △ | ○ | △ | ○ | ○ | ○ | × | ○ | × | × | × | × | × | × | △ | △ | ○ | ○ | ○ | × |
| 보수성 아스팔트 포장 | ○ | ○ | △ | ○ | ○ | ○ | ○ | × | ○ | ○ | ○ | ○ | × | × | × | △ | ○ | ○ | ○ | ○ | ○ | × |
| 보통 콘크리트 포장 | ○ | ○ | ○ | ○ | ○ | ○ | ○ | × | × | × | × | × | × | × | ○ | ○ | △ | △ | × | ○ | △ | △ |
| 투수성 콘크리트 포장 | ○ | ○ | △ | ○ | △ | ○ | ○ | × | ○ | ○ | × | △ | × | × | × | ○ | × | × | × | ○ | ○ | × |
| 컬러 콘크리트 포장 | ○ | ○ | △ | ○ | ○ | ○ | ○ | △ | × | × | × | ○ | × | △ | × | × | ○ | △ | × | ○ | ○ | ○ |
| 소형고압블록 포장 | △ | ○ | ○ | △ | ○ | ○ | ○ | △ | △ | × | ○ | ○ | × | ○ | × | △ | ○ | △ | × | ○ | ○ | △ |
| 점토바닥벽돌 포장 | △ | △ | △ | △ | △ | △ | ○ | △ | △ | × | × | ○ | ○ | ○ | × | △ | ○ | △ | × | ○ | ○ | ○ |
| 벽돌 포장 | △ | △ | △ | △ | △ | △ | × | △ | △ | × | × | △ | △ | ○ | × | × | × | × | × | △ | △ | ○ |
| 잔디블록 포장 | △ | ○ | △ | ○ | × | × | △ | × | ○ | × | △ | × | ○ | △ | × | △ | × | × | × | × | ○ | ○ |
| 우드블록 포장 | △ | △ | △ | △ | △ | △ | △ | × | ○ | × | △ | △ | ○ | ○ | × | × | × | × | × | △ | △ | ○ |
| 화강석 판석 포장 | × | × | △ | ○ | ○ | △ | ○ | × | × | × | × | ○ | ○ | ○ | × | △ | ○ | △ | × | ○ | ○ | ○ |
| 소포석, 사고석 포장 | × | × | ○ | △ | △ | ○ | ○ | △ | ○ | × | △ | × | ○ | ○ | △ | △ | △ | △ | × | ○ | ○ | ○ |
| 자연석 판석 포장 | △ | △ | ○ | × | △ | ○ | ○ | △ | ○ | × | △ | △ | ○ | △ | × | × | × | × | × | △ | △ | ○ |
| 자갈류 포장 | × | × | △ | △ | △ | ○ | ○ | △ | × | △ | △ | ○ | ○ | ○ | × | × | × | × | × | ○ | ○ | ○ |
| 호박돌 포장 | × | △ | △ | × | △ | ○ | ○ | △ | △ | △ | △ | △ | ○ | ○ | × | × | × | × | × | △ | △ | ○ |
| 석재타일 포장 | × | × | × | ○ | △ | △ | △ | × | × | × | × | ○ | ○ | ○ | × | △ | ○ | ○ | × | ○ | ○ | △ |
| 마사토 포장 | ○ | ○ | ○ | △ | △ | × | △ | ○ | ○ | △ | △ | × | × | × | × | × | × | × | ○ | ○ | ○ | △ |
| 혼합토 포장 | ○ | ○ | △ | ○ | △ | △ | △ | × | × | △ | △ | ○ | × | × | × | × | × | × | × | ○ | ○ | △ |
| 색조 포장 | △ | △ | △ | ○ | △ | ○ | △ | × | ○ | △ | △ | ○ | ○ | ○ | × | × | ○ | ○ | × | ○ | ○ | ○ |
| 우레탄 포장 | ○ | △ | △ | ○ | △ | △ | △ | △ | × | × | × | ○ | × | × | × | ○ | × | × | ○ | △ | △ | × |
| 우드칩 포장 | ○ | ○ | △ | ○ | △ | ○ | △ | ○ | ○ | △ | ○ | ○ | △ | × | × | × | × | × | × | △ | ○ | ○ |
| 인조잔디 | △ | △ | △ | ○ | △ | △ | △ | ○ | △ | ○ | ○ | × | △ | × | × | × | × | × | ○ | × | △ | × |

○는 적합 또는 좋음, △는 보통, ×는 부적합 또는 나쁨.

## 8. 포장재료별 특성

### 가. 아스팔트 콘크리트 포장

① 아스팔트는 원유의 정제과정에서 남은 잔존물로, 여기에 골재를 혼합하여 포설하여 포장한다. 도로, 주차장, 자전거도로, 산책로, 광장 등의 포장에 적용한다.

② 아스팔트 포장은 기계화 시공이 가능하므로 경제성이 높고, 양생이 불필요하므로 조기 이용이 가능하며, 평탄성 및 보행성이 좋다. 또한 내구성이 높고 상대적으로 유지관리가 용이하다.

③ 햇빛을 적게 반사하여 눈부심이 적지만, 검은색 포장은 열을 축적하여 열섬효과의 원인이 되기도 한다.

④ 아스팔트는 KS M 2201(스트레이트 아스팔트)의 규정에 적합한 침입도 60~100의 포장용 석유아스팔트를 사용하는데, 휘발유와 같은 석유용제에 녹고 고온에 연화되며 높은 압축력에 대한 저항성이 낮다.

⑤ 세부유형: 보통 아스팔트, 투수성 아스팔트[3], 탄성 아스팔트, 보수성 아스팔트 등

### 나. 콘크리트 포장

① 가장 일반적인 포장으로 공원, 도로, 주차장, 자전거도로, 산책로, 광장 등에 적용한다.

② 강성포장으로 내마모성 및 강도가 뛰어나며, 재령 28일일 때 압축강도 18MPa 이상, 굵은 골재 최대치수는 40mm 이하로 한다.

③ 시공이 용이하고 시공비가 저렴하지만, 시공 후 1주일 이상 양생이 필요하고 신축균열을 방지하기 위해 줄눈을 삽입해야 한다.

④ 문양을 주어 마감하거나 안료를 혼합하여 컬러 콘크리트를 만들 수 있다.

⑤ 세부유형: 보통 콘크리트, 투수성 콘크리트[4], 컬러 콘크리트, 콘크리트 판석 등

### 다. 블록 포장

**1) 소형고압블록 포장**〔ILP; Interlocking Paver, KS F 4419(보차도용 콘크리트 인터로킹 블록)〕

① 보행로, 주차장, 광장 등의 포장에 적용한다.

② 시멘트와 골재를 배합하여 콘크리트의 물시멘트비 25% 이하로 하여 진동압축기와 소성로에서 가압 성형하고 증기 양생하여 제조한다.

3 투수성 아스팔트 포장은 1970년대부터 사용되기 시작했는데, $10^{-2}$ cm/sec 정도의 높은 투수계수를 갖는다. 일반적으로 공극률을 높이기 위해 잔골재가 거의 포함되지 않는 비교적 단립도의 혼합물로 표면은 다소 거친 느낌을 준다. 노반 및 노상까지 물이 침투할 수 있는 구조로 만들며, 빗물 유출 및 소음 감소 효과가 있다.

4 투수성 콘크리트는 공극률 15~20% 전후의 다공성 콘크리트를 표층에 포장한 것으로, 보도 및 차도에 사용 가능하며, 우수의 투수 효과 및 소음 감소 효과가 있다.

| 16-2A | 16-2B |
|---|---|
| 16-3A | 16-3B |
| 16-4A | 16-4B |

16-2 투수성 아스팔트 포장

16-3 콘크리트 포장
A. 일반적인 콘크리트 포장 B. 나뭇잎 문양을 넣어 자연스러운 느낌을 살림.

16-4 소형고압블록
A. 6각형 B. U형

③ 색상 및 패턴이 다양하여 경관을 좋게 하고 다양한 공간 성격을 부여한다.

④ 형상과 치수에 따라 I형, O형, S형, U형, R형, Y형, Z형 등으로 나뉘는데, 최근 다양한 문양과 기능을 가진 제품이 생산되고 있다.

⑤ 강도 및 두께에 따라 보도용(6cm)과 차도용(8cm)으로 구분한다.

⑥ 내구성이 뛰어나고 시공비가 비교적 저렴하다.

2) 점토바닥벽돌 포장

① 보행로, 광장, 휴게공간 등의 포장에 적용한다.

② 점토를 주재료로 하여 훈련, 성형, 건조한 후 고온으로 소성한 블록이다.

③ 포장용 점토바닥벽돌은 흡수율 10% 이하, 압축강도 20.58MPa 이상, 휨강도 5.88MPa 이상의 제품을 사용한다.

④ 조적용 벽돌과 달리 포장용 벽돌은 외부공간에서 물과 눈에 노출되고 동결융해작용을 받으며 제설제 및 자동차 배출물 등 오염물질에 의한 피해가 많으므로 더욱 강해야 하며 내수성 및 화학적 저항성이 높아야 한다.

⑤ 자연스럽고 부드러우며, 미려한 황토색상으로 비교적 고가이다.

3) 벽돌 포장

① 보행로, 정원 등의 포장에 적용한다.

② 건축재료인 붉은 벽돌을 포장재료로 활용한다.

③ 물을 흡수하거나 이로 인한 동결융해작용을 받아 파쇄될 수 있으므로 주의한다.

④ 붉은색의 다양한 패턴이 있으며, 비교적 고가이다.

4) 목재블록 포장

① 정원, 휴게공간, 데크 등의 포장에 적용한다.

② 목재 원목, 판재 및 각목을 가공하여 포장한다.

③ 목재의 부드럽고 고급스러운 느낌이 살아 있는 환경친화적 소재로 비교적 고가이다.

5) 투수블록 포장

① 보행로, 주차장, 광장, 공개공지 등의 포장에 적용한다.

② 잔디 생육이 가능하도록 콘크리트, 점토, 합성수지로 만든 다공 블록이다.

③ 포장 면에 잔디의 생육을 유도할 수 있으며, 투수효과를 얻을 수 있다.

④ 과다 사용에 따른 답압에 의해 잔디생육이 불량할 수 있다.

| 16-5 | 16-6 |
|---|---|
| 16-7A | 16-7B |
| 16-8A | 16-8B |

16-5 점토바닥벽돌 포장

16-6 점토벽돌 포장

16-7 목재블록 포장
A. 목재판재로 규칙적 패턴을 보여줌. B. 목재판재 표면에 그림을 그려 미관적 효과를 높임.

16-8 투수블록 포장
A. 투수 콘크리트블록 포장 B. 투수 점토바닥벽돌 포장

### 라. 석재 및 자연석 포장류

1) 석재 판석 포장〔KS F 2530-1(보차도 포장용 판석)〕

① 보행로, 광장, 휴게공간 등의 포장에 적용한다.

② 화강석, 점판암, 현무암 판석을 정방형이나 장방형으로 가공하여 포장한다.

③ 포장용 석재는 휨강도 5.0 MPa, 흡수율 3% 미만의 것을 사용하는데, 압축강도가 80MPa 이상이면 휨강도 시험은 생략할 수 있다.

④ 중후하고 고급스런 느낌으로 고가이다.

⑤ 경도가 높아 내구성은 있으나 깨지기 쉽다.

⑥ 미끄럼 방지를 위해 표면을 거칠게 해야 한다.

2) 소포석, 사고석 포장

① 보행로, 전통공간 등의 포장에 적용한다.

| A | B |
| --- | --- |
| C | D |

16-9 석재 판석 포장

A. 화강석 판석
B. 대리석 판석+콩자갈 포장
C. 점판암 판석 포장
D. 현무암 판석 포장

② 9cm 정도 크기의 소포석이나 1변이 15~25cm인 정방형 화강석(사고석) 포장재료를 활용한다.

③ 중후하고 고급스런 느낌으로 고가이다.

3) 자연석 판석 포장

① 소규모 보행로, 정원의 보행로 등의 포장에 적용한다.

② 납작한 자연석(철평석) 포장재료이다.

③ 자연스러운 분위기를 연출할 수 있다.

④ 요철로 인해 보행하는 데 불편이 없도록 시공에 주의한다.

4) 자갈류 포장

① 소규모 보행로, 정원 및 공원의 보행로 등의 포장에 적용한다.

② 모르타르 위에 해미석이나 콩자갈을 촘촘히 박은 것이다.

③ 자연스런 질감과 패턴 연출이 가능하며 보행 촉감이 독특하고 고가이다.

④ 자갈 탈락방지에 유의한다.

5) 호박돌 포장

① 보행로, 전통공간 등의 포장에 적용한다.

② 조약돌이나 호박돌을 박은 것이다.

③ 투박하고 자연스런 질감이다.

④ 보행 촉감이 독특하고 비교적 고가이다.

## 마. 타일 포장

① 콘크리트 기초 위에 접착하는 포장으로, 보행로, 광장 등의 포장에 적용한다.

② 타일은 실내외 바닥 및 벽체 등에 주로 사용하며, 외부공간에서는 석분을 소성하여 만든 석재타일을 주로 사용한다.

③ 화강석 포장 대용으로 사용되는데, 중후하고 고급스런 느낌이 있으며 비교적 고가이다.

④ 색상이 다양하고 다양한 패턴 연출이 가능하다.

⑤ 자기질(외장)타일은 매우 미끄러워 보행하는 데 위험하므로 주의해야 한다.

⑥ 모르타르 접합부가 탈락할 수 있으므로 시공 시 주의해야 한다.

## 바. 흙 포장류

1) 마사토 포장

① 운동장, 자연산책로 등의 포장에 적용한다.

② 화강암이 풍화되어 5mm 체(No. 4)를 통과하는 입도를 가진 것으로 먼

| 16-10 | 16-11 |
|---|---|
| 16-12 | 16-13 |
| 16-14 | 16-15 |

16-10 소포석 포장
16-11 사고석 포장
16-12 자연석 판석 포장
16-13 자갈류 포장
16-14 호박돌 포장
16-15 석재타일 포장

16-16 마사토 포장
16-17 혼합토 포장

지, 점토, 유기불순물이 없어야 한다.

③ 감촉이 자연스럽고 부드러우며, 투수성, 충격흡수성, 보수성 등이 있다.

④ 시공비용이 저렴하지만, 강우 시 세굴 및 침식될 수 있으므로 유지관리에 유의해야 한다.

## 2) 혼합토 포장

① 자연산책로, 전통공간 등의 포장에 적용한다.

② 자연스럽고 폐기물 발생이 적으며 토양오염 방지 효과가 있는 친환경 포장이다.

③ 생산방법

- 건식공법: 화강풍화토(마사토)에 고화제를 넣어 적정한 함수비로 조정한 후 운반, 포설, 전압, 다짐 후 2~3시간 이후 사용한다.
- 습식공법: 마사토, 고화제, 시멘트, 물을 섞어 레미콘과 유사하게 만들어 포설하고 2~7일의 양생을 하는 방법이다.

④ 흙 포장, 강회다짐 포장, 황토 포장, 소일콘 포장, 소일시멘트 포장, 흙시멘트 포장, 마사토경화 포장, 흙고화 포장, 고화마사토 포장, KAP(Korean Anti-Pollution Method) 포장[5] 등 다양한 명칭으로 불린다.

5 소일시멘트의 일종이다. 마사토에 소량의 무기화합물과 시멘트를 혼합하여 포설하고 다지는 것으로, 감촉이 부드러우며 투수성이 있고 저렴하다.

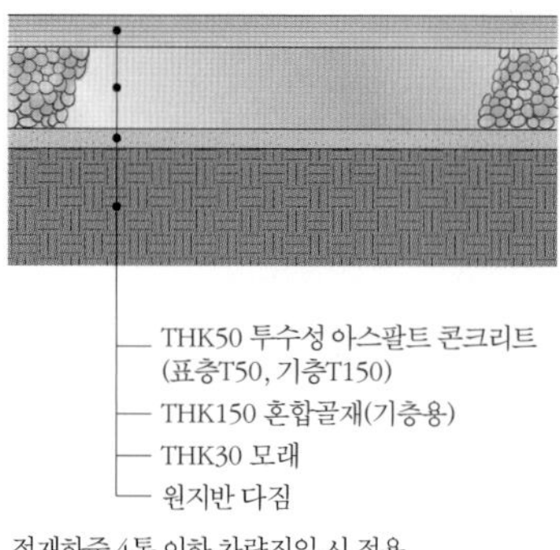


적재하중 4톤 이하 차량진입 시 적용

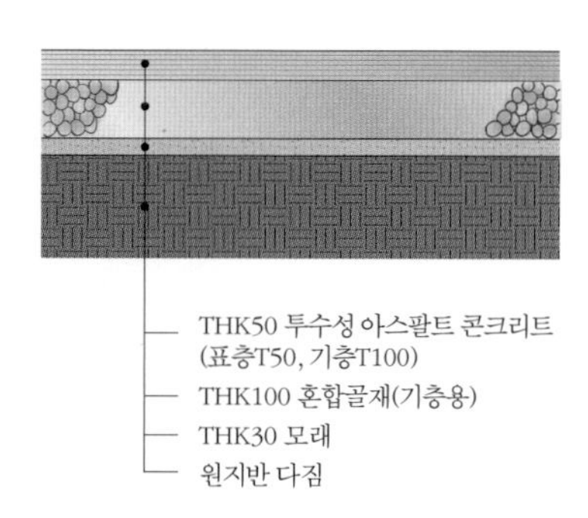


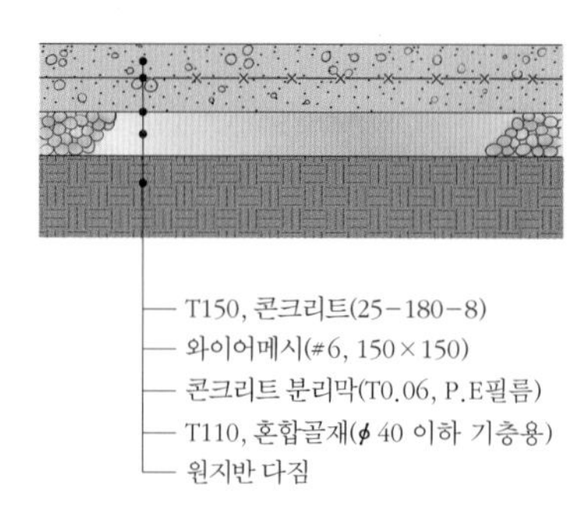


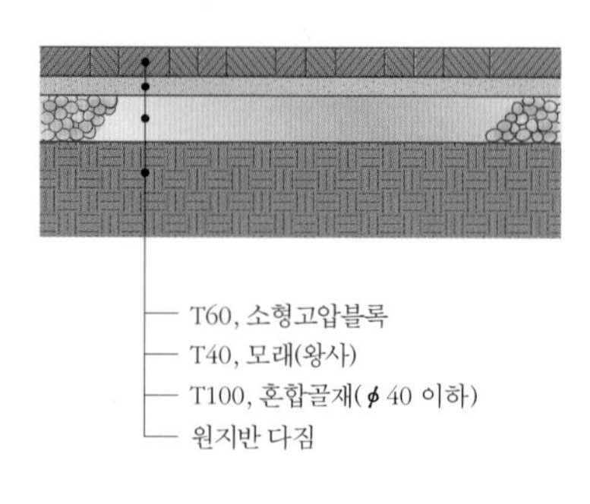


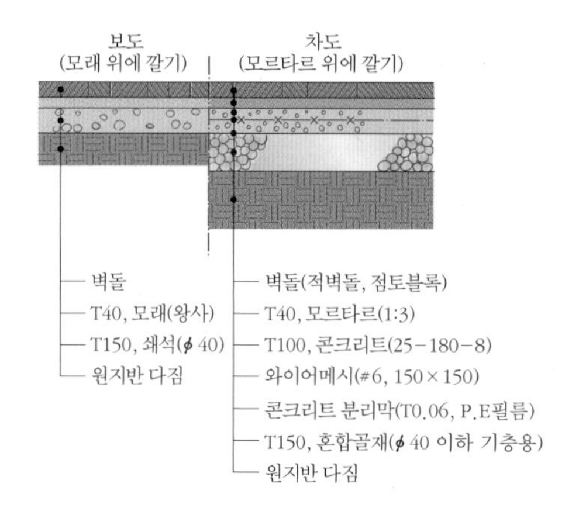


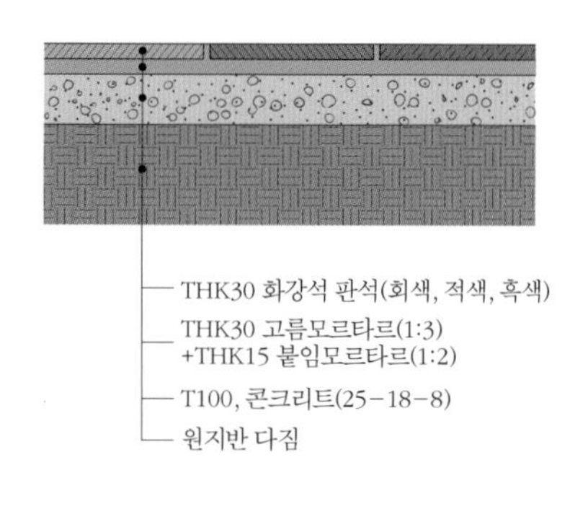


| 16-18A | 16-18B | 16-23 | 16-24 |
|---|---|---|---|
| 16-19 | 16-20 | 16-25 | 16-26 |
| 16-21 | 16-22 | 16-27A | 16-27B |
| | | 16-28A | 16-28B |

16-18 투수성 아스콘 포장 단면도
A. 차도용 B. 보도용
16-19 콘크리트 포장 단면도
16-20 소형고압블록 포장 단면도
16-21 점토바닥벽돌 포장 단면도
16-22 화강석 판석 포장 단면도
16-23 사고석 포장 단면도
16-24 자연석 판석 포장 단면도
16-25 자갈류 포장 단면도
16-26 타일 포장 단면도
16-27 마사토 포장 단면도
A. 산책로용 B. 운동장용
16-28 혼합토 포장 단면도
A. 차도용 B. 보도용

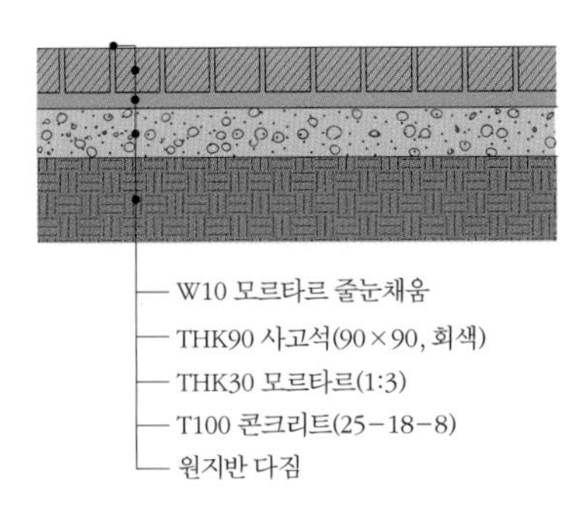


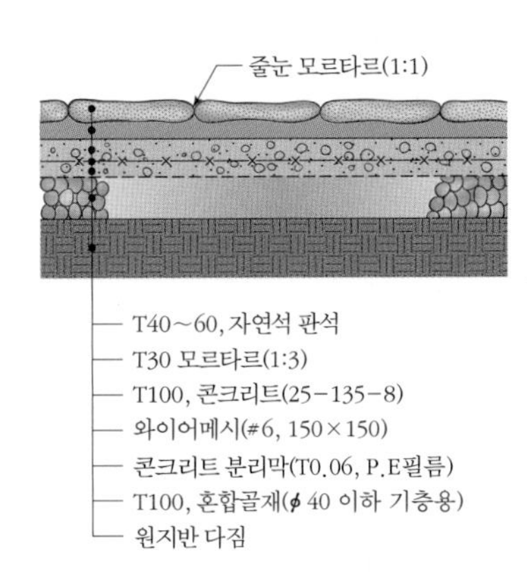


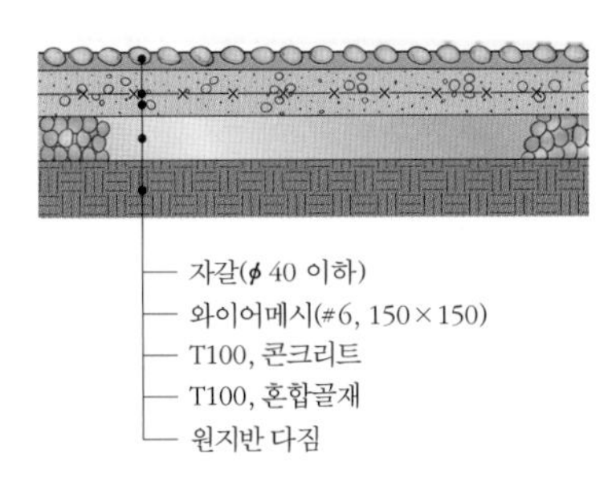


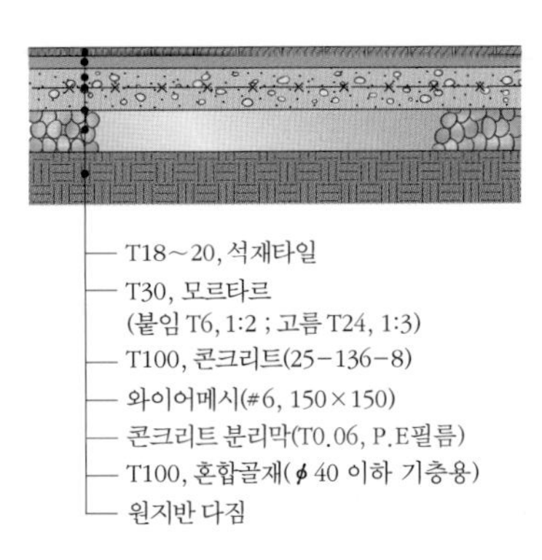


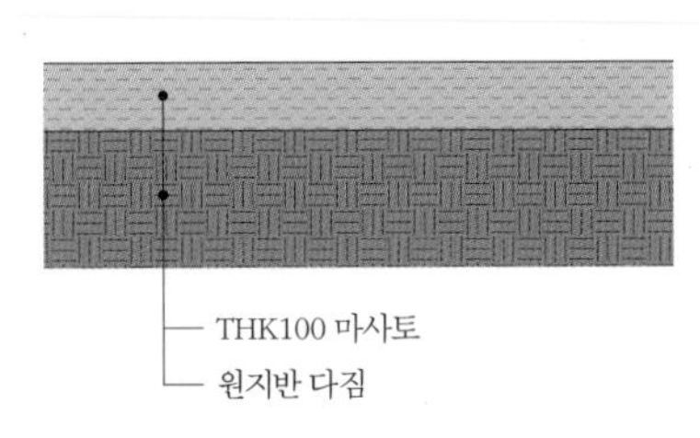


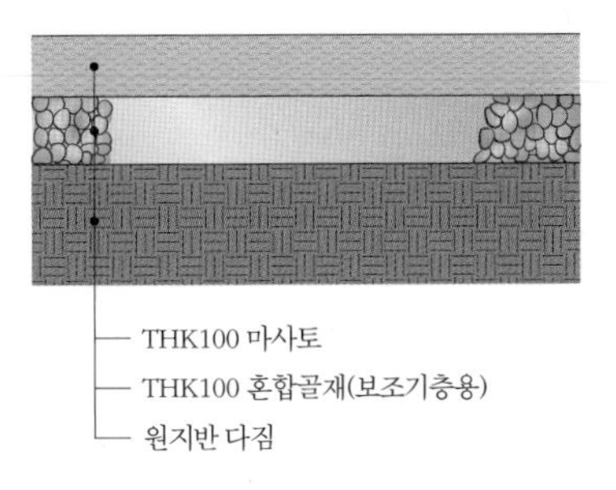


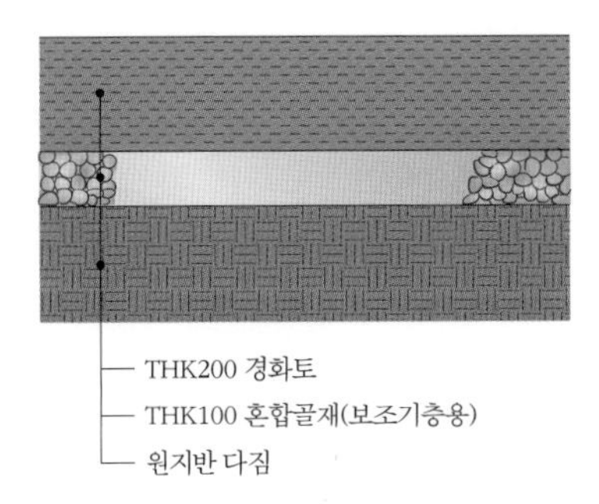


적재하중 4톤 초과 차량진입 시 적용

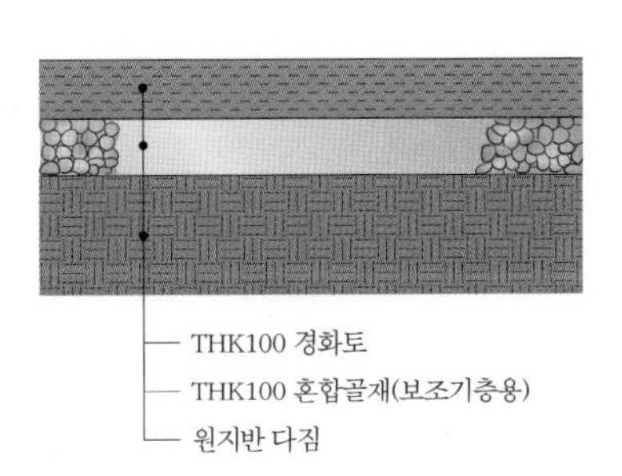

### 사. 기타 포장류

1) 색조 포장

① 소규모 보행로, 정원 및 공원의 보행로 등의 포장에 적용한다.

② 천연 또는 인공의 유색골재를 사용하여 콘크리트 기초 위에 포설하고 다진다.

③ 색상과 패턴이 다양하고 보행 촉감이 부드러우며 고가이다.

2) 우드칩 포장

① 소규모 보행로, 공원의 보행로 및 조깅로, 휴게공간 포장에 적용한다.

② 소나무 등 천연 목재칩을 1~3cm로 파쇄하여 우레탄, 에폭시 수지나 아스팔트 유제를 혼합하여 고화한다.

③ 목재의 독특한 색채 및 탄력성을 유지하여 보행로 및 조깅코스에 적합하다.

| 16-29 | 16-30 |
|---|---|
| 16-31 | 16-32 |

16-29 우레탄 포장
16-30 인조잔디 포장
16-31 고무칩 포장
16-32 고무매트 포장

④ 간벌재, 피해목, 폐기목 등을 사용할 수 있어 친환경적이며, 투수성이 높다.

⑤ 우드칩 포장을 위해 첨가되는 물질의 영향으로 알칼리 성분이 용출되어 토양을 오염시키고 식물뿌리의 생장에 영향을 줄 수 있으므로 주의가 필요하며, 배수성능을 높여 빗물에 의한 용탈을 촉진할 필요가 있다.

3) 우레탄 포장

① 육상경기장, 테니스장, 롤러스케이트장, 배구장 등 운동장과 광장 바닥 포장에 적용한다.

② 우레탄, 프라이머, 경화제, 희석제를 혼합하여 사용한다.

③ 1회 시공두께는 5.5mm를 초과하지 않도록 하고, 2회 차 도포는 균일도포를 위해 1회 도포와 직각방향으로 하며, 소정의 두께가 나올 때까지 수회 되풀이 시공한다.

④ 마감 후 7일 이상 보호 양생한다.

4) 인조잔디 포장[6]

① 운동장, 실내골프장, 광장, 옥상정원, 눈썰매장 등의 포장에 적용한다.

② 폴리아미드, 폴리프로필렌, 기타 섬유로 만든 직물에 일정 길이의 솔기를 단 기성품이다.

③ 인조잔디는 인화성이 없어야 하며, 탄성을 주기 위한 충전제인 고무칩은 여름철에 높은 열을 발생하고 시간이 경과되면 분말이 되어 어린이의 피부 및 호흡기에 나쁜 영향을 줄 수 있으므로 사용에 주의한다.

5) 고무칩 포장[7]

① 어린이놀이터, 체육시설, 노인 및 장애인 복지시설, 보행로 및 산책로, 옥상, 골프장 보행로 등의 포장에 적용한다.

② 합성고무의 일종인 EPDM(ethylene propylene dine methylene)이나 SBR (styrene butadiene rubber) 고무칩을 사용하여 충격흡수성, 미끄럼 방지, 내후성, 내열성, 시공 용이성이 있으며, 색 안정성이 있고 다양한 색상 연출이 가능하다.

③ 재활용 고무칩을 사용하여 자원재활용 및 환경보호 효과가 있으나, 경화를 위해 혼합하는 황 및 중금속 때문에 인체에 유해할 수 있다.

## 아. 포장경계

포장의 경계부에는 포장이 밀려나지 않도록 조이고 배면의 토압을 견디며 포장 면의 마감 및 보행과 차량의 통행을 분리하기 위해 포장경계가 필요하다. 또한 포장경계는 잔디 등 식물의 침입을 방지하고 표면층의 단부가 큰 하중에 노출될 경우 단부의 함몰 및 균열을 방지하는 역할을 한다. 점토

6 인조잔디 포장은 이용효과가 높고 관리가 용이하지만, 시공 후 시간이 경과되면서 마모와 섬유조각의 발생, 형태변경, 납과 같은 중금속 오염, 총휘발성 유기화합물(TVOCs; total volatile organic compounds) 및 다핵방향족 탄화수소(PAHs; polynuclear aromatic hydrocarbons)와 같은 유해물질이 검출되고 있으므로 보수 및 관리에 주의해야 한다.

7 탄성 포장재의 품질〔KS F 3888-2(학교 체육 시설-운동장 부대시설 시공)〕
고무분말의 모양 및 유해성에 대한 품질기준, 우레탄 바인더 품질기준, 포설형 탄성 포장재의 품질기준, 시트형 탄성 포장재의 품질기준, 우레탄 코팅형 탄성 포장재의 품질기준 등이 규정되어 있다.

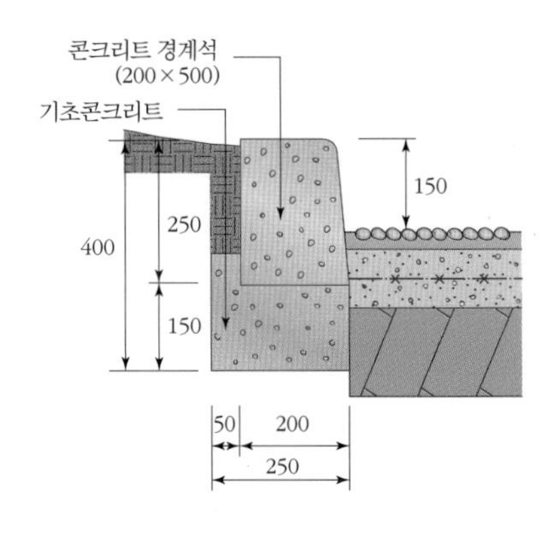


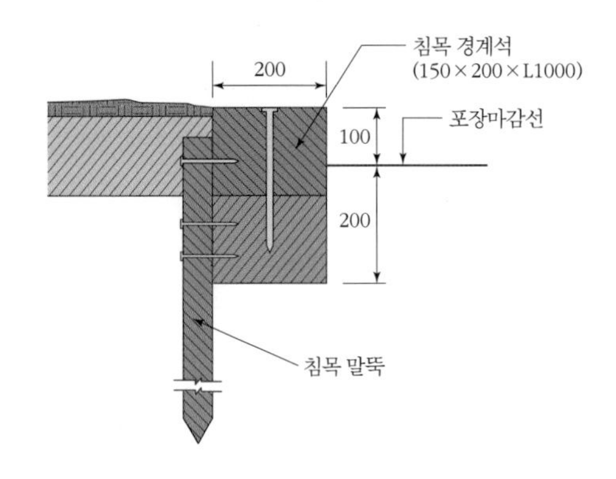


16-33 16-34

16-33 콘크리트 경계석 단면도
16-34 침목 경계 단면도

지반에서는 노상으로부터 기층이나 배수층으로 점토가 유입하는 것을 막기 위해 부직포를 설치하면 좋다.

일반적으로 보도 및 차도의 경계는 보통 콘크리트 및 화강석 경계석을 사용하지만, 공원이나 정원과 같이 자연스러우며 경관적 효과가 필요한 곳에서는 자유롭게 형태를 만들거나 에지가 두드러지지 않는 목재, 강재, 알루미늄, 합성수지 등을 사용하면 미관 및 시공편의성이 좋다.

콘크리트 경계블록은 KS F 4006(콘크리트 경계 블록)의 규정에 적합한 한국산업규격 표시품 이상의 제품이어야 하고, 화강석 경계블록은 재질에 균열이나 결점이 없는 것으로 압축강도는 49MPa 이상, 흡수율은 5% 미만이어야 하며, 조경경계 블록은 KS F 4419(보차도용 콘크리트 인터로킹 블록)의 규정에 따라 제작된 제품이어야 한다.

## 9. 포장재의 시공방법

### 가. 아스팔트 콘크리트 포장

① 프라임 코트(prime coat)는 하부의 쇄석기층을 안정시키고 아스팔트 포설 전에 기층에 물이 침입하는 것을 방지하기 위한 것으로, 표면이 깨끗해야 하고 먼지가 나지 않을 정도로 잘 건조된 후에 시공하고 우천 시에는 시공하지 않는다. 프라임 코트에 사용하는 역청재(유화아스팔트)는 RS(C)-3 등으로 KS M 2203(유화 아스팔트)의 규격에 맞는 것이어야 하며, 일반적으로 1~2L/m²를 사용한다.

〈표 16-6〉 **포장용 콘크리트의 배합기준**

| 항목 | 시험방법 | 단위 | 기준 |
|---|---|---|---|
| 설계기준 휨강도(f28) | KS F 2408 | hPa(kgf/cm²) | 4.5(45) 이상 |
| 단위수량 | - | kg/m³ | 150 이하 |
| 굵은 골재의 최대치수 | - | mm | 400 이하 |
| 슬럼프 값 | KS F 2402 | mm | 25(40)* 이하 |
| AE 콘크리트의 공기량 범위 | KS F 4009 | % | 4~6 |

* (40) 이하는 장비특성을 고려하여 감독자가 인정하는 경우

② 택 코트(tack coat)는 기층과 표층의 접착력을 증가시킬 목적으로 기층 위에 설치한다. 택 코드를 시공할 포장 면은 시공 전에 뜬 돌, 먼지, 기타 유해물을 완전히 제거해야 하며, 표면의 일정치 못한 파형부분은 적절한 재료로 치환, 보수해야 한다. 기온이 5℃ 이하이거나 우천 시에 시공해서는 안 된다. 택 코트에 사용되는 역청재는 RS(C)-4 등으로 KS M 2203의 규격에 맞는 것으로 0.3~0.6L/m²를 사용한다.

③ 실 코트(seal coat)는 포장 표면에 살포한 역청재료 위에 모래나 부순돌을 살포하여 이를 포장 노면에 부착시키는 것이다. 실 코트에 사용되는 역청재료는 AC 120-150〔KS M 2201(도로 포장용 아스팔트)〕 및 RS(C)-1, RS(C)-2(KS M 2203)이고, 골재는 부순 돌, 파쇄한 자갈 및 굵은 모래이며, 아스팔트 혼합물용 골재와 동등한 것으로 견고하고 깨끗하며 먼지, 진흙 등 유해물이 부착되어 있지 않아야 한다. 실 코트를 시공하는 표면은 시공 전에 뜬 돌, 먼지, 기타의 유해물을 제거해야 하고, 부분적인 균열, 변형 및 파손 지점이 있으면 보수하고 청소해야 하며, 시공하는 노면이 젖어 있거나 우천 시 또는 기온이 10℃ 이하일 때에는 시공해서는 안 된다. 역청재를 살포할 때는 연석 등의 구조물이 더럽혀지지 않도록 하고, 디스트리뷰터 또는 엔진 스프레이어 등으로 균일하게 살포한 후 골재의 온도가 규정된 수치 아래로 내려가기 전에 규정 마감 면보다 15~20% 두껍게 균일하게 살포해야 하며, 골재 살포가 불균일한 곳은 골재를 추가하여 고른 후 가급적 빠르게 롤러로 전압하여 균일한 두께가 되도록 한다.

④ 아스팔트 콘크리트 중간층용 혼합물은 KS F 2337(마샬 시험기를 사용한 아스팔트 혼합물의 마샬안정도 및 흐름값 시험방법) 또는 KS F 2377(선회다짐시험기를 이용한 아스팔트 혼합물의 다짐방법 및 밀도 산출방법)에 따라 시험했을 때 도로공사 「표준시방서」에 제시된 '아스팔트 콘크리트 중간층용 혼합물의 품질기준'에, 표층용 혼합물은 '아스팔트 콘크리트 표층

용 혼합물의 품질기준'에 적합해야 한다.

⑤ 아스팔트 혼합물의 포설은 '준비공 → 시험 포장 → 현장 배합 → 혼합 작업 → 포설 → 다짐 및 이음 → 마무리'의 순서로 진행된다. 포설에 앞서 기층 면을 점검하여 손상된 부분이 있으면 이를 보수하고, 표면의 먼지 및 불순물은 완전히 제거하며, 혼합물이 지정된 포설온도에 적합할 때 포설하고 롤러를 이용하여 균일하게 다진다.

### 나. 콘크리트 포장

① 포장용 콘크리트의 배합기준은 〈표 16-6〉을 따른다.

② 기온이 4°C 이하이거나 35°C 이상인 경우 또는 우천 시는 시공을 금지하고, 콘크리트를 비빈 후부터 치기가 끝날 때까지의 시간은 1시간이 넘어서는 안 된다.

③ 콘크리트의 포장은 '시공 면 준비 → 거푸집 설치 → 용접철망 설치 → 콘크리트 배합 및 운반 → 콘크리트 깔기 및 다짐 → 줄눈 설치 → 표면 마무리 → 양생'의 순서로 진행된다.

④ 콘크리트는 승인된 장비와 공법을 사용하여 균일한 두께로 깔아야 하며, 스프레더로 펴 고른 다음 불완전한 부분이 생기면 삽 등으로 고쳐야 한다. 콘크리트 깔기 후 피니셔 등을 사용해서 신속하게 연석부까지 충분한 다짐을 해야 하며, 재료분리가 일어나지 않도록 한다.

⑤ 줄눈은 설계도면에 따라 포장 전폭에 걸쳐 형식, 설치 위치 및 방향 등 동일한 형태로 설치해야 하며, 가로수축줄눈 4~6m, 세로수축줄눈 3.25~4.5m 간격으로 설치한다.

### 다. 조립블록 포장

① 보차도용 콘크리트 인터로킹 블록은 KS F 4419에서 규정하는 한국산업규격 표시품 또는 동등 이상의 제품으로 하며, 포장용 점토 블록은 KS L 4201의 규정에 적합하게 훈련, 성형, 건조, 소성시킨 한국산업규격 표시품 또는 동등 이상의 제품으로 한다.

② 블록의 형상, 규격, 색상은 설계도면에 따르며, 기층용 골재는 견고한 쇄석을 사용하는데 유기물이나 불순물을 포함하지 않은 것을 사용한다.

③ '터파기 → 지반 다짐 → 기층재 포설 및 다짐 → 모래 포설 및 정리 → 블록 깔기 → 모래 깔기 → 진동 다짐 → 마무리'의 순서로 진행한다.

④ 노상과 기층은 아스팔트 콘크리트 포장을 기준으로 한다.

⑤ 기초침하가 발생하지 않도록 충분히 평탄하게 다지고, 기층의 다짐 두께는 주차장 또는 차도는 0.15m, 보도는 0.1m 이상으로 하며, 차도용

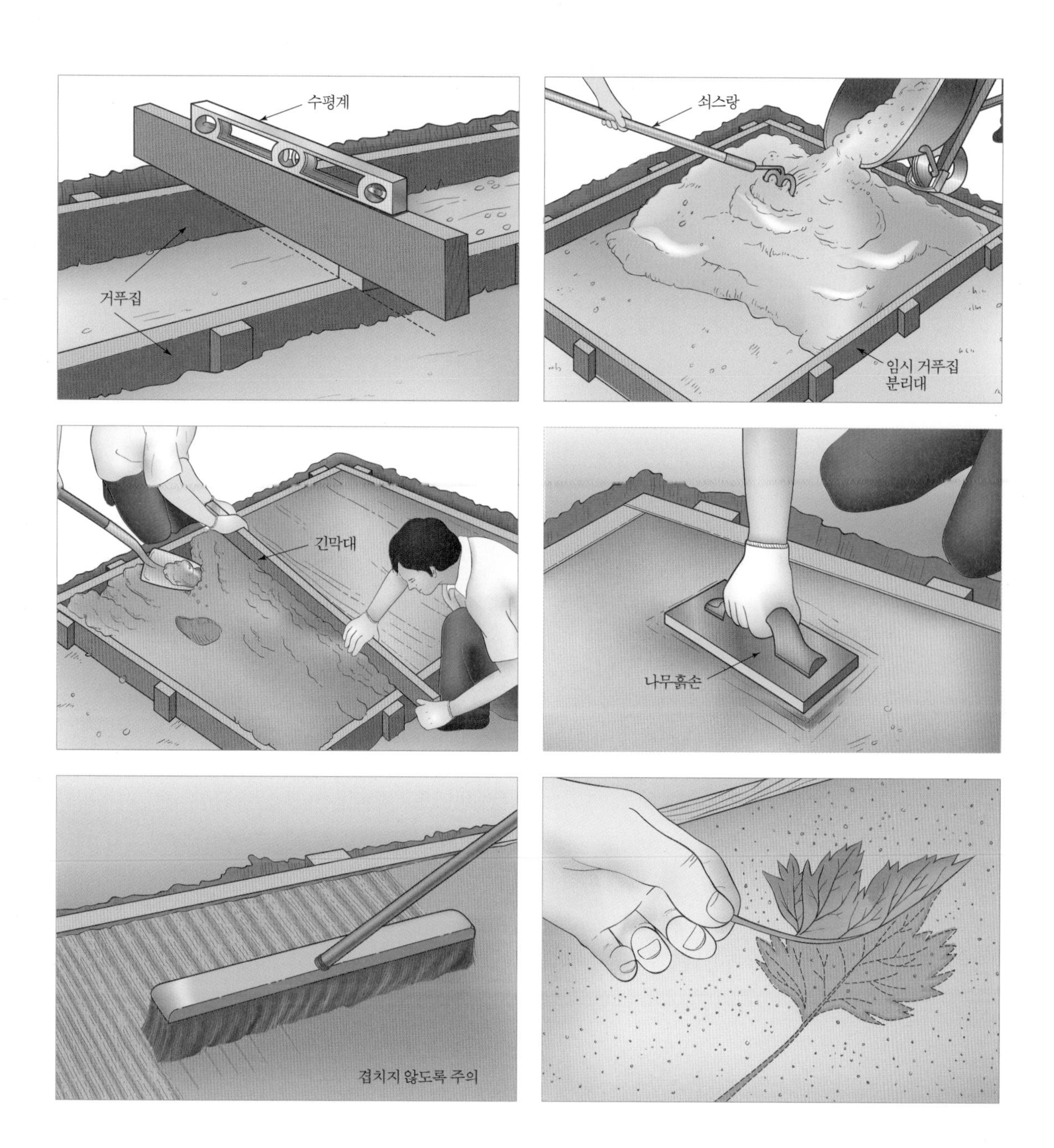


| A | B |
|---|---|
| C | D |
| E | F |

16-35 콘크리트 포장 순서

A. 거푸집 설치 → B. 콘크리트 부어 넣기 → C. 콘크리트 고르기 → D. 흙손으로 면 고르기 → E. 브러시 긁기 → F. 나뭇잎 무늬 넣기

시공 시에는 기초 콘크리트를 타설한다. 기층 위에 보행이나 차량의 진행방향을 기준으로 설계도면에 명시된 문양으로 연속적으로 블록을 설치하고 절단 부위는 절단기로 정교하게 절단한다. 블록을 깐 뒤에 모래를 표면에 골고루 깔고 블록 사이에 모래가 완전히 채워지도록 비로 쓸어 넣고 평면진동기로 고르게 다진다.

### 라. 석재 포장

① 포장용 석재는 KS F 2530-1(보차로 포장용 판석)에서 규정하는 한국산업규격 표시품으로 하며, 타일은 KS L 1001(도자기질 타일)에 규정된 바닥타일로 한국산업규격 표시품 또는 동등 이상의 제품기준 이상이어야 하며, 종류 및 규격은 설계도면에 따른다.

② '터파기 → 지반 다짐 → 용접철망 깔기 → 기초콘크리트 설치 → 바탕모르타르 또는 붙임모르타르 표기 → 석재 판석이나 타일 붙이기 → 줄눈 설치 → 마무리→ 보양'의 순서로 진행한다.

③ 지반다짐 후 연약한 곳은 용접철망으로 보강하여 콘크리트를 지정 두께로 설치하고 판석 깔기, 포석 깔기, 타일 붙이기를 시행한다.

④ 판석 깔기는 고름모르타르 바탕 위에 붙임모르타르를 펴고 기준틀에 따라 판석을 깐 후 모르타르가 잘 밀착되도록 나무망치로 두들겨 수평하게 하고 판석 사이에 붙임모르타르를 빈틈없이 채워 넣어 마무리한다. 타일 붙이기는 콘크리트 바탕 면에 물축임 후 붙임모르타르를 펴고 기준실에 따라 타일을 붙여 붙임모르타르가 배어나올 정도로 고무망치로 가볍게 두들겨 붙인다.

⑤ 팽창줄눈 및 수축줄눈의 줄눈 형식, 설치 위치 및 방향은 포장 전폭에 걸쳐서 동일한 형태의 줄눈을 설계도서에 따라 설치한다.

### 마. 마사토 및 혼합토 포장

① 마사토는 화강암이 풍화되어 5mm 체(No. 4)를 통과하는 입도를 가진 것으로, 먼지, 점토, 유기불순물이 없는 것이어야 한다. 경화용 혼합재료는 공사시방서나 제조업체의 제품시방서에 따르는데, 시공 시에는 최적함수비 상태가 되도록 한다.

② '터파기 → 정지 및 지반 다짐 → 마사토 및 혼합토 배합 운반 → 포설 및 전압 → 양생'의 순서로 진행한다.

③ 현장 지반에 노출된 잔돌 및 이물질을 제거하고 진동롤러 다짐을 하여 지반을 안정시킨 후 마사토 및 혼합토를 다짐효과를 고려하여 규정 마감 면보다 높고 균일하게 포설하여 다짐을 하고 설계도면에 명시된 두

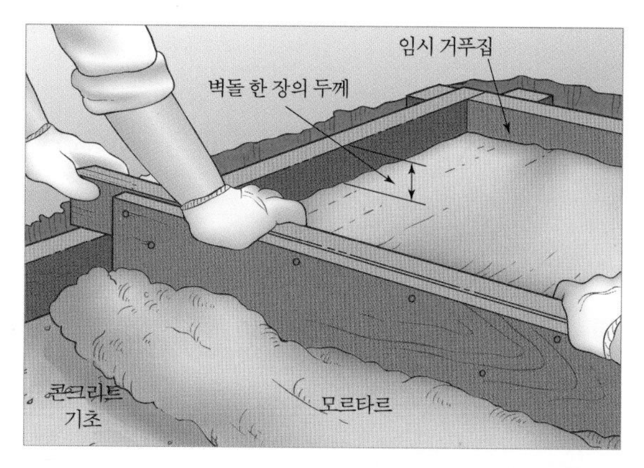


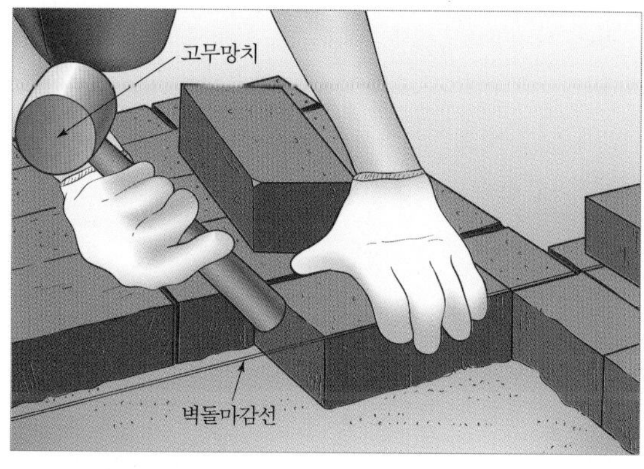


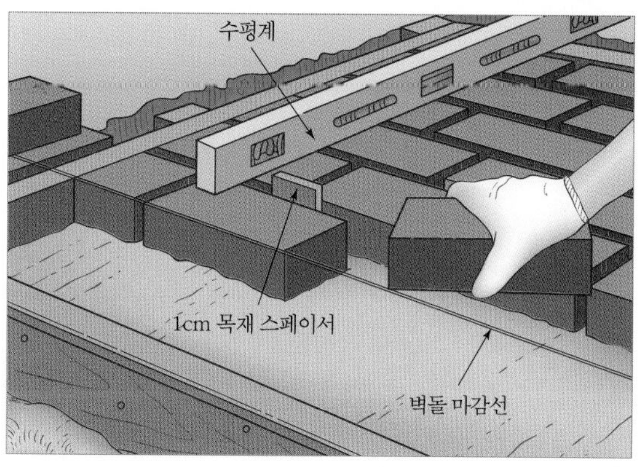

| A1 | B1 |
|---|---|
| A2 | B2 |
| A3 | B3 |

16-36 벽돌 및 조립블록 포장 순서

A. 무기초형: 모래 포설 → 블록 깔기 → 모래 채우기
B. 콘크리트기초형: 콘크리트기초 위 모르타르 펴기 → 블록 깔기 → 줄눈 설치

께로 마감하며 자연스럽게 표면배수 기울기가 되도록 한다.

④ 집수정, 구조물 주변을 포장하는 경우 등과 같이 다짐이 어려울 때에는 소형평면다짐기나 인력다짐으로 철저히 다진다.

## 바. 인조잔디 포장

① 인조잔디는 폴리아미드, 폴리프로필렌, 기타 섬유로 만든 직물에 일정 길이의 솔기를 단 기성품으로 하며, 접착제는 공사시방서 또는 제조업체의 제품시방서에 따른다.

② '콘크리트기초 설치 → 바닥요철 조정 및 이물질 제거 → 접착제 도포 → 인조잔디 접착 → 롤러로 문지르기 → 배토 및 고무칩 포설 → 마무리'의 순서로 진행한다.

③ 기층부는 콘크리트 포장과 같게 하고, 바닥요철을 조정하고 이물질을 제거한 후 접착제를 고르게 도포하고 인조잔디를 접착시킨다. 접착시킨 후 롤러로 고르게 문질러서 접착 면에 틈새가 생기지 않도록 하다.

④ 외기온도가 10°C 이하이거나 습기가 많은 경우 접착제의 접착력이 떨어질 수 있으므로 주의하고, 옥상에 설치하는 경우에는 물고임으로 건물에 피해를 줄 수 있으므로 바닥 면에 기울기를 주어 배수가 잘되도록 한다.

## 사. 우레탄 포장

① 우레탄 포장에 사용하는 프라이머, 우레탄 주체 및 경화제, 희석제 등의 재료는 한국산업규격 표시품 이상의 제품을 사용하며, 우레탄은 1회 사용할 수 있는 양을 기준으로 기포가 흡입되지 않도록 혼합 교반하여 사용한다.

② '콘크리트기초 설치 → 바닥요철 조정 및 이물질 제거 → 프라이머 도포 → 우레탄 도포 → 양생'의 순서로 진행한다.

③ 기층은 콘크리트 포장과 같게 하고, 바닥을 평평하게 조정한 후 프라이머를 도포한다. 작업 시 화기에 주의하고 완전히 건조 경화시킨 후 후속 작업을 시행한다.

④ 우레탄 도포 시 1회 시공두께는 5.5mm를 초과해서 안 되며, 소정의 두께가 나올 때까지 수회 되풀이 시공한다. 2회 차 도포 시 균일도포를 위해 1회 도포와 직각방향으로 도포하고, 규정된 재도포 시간간격을 준수해야 한다.

⑤ 우레탄 마감처리공사가 완료된 후 7일 이상 양생하는데, 이때 하중을 동반하는 통행이 없도록 한다.

### 아. 고무칩 포장

① EPDM 고무칩 등을 이용하고, 접착혼화제는 폴리우레탄 바인더(상온경화용)를 사용하며, 배합 시 유분 등이 없는 재료와 골고루 혼합하여 포설한다.

② '터파기 → 정지 및 지반 다짐 → 콘크리트 타설 → 바닥 정리 → 프라이머 도포 → 투수탄성기층(재생고무칩) 하도 고무칩 설치 → 열롤러 다짐 → 칼라표층 시공(상도 EPDM 칼라칩 설치) → 양생'의 순서로 진행한다.

③ 토질, 용도에 따라 터 파기를 하며, 현장 흙의 잔재물을 제거하고 진동롤러를 이용하여 지반 다짐을 한 후 콘크리트를 타설한다. 콘크리트 타설면에 바탕 작업을 철저히 한 후 프라이머를 도포하고 건조 경화시킨 다음 여기에 재생고무칩을 포설하여 투수탄성기층을 설치한다. 마지막으로 컬러칩을 포설하여 표층을 완성한 후 비닐로 보양하고 마무리한다.

| 1 | | 4 |
|---|---|---|
| | | 5 |
| 2 | 3 | 6 |

1 목재 판재 + 혼합토 포장
2 콘크리트 원형 판석 포장
3 점토블록 포장
4 목재 판재 포장
5 황토블록 포장
6 콘크리트블록 포장

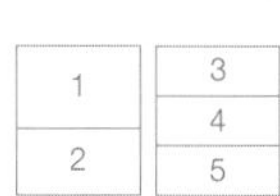

1 석재 판석 포장
2 거친 판석 포장
3 부정형 화강석 판석 포장
4 석재 판석 무늬 포장
5 석재 판석 문양 포장

| 1 | | 4 |
|---|---|---|
| 2 | 3 | 5 |

1 자갈 포장
2 흰색 자갈 깔기
3 자갈 방형 문양 포장
4 자갈 문양 포장
5 자갈 포장

| 1 | 4 | |
|---|---|---|
| 2 | | |
| 3 | 5 | 6 |

1 콘크리트 판석 포장
2 콘크리트 판석 포장
3 콘크리트 + 인조석 포장
4 폐기된 금속부품을 이용한 콘크리트 포장
5 다양한 크기의 가공 판석 조각과 자연석재로 만든 수로
6 콘크리트 + 가리비 포장

| 1 | 3 | 4 |
|---|---|---|
|   | 5 | 6 |
| 2 | 7 | 8 |

1 문양 타일 포장
2 문양 타일 포장
3 전벽돌 포장
4 검은 소포석 포장
5 붉은 소포석 포장
6 소포석 포장
7 대리석 소포석 포장
8 대리석 소포석 문양 포장

| 1 | | 4 | 5 |
|---|---|---|---|
| 2 | 3 | 6 | 7 |

1 벽돌 포장
2 벽돌 포장
3 점토바닥벽돌 포장
4 점토타일 포장
5 부정형 석재 판석 포장
6 호박돌 + 자갈 지압 포장
7 부정형 석재 판석 포장

## ※ 연습문제

1. 옥외포장에 사용되는 포장재의 선정기준에 대해 설명하시오.
2. 조경포장에 요구되는 성능기준에 대해 설명하시오.
3. 미끄럼 저항성을 측정하는 단위 및 기준에 대해 알아보시오.
4. 온도저감 및 대기오염정화 효과를 갖는 친환경 포장재에 대해 알아보시오.
5. KS F 3888-2의 탄성 포장재, 품질기준을 설명하고 운동장 및 놀이터에 사용되는 탄성 포장재, 우레탄 포장, 인조잔디의 인체 유해성에 대해 설명하시오.
6. 수목의 뿌리를 덮은 보도포장으로 인한 수목 피해 실태를 알아보고 개선방안에 대해 설명하시오.
7. 강성포장과 연성포장의 차이점과 사례를 알아보시오.
8. 포장재료별 특성 및 적용장소에 대해 살펴보시오.
9. 콘크리트 포장의 시공방법과 주의사항에 대해 알아보시오.
10. 포장재료 생산회사의 홈페이지를 방문하여 제품의 특성에 대해 알아보시오.
11. 어린이놀이터 고무매트 포장의 충격흡수성 및 환경안전성에 대해 알아보시오.
12. 인공잔디와 천연잔디의 장단점을 비교 설명하시오.
13. 빗물유출을 줄이기 위한 투수성 포장의 특성과 사례에 대해 설명하시오.
14. 동결융해에 의한 포장재 균열의 문제점과 대책에 관해 설명하시오.
15. 석재타일 탈락현상의 원인을 알아보고, 석재타일 시공 및 유지관리 시 주의사항을 설명하시오.
16. 투수성 포장의 공극에 이물질이 침투하여 투수성능이 저하되는 현상과 이를 방지하기 위한 제도적 방안에 대해 설명하시오.

## ※ 참고문헌


강태호 · 정운수. 『조경재료적산학』. 서울: 기문당, 2008.

국토해양부(2009). 「도로공사 표준시방서」.

대한주택공사 주택연구소. 「조경시설물 상세설계 매뉴얼」, 1999, 28~40쪽.

(사)대한건축학회. 『건축기술지침 Rev.1 건축 II』. 서울: 도서출판 공간예술사, 2010, 426~429쪽.

(사)한국조경사회. 『조경설계 상세자료집』, 1997, 84~94쪽.

(사)한국조경학회. 『조경공사 표준시방서』. 서울: 문운당, 2008.

(사)한국조경학회. 「조경설계기준」, 2013.

한국토지주택공사 건설관리처. 『공사감독 핸드북 조경』. 서울: 도서출판 건설도서, 2013.

社團法人 土木學會. 『鋪裝工學委員會』. 東京: 街路における景觀鋪裝, 丸善(株), 2007.

Holden, Robert; Jamie, Liversedge. *Costruction for Landscape Architecture*. London: Laurence King Publishing Ltd., 2011, pp. 144-163.

Sauer, Christiance. *Made of... (New Materials Sourcebook for Architecture and Design)*. Berlin: Gestalten, 2010, p. 164.

Weinberg, Scott S; Gregg A. Coyle. *Handbook of Landscape Architectural Construction* Vol IV(Materials for Landscape Construction). Washington D.C.:

Landscape Architecture Foundation, 1988, pp. 69-138.

Zimmermannm, Astrid(ed.). *Constructing Landscape: Materials, Techniques, Structural Components*. Basel: Birkhäuser, 2008, pp. 215-233.

**※ 관련 웹사이트**

국가표준인증종합정보센터(http://www.standard.go.kr)

**※ 관련 규정**

관련기준

국토해양부(2009), 도로공사 표준시방서

환경마크 인증기준 투수 콘크리트 제품(EL 245)

한국산업규격

KS D 7017 용접 철망 및 철근 격자

KS F 2322 흙의 투수 시험 방법

KS F 2349 가열아스팔트 혼합물

KS F 2368 아스팔트 콘크리트와 포틀랜드 시멘트 콘크리트 포장용 신축 이음 채움재 시험 방법

KS F 2375 노면의 미끄럼저항성 시험방법

KS F 2385 투수성 아스팔트 혼합물

KS F 2394 투수성 포장체의 현장 투수 시험방법

KS F 2494 배수성 아스팔트 혼합물의 실내 투수 시험방법

KS F 2526 콘크리트용 골재

KS F 2528 비포장 도로용 흙-골재 재료

KS F 2530-1 보차도 포장용 판석

KS F 2538 콘크리트포장 및 구조용 신축 이음 채움재

KS F 2602 바닥의 미끄럼 시험 방법(흔들이식)

KS F 3888-2 학교 체육 시설-운동장 부대시설 시공

KS F 4006 콘크리트 경계 블록

KS F 4419 보차도용 콘크리트 인터로킹 블록

KS F 4561 시각장애인용 점자블록

KS F 4910 건축용 실링재

KS G 5758 충격흡수 놀이터 표면처리-안전 요구사항 및 시험방법

KS L 1001 도자기질 타일

KS L 4201 점토 벽돌

KS L 5201 포틀랜드 시멘트

KS M 2201 스트레이트 아스팔트

KS M 6080 노면 표지용 도료

KS M 6951 재생용 고무 블록

KS T 1306 포장재료의 투수도 시험방법

EIN SPIEL ZU ZWEIT, DAS
ZIEL

# 17 어린이놀이시설

## 1. 개요

어린이놀이시설은 주택단지, 어린이공원 및 근린공원, 학교 운동장, 유원지 등에 놀이를 통해 어린이의 신체 발달, 정서 함양, 창의성 증진에 도움을 줄 수 있도록 제작된 그네, 미끄럼틀, 공중놀이시설, 회전놀이시설, 복합놀이시설, 주제형 놀이시설 등을 말한다. 따라서 어린이놀이시설은 안전한 동시에 흥미와 즐거움을 위해 창의성이 있어야 하며, 내구성, 유지 관리성, 경제성이 있어야 한다.

## 2. 어린이놀이시설의 유형

어린이놀이시설에는 유아원에 설치된 간단한 놀이기구, 놀이터에 설치된 일반놀이시설과 모험놀이시설, 주제공원에 설치된 상업용 놀이시설이 포함될 수 있으나, 일반적으로는 어린이공원이나 어린이놀이터에 설치된 그네, 미끄럼틀, 시소, 조합놀이대 등과 같은 보편화된 놀이시설을 의미한다.

어린이놀이시설의 유형은 대상연령, 놀이동작, 소재, 그리고 놀이가 어린이에게 주는 효과 및 기능에 따라 다양하게 구분할 수 있다. 보편적으로 고정식과 이동식으로 구분하고 있는데, 고정식 놀이시설은 주로 어린이의 신체적 운동 능력과 감각을 증진시킬 수 있는 그네, 미끄럼틀, 조합놀이시설 등이 해당된다. 이동식 놀이시설은 어린이의 상상력, 창조력 등 지적 능력의 발달에 도움을 주는 놀이시설로, 놀이부품, 폐자재, 조각물 등을 조립하는 놀이에 사용되는 놀이시설 등을 말한다.

## 3. 어린이놀이시설의 요구조건

설치되는 대상지의 자연환경 및 이용자 조건을 고려하여 적합한 놀이시설을 설치해야 한다. 일반적으로 이용계층에 따라 소년용 어린이놀이터 및 유아용 유아놀이터로 구분하고, 필요에 따라 장애아동을 위한 놀이터를 설치하며, 이용자의 신체 조건 및 놀이 특성에 따른 이용행태를 고려하여 놀이시설의 기능, 규격, 재료, 구조 등을 설정한다.

17-1 어린이놀이시설의 유형

## 가. 성능조건

### 1) 안전성

어린이놀이시설은 안전성을 중시해야 하는데, 「어린이놀이시설 안전관리법」, 「품질경영 및 공산품안전관리법」, 「조경공사 표준시방서」 및 「공사시방서」에 규정된 안전기준을 따른다.

### 2) 기능성

어린이의 신체 발달, 정서 함양, 창의성 증진에 도움을 줄 수 있도록 단순한 놀이시설을 포함하여 공중놀이시설, 회전놀이시설, 복합놀이시설, 주제형 놀이시설 등을 설치한다.

### 3) 창의성

상상력, 창조성, 모험심, 협동심을 키우고 흥미와 즐거움을 얻을 수 있도록 창의성이 있어야 한다.

### 4) 환경안전성

「환경보건법」에서는 어린이활동공간에 대한 환경안전관리기준을 제정함으로써 도료 및 마감재, 목재 방부제의 사용 제한, 모래의 중금속 함량 제한, 시설 및 바닥재의 해충 및 미생물 서식 제한 등 환경유해인자의 노출 정도를 평가하도록 하고 있다.

### 5) 시공 및 유지관리 측면

놀이시설이 안전하고 쾌적하게 제 기능을 다할 수 있도록 시공이나 부품의 공급 및 사후서비스 등 유지관리 측면을 고려한다.

## 나. 재료의 선정기준

① 놀이시설의 재료는 프로젝트의 여건에 따라 안전성, 아름다움, 친환경성, 내구성, 유지관리성, 경제성 등 다양한 특성을 고려하여 종합적으로 판단하여 선정한다.

② 목재, 철강재, 합성수지, 콘크리트 등 각 재료의 특성과 요구조건을 고려하여 선정한다.

③ 각 재료의 특성에 적합한 마감방법을 적용하고, 목재류는 사용환경에 맞는 방부처리방법, 철강재는 방식방법 등을 적용하여 내구성 및 유지관리성을 높여야 한다.

④ 놀이시설의 재료는 어린이가 안전하게 놀 수 있도록 관련 규정에 적합한 구조적 성능을 가져야 한다.

## 4. 어린이놀이시설의 안전기준

### 가. 어린이놀이시설 시설기준 및 기술기준(행정안전부고시 제2012-10호)

「어린이놀이시설 안전관리법 시행령」[별표 2]의 규정된 장소에 설치된 어린이놀이기구(「품질경영 및 공산품안전관리법」에 따른 안전인증대상공산품의 안전인증기준 부속서 12의 규정에 따름)를 대상으로 하며, 「어린이놀이시설 안전관리법」 제12조 제1항의 규정에 따른 설치검사, 정기시설검사, 안전진단 시 적용하는데, 다음의 목차로 구성되어 있다.

제1부. 어린이놀이시설 설치검사기준
 Ⅰ. 일반안전요건
 Ⅱ. 그네의 안전요건
 Ⅲ. 미끄럼틀의 안전요건
 Ⅳ. 공중놀이기구의 안전요건
 Ⅴ. 회전놀이기구의 안전요건
 Ⅵ. 흔들놀이기구의 안전요건
제2부. 어린이놀이시설 정기시설검사기준
제3부. 어린이놀이시설 안전진단기준
제4부. 어린이놀이시설의 설치 시 권고사항

### 나. 안전인증대상공산품의 안전기준

기술표준원고시 제2009-977호(2009년 12월 30일)에서는 어린이놀이기구의 정의, 설치위치, 놀이기구의 유형 등에 대해 정의하고, 어린이놀이기구의 설치, 유지, 운영에 관한 사항을 규정하고 있다.

### 다. 어린이놀이시설에 대한 한국산업규격

2004년 6월 기술표준원은 학교, 공원, 유치원, 주택단지 등의 놀이터 및 실내에 설치되어 있는 놀이시설 5종류에 대한 한국산업규격을 제정했다. 한국산업규격에는 그네, 미끄럼틀, 활주시설, 회전시설, 흔들리는 시설 등 비동력 놀이시설의 안전요구사항 및 시험방법에 대한 표준이 포함되어 있다. 어린이놀이시설에 대한 한국산업규격 제정으로 놀이시설 제작사 및 시공자들이 높은 수준의 안전을 고려한 제품설계, 품질관리 및 설비유지관리를 할 수 있게 되어 어린이놀이시설의 안전성을 제고할 수 있게 되었다. 동 규격에서 규정하는 안전 수준은 EN규격 등 유럽 여러 나라에서 요구하는 수준 이상의 안전이 확보된 것으로, 안전성이 높은 제품의 생산으로 수입대

## 안전인증기준

### 어린이 놀이기구

부속서 12

(Play Ground Equipments)

서문 어린이 놀이기구란 '공공장소에 설치되어 10세 이하의 어린이가 놀이에 이용하는 것으로 신체 발달, 정서 함양에 도움을 줄 수 있는 기구 또는 그 조합물을 말하며 동력을 이용하는 것은 제외한다. 여기서 공공장소라 함은 초등학교, 유치원, 유아원 등의 교육시설, 아파트 등의 공동주거시설, 공원, 병원, 쇼핑센터, 음식점 등의 다중 이용시설을 의미한다. 어린이 놀이기구로는 그네, 미끄럼틀, 공중 놀이기구, 회전 놀이기구(뺑뺑이, 회전목마 등), 흔들 놀이기구(시소 등), 정글짐, 구름다리 등을 들 수 있으며 철봉, 평균대, 늑목과 같이 체육활동에 주로 이용되는 기구이더라도 어린이 놀이기구와 동일한 공공장소의 공간 내에 설치되어 있는 것은 어린이 놀이기구로 본다. 그러나 완구 안전인증기준에서 완구로 규정된 것, 관광진흥법에 의하여 유기기구로 규정된 것, 가정에서 사용되는 놀이기구, 물놀이에 이용되는 것 등은 어린이 놀이기구가 아닌 것으로 본다.

또한 어린이 놀이기구가 안전인증기준에 적합하다는 것은 어린이의 상해의 위험을 경감시킬 수 있다는 것을 의미하는 것으로 안전사고가 전혀 일어나지 않는다는 것을 보장하는 것은 아니다.

비고 이 기준은 0~3살의 어린이에 대해서는 보호자의 충분한 감시·감독이 있다는 전제하에 작성된 것으로 안전요건에 36개월 이하의 어린이가 접근하여 이용할 수 있는 기구도 포함되어 있다.

(제1부 4.2.1의 비고 참조)

이 기준에서 연령을 나타내는 '세 또는 개월' 등의 용어를 사용할 때 '세 또는 개월' 수는 '만 세 또는 개월' 수까지를 의미한다. 즉 10세는 만10세까지를 36개월은 만36개월까지를 포함한 연령을 의미한다

이 기준은 총 7부, 2지침서로 구성되어 있으며 이 중 2개의 지침서에서 어린이 놀이기구의 설치·유지·운영에 관한 사항은 안전인증 시에는 적용되지 않는다.

- 제1부 일반 안전요건 및 시험방법
- 제2부 그네의 안전요건 및 시험방법
- 제3부 미끄럼틀의 안전요건 및 시험방법
- 제4부 공중 놀이기구의 안전요건 및 시험방법
- 제5부 회전 놀이기구의 안전요건 및 시험방법
- 제6부 흔들 놀이기구의 안전요건 및 시험방법
- 제7부 충격흡수표면구역의 안전요건 및 시험방법
- 지침서 I 유지·운영에 관한 지침서
- 지침서 II 부드러운 물질로 구성된 놀이기구

체 및 해외시장의 개척에도 크게 도움이 될 것으로 기대된다.

어린이놀이시설에 대한 규격의 주요 내용은 다음과 같다.

① KS G 5756-1 어린이 놀이시설 - 제1부: 일반 안전 요구사항 및 시험방법

② KS G 5756-2 어린이 놀이시설 - 제2부: 그네의 안전 요구사항 및 시험방법

③ KS G 5756-3 어린이 놀이시설 - 제3부: 미끄럼틀의 안전 요구사항 및 시험방법

④ KS G 5756-4 어린이 놀이시설 - 제4부: 활주시설의 안전 요구사항 및 시험방법

⑤ KS G 5756-5 어린이 놀이시설 - 제5부: 회전시설의 안전 요구사항 및 시험방법

⑥ KS G 5756-6 어린이 놀이시설 - 제6부: 흔들리는 시설의 안전 요구사항 및 시험방법

⑦ KS G 5756-7 어린이 놀이시설 - 제7부: 설치, 검사, 관리, 운영에 관한 지침

⑧ KS G 5757-1 가정용 놀이 울타리 - 제1부: 안전 요구사항

⑨ KS G 5757-2 가정용 놀이 울타리 - 제2부: 시험방법

⑩ KS G 5758 충격흡수 놀이터 표면처리 - 안전 요구사항 및 시험방법

### 라. 「조경공사 표준시방서」(2008)의 유희시설 안전요구조건

① 볼트, 관 등의 끝부분이나 기단부 등의 돌출 부위는 둥글게 처리하여 인체나 의복 등이 걸리지 않도록 하고, 마개를 씌울 경우에는 도구를 사용하지 않으면 뺄 수 없도록 단단히 고정한다.

② 기초콘크리트, 유희시설의 면모서리, 구석모서리는 둥글게 처리하거나 모따기를 한다.

③ 망루, 놀이집 등 밀폐되는 공간은 투시형으로 하여 비도덕적 장소나 비행장소로 사용되지 않도록 한다.

④ 망루, 난간, 그네 등 높게 설치되는 시설물은 기어오르거나 걸터앉지 못하는 구조로 설치한다.

⑤ 계단, 통로 등 디딤면은 미끄러지지 않도록 하고, 활주면 등과 같이 신체의 접촉 또는 마찰이 빈번히 발생하는 곳에는 녹이 발생하지 않도록 처리한다.

⑥ 유희시설의 기초콘크리트 등 지하매설물은 놀이터 바닥면 위로 노출되지 않도록 하며, 모래에 매설하는 경우 모래 상단면으로부터 최소

0.05m 이상 깊게 매설한다. 또한 기초콘크리트의 노출로 어린이의 신체와 접촉이 예상되는 기초의 상단면 모서리는 모따기 한다.

⑦ 그네, 회전무대 등 동적 유희시설은 시설물 주위로 2m 이상의 여유 공간을 확보하고 시소 등 정적인 시설은 1.5m 이상의 여유 공간을 확보하며, 시설 간 이용공간의 중복이 없도록 한다. 또한 시설 간의 간격은 어린이가 뛰어넘을 수 없도록 충분한 간격을 띄운다.

⑧ 그네, 회전무대 등 충돌의 위험이 많은 시설은 보행동선과 놀이동선이 상충 또는 가로지르지 않도록 배치한다.

⑨ 철봉, 사다리, 그네 등 시설의 착지점에는 타 시설을 설치하지 않아야 한다.

⑩ 추락위험이 있는 유희시설 주변은 모래 등 충격을 흡수, 완화할 수 있는 완충 재료를 사용해야 한다.

⑪ 유희시설이 도입되는 놀이터 경계가 옹벽, 석축으로 되어 있거나 기울기가 심한 곳은 난간, 차폐식재 등 안전시설을 설치해야 한다.

⑫ 색상처리에 사용되는 페인트는 어린이의 안전을 고려하여 가급적 납 등의 중금속이 상대적으로 소량 함유되어 있는 제품을 선택하도록 한다.

## 5. 어린이활동공간에 대한 환경안전관리기준

「환경보건법」 제23조(어린이활동공간의 위해성 관리)에서는 "환경부장관은 어린이의 건강을 보호하기 위하여 어린이활동공간에 대하여 환경유해인자의 노출을 평가하고, 어린이활동공간에 대한 환경안전관리기준(이하 "환경안전관리기준"이라 한다)을 대통령령으로 정하여야 한다" 라고 규정하고 있는데, 이에 근거하여 「환경보건법 시행령」 제16조(어린이활동공간에 대한 환경안전관리기준) 제1항에서는 '〔별표 2〕 어린이활동공간에 대한 환경안전관리기준'을 제시하고 있다. 이러한 기준에 의해 환경부 주최, 한국환경공단 주관, 교육부와 안전행정부 후원으로 '친환경 안심놀이터 공모전'을 개최하여 2013년 제6회가 개최되었다. 이를 통해 친환경 놀이터의 우수사례를 발굴, 포상함으로써 놀이시설 담당자들의 자발적인 놀이터 개선을 촉진하고 사회적 관심 및 공감을 이끌어 내고 있다.

### 어린이활동공간에 대한 환경안전관리기준

(「환경보건법 시행령」 제16조 제1항 관련)

1. 어린이활동공간에 사용되는 재료는 표면이 부식되거나 노화(老化)되지 아니하는 재료를 사용하여야 한다. 다만, 제2호의 기준에 적합한 도료(塗料) 또는 마감재료를 사용하여 관리하는 경우에는 그러하지 아니하다.
2. 어린이활동공간에 사용되는 도료나 마감재료는 다음 각 목의 기준을 모두 충족하여야 한다.
   가. 실내 또는 실외의 활동공간에 사용되는 도료 또는 마감재료에 함유된 납, 카드뮴, 수은 및 6가크롬의 합은 질량분율(質量分率)로 0.1퍼센트 이하일 것
   나. 실내 활동공간에 사용되는 도료나 마감재료는 「다중이용시설 등의 실내공기질 관리법」 제11조 제1항에 따른 오염물질을 방출하지 아니할 것
3. 어린이활동공간의 시설에 사용한 목재에는 다음 각 목의 방부제를 사용하지 아니한 것이어야 한다. 다만, 제2호의 기준에 적합한 도료를 사용하여 목재 표면을 정기적으로 도장(塗裝)하는 경우는 그러하지 아니하다.
   가. 크레오소트유 목재 방부제 1호 및 2호(A-1, A-2)
   나. 크롬 · 구리 · 비소 화합물계 목재 방부제 1호, 2호, 3호(CCA-1, CCA-2, CCA-3)
   다. 크롬 · 플루오르화구리 · 아연 화합물계 목재 방부제(CCFZ)
   라. 크롬 · 구리 · 붕소 화합물계 목재 방부제(CCB)
4. 어린이활동공간의 바닥에 사용된 모래 등 토양에 함유된 납, 카드뮴, 6가크롬, 수은, 비소는 환경부령으로 정하는 기준에 적합하여야 한다.
5. 어린이활동공간에 사용되는 합성고무 재질 바닥재의 표면재료에 함유된 납, 카드뮴, 수은 및 6가크롬의 합은 질량분율로서 0.1퍼센트 이하이어야 한다.
6. 어린이활동공간의 시설 및 바닥재는 해충이나 위해한 미생물이 서식하지 아니하도록 환경부장관이 정하여 고시하는 바에 따라 위생적으로 관리하여야 한다.

비고 도료, 마감재료 및 합성고무 재질 바닥재의 표면재료에 함유된 납, 카드뮴, 수은 및 6가크롬의 측정에 관한 세부 사항은 환경부장관이 정하여 고시한다.

## 6. 목재시설

### 가. 재료의 특성

목재 놀이시설은 가공이 용이하고 안전하며 친환경적이다. 벌채에서부터 가공, 시공, 폐기에 이르는 과정에서 가장 적은 에너지를 소비하고, 대기 및 수질 등 환경에 미치는 영향 역시 가장 적다. 또한 어린이들이 놀이기구에 부딪치더라도 부상 정도가 적다. 그러나 상대적으로 제작비 및 유지관리비

가 많이 들고, 부패 및 갈라짐 등으로 피해를 입기 쉬우며, 방부에 사용된 방부제 및 페인트로 인한 중금속 오염 등 인체에 피해를 일으킬 수 있으므로 주의해야 한다.

### 나. 기초

기초는 흔들림이 없어야 하며, 기초콘크리트가 마감표면에 노출되지 않도록 최종 마감 높이보다 0.05~0.1m 이상 깊게 해야 한다.

### 다. 목재의 가공 및 제작

① 목재의 가공 및 제작은 '목재 구입 → 용도별 절단 → 박피, 제재, 깎기 → 구멍뚫기, 따내기, 모나듬기 등 1차 가공 → 선소 → 방부 처리 → 양생'의 순서로 시행한다.

② 목재의 단면을 표시하는 치수는 마무리치수로 하며 건조, 수축, 대패질, 기타 마무리 여유를 두어 3~5mm 크게 제재해야 한다.

③ 목재는 변형, 오염, 손상, 변색, 부패 등을 방지할 수 있도록 직접 지면에 접촉하지 않게 보관하는데, 습기 및 직사광선에 직접 노출되지 않으며 통풍이 잘되는 곳에 보관해야 한다.

④ 목재는 자연건조법과 인공건조법을 사용하여 건조하는데, 시공기간, 비용의 경제성, 목재의 품질을 고려하여 적절한 건조법을 선택한다. 자연건조는 적정한 온도, 습도, 풍속 조건하에서 시행하여 함수율 12~18%의 기건상태가 되도록 하며, 인공건조를 할 경우에는 1~3개월 자연 건조된 목재를 사용한다.

⑤ 목재의 마감면은 일반적으로 대패질 마무리를 하고, 목재의 끝부분은 둥글게 마무리하며, 기둥의 갈라짐을 예방하고 신축성을 높이기 위해 목재의 섬유방향으로 각 면의 중앙부에 선형의 홈을 주면 좋다.

### 라. 목재의 방부

① 놀이시설용 목재는 KS M 1701(목재 방부제) 및 '목재의 방부 · 방충처리 기준(국립산림과학원 고시 제2011-4호)에 제시된 목재 방부제를 사용하여 방부처리를 한다.

② 방부처리는 '목재의 방부 · 방충처리기준'에 의한 목재의 사용환경구분에 따른 단계별 구분기준에 따른다.

③ 방부처리는 가압법, 침지법, 도포법, 주입법, 분무법 등 사용환경과 용도에 따라 적절한 방법을 사용하며, 목재의 가압식 방부처리방법은 KS F 2219(목재의 가압식 방부 처리 방법)에 따른다.

④ 목재는 방부처리를 원활하게 하기 위해 사전에 건조해야 하며, 건조 처리된 목재의 함수량은 18~25%로 한다.

⑤ 방부 처리된 목재를 절단, 대패질 등 추가 가공했을 경우에는 가공 부위에 방부제를 도포하여 방부성능이 저하되지 않도록 해야 한다.

### 마. 목재의 이음 및 접합

1) 목재와 목재의 직접이음

① 이음 및 맞춤의 접촉면은 필요 이상으로 끌파기나 깎아내기 등을 하지 않는다.

② 톱켜기는 너무 깊게 자르지 않도록 한다.

③ 목재는 이어 쓰지 않으며, 불가피할 경우 이음부의 길이를 1m 이상으로 한다.

④ 목재의 이음은 엇갈림 배치로 하고, 이음맞춤의 물림 정도는 꼭 맞게 하며, 이음으로 생긴 거스러미 등 위험성이 있는 부분은 사포로 매끄럽게 처리한다.

⑤ 목재 간의 접촉면적이 넓고 하중이 작은 경우에는 접착제에 의한 이음을 할 수 있는데, 이때 사용되는 접착제는 한국산업규격에 규정된 적정의 재료를 사용해야 한다.

2) 철물 및 이음재료에 의한 접합

① 접합에 사용되는 철물 및 이음재료는 도금이 된 것이나 스테인리스강 등 녹슬지 않는 재료를 사용해야 하며, 갈라짐이나 비틀림 등의 결점이 없어야 한다.

② 철물 구멍의 위치를 정확히 하고, 목재볼트의 구멍은 볼트지름보다 3 mm 이상 커서는 안 된다.

③ 구조재의 못은 접합면에 수직으로 박고, 옹이나 혹이 있는 부분은 피한다.

④ 나사못은 틀어박는 것을 원칙으로 하고, 나사 또는 볼트 상호 간의 연결간격 및 재단부에서 나사못까지의 거리는 나사 지름의 7배 이상으로 한다.

⑤ 접합부분 또는 돌출부분은 표면에서 돌출되지 않도록 해야 하고, 불가피할 경우 돌출 부위는 캡을 씌워야 한다.

### 바. 설치

① 설치 시에는 수직, 수평이 잘 맞아야 하고, 뒤틀림이 없이 직선이어야 한다.

② 목재기둥은 지표면에서 0.05m 이상 간격을 띄우고 감잡이쇠를 이용하여 붙임볼트 등으로 연결하여 지지시킨다. 단, 목재를 지하에 매립시킬 경우에는 지표면과 접하는 부위에 별도의 방부 및 방충 처리를 해야 한다.

### 사. 도장 및 마무리

① 목재시설물을 설치한 후 시설물의 모서리, 위험이 있는 곳, 거스러미가 있는 부분은 둥그렇게 모를 따고 그라인더나 사포 등으로 연마한다.

② 볼트구멍 주위, 맞물림 부분, 목재와 이음재료 부분은 매끄럽게 처리하고, 볼트머리는 톱밥이나 캡을 사용하여 묻히도록 한다.

③ 목재에 균열이 발생했을 경우에는 동일 성분과 색채의 톱밥이나 퍼티로 충전하고 표면을 평활하게 다듬어야 한다.

④ 공사 중 손상의 우려가 있거나 보호가 필요한 부분은 토분먹임, 종이붙이기, 널대기 등 적당한 방법으로 보양한다.

⑤ 화재 및 폭발 등 안전사고를 방지하기 위해 도장재와 용재, 기타 인화성 재료는 취급할 때 주의해야 하며, 청결한 상태에서 작업해야 한다.

⑥ 기온 5℃ 이하, 습도 85% 이상, 혹서기, 강우 시에는 도장을 해서는 안 되며, 맑고 건조하며 바람이 없는 날 시행한다.

## 7. 철강재시설

### 가. 재료의 선택

철강재시설에 사용되는 강판, 강관, 형강, 봉강, 스테인리스강재 등은 한국산업규격에 따르고, 재료특성에 따라 형상 및 구조적 성능에 적합하고 흠이나 녹이 없는 것을 사용한다.

### 나. 기초

기초와 연결되는 상부구조재는 정확한 수평과 수직을 유지한 상태로 가설치하고 콘크리트기초를 쳐야 한다.

### 다. 철강재의 가공 및 제작

1) 녹막이 처리

강철제 및 금속제품은 공장제작 후 녹막이처리 및 도금처리를 하는데, 운반이나 현장설치 중 도장이 손상된 부위는 재도장한다.

2) 절단

① 강판을 절단할 때에는 미리 선을 긋고 강판이 우그러지거나 변형되지 않도록 주의해야 하고, 절단 후 생긴 뒤말림과 찌그러짐은 줄이나 스크레이퍼로 마무리한다.

② 절단규격은 추가가공에 의한 수축 변형 및 마무리를 고려하여 실제 규격보다 약간 크게 한다.

③ 절단기로 절단할 수 없는 두께의 것은 톱절단이나 가스절단을 하고, 스테인리스강재를 절단할 때에는 스테인리스강재 전용 절단기를 사용해야 한다.

3) 구멍뚫기

① 볼트, 앵커볼트, 철근 관통구멍은 드릴뚫기를 원칙으로 하는데, 지름이 13mm 이하인 경우에는 전단구멍뚫기, 구멍의 크기가 30mm 이상인 경우에는 가스구멍뚫기도 가능하다.

② 드릴에 휨이 있으면 구멍이 커지므로 휨이 없어야 하며, 부재 표면과 직각을 유지해야 하고, 안전하고 적정한 힘을 가할 수 있는 위치에서 작업한다.

③ 얇은 판에 구멍을 뚫을 때에는 흠이 나기 쉬우므로 고무받침이나 목재받침을 끼운 후 작업을 해야 한다.

④ 스테인리스강재에 구멍을 뚫을 때에는 스테인리스강재 전용 드릴날을 사용해야 한다.

⑤ 구멍뚫기 후 구멍 주변의 흘림, 끌림, 쇳가루 등을 완전히 제거한다.

4) 성형

① 성형에 따르는 마무리치수는 정확해야 하며, 철강재 표면에 가공흠 등이 없는 것을 사용한다.

② 강판은 상온이나 가열 가공을 하는데, 가열가공은 적열상태로 시행해야 한다.

③ 상온에서 구부림 내반경은 판 두께의 2배 이상으로 하여 강판이 꺾어지지 않도록 주의한다.

④ 변형이 있을 때에는 평활한 규준반 또는 적당한 본틀 위에서 목재 또는 고무망치로 변형 부분 주위를 두드려 교정한다.

### 라. 용접

1) 용접 일반

① 철강재의 용접은 가스용접, 불활성 가스 아크용접, 아르곤가스 용접 등의 방법을 사용하며, 비가 오거나 바람이 심하게 불거나 기온이 0°C 이

하일 때에는 용접을 해서는 안 된다.

② 용접기와 부속기구는 용접조건에 알맞은 구조 및 기능을 갖춘 것으로 안전하게 용접할 수 있어야 한다.

③ 용접봉은 해당 한국산업규격에 합격된 것이어야 하고, 사용할 위치와 기타 조건에 따라 제작자가 추천하는 크기와 분류번호를 가진 피복된 용접봉을 사용한다.

④ 용접봉은 습기를 흡수하지 않도록 건조한 곳에 보관하고, 박탈되거나 오손, 변질, 흡습이 일어나거나 녹이 발생한 것은 사용해서는 안 되며, 흡습이 의심되는 용접봉은 재건조하여 사용한다.

⑤ 용접 전에 모재의 용접 면의 도료, 기름, 녹, 수분, 스케일 등 용접에 지장이 있는 것을 제거해야 한다.

⑥ 예열이 필요한 경우에는 철강재의 화학성분, 두께, 온도 등 특성을 파악하여 적절한 조건으로 예열해야 한다.

⑦ 용접은 원칙적으로 하향자세로 하고, 관의 경우 회전하면서 하며, 용접부 간격은 스페이서를 이용하여 조정한다.

⑧ 용접 부분은 과도한 살돋움, 살붙임이 있거나 표면상태가 불규칙해서는 안 되고, 그라인더나 줄칼로 매끄럽게 다듬어야 한다.

⑨ 마무리형상은 용접에 의한 수축량과 찌그러짐 등의 변형을 고려해야 한다.

⑩ 강관의 끝마무리는 관직경과 같은 크기의 강판으로 모가 지지 않게 끝마무리 부분을 막는다.

2) 가스용접

① 가스용접은 사용하는 가스에 따라 산소아세틸렌, 산소수소, 산소프로판 용접 등으로 구분하며, 높은 열을 이용하여 손작업을 하는 것이 일반적이므로 숙련된 용접기술이 요구된다. 과거에는 두께가 다른 모재의 용접이나 철과 비철 등 대부분의 금속 용접에 사용되었으나, 아크 용접에 비하여 열영향부가 넓고 열효율이 낮으며 폭발의 위험성이 있어 최근에는 주로 녹는점이 낮은 비철금속이나 두께가 얇은 박판금속의 용접과 구조물의 해체, 절단에 사용된다.

② 산소아세틸렌용접에서는 순도 98% 이상의 산소를 사용하고 아세틸렌은 용해아세틸렌을 사용한다.

③ 용접봉은 모재의 간극을 메우는 것으로, 모재와 조성이 동일하거나 비슷하며 용착 금속에 나쁘지 않은 재료를 사용한다. 용접봉의 지름은 모재 두께와 토치의 크기에 따라 1~6mm의 것을 많이 사용한다.

④ 부재 두께의 20~30배 간격으로 가붙임을 하고 망치로 우그러진 것을

편 다음 중간 부위부터 좌우로 정붙임을 한다.

⑤ 용접은 1회로 함을 원칙으로 하며, 특히 수밀, 기밀을 요할 때에는 반드시 준수해야 한다.

⑥ 노즐의 끝에 플럭스가 붙지 않도록 주의해야 하며, 용접 후 잔존한 플럭스는 완전히 제거한다.

3) 불활성 가스 아크용접

① 아르곤 또는 헬륨 가스와 같은 불활성 가스의 분위기 속에서 피용접물과 피복하지 않은 텅스텐 막대 또는 금속 전극선 사이에 아크를 발생시켜 용접하는 방법이다.

② 불활성 가스 텅스텐 아크용접법(TIG; tungsten inert gas arc welding)과 불활성 가스 금속 아크용접법(metal inert gas arc welding)이 있으며, 스테인리스강재의 용접에는 아르곤가스 용접이 적합하다.

③ 알루미늄, 구리, 스테인리스 등 산화하기 쉬운 금속의 용접에 적합하고, 용착부의 성질이 우수하며, 금속 산화물의 발생이나 불순물의 혼입이 적다. 플럭스에 의해 부식될 우려가 있는 곳, 열영향을 고려해야 하는 곳, 수직면 및 머리 위의 맞댄 용접은 이 방법에 의한다.

④ 용접기는 고주파 발생장치를 가진 교류용접기를 사용하고, 토치는 가스캡, 텅스텐 전극, 가스 공급 구멍을 가진 것을 사용한다.

⑤ 토치를 모재에서 약 3mm 띄어서 작은 원을 그리며 가열하고, 모재의 표면이 녹기 시작하면 모재에 대해 70～90° 각도를 유지하며 균일한 속도로 전진법으로 용접한다.

⑥ 부재 두께가 6mm 이상일 때에는 거듭용접을 한다.

## 마. 볼트, 리벳 접합

1) 볼트접합

① 볼트, 너트, 와셔의 품질은 한국산업규격의 규정을 따르고, 용융 아연도금한 것이나 스테인리스강을 사용하며, 볼트의 길이는 KS B 1002(육각볼트)의 부표 1에 명시되어 있는 호칭길이로 나타낸다.

② 와셔는 볼트머리 아래, 너트 아래에 각각 한 장씩 사용하고, 볼트머리 및 너트를 정연하게 놓아야 하며, 조임길이는 조임 종료 후 너트 밖에 3개 이상의 나사선이 나오도록 한다.

③ 볼트는 핸드렌치, 임팩트렌치 등을 이용하여 느슨하지 않도록 조이며, 구조상 중요한 부분에는 스프링 와셔나 잠금기기가 붙은 것을 사용하여 풀림을 방지한다.

④ 볼트는 나사를 무리하게 조여 손상되지 않도록 하고, 정확하게 구멍 속

으로 박아야 하며, 볼트박기 중 볼트머리가 손상되지 않도록 한다.

⑤ 접합부의 접촉표면에는 페인트, 래커 등 마찰을 감소시키는 칠이 없어야 한다.

2) 리벳접합

① 리벳의 품질은 한국산업규격의 규정을 따르며, 리벳길이는 지름 및 조립되는 판의 두께에 따라 결정한다.

② 리벳치기는 손치기 또는 기계치기로 하는데, 기계치기인 경우 압축공기 또는 전동식 리베터를 사용한다.

③ 리벳치기를 하는 동안 부재를 핀이나 볼트로 완전히 고정해야 하고, 리벳구멍이 완전히 충전되도록 한다.

④ 리벳치기 후에는 불량리벳의 유무를 검사하여 불량리벳은 교체해야 한다.

### 바. 설치

① 철강재는 공장제작 후 현장조립설치를 원칙으로 하고, 현장에 반입된 부재는 빠른 시간 내 설치하며, 불가피하게 장기간 보관할 경우에는 적절한 조치를 취한다.

② 가설치를 할 경우에는 수직, 수평을 잘 맞춰 지정된 위치에 바르게 설치하며, 정설치할 경우에는 설계도면 및 공사시방서에 따라 세밀히 시행한다.

③ 철강재가 지표면에 접하는 부분은 부식을 방지하기 위해 녹막이도료를 2중으로 도장하거나 별도의 조치를 취해야 한다.

④ 기둥설치 시 기초콘크리트에 묻히는 부분은 철근을 가로로 덧붙여 흔들림을 방지해야 하며, 앵커볼트로 시설물의 상부와 기초 부위를 고정할 때에는 단단히 고정하여 이완되지 않도록 한다.

### 사. 도장

① 도장에 사용되는 재료는 한국산업규격에 적합한 것을 사용하고, 도료생산업체의 지침서, 유효기간, 보관방법, 사용방법을 검토한 후 사용한다.

② 시설물의 공장제작 및 현장설치 후 모서리 부분은 둥글게, 용접 부위는 부재의 원상태 표면과 같게 그라인더나 사포로 연마해야 하며, 볼트 구멍 주위, 접합 부분 주위는 거스러미가 없게 매끄럽게 처리한 후 녹막이 도장을 해야 한다.

③ 외부마감 도장은 녹막이 도장 상태를 최종 점검한 후 시행하며, 도장 횟

수 및 색채는 설계도면 및 공사시방서에 따른다.

④ 철강재시설의 부식방지를 위해 합성수지 마감을 할 경우에는 사전에 표면을 사포로 평활하게 다듬고 시너 등의 용제로 기름성분을 제거하고 폴리에스테르 수지를 도포한 후 합성수지 피복재를 밀착시켜 부착한다.

⑤ 여러 차례 도장을 할 경우에는 반드시 앞에 시행된 도장상태를 점검한 후 이상이 없을 때 다음 도장작업을 한다.

⑥ 화재 및 폭발 등의 안전사고를 방지하기 위해 도장재와 용재, 기타 인화성 재료는 취급할 때 주의를 해야 하며, 청결한 상태에서 작업한다.

⑦ 기온 5°C 이하, 습도 85% 이상, 혹서기, 강우 시에는 도장을 해서는 안 되며, 맑고 건조하며 바람이 없는 날 시행한다.

### 아. 마무리

① 설치된 시설의 기능과 미관을 종합적으로 검사하여 미비한 부분이 있거나 정상 작동되지 않는 경우에는 이를 보완해야 한다.

② 지속적인 보호 및 양생이 필요한 시설은 완성되기 전까지 이용을 하지 않도록 하고, 필요한 경우에는 줄을 치거나 경고안내판을 설치해야 한다.

③ 시설 주변을 정리하고 시공 중 발생된 잔재 및 쓰레기는 환경오염을 유발하지 않도록 적절한 방법으로 제거한다.

## 8. 합성수지제품시설

### 가. 재료의 선택

① 합성수지는 열적 성질에 따라 열경화성 수지와 열가소성 수지로 구분되는데, 재료에 요구되는 품질을 파악한 후 결정해야 한다.

② 재료는 온도변화, 태양광의 영향 정도, 하중에 대한 강도, 내마모성, 충격강도, 치수정밀도, 내화학성, 균저항성, 마무리 정도, 미관, 경제성 등의 요소를 고려하여 결정해야 한다.

③ 자외선과 기온, 강우 등 외부환경에 견딜 수 있도록 부위별로 적정한 허용 강도를 갖는 내구성이 있는 재료를 사용해야 한다.

④ 품질보증기간 동안 표면에 유해한 흠, 얼룩, 뒤틀림, 변색 등의 노화가 일어나지 않는 재료를 사용하며, 유지관리를 위해 제품 생산 및 공급 업체는 준공 후 서비스 및 부품공급에 대한 명확한 방안을 마련해야 한다.

⑤ 합성수지제품은 공장 제작하여 현장에서 조립 설치하는 것을 원칙으로 한다. 소량의 시설을 설치할 경우에는 모듈생산에 의한 제품을 선택하여 사용하지만, 대량 설치의 경우에는 주문생산을 통해 고유의 형태, 색채를 지정하여 설치할 수 있다.

### 나. 접합

① 접합방법에는 볼트 및 너트, 리벳, 나사를 이용한 기계적인 접합, 접착제를 이용한 접착 접합, 열을 이용한 열용접 접합이 있으며, 접합부의 처리방법에 따라 제품의 성능과 비용이 달라진다.

② 놀이시설의 부재접합은 기계적인 접합과 접착제에 의한 접합을 원칙으로 한다.

③ 다른 재료와 기계적 접합 시에는 목재시설 및 철강재시설의 접합방법을 적용하고 리벳과 볼트, 너트 접합으로 한다. 경질재의 구멍뚫기는 재질, 구멍의 크기, 두께 등을 고려하여 부재가 파손되지 않도록 하고, 부재의 정착으로 인해 처짐, 구부러짐, 뒤틀림 등이 생기지 않도록 해야 한다.

④ 접착제를 사용하여 부재를 접착할 때에는 재료의 표면을 적절한 방법으로 처리하고, 피착재의 종류에 적합한 접착제를 선정하여 작업한다. 용제형 접착제를 사용하는 경우에는 인화되지 않도록 주의하고 작업장을 충분히 환기시켜야 한다.

### 다. 표면 색채 및 마무리

① 표면의 색상 및 질감은 지정한 색상 및 질감으로 하며, 합성수지 성형품은 염료나 안료를 이용하여 착색한다. 착색제는 인체유해, 합성수지의 변형, 공해발생 여부 등을 고려하여 결정한다.

② 색채는 착색제의 색상뿐만 아니라 합성수지의 고유색을 고려하여 실물의 모형과 질감을 보고 결정해야 한다. 또한 색채선정은 제품을 사용하는 환경과 유사한 조건하에서 해야 한다.

③ 재료 면에 흠이 생겼을 때에는 같은 색상의 내식수지로 코팅작업을 하고 불소수지를 도포한다.

## 9. 조립제품시설

### 가. 제품의 선택

① 목재, 철강재, 합성수지 등의 재료는 한국산업규격, 국제표준규격, 해당 국가규격을 따르며, 규정되지 않은 것은 제작회사의 규정을 따른다.

② 새로운 유형의 놀이시설인 경우 제품생산업체는 시설의 안전성 등 성능을 증명하기 위한 인증서 및 제품설명서, 품질확인서, 제작도면, 모형 등의 관련자료를 제출하여 승인을 받고, 설치 후 사후서비스 및 유지관리를 위한 지침서를 제출한다.

### 나. 재료의 가공기준

① 금속재 부품은 공장에서 구멍뚫기를 할 때 지나치게 여분 구멍이 크지 않도록 해야 하며, 용접을 할 때는 살돋음이나 용접찌꺼기가 없어야 한다.

② 강재는 시설에 소요되는 안전율을 고려하여 허용 강도 이상의 것을 사용하고, 접합은 용접을 하거나 리벳을 사용한다.

③ 제재목의 재료 및 가공은 목재시설의 해당 항목에 따르며, 제품생산업체의 특수한 재료나 공법인 경우에는 해당 업체의 기준을 따른다.

④ 플라스틱 패널과 부재는 최소 두께 5mm의 자외선 안정 처리 폴리에틸렌 등 자외선 차단제로 성형해야 하며, 하중시험에 적합하게 성형된 제품으로 모든 모서리를 최소반경을 주어 가공한 것을 사용한다.

### 다. 부재의 표면처리

① 철강재의 경우 녹슬지 않도록 분체 도장, 합성수지 코팅, 아연도금 처리를 해야 한다.

② 목재는 요구되는 내구성능에 부합되도록 방부 및 목부 도장을 해야 하는데, 자외선 차단 도장, 알키드 도장, 아크릴 도장 등 특수한 도장법을 사용할 경우 제품생산업체의 규정을 따른다.

### 라. 색상기준

① 놀이시설 부재의 색상은 한국산업규격 및 제품생산업체의 색상기준을 따른다.

② 도장재는 변색되지 않아야 하며, 특히 합성수지재의 경우 자외선에 의한 변색이 심하지 않은 재료를 사용하고 자외선 차단 도장을 한다.

### 마. 시공

① 시설설치 전 '안전인증대상공산품의 안전기준(어린이 놀이기구)'에 의해 제품인증 여부를 확인하고, '어린이놀이시설 시설기준 및 기술기준'(행정안전부고시 제2012-10호)에 따라 시설물을 설치한다.

② 공급방식인 부품 공급, 부분조립 공급, 완전조립 공급 등의 사항을 점검하고, 조립용 부재 및 긴결재 등이 공사시방서나 부품개요서에 명시된 대로 포함되었는지 수량을 확인한 후 설치한다.

③ 시설의 설치는 공사시방서나 제품생산업체가 공급하는 설치안내서에 따라야 하며, 생산업체의 기술자나 설치경험이 있는 숙련된 기술자가 시공해야 한다.

④ 부품 중 긴결재는 예비부품을 확보하여 접속 부위가 이완되거나 긴결재가 망실되었을 때 사용할 수 있도록 해야 한다.

⑤ 콘크리트기초, PC콘크리트기초, 자유이동기초, 그라운드 앵커 등 다양한 기초를 사용할 수 있는데, 제품시방서에서 권장하는 기초방식을 적용한다.

⑥ 시설설치 후 조립상태와 부재의 손상 여부를 점검하여 보완하고, 시공이 완료된 후에는 제품생산업체가 제공하는 유지관리지침서를 관리자에게 넘긴다.

## 10. 제작설치시설

### 가. 조합놀이시설

① 조합놀이시설은 단일시설물의 놀이기능이 조합된 시설이다. 그네, 미끄럼틀 등 단일시설의 조합으로 이루어진 시설은 해당 단일시설의 기준을 따른다.

② 각 시설 간의 상충으로 인한 위험성이 있는 곳은 안전성을 고려하여 시공하며, 시설 사이에 단차가 발생하지 않도록 일체화하여 설치한다.

③ 새로운 유형의 시설은 안전성과 내구성에 대한 사전검증을 거친 후 도입한다.

### 나. 모험놀이시설

① 어린이의 놀이, 건강, 안전 및 정서함양에 이바지할 수 있고 모험과 창조적인 놀이가 가능한 시설을 뜻한다.

② 일반적인 사항은 각 단일시설의 기준을 따르고, 새로운 유형의 시설은

기능성, 안전성, 내구성을 검토한 후 적정하다고 판단될 경우 도입한다.

③ 설치, 시공 후 평가를 하여 시설의 구조 및 기능의 적정성을 검토하여 부족한 부분은 개선한다.

### 다. 폐자재를 이용한 놀이시설

① 폐자재는 환경오염 가능성과 이용자의 안전에 대한 사전검증을 거친 후 도입한다.

② 폐자재의 모서리, 접합 부분, 절단 부분 등 위험한 곳은 연마해야 한다.

③ 폐타이어는 표면에 철선이 노출된 것, 마모 정도가 심해 구멍이 뚫린 것, 찢어진 것, 오염된 것 등은 사용해서는 안 된다.

### 라. 동력유희시설

① 공원이나 유원지 등 옥외 위락공간에서 동력을 이용하여 작동되는 유희시설의 설치에 적용하며, 시설의 설계, 제작, 설치는 동력유희시설 전문업체에 의해 일관성 있게 추진해야 한다.

② 시설에 대해서는 설계, 제작, 설치 단계로 나누어 안전성을 고려한 품질검사를 시행해야 하며, 구체적인 검사항목은 관련법규의 규정에 따른다.

③ 사용되는 재료는 한국산업규격에서 지정한 품질 이상이어야 하고, 규정되지 않은 재료는 시설설치업체의 규정을 따른다.

④ 시공은 제작·설치 업체의 전문기술자에 의해 시행하되, 작업 중 펜스, 안내판 등 안전시설을 설치한다.

⑤ 시설의 바닥은 미끄러지지 않도록 해야 하고 배수가 잘되도록 하며, 시설의 작동공간과 주변의 여유공간을 확보하여 안전사고를 방지해야 한다.

⑥ 설치가 완료된 후에는 시설의 유지관리에 관한 지침을 설정하고, 이에 따른 정기적인 관리프로그램을 수립해야 한다.

### 마. 놀이시설의 바닥처리

1) 일반사항

① 놀이시설의 바닥에는 모래, 나무껍질, 고무매트, 인조잔디 등 충격을 흡수할 수 있는 재료를 사용한다.

② 고무매트, 인조잔디, 탄성 포장재를 놀이시설의 바닥재로 사용할 경우, KS F 3888-2(학교 체육 시설-운동장 부대시설 시공), KS G 5758(충격흡수 놀이터 표면처리-안전 요구사항 및 시험방법), 어린이놀이시설의 시설기준 및 기술기준(안전행정부고시 제2013-15호)의 기준을 따른다.

③ 잡고무가 포함된 고무바닥재 제품의 경우 여름철 기온이 높아지면 휘발성 유기화합물(VOCs) 방출량이 증가하여 어린이의 피부를 자극할 수 있고, 모래바닥재에는 기생충란, 병원성 미생물, 중금속 등 환경유해원소가 있을 수 있으므로 친환경 인증제품을 사용해야 한다.

2) 모래포설

① 모래는 적정 크기의 굵은 모래를 사용하는데, 잔돌, 진흙, 쓰레기 등 이물질이 섞이지 않은 양질의 것을 사용해야 한다. 바다모래인 경우 조개껍질이 과다하거나 염기가 기준을 초과하는 것을 사용하지 않도록 한다.

② 모래막이의 모서리는 둥글게 마감하여 위험성이 없어야 한다.

③ 모래판 하부에는 배수용 맹암거를 설치해야 하며, 모래깔기 하부의 원지반은 맹암거 방향으로 2% 기울어지게 정리해야 한다. 맹암거는 다음의 기준에 따라 시공한다.

- 시설물 기초 위치를 확인한 뒤에 맹암거 터파기를 시행하며, 터파기를 완료한 뒤 시점과 종점의 높이를 측정하여 기울기를 확인한 후 유공관이 유동하지 않도록 고정 배치하고 자갈을 포설한다.
- 포설되는 자갈에는 석분이 섞여 있지 않아야 하며, 규격은 #357 골재이어야 한다.
- 유공관의 주관과 지관이 만나는 부위는 예각이 되도록 하고, 분기관 또는 연결관을 사용하여 연결 부위가 이탈되지 않도록 유의한다.
- 부직포는 그 폭을 충분히 하여 양면을 원지반 속 깊이 매설하여 모래침투에 의한 들림을 방지해야 하는데, 특히 빗물받이와 연결되는 종점 부위는 완벽하게 도포하여 모래가 침투하지 않도록 해야 한다.

3) 나무껍질

① 나무껍질은 이물질을 제거하고 사용해야 하며, 지속적으로 관리해야 한다.

② 겨울철 동결에 의한 고결화 및 입자의 분쇄, 이용으로 인한 재료의 이동을 방지하기 위해 정기적으로 체질을 하고 재료를 보충해야 한다.

③ 미생물이나 벌레의 번식을 방지할 수 있도록 사전소독 및 정기적인 소독을 한다.

④ 나무껍질 내에 깨진 유리나 못 등 날카로운 물질과 쓰레기 등이 없도록 정기적인 점검을 해야 한다.

## 11. 어린이놀이시설 회사 제품별 특성

국내 어린이놀이시설 관련 산업은 조경시설물 생산과 함께 1990년대 중반 이후 꾸준히 성장하여 조경자재산업의 근간이 되고 있다.

어린이놀이시설 관련 조직으로는 대표적으로 한국공원시설협동조합이 있다. 한국공원시설업협동조합은 놀이시설을 포함하여 공원 조경사업에 소요되는 각종 시설물을 생산하고 시공하는 80여 개 업체가 중심이 되어 2009년 구성된 기관이다. 설립목적은 공원시설업의 건전한 발전과 조합원 상호 간의 복리증진을 도모하여 협동사업을 수행함으로써 자주적인 경제활동을 복돋고, 「산업표준화법」에 따른 단체표준을 제정하여 품질 및 안전성 향상을 통해 제품의 신뢰성을 높이며, 공동사업을 추진함으로써 회원사의 발전과 소비자 보호 및 국민경제의 발전을 도모하는 것이다. 이 밖에 (사)한국놀이시설생산자협회가 놀이시설의 품질향상 및 안전기준 확립에 기여함을 목적으로 하여 놀이시설 공동브랜드를 등록하고 어린이놀이시설 안전관리 지원기관으로 활동하고 있다.

한편 각 회사별로는 고유한 브랜드를 개발하여 연령 및 기능에 따른 형태적 특성, 품질기준, 표준화된 시스템 등을 적용하여 특화된 제품을 생산하고 있다. 이들은 국내외 안전 및 품질 인증인 ISO 9001 품질인증 및 ISO 14001 환경인증을 획득했으며, 제품인증으로 FSC 산림경영인증, TÜV EN1176 유럽표준인증, ASTM(미국재료시험협회) 인증, CPSC(미국소비자보호위원회) 안전인증을 받거나 IPEMA(국제놀이시설제조연합) 회원 등으로 활동하고 있다.

놀이시설 생산업체는 크게 국내생산업체 및 해외수입업체로 분류해 볼 수 있다. 국내업체로 (주)멜리오 유니온랜드는 아시아 최대 놀이시설 종합 생산시스템을 구축하고 놀이시설을 미래형, 자연친화형, 인터엑티브형, 네트형, 오르기형, 조합놀이대, 독립형 놀이대 등으로 유형화하여 생산하고 있다. (주)예건은 아이들의 상상력과 두뇌를 발달시킬 수 있으며 안전하고 친환경적인 놀이시설로 아이붐(I · Boom)이라는 브랜드를 개발하고, 창의력을 개발하고 상상력을 유발할 수 있는 사이언스파크, 감성을 개발하고 자연친화력을 증대할 수 있는 내추럴파크, 신체균형발달과 새로운 방식의 움직임을 유도하는 아이붐파크 등으로 유형화하여 제품을 생산하고 있다. 이 밖에 데오스웍스도 과학이론을 놀이를 통해 체험할 수 있도록 플레이잼이라는 브랜드를 개발하여 다양한 제품을 생산 및 시공하고 있으며, 디자인파크개발은 블루스카이, 테마형 놀이시설, 게임형 놀이시설, 자이언트 트리 등을 생산 및 시공하고 있다. 이 밖에도 우수한 국내놀이시설 생산업체가 제품 개발 및 생산, 시공에 노력을 기울이고 있다.
해외수입업체인 콤판코리아(주)는 어린이놀이시설의 세계적 선두업체인 콤판(KOMPAN)의 주요 생산품인 모멘트, 갤럭시, 엘리먼트, 엣지, 빅토이, 스토리메이커, 블락스, 프리게임, 코로코드, 네이처 등을 수입하여 판매, 시공하고 있다. 두하엔터프라이즈는 유럽에서 어린이 놀이시설물을 이끌어가는 선두업체 중 하나인 랍셋(Lappset)의 놀이시설물, 휴게시설물, 스포츠시설물 등을 수입하여 시공하고 있다. 또한 원앤티에스(주)도 독일 친환경 원목 놀이기구인 아이베(eibe)의 놀이시설을 수입하여 시공하고 있으며, (주)청우펀스테이션은 자체브랜드인 노리노라(nori-nora)뿐만 아니라 스웨덴의 놀이시설 전문회사인 학스(HAGS)의 Uniplay, Uniminy, Agito, Solo, Activity를 수입하여 시공하고 있다.

| A | B |
|---|---|
| C | D |

17-2 국내생산업체의 다양한 제품

A. 유니온랜드(UL-PA040)
B. 예건(BNM-02 파브르곤충기)
C. 데오스웍스(플레이잼: 숲속의 오케스트라)
D. 디자인파크개발(자이언트트리)

| A | B |
| --- | --- |
| C | D |

17-3 해외수입업체의 다양한 제품

A. 두하엔터프라이즈(Lappset forest)
B. 콤판코리아(Story Makers)
C. 청우펀스테이션(동물놀이대 NR-T4101)
D. 원앤티에스(스톡홀름)

| 1 | 4 | |
|---|---|---|
| 2 | | |
| 3 | 5 | 6 |

1 과학원리를 응용한 어린이놀이시설(서울 관악구 낙성대공원)
2 다양한 모험놀이기구를 복합 설치한 놀이터(2008 빙겐 정원박람회2008 Bingen Garden Expo, Germany)
3 네트형 놀이시설
4 큐브를 이용한 놀이시설(2009년 서울디자인올림픽 상상어린이공원, 서울 잠실운동장)
5 자연에너지를 이용한 놀이시설(2009년 서울디자인올림픽 상상어린이공원, 서울 잠실운동장)
6 다양한 놀이기능이 도입된 조합놀이시설(오이타 오이타농업문화공원大分 大分農業文化公園, Japan)

| 1 | 3 |
| --- | --- |
| | 4 |
| 2 | 5 |

1 콘크리트로 만든 초승달 모양의 조형놀이시설(후쿠오카 오호리공원福岡 大濠公園, Japan)
2 콘크리트로 만든 반구형 조형놀이시설(후쿠오카 오호리공원福岡 大濠公園, Japan)
3 강재로 만든 유아용 놀이시설(도쿄 미드타운가든東京 ミッドタウン, Japan)
4 강재를 기울여 만든 그네(도쿄 미드타운가든東京 ミッドタウン, Japan)
5 경사면을 활용하여 만든 모험놀이시설(서울 성동구 서울숲)

| 1 | | 3 | |
|---|---|---|---|
| 2 | 3 | 4 | 5 |

1 도로를 횡단하는 미끄럼대(오이타 오이타농업문화공원大分 大分農業文化公園, Japan)
2 주거단지 내 유아용 놀이시설
3 복합놀이시설(후쿠오카 야스고원기념숲福岡 夜須高原記念の森, Japan)
4 경사 및 물을 이용한 놀이시설(2005 아이치 박람회2005 Aichi World Exposition, Japan)
5 과학의 원리를 이용한 놀이기구
6 고층 공동주택단지 내 유아놀이시설

## ※ 연습문제

1. 국내외 대표적인 어린이놀이시설회사의 홈페이지를 방문하여 제품 특성을 알아보시오.
2. 어린이놀이시설 제품산업의 발전과정과 현안에 대해 알아보시오.
3. 어린이놀이시설의 노화현상 및 관리방안에 대해 설명하시오.
4. 「어린이놀이시설 안전관리법」에 규정된 정기시설검사에 대해 알아보시오.
5. 「어린이놀이시설 안전관리법」의 현안과 개선방안을 제시하시오.
6. 어린이놀이시설의 안전과 관련된 세계적 품질 기준에 대해 알아보시오.
7. 어린이놀이시설에서 안전성을 중시하다 보면 창의성 및 모험성이 저하되는 현상이 발생할 수 있다. 이에 대해 설명하고 개선방안을 제시하시오.
8. 중국산 저가 저품질 어린이놀이시설 수입 실태와 문제점에 대해 설명하시오.
9. 서울시에서 추진했던 상상어린이공원 프로젝트에 대해 설명하시오.
10. 환경호르몬 유해성 및 놀이터 모래의 오염 등 어린이놀이시설에서 발생하는 환경적 문제를 진단하고 관련제도에 대해 설명하시오.
11. 「주택건설기준 등에 관한 규정」에서 놀이터 통합계산에 따른 공동주택단지 어린이놀이시설 설치기준을 폐지하거나 아동보육시설에서 놀이터를 폐지하려는 움직임이 있다. 이러한 제도적 변화의 문제점을 진단하고 대책을 강구해 보시오.

## ※ 참고문헌


한국조경. '상상어린이공원' 항균모래 '도입'. 2009년 4월 13일.

한국조경사회. 어린이놀이시설 안전관리체계 개선방향. 2008년 8월.

한국조경신문. '아이들 상상으로 놀이터를 바꾸다'. 2009년 5월 4일.

한국조경신문. '상상어린이공원 가이드라인 제시'. 2009년 5월 18일.

한국조경신문. '아동보육시설에 놀이터를 없앤다?'. 2012년 11월 22일.

한국조경신문. 『한국조경산업 자재편람』, 2011.

한국조경학회. 『조경공사 표준시방서』. 서울: 문운당, 2008.

한국조경학회. 「조경설계기준」, 2013.


## ※ 관련 웹사이트

국가표준인증종합정보센터(http://www.standard.go.kr)

데오스웍스(http://www.deosworks.com)

두하엔터프라이즈(http://www.duha.co.kr)

디자인파크개발(http://www.designpark.or.kr)

(사)한국놀이시설생산자협회(http://www.kpa.name)

원앤티에스(주)(http://www.wonnts.com)

(주)멜리오 유니온랜드(http://www.unionland.co.kr)

(주)예건(http://www.yekun.com)

(주)청우펀스테이션(http://www.cwfuns.com)

콤판코리아(주)(http://www.kompan.co.kr)
한국공원시설업협동조합(http://www.kpfa.biz)

**※ 관련 규정**

관련 법규

「어린이놀이시설 안전관리법」
「품질경영 및 공산품안전관리법」
「주택건설기준 등에 관한 규정」
「환경보건법 시행령」 제16조(어린이 활동공간에 대한 환경안전관리기준) 제1항
〔별표 2〕 어린이활동공간에 대한 환경안전관리기준

관련 기준

기술표준원고시 제2009-977호, 안전인증대상공산품의 안전기준
안전행정부고시 제2013-15호, 어린이놀이시설의 시설기준 및 기술기준
국립산림과학원고시 제2011-4호 목재의 방부·방충처리 기준
국립산림과학원고시 제2011-1호 건조제재목 품질인증기준
국립산림과학원고시 제2011-3호 방부목재의 규격과 품질
국립산림과학원고시 제2010-8호 방부처리목재 품질인증 기준
국립산림과학원고시 제2006-4호 방부방충처리 목재의 침윤도 및 흡수량 측정 방법

한국산업규격

KS B 1002 6각 볼트
KS B 1010 마찰 접합용 고장력 6각 볼트, 6각 너트, 평 와셔의 세트
KS B 1012 6각 너트
KS B 1101 냉간 성형 리벳
KS B 1102 열간 성형 리벳
KS B 2023 깊은 홈 보올 베어링
KS B 2402 열간 성형 코일 스프링
KS D 3502 열간 압연 형강의 모양·치수·무게 및 그 허용차
KS D 3503 일반 구조용 압연 강재
KS D 3504 철근 콘크리트용 봉강
KS D 3506 용융 아연도금 강판 및 강대
KS D 3507 배관용 탄소 강관
KS D 3512 냉간 압연 강판 및 강대
KS D 3514 와이어 로프
KS D 3515 용접 구조용 압연 강재
KS D 3527 철근 콘크리트용 재생 봉강
KS D 3529 용접 구조용 내후성 열간압연 강재
KS D 3530 일반 구조용 경량 형강
KS D 3536 기계구조용 스테인리스강 강관
KS D 3553 일반용 철못

KS D 3557 리벳용 원형강
KS D 3566 일반 구조용 탄소 강관
KS D 3568 일반 구조용 각형 강관
KS D 3576 배관용 스테인리스 강관
KS D 3692 냉간 가공 스테인리스 강봉
KS D 3698 냉간 압연 스테인리스 강판 및 강대
KS D 3705 열간 압연 스테인리스 강판 및 강대
KS D 3706 스테인리스 강봉
KS D 4101 탄소강 주강품
KS D 4103 스테인리스강 주강품
KS D 4301 회 주철품
KS D 6701 알루미늄 및 알루미늄 합금의 판 및 띠
KS D 6759 알루미늄 및 알루미늄 합금 압출 형재
KS D 7004 연강용 피복 아크 용접봉
KS D 7006 고장력 강용 피복 아크 용접봉
KS D 7014 스테인리스강 피복 아크 용접봉
KS D 7015 크림프 철망
KS D 9521 용융 아연 도금 작업 표준
KS F 1519 목재의 제재 치수
KS F 2201 목재의 시험 방법 통칙
KS F 2202 목재의 평균 나이테 나비 측정 방법
KS F 2204 목재의 흡수량 측정 방법
KS F 2219 목재의 가압식 방부 처리 방법
KS F 3101 보통합판
KS F 3888-2 학교체육시설-운동장 부대시설 시공
KS F 4514 목 구조용 철물
KS F 8006 강제틀 합판 거푸집
KS G 5758 충격흡수 놀이터 표면처리-안전 요구사항 및 시험방법
KS K 4001 마 로프: 마닐라마 및 사이잘마
KS K 6401 폴리에틸렌 로프
KS K 6405 폴리프로필렌 로프
KS M 1671 펜타클로로 페놀 (PCP) (공업용)
KS M 1672 펜타클로로 페놀 레이트나트륨 (공업용)
KS M 1701 목재 방부제
KS M 3700 초산비닐 수지 에멀션 목재 접착제
KS M 3701 요소 수지 목재 접착제
KS M 5304 염화비닐수지 바니시
KS M 5305 염화비닐수지 에나멜
KS M 5306 염화비닐수지 프라이머
KS M 5318 조합 페인트 목재 프라이머 백색 및 담색(외부용)

KS M 5710 아크릴수지 에나멜
KS M 6010 수성도료
KS M 6020 유성도료
KS M 6030 방청도료
KS M 6040 래커도료
KS M 6050 바니시
KS M 6060 도료용 희석제
KS M 6070 분체 도료

# 18 인공지반조경

## 1. 개요

최근 도시가 고밀화되고 다양한 인공적인 공간이 생기면서 도시녹화에 대한 관심이 크게 증대되고 있다. 이러한 도시녹화는 대상에 따라 인공지반녹화, 입체녹화, 특수녹화 공간 등으로 불리고 있다.

국토교통부고시 제2013-46호 '조경기준'에서는 인공지반조경은 건축물의 옥상(지붕을 포함한다)이나 포장된 주차장, 지하구조물 등과 같이 인위적으로 구축된 건축물이나 구조물 등 식물생육이 부적합한 불투수층의 구조물 위에 자연지반과 유사하게 토양층을 형성하여 그 위에 설치하는 조경, 옥상조경은 인공지반조경 중 지표면에서 높이가 2미터 이상인 곳에 설치한 조경, 벽면녹화는 건축물이나 구조물의 벽면을 식물을 이용해 전면 혹은 부분적으로 피복 녹화하는 것으로 각각 분리하여 정의하고 있다.

한편 한국인공지반녹화협회에서는 "인공지반이란 자연지반과는 공간적으로 분리된 상태에서 인위적으로 조성된 인공구조물로서 별도의 조치가 없이는 생물이 서식할 수 없는 건물옥상, 포장된 주차장, 교량상판, 전철역의 플랫폼, 지하주차장 상부의 공간, 하천복개도로, 하수처리장 복개부, 지하시설물 복개공간 등"으로 정의하고 있으며, 「조경설계기준」(2013)에서는 "인공지반녹화는 인공적으로 구축된 건축물이나 구조물 등의 식물생육이 부적합한 불투수층의 구조물 위에 조성되는 식재기반인 인공지반의 조경으로서 옥상, 지하구조물 상부 및 선큰 등의 조경"으로 포괄적으로 정의하여 인공지반조경의 범위에 입체녹화 및 특수녹화 공간을 모두 포함하고 있다. 본서에서는 한국인공지반녹화협회 및「조경설계기준」의 정의를 따라 실내조경, 지하구조물 상부 조경, 옥상조경, 벽면녹화를 포함하여 인공지반조경으로 부르기로 한다.

## 2. 인공지반의 환경적 특성

인공지반이란 자연지반과는 공간적으로 분리되어 있는 인위적으로 조성된 인공구조물이다. 별도의 조치가 없이는 생물이 서식할 수 없는 공간으로 실내, 옥상, 인공지반, 벽면, 지하, 고가도로 하부, 중정 등이 대상이 된다. 이것을 식물의 생육환경인 흙, 물, 빛의 조건에 따라 분류해 보면 〈표 18-1〉과 같이 7가지로 구분할 수 있다.

## 3. 인공지반녹화의 필요성

전 세계적으로 환경오염이 심해지고 이산화탄소($CO_2$), 메탄가스($CH_4$) 등이 늘어나 온실효과를 일으켜 지구온난화를 초래하고 있으며, 프레온가스(CFC)로 인한 오존층 파괴가 심각해지고 있다. 더구나 도시에서는 건물 및 시설이 집중적으로 설치되면서 녹지가 잠식되어 많은 열을 배출하고 태양의 복사열에 의해 기온이 높아지는 열섬현상이 일어나는 등 도시의 사막화가 확대되고 있다. 도시 및 인공구조물에서 녹지를 확보할 수 있는 인공지반녹화는 이러한 제반 환경문제를 해결하는 데 훌륭한 대안이 되고 있다.

〈표 18-1〉 **공간유형별 특성과 사례**

| 공간유형 | 흙 | 물 | 빛 | 사례 |
|---|---|---|---|---|
| A | × | ○ | ○ | 옥상, 인공지반, 보행데크, 다리, 베란다, 테라스, 벽면, 자연광이 있는 반지하 및 중정 |
| B | ○ | × | ○ | 자연광이 있는 고가 및 난간 하부 |
| C | ○ | ○ | × | 건물의 그늘진 곳 |
| D | × | × | ○ | 자연광이 있는 아트리움(지하 이용) |
| E | ○ | × | × | 자연광이 없는 고가 및 난간 하부 |
| F | × | ○ | × | 그늘진 옥상, 인공지반, 보행데크, 다리, 베란다, 테라스, 벽면, 반지하, 지하 이용이 있는 그늘진 중정 |
| G | × | × | × | 지하, 자연광이 없는 아트리움, 고층건물의 중정 |

자료: (財)都市緑化技術開發機構(1993),『特殊緑化空間の緑化』, 7쪽.

인공지반녹화는 에너지 비용을 절감하고 건축물을 보호하는 경제적 효과뿐만 아니라 도시경관의 향상, 어메니티 증진, 도시민에게 휴식공간 제공, 도시민의 심리적 안정, 환경교육 등 사회적 효과, 그리고 환경오염 방지, 대기 정화, 도시생태계 복원, 미기후 조절, 에너지 절약, 소음 감소 등 환경적 효과를 얻을 수 있다.

## 4. 인공지반녹화의 주안점

인공지반에 식물이 생육하기 위해서는 양호한 식재환경을 조성해야 하고, 공간 특성에 부합하는 식물을 선정하여 식재해야 하며, 적절한 유지관리가 이루어져야 한다.

### 가. 양호한 식재환경의 조성

인공지반에서는 빛, 물, 기온, 바람, 토양 등의 환경조건이 열악하여 식물이 피해를 입을 수 있으므로 채광, 관수, 배수 등의 시설이 필요하다. 특히 토양은 식물의 생육기반으로 중요하므로 적합한 인공토양 및 토양개량제를 사용하도록 하며, 신소재 및 신기술을 적극 적용할 필요가 있다.

### 나. 공간의 특성에 부합하는 식물의 선정

인공지반인 건물이나 시설은 고유한 기능과 공간 특성을 갖고 있어 식물의 생육환경이 독특하다. 그러므로 녹화의 목적 및 형태, 생육환경, 공간 특성에 적합한 식물을 선정하는 것이 중요하다. 기존에 알고 있는 식물을 다양하게 사용하는 것뿐만 아니라 새로운 식물재료를 개발하여 이용하는 것도 좋은데, 재료가 가지고 있는 특성을 충분히 파악하여 이용해야 한다.

### 다. 적절한 유지관리

인공지반은 일반적인 녹지에 비해 환경조건이 열악하기 때문에 상대적으로 많은 인력과 비용을 투입하여 적절하게 유지 관리해야 한다. 이때 유지관리의 자동화, 빗물 및 중수의 이용, 태양에너지의 이용 등 환경에 부하가 없는 유지관리가 필요하다. 특히 사람들의 생활과 밀접한 실내, 옥상, 인공지반 등은 병충해 방제, 고사식물의 교체 등을 위해 집약적으로 관리해야 하므로 이에 대한 유지관리체계를 구축하여 시행하는 것이 좋다.

〈표 18-2〉 **인공녹화공간의 환경특성, 주요과제, 미래방향**

| 인공녹화공간 | 환경특성 | 주요과제 | 미래방향 |
|---|---|---|---|
| 실내<br>(아트리움) | • 일조조건의 제약<br>• 야외와 다른 온습도 조건<br>• 강우 없음.<br>• 바람의 소통(風通) 제한 | • 광조건(특히 조도)의 확보<br>• 일조에 의한 실내온도 상승 방지<br>• 풍통이 나쁘면 병충해 발생<br>• 토양 및 성토재료의 개발<br>• 방수대책 및 관수시스템 개발<br>• 식물재료의 개발<br>• 아트리움 공간의 녹화 추진 | • 자연광 집적 및 LED 조명 장치의 개발<br>• 공조설비의 개량에 의한 사람과 식물이 동시에 쾌적한 공간의 창조<br>• 청결한 관리 가능한 인공토양의 개발<br>• 방수공법 및 지중관수시스템 개발<br>• 내음성 식물의 개발 및 재래종 활용<br>• 공공시설의 적극 도입 방안 강구 |
| 옥상 | • 바람에 의한 전도 및 생육 장애<br>• 구조물의 온도 상승과 지온의 변화<br>• 건조피해 발생 | • 방풍 대책<br>• 토양 및 성토재료의 개발<br>• 방수대책 및 관수시스템 개발<br>• 식물재료의 개발<br>• 이용 활성화 및 다양화<br>• 기존 건물의 옥상녹화 추진 | • 수목 고정방법의 개발<br>• 토양 및 성토재료의 개발<br>• 녹화를 위한 방수공법의 개발<br>• 얕은 토양에서 생육 가능한 식물 개발<br>• 가정채원 등 새로운 이용방법의 전개<br>• 자연생태계를 고려한 식재<br>• 옥상녹지의 제도적 보증 |
| 인공지반<br>(지하구조물의 상부) | • 바람에 의한 생육장애 및 전도<br>• 구조물의 온도상승과 지온의 변화<br>• 건조피해 발생<br>• 구조물에 의한 그늘<br>• 구조물로부터 광반사 | • 방풍대책<br>• 방수대책 및 관수시스템 개발<br>• 식물재료의 개발<br>• 연출기법의 개발<br>• 인공지반녹화의 추진 | • 수목 고정방법의 개발<br>• 방수공법 및 관수시스템 개발<br>• 컨테이너 식재 식물의 재배 및 이용 촉진<br>• 초화류를 이용한 연출기법의 개발<br>• 자연생태계를 고려한 인공지반의 창출 |
| 벽면 | • 구조물에 의한 그늘<br>• 구조물에서 광반사<br>• 일조조건의 제약<br>• 강풍에 의한 생육 장애<br>• 건조, 과습에 의한 수분조건의 제약 | • 식물재료의 개발<br>• 연출기법의 개발<br>• 등반 보조자재의 개발<br>• 조기녹화의 대응<br>• 수직녹화의 추진 | • 수직녹화를 위한 적응식물의 확대를 위한 조사 검토<br>• 식물재료의 검토 및 대형포트묘에 의한 조기녹화 검토<br>• 수직녹화 추진을 위한 조성조치의 검토 |
| 지하<br>(반지하) | • 일조 부족<br>• 야외와 다른 온습도 조건<br>• 강우가 없음.<br>• 바람의 소통이 제한 | • 광조건(특히 조도)의 확보<br>• 식물재료의 개발<br>• 연출기법의 개발 | • 설계단계에서 자연광을 취할 수 있도록 고려<br>• 보조광원장치(인공광)의 개발<br>• 내음성이 강한 식물의 개발 |
| 고가하부 | • 일조 부족<br>• 분진, 배기가스, 대기오염<br>• 우수, 지하수가 차단됨.<br>• 보행자의 답압 | • 광조건의 확보<br>• 식물재료의 개발<br>• 관수시스템의 개발<br>• 관리효율성 확보 | • 설계단계에서 자연광을 취할 수 있도록 고려<br>• 보조광원장치(인공광)의 개발<br>• 내음성, 대기오염에 강한 식물의 개발<br>• 관수시스템의 개발 연구 촉진 |

자료: (財)都市緑化技術開發機構(1993), 『特殊緑化空間の緑化』, 13쪽.

## 5. 실내조경

### 가. 개요

실내조경은 건물 내에 녹지를 도입할 수 있는 효과적인 방법으로, 휴식 제공, 피로 및 스트레스 감소, 적정한 습도 유지, 미적 효과 등 다양한 효과를 얻을 수 있다. 그러나 빛, 물, 토양에 있어 식물의 생육에 어려운 환경조건이므로 건전한 생육을 위해 섬세하고 지속적인 관리가 필요하다.

실내조경은 실내의 천창이나 측창을 통해 자연광이 유입되는 공간, 유리돔 등의 아트리움(atrium)과 아케이드(arcade), 인공광 도입이 가능한 지하공간, 그리고 발코니, 베란다, 현관 등 전이공간에서 주로 이루어진다. 실내식물의 생장을 위한 기반을 조성하고 식물재료를 식재하는데, 이때 용기와 플랜터, 첨경물, 기타 시설물 등의 재료가 사용된다.

### 나. 요구사항

실내공간은 인공지반조경 중 빛, 물, 토양, 온도 등 식물이 생육하는 데 중요한 환경조건이 가장 나쁘므로 이를 관리하는 데 주의해야 한다.

① 실내식물의 생육을 위해서는 도입식물의 특성에 부합되는 적절한 조도조건을 확보해야 한다. 일반적으로 낙엽활엽수는 3,000lx에서 생육이 가능하고 생육 최소조도는 1,000lx이며, 관엽식물의 최소조도는 500lx, 내음성이 강한 관엽식물의 최소조도는 150lx인데, 100lx 이하에서는 식물 생육이 거의 불가능하다. 따라서 식물의 생육에 필요한 광조건을 파악하고 자연광의 유입 및 인공광의 조건을 설계단계에서부터 고려해야 한다.

② 실내에서는 강우에 의한 수분공급이 불가능하므로 도입식물의 수분요구도를 참고하여 표면관수, 점적관수, 저면관수, 이중관수 등 적당한 관수방법을 채택한다. 이때 대규모일 경우에는 자동관수시스템을 도입하고 소규모일 경우에는 손으로 직접 관수를 하도록 한다. 또한 엽면관수 후 실내의 먼지집적을 방지하고 정기적으로 식물의 잎을 세정하여 적절한 생육을 도모해야 한다. 특히 물이 과도하게 공급되지 않도록 주의하고, 뿌리에 물이 고이지 않도록 배수층을 조성한다.

③ 실내에서는 오염이 쉬운 자연토양보다는 배수력과 보수력을 동시에 가진 인공토양 및 토양개량제를 사용하는 것이 일반적이다. 인공토양으로는 입경 5~10mm의 펄라이트, 버미큘라이트, 피트모스를 3 : 1 : 1로 혼합하여 사용하면 좋다. 토양개량제를 포함하는 배합토를 사용하는 경우 인공지반 식재토심 기준을 적용한다.

④ 실내는 인간의 생활이 용이한 온습도 조건으로 조절되므로 여름철에 시원하고 겨울철에 따뜻하게 온도가 제어되어 연중 온도차가 크지 않아 아열대 및 열대 식물을 주로 이용한다. 실내온도를 실측 또는 예측하여 이에 부합하는 식물재료를 도입하거나 각 도입식물의 적정생육온도를 유지해야 하는데, 특히 최저, 최고 온도 및 일교차 등 생육한계온도에 유의한다. 보통 실내식물의 생육적온은 23~25℃로, 32℃ 이상이거나 5℃ 이하가 되지 않도록 하며, 0.5~0.6m/sec의 바람을 확보하고 적당히 통풍이 되도록 한다.

⑤ 냉난방을 위한 기구를 설치할 경우 식물생육에 방해되지 않도록 하고, 건축공사, 조명설비공사, 인테리어공사 등과 겹쳐 공정상의 문제가 야기되지 않도록 상호 협의하여 시공한다.

### 다. 재료

실내조경에는 실내식물, 토양, 토양개량제, 수목용기 등 다양한 재료가 사용되는데, 구체적으로는 다음과 같다.

#### 1) 식물재료

① 실내식물에는 지피류, 초화류, 관엽식물, 수생식물, 난과식물, 일반 수목, 잔디 및 인조 식물재료 등이 있다.

② 실내식물은 식물의 고유한 형태가 유지되고 병충해에 감염되지 않은 건실한 식물로, 줄기와 잎이 변색되지 않고 잔뿌리가 무성해야 한다.

③ 식물은 생육환경에 적합하도록 정지 및 전정을 하고, 수고 3m 이상의 수목은 3개월 이상의 환경순응기간을 거쳐야 한다.

④ 식물재료의 규격은 성상에 따라 수고(H), 수관폭(W), 근원직경(R), 수관수평길이(L)를 기준으로 하며, 지피류 및 초화류의 경우 곧게 자라는 식물은 높이(H)×수관폭(W)이나 높이(H)×수관폭(W)×근원직경(R), 키가 낮은 지피류 및 초화류는 화분폭(치)×초장(H), 덩굴성 식물은 높이(H)×수관수평높이(L)로 규격 표시한다.

⑤ 식물재료는 재배지 검사와 반입 후 검사에 합격한 것을 사용한다. 규격의 측정검사는 수형 상태에 따라 수고, 수관폭, 근원직경, 수관길이 표시 규격의 ±10% 범위 내에서 합격품으로 처리할 수 있다.

#### 2) 식재용토

① 식재용토로는 식물의 종류와 여건에 적합하도록 인공토양에 산흙, 마사토, 모래, 부엽토, 바크, 피트모스, 펄라이트, 질석, 화산회토 등의 토양개량제를 적절한 비율로 혼합한 배합토 또는 혼합 포장되어 있는 인

공배합토를 사용한다.

② 일반적으로 토양부피에 대한 토양습윤 상태하의 비중은 0.6~1.2g/cm³이며, 적합한 토양산도 범위는 6.0~7.0pH이다.

③ 배합토는 비중을 가볍게 하기 위해 유기물과 공극이 큰 입자의 토양개량제를 첨가하고, 토양산도를 중화시키려면 질산칼슘비료나 석회를 첨가하며, 산성화시키려면 토양배합물에 피트모스를 첨가한다. 또한 물의 침투와 이동이 불량할 경우 무기물이나 유기물을 첨가하여 공극률을 증대시키고, 통기성이 불량할 경우에는 거친 입자의 토양개량제를 첨가하며, 적당한 습윤상태에서 배합토 조성 작업을 한다.

### 3) 용기, 플랜터, 첨경물

① 수목식재용 용기는 목재, 섬노, 합성수지, 자기, 세라믹, 석재, 금속, 유리 등을 사용하여 만든 것으로, 제조업체의 제품시방서에 적합해야 하며 외관상 결점이 없고 내구성이 있는 제품이어야 한다.

② 실내공간에 식물도입을 위한 플랜터를 설치할 경우 구조물 자재는 조경구조물 및 옥외시설물의 해당 자재기준에 적합해야 하며, 배수관, 부직포, 배수용 골재 등 관련 배수시설자재 또한 관수 및 배수 시설의 해당 자재기준에 적합해야 한다.

③ 실내조경용 첨경물(휴게시설, 조각물, 조경석, 분수 및 벽천, 조명등 등)은 공간구조나 마감자재의 종류 등을 고려하여 도입되는 식물의 중심목과 조화를 이루고 시각적 초점이 되도록 심미적인 가치와 기능성을 고려한다.

| A | B |
|---|---|

18-1 실내조경의 사례

A. 실내정원의 수경시설
B. 실내정원의 다양한 식물

### 라. 시공

① 공사착공에 앞서 시공지의 전기, 급수·배수시설, 환기시설, 공사 여건 등을 면밀히 조사하며, 시설자재 및 토양의 반입과 시공 시 기존 건축물, 시설물 등을 오손하지 않도록 유의한다.

② 식물재료는 운반 중 유동하거나 훼손 또는 형태가 변형되지 않도록 주의하고, 떨어뜨리거나 쏟아부어 뿌리분토가 깨지지 않도록 한다.

③ 배식과 점경물의 배치, 조명등의 설치 등은 설계도면에 따라 시공하되 미적 특성을 고려하여 위치와 방향을 조정할 수 있다.

④ 뿌리분 상단이 식재구덩이 경계높이가 되도록 하여 구덩이 중심에 올려놓고 주위를 배합토로 채워 빈 곳이 없도록 하고, 분을 감싼 재료는 제거하며 흙을 2/3 정도 채운 상태로 관수한다. 뿌리분이 없는 식물은 배합토를 돋우어 올려놓고 뿌리를 잘 펴서 손상되지 않도록 흙을 덮어 식재한다.

⑤ 시공 후 공사잔재는 현장 밖으로 반출하고 주변을 깨끗이 정리해야 하며, 각종 시설물의 정상적인 작동을 시험한 후 인도한다.

### 마. 유지관리

① 식물재료는 생육환경의 변화에 따라 활성이 크게 영향을 받으므로 관수, 시비, 병충해 방제, 전지 및 전정, 초화류의 교체식재와 보식 등을 포함하는 연간 유지관리계획을 수립하여 관리한다.

② 실내식물의 유지관리는 유지관리지침서에 따라 실시해야 하며, 계약에 명시된 바에 따라 일정기간 지속적으로 관리해야 한다.

## 6. 지하구조물 상부 조경

### 가. 개요

도시지역 내 고밀도개발이 많아짐에 따라 인공적으로 구축된 지하 주차장이나 구조물 등 식물생육에 부적합한 불투수층 구조물 위에 조성되는 식재기반이 늘어나고 있다. 이러한 공간은 일사조건이 다양하여 양지와 그늘이 다양하게 분포하고, 옥상녹화 및 벽면녹화와 비교해 볼 때 토양의 깊이도 상대적으로 두꺼우며, 일상에서 쉽게 접할 수 있으므로 사람들이 휴식할 수 있는 녹지를 조성하고 경관의 질을 향상시킬 수 있는 중요한 대상이다.

## 나. 요구사항

① 식재지의 위치에 따라 광조건이 많이 다른데, 남측 공간이 일조량이 가장 많고 다음으로 동측, 서측 순이며, 북측은 일조량이 가장 적다. 특히 건물의 규모가 크거나 높은 경우와 옆에 높은 건물이 있는 경우 일조량이 부족하고 심지어는 영구음지로 남게 되므로 내음성이 있는 식물을 도입해야 한다.

② 외부공간이므로 강우가 충분하고 토양의 두께도 충분하여 생육조건이 비교적 양호하다. 그러나 고층건물 주변은 고유한 건물풍(建物風)으로 인해 강우가 약해져 식재지로 적합하지 않은 경우도 있으므로 광조건을 면밀히 검토한 후 식재해야 하며, 대형교목은 식재토심이 부족하고 배수가 불량하여 고사하는 경우가 많으므로 주의해야 한다. 또한 포장지역에서는 빗물이 지하로 침투하지 않거나 식재지가 협소한 경우가 많아 실효강우량(實效降雨量)이 줄어들게 되므로 관수시설이 필요한 경우도 있다.

③ 건물이나 시설의 하중상의 문제는 상대적으로 적지만, 식재지가 협소하고 자연지반과 연결되지 않으므로 자연토양에 배수력과 보수력을 동시에 가진 인공토양 및 토양개량제를 첨가하여 사용할 수 있다. 또한 관수 등으로 토양이 고결화되므로 토양개량제나 멀칭에 의해 토양표면을 보호할 필요가 있다.

④ 고층건물에서 발생하는 건물풍이 매우 강하여 수목의 수형이 변형되거나 피해를 입을 수 있으므로 견고한 수목지주를 설치하고 상호 수목을

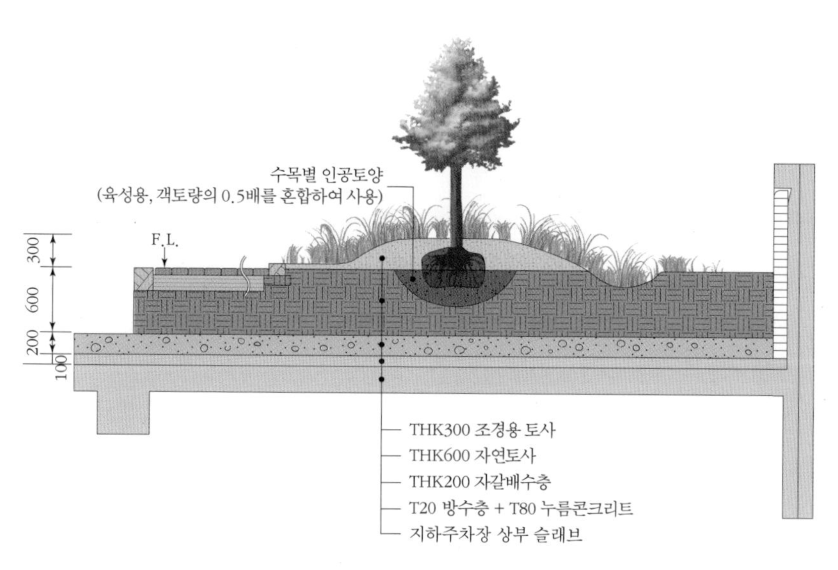


18-2 지하구조물 상부 조경 단면도

연계형으로 체결하여 지주효과를 주면 좋은데, 와이어나 매립형 지주를 설치하면 경관적 효과도 얻을 수 있다.

### 다. 재료

① 식재기반 조성 토양은 물리성과 화학성, 양분이 균형을 이룬 양질의 사질토가 좋으며, 진흙, 잡초, 기타 불순물이 섞이지 않은 것이 좋다.

② 일반토양의 물리성 개선 및 지력증진을 위해 일반토양과 토양개량제를 일정비율로 혼합해야 하며, 인공지반의 구조적 결함을 예방하기 위해 경량재 및 인공토양을 사용할 수 있다.

③ 인공토양은 식물생육에 필요한 양분(N, P, K 및 Mg, Ca, Na 등의 미량원소)을 고루 함유하고 보수성, 통기성, 배수성, 보비성을 지녀야 한다.

### 라. 시공

① 지하구조물 상부에 있는 플랜트 박스는 내부의 굴곡과 요철 상태를 정리하고 이물질을 제거하여 배수구가 막히는 것을 사전에 방지하고, 임시로 관수시설을 설치하여 비산을 방지하고 지표면의 안정을 도모해야 한다.

② 방수층을 설치하고 콘크리트의 팽창, 수축 및 기타 요인 등으로 인한 균열로 방수막이 훼손되지 않도록 하고, 각종 관부설 또는 시설물 공사 등으로 인해 방수막이 파괴되지 않도록 하며, 특히 식재지에는 방수막 파괴를 방지하기 위한 보호모르타르를 설치한다.

③ 콘크리트 슬래브의 바닥면은 지정 배수기울기를 확보하고, 식재층의

| A | B |
|---|---|

18-3 지하구조물 상부 조경의 사례
A. 서울 송파구의 한 아파트 단지 입구
B. 오사카 난바 파크(大阪 なんばパクス, Japan)

바닥면은 2% 이상의 기울기를 갖도록 하며, 토사로 묻히는 측벽은 토사층보다 높은 벽면까지 방수 처리하여 누수를 방지한다.

④ 토양 유실 및 배수구 막힘을 방지하기 위해 부직포를 주름지지 않도록 하여 미리 설치한 배수층 전체에 이음매가 0.3m 정도 겹쳐지도록 부설한다. 특히 측벽의 1/2 이상 높이까지 추어올려 토양유실을 차단하며, 7일 이내에 식재토양을 덮어야 한다.

⑤ 건조 피해에 대비하여 관수시설을 설치하는데, 관수량은 보통 1회에 30mm, 살수강도 10mm/h를 기준으로 하며, 토양의 수분침투율보다 작게 한다.

⑥ 지하구조물 상부에 식재하는 수고 1.2m 이상의 수목은 바람의 피해를 고려하여 지지시설을 해야 한다.

### 마. 식재토양의 단면

① 식재토양의 단면은 표토층, 여과층, 자갈층, 방수층으로 구성되는데, 현장여건 및 수종에 따라 표토층의 깊이 및 단면을 조정한다.

② 인공토양은 시공 시 분진발생 및 비산을 억제하기 위해 일정량의 수분을 함유하고 있어야 하며, 필요시 살수하거나 피복시설 등을 설치해야 한다.

③ 인공토양의 식재 토심은 국토해양부고시 제2013-46호(조경기준)를 따르는데, 이때 배수층의 두께는 제외한다.

## 7. 옥상조경

### 가. 개요

옥상녹화는 건물의 옥상을 녹화하여 도심지역의 부족한 녹지공간을 확보하여 자연을 회복하고, 단열을 통해 콘크리트의 노화를 방지하고 에너지를 절약하며, 열섬현상 및 도시사막화를 줄여 미기후를 조절하고, 도시미관을 증진시키고 여가공간을 확보하여 도시의 어메니티를 증진시키는 역할을 한다.

### 나. 요구사항

① 옥상녹화를 할 경우 건물의 안전성 확보가 가장 중요하다. 안전성을 얻기 위해 건물의 구조적 성능을 검토하고 이에 따라 경량형, 혼합형, 중량형으로 구분하여 토심의 두께를 달리 적용한다. 토양의 하중은 건물

의 구조적 성능에 큰 영향을 주므로 중량이 작은 인공토양이나 개량토양을 사용한다.

② 옥상녹화에 있어 구조적 문제 다음으로 중요한 것은 누수현상으로, 누수를 방지하기 위해서는 옥상 전면에 적절한 방수방법을 적용하여 방수층을 조성하고, 원활한 배수를 위해 배수층을 조성하며, 배수구를 적절히 관리해야 한다.

③ 옥상은 비가 직접 내리고 빛이 잘 들기 때문에 식물이 생장하는 데 양호한 조건이지만, 빛이 강하여 건조하기 쉽고 음지를 좋아하는 식물은 강한 빛에 의해 잎이 타는 피해를 입기 쉬우므로 식물의 선정에 주의해야 한다. 건조에 강한 수목, 바람에 강한 수목, 뿌리가 얕은 수목, 성장이 느린 수목, 관리가 용이한 수목이 좋다.

④ 건물 옥상은 높은 위치에 있으므로 바람의 영향을 크게 받는다. 바람에 의해 수목의 활착이 어렵고, 수목이 쓰러지거나 가지가 부러지는 피해를 입게 되며, 토양의 수분이 빠르게 증발하는 문제가 발생한다. 따라서 견고한 수목지주를 설치하고 상호 수목을 연계형으로 체결하거나 식재 주변에 철조망을 설치하기도 한다. 또한 바람에 의한 건조피해를 방지하기 위해 관수시설을 설치하여 물을 공급하면 좋다.

### 다. 재료 및 구조기준(국토해양부고시 제2013-46호)

① 옥상 및 인공지반에는 고열, 바람, 건조 및 일시적 과습 등의 열악한 환경에서도 건강하게 자랄 수 있으며 해당 토심에 적합한 식물종을 식재하여야 한다.

② 인공지반조경(옥상조경을 포함한다)을 하는 지반은 수목·토양 및 배수시설 등이 건축물의 구조에 지장이 없도록 설치하여야 한다. 기존 건축물에 옥상조경 또는 인공지반조경을 하는 경우 건축사 또는 건축구조기술사로부터 건축물 또는 구조물이 안전한지 여부를 확인받아야 한다.

③ 옥상조경 및 인공지반조경의 식재 토심은 배수층의 두께를 제외한 다음 각 호의 기준에 의한 두께로 하여야 한다.

- 초화류 및 지피식물: 15센티미터 이상(인공토양 사용 시 10센티미터 이상)
- 소관목: 30센티미터 이상(인공토양 사용 시 20센티미터 이상)
- 대관목: 45센티미터 이상(인공토양 사용 시 30센티미터 이상)
- 교목: 70센티미터 이상(인공토양 사용 시 60센티미터 이상)

④ 옥상조경 및 인공지반조경에는 수목의 정상적인 생육을 위하여 건축물이나 구조물의 하부시설에 영향을 주지 아니하도록 관수 및 배수 시설을 설치하여야 한다.

⑤ 옥상 및 인공지반의 조경에는 방수조치를 하여야 하며, 식물의 뿌리가 건축물이나 구조물에 침입하지 않도록 하여야 한다.

⑥ 옥상조경지역에는 이용자의 안전을 위하여 다음 각 호의 기준에 적합한 구조물을 설치하여 관리하여야 한다.

- 높이 1.2미터 이상의 난간 등의 안전구조물을 설치하여야 한다.
- 수목은 바람에 넘어지지 않도록 지지대를 설치하여야 한다.
- 안전시설은 정기적으로 점검하고, 유지 관리하여야 한다.
- 식재된 수목의 생육을 위하여 필요한 가지치기·비료주기 및 물주기 등의 유지관리를 하여야 한다.

## 라. 주요 요소의 중량

1) 수목의 중량

$W = W_1 + W_2$

$W$ : 수목의 총중량

$W_1$: 수목의 지상부 중량(수간 + 가지 + 옆의 중량)

$W_2$: 수목의 지하부 중량

$$W_1 = k \times 3.14 + (\frac{B}{2})^2 \times h \times w_1 \times (1 + p)$$

$k$: 수간형상계수(0.5)

$B$ : 흉고지름(m)(근원지름 × 0.8)

$h$: 수고(m)

$w_1$: 수간의 단위체적당 중량

$p$: 지엽의 과다에 의한 보합률(임목: 0.3, 고립목: 1.0)

〈표 18-3〉 수간의 단위체적 중량

| 수종 | 단위체적중량(kg/m³) |
|---|---|
| 가시나무류, 감탕나무, 상수리나무, 호랑가시나무, 졸참나무, 회양목 | 1,340 |
| 느티나무, 목련, 참느릅나무, 사스레피나무, 쪽동백, 빗죽이나무, 말발도리 | 1,300~1,340 |
| 단풍나무, 은행나무, 산벚나무, 굴거리나무, 일본잎갈나무, 향나무, 곰솔 | 1,250~1,300 |
| 소나무, 편백나무, 플라타너스, 칠엽수 | 1,210~1,250 |
| 독일가문비나무, 녹나무, 삼나무, 왜금송, 일본목련 | 1,170~1,210 |
| 굴피나무, 화백 | 1,170 이하 |

자료: 한국조경학회(2013), 『조경설계기준』, 439쪽.

〈표 18-4〉 **토양의 중량**

| 종류 | | 단위용적중량(kg/m³) | | |
|---|---|---|---|---|
| | | 건조상태 | 보통상태 | 습윤상태 |
| 자연토양 | 점토 | 1,200~1,700 | 1,700~1,800 | 1,800~1,900 |
| | 보통 흙 | 1,300~1,600 | 1,400~1,700 | 1,500~1,800 |
| | 모래 | 1,500~1,700 | 1,700~1,800 | 1,800~2,000 |
| | 자갈 | 1,600~1,800 | 1,700~1,800 | 1,800~1,900 |
| 경량토양 | 버미큘라이트 | 120 | – | – |
| | 펄라이트(2.5mm 이하) | 120 | – | – |
| | 피트모스 | 100 | – | – |
| | 화산회토 | 1,250 | 1,500 | 1,650 |
| | 화산모래 | 900 | – | 1,150 |
| | 석탄재 | 1,000 | 1,000 | 1,450 |

자료: 한국조경학회(2013), 『조경설계기준』, 438~439쪽.

### 2) 토양 및 뿌리분의 중량

(1) 토양의 중량: 수목 지하부 토양의 단위중량은 현장조사 결과를 따르며, 현장조사를 실시하지 않을 경우 〈표 18-4〉의 기준을 적용하고 특별히 지정하지 않으면 1,700kg/m³를 적용한다.

(2) 뿌리분의 중량: 뿌리분의 크기와 모양에 따라 뿌리분의 용량을 계산하고, 흙의 단위중량을 곱해서 전체중량을 산정한다. 특별히 뿌리분의 단위중량이 명시되지 않은 경우에는 뿌리를 포함한 분의 단위중량은 1,300kg/m³로 할 수 있다.

$W_2 = V \times K$

$W_2$: 수목 지하부 중량

$V$: 뿌리분의 형태에 따른 체적(m³)

$K$: 뿌리분의 단위당 중량(kg/m³)

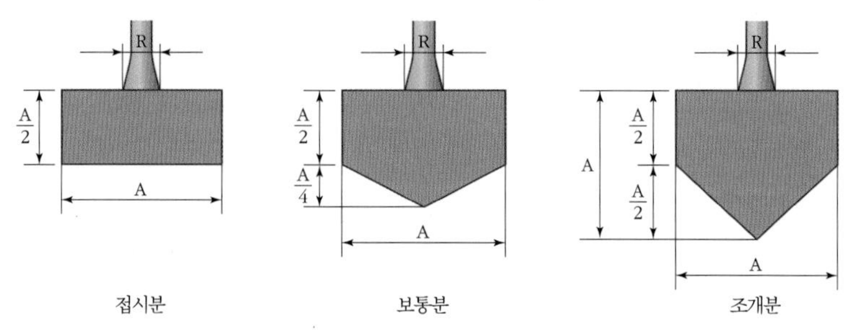


18-4 뿌리분의 형태

뿌리분 체적 산출 공식은 다음과 같다.

접시분 체적 $V = \pi r^3$

조개분 체적 $V = \pi r + \frac{1}{3}\pi r^3 \fallingdotseq 4.18r^3$

보통분 체적 $V = \pi r + \frac{1}{6}\pi r^3 \fallingdotseq 3.66r^3$

3) 시설물 재료의 중량(표준품셈 토목부분)

옥상에는 펜스, 퍼걸러, 의자, 포장 등의 시설을 설치하는데, 하중을 줄이기 위해 가능하다면 경량재료를 사용하고 방수층을 훼손하지 않아야 하며 인공지반에 견고히 고정해야 한다.

재료의 단위중량은 입경, 습윤도 등에 따라 달라지므로 시험에 의해 결정해야 하는데, 일반적인 추정 단위중량은 〈표 18-5〉와 같다.

## 마. 옥상녹화의 유형

옥상녹화의 유형은 관리방식, 적용방법, 건물의 구조적 특성 등을 고려하여 결정하는데, 경량형, 혼합형, 중량형으로 구분하여 조성한다.

1) 경량형(토심 20cm 이하 녹화시스템)

① 지표를 낮게 덮는 지피식물을 주로 식재한다.

② 생태적 녹화시스템으로 거름 등의 관리요구도가 가장 낮다.

③ 주로 인공경량토양을 사용한다.

④ 구조적 제약이 있거나 유지관리가 어려운 기존 건축물의 옥상이나 지붕에 주로 활용한다.

2) 혼합형(토심 10~30cm 내외 녹화시스템)

① 저관리 경량형과 관리 중량형 시스템의 혼합형이다.

② 이용 요구도는 높으나 중량형 시스템 도입이 어려운 공간에 적합하다.

③ 지피식물과 키가 작은 관목 위주로 식재한다.

④ 저관리를 지향하는 것이 바람직하다.

3) 중량형(토심 20cm 이상 녹화시스템)

① 이용과 관리가 필요한 녹화시스템이다.

② 지피식물, 관목, 교목을 활용한 다층구조의 식재가 바람직하다.

③ 구조적 문제가 없는 신축 건축물에 적용이 가능하다.

〈표 18-5〉 재료의 추정 단위중량

| 종별 | 형상 | 단위 | 중량(kg) | 비고 |
|---|---|---|---|---|
| 암석 | 화강암 | ㎥ | 2,600~2,700 | 자연상태 |
| | 안산암 | 〃 | 2,300~2,710 | 〃 |
| | 사암 | 〃 | 2,400~2,790 | 〃 |
| | 현무암 | 〃 | 2,700~3,200 | 〃 |
| 자갈 | 건조 | 〃 | 1,600~1,800 | 〃 |
| | 습기 | 〃 | 1,700~1,800 | 〃 |
| | 포화 | 〃 | 1,800~1,900 | 〃 |
| 모래 | 건조 | 〃 | 1,500~1,700 | 〃 |
| | 습기 | 〃 | 1,700~1,800 | 〃 |
| | 포화 | 〃 | 1,800~2,000 | 〃 |
| 점토 | 건조 | 〃 | 1,200~1,700 | 〃 |
| | 습기 | 〃 | 1,700~1,800 | 〃 |
| | 포화 | 〃 | 1,800~1,900 | 〃 |
| 점질토 | 보통의 것 | 〃 | 1,500~1,700 | 〃 |
| | 력이 섞인 것 | 〃 | 1,600~1,800 | 〃 |
| | 력이 섞이고 습한 것 | 〃 | 1,900~2,100 | 〃 |
| 모래질흙 | | 〃 | 1,700~1,900 | 〃 |
| 자갈 섞인 토사 | | 〃 | 1,700~2,000 | 〃 |
| 자갈 섞인 모래 | | 〃 | 1,900~2,100 | 〃 |
| 호박돌 | | 〃 | 1,800~2,000 | 〃 |
| 사석 | | 〃 | 2,000 | 〃 |
| 조약돌 | | 〃 | 1,700 | 〃 |
| 주철 | | 〃 | 7,250 | |
| 강, 주강, 단철 | | 〃 | 7,850 | |
| 스테인리스 | STS 304 | 〃 | 7,930 | KSD3695 |
| | STS 430 | 〃 | 7,700 | (1993년 신설) |
| 연철 | | 〃 | 7,800 | |
| 놋쇠 | | 〃 | 8,400 | |
| 구리 | | 〃 | 8,900 | |
| 납 | | 〃 | 11,400 | |
| 목재 | 생송재 | 〃 | 800 | |
| 소나무 | 건재 | 〃 | 580 | |
| 소나무(적송) | 건재 | 〃 | 590 | |
| 미송 | | 〃 | 420~700 | |
| 시멘트 | | 〃 | 3,150 | |
| 〃 | | 〃 | 1,500 | 자연상태 |
| 철근콘크리트 | | 〃 | 2,400 | |
| 콘크리트 | | 〃 | 2,300 | |
| 시멘트모르타르 | | 〃 | 2,100 | |
| 역청포장 | | 〃 | 2,350 | 2001년 개정 |
| 역청재(방수용) | | 〃 | 1,100 | |
| 물 | | 〃 | 1,000 | |
| 해수 | | 〃 | 1,030 | |
| 눈 | 분말상 | 〃 | 160 | |
| 눈 | 동결 | 〃 | 480 | |
| 눈 | 수분포화 | 〃 | 800 | |
| 고로슬래그 부순돌 | | 〃 | 1,650~1,850 | 자연상태 |

자료: 한국건설기술연구원(2013), 건설공사 「표준품셈」 토목 부분 12~13쪽.

## 바. 옥상녹화 시스템의 구성

### 1) 방수층

① 육성토양층과 배수층 등의 수분이 건축물로 전달되는 것을 차단한다.

② 구조물의 내구성에 가장 중요한 영향을 미치므로 구조진단과 함께 반드시 검토한다.

③ 옥상녹화에 적합한 방수 재료 및 공법을 적용한다.

- 칠하고 붙이는 방수공법: 아스팔트 방수(가열이나 상온)
- 칠하는 방수공법: 우레탄 고무계 도막 방수, FRP 도막
- 붙이는 방수공법: 염화비닐계 시트 방수, 가류고무계 시트 방수

### 2) 방근층

① 식물 뿌리로부터 방수층과 구조물을 보호한다.

② 시공 시 기계적·물리적 충격으로부터 방수층을 보호한다.

③ 사용되는 시트는 다음과 같다.

- 불투수계 시트: 불투수 플라스틱과 방수층의 일체형
- 투수계 시트: 투수 폴리에틸렌 시트, 화학섬유를 밀집하게 짠 시트

### 3) 배수층

① 녹화시스템의 침수로 인해 식물이 죽는 것을 예방한다.

② 하자발생이 가장 많은 부분으로 신중하게 시공해야 한다.

③ 최근 조립형 배수시스템을 적용하여 시공성, 배수성, 방근성을 높이고 있다.

### 4) 토양여과층(토양필터)

① 빗물에 씻겨 내리는 세립토가 배수층 하부로 침투하지 않도록 여과하는 기능을 한다.

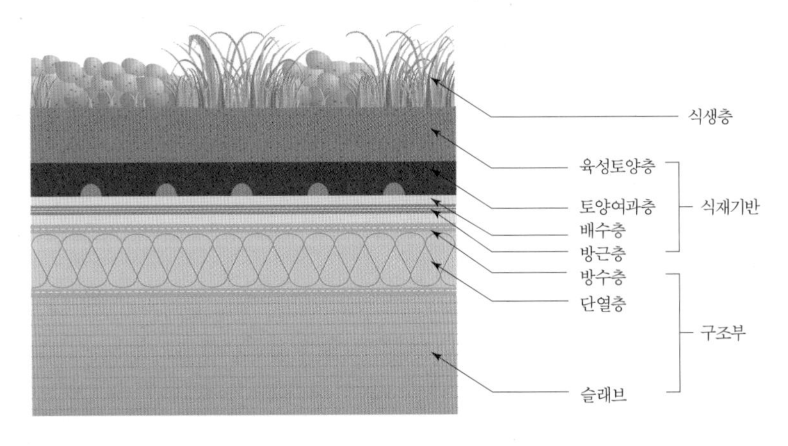


18-5 옥상녹화시스템을 구성하는 구조부, 식재기반, 식생층

| A | B |
|---|---|

18-6 옥상녹화의 사례
A. 서울 은평 뉴타운 옥상녹화 및 구조물 상부 조경
B. 후쿠오카 아크로스빌딩(福岡 アクロスビル)의 계단식 옥상정원

② 안전하고 내구성이 높은 소재를 적용한다.

5) 육성토양층

① 식물의 지속적 생장을 좌우하는 가장 중요한 하부기반이다.

② 녹화로 인해 늘어나는 중량의 대부분을 차지하므로 경량을 사용한다.

③ 경량형에서는 인공경량토양을, 중량형에서는 자연토양을 중심으로 육성층을 구성한다.

### 사. 옥상녹화 시공과정

## 8. 벽면녹화

### 가. 개요

건물 외벽, 담장, 방음벽, 옹벽 및 석축 등 각종 수직면의 구조벽면에 식재하여 경관의 향상, 건물벽면의 단열, 복사열의 경감, 대기 정화 및 소음 저감 등의 효과를 얻기 위한 녹화방법이다. 최근에는 벽면녹화 기술이 크게 발전하여 건축물의 입면을 활용하거나 별도의 구조물을 설치하여 녹화를 한 수직정원(vertical garden)이 만들어지고 있어 주목받고 있다.

## 나. 요구조건

① 벽면은 식물생육이 어려운 인공구조물이므로 녹화식물의 선정 및 보조자재를 설치한 후 여기에 식물을 매다는 등 식재방법 등에 대해 신중하게 고려해야 한다.

② 벽면은 각각의 방향이 있어 동향 면은 비교적 문제가 없으나 남향 및 서향은 태양광이 장시간 비추므로 빛에 강한 식물을 선정해야 한다. 반대로 북향 면은 태양광이 비추지 않으므로 음지에 강한 식물을 선정해야 한다.

③ 벽면 자체에 보수력이 없는 경우가 많으며 벽면 상부는 건조하고 식물을 식재하는 벽면 하부는 과습한 경우가 많기 때문에 현장 상황을 정확히 파악하여 수종을 선정해야 한다. 컨테이너방식이나 인공시반과 같은 독립기반에서는 관수가 필요하므로 관수시설을 설치하는 것이 바람직하며, 빗물을 사용하면 더욱 친환경적이다.

④ 벽면에 부착하는 식물은 길게 신장하여 생장하는 경우가 많으므로 양질의 토양을 확보해야 한다. 특히 벽면과 기초가 큰 경우에는 식물이 충분히 성장할 수 있도록 식재공간을 크게 하는 것이 필요하다.

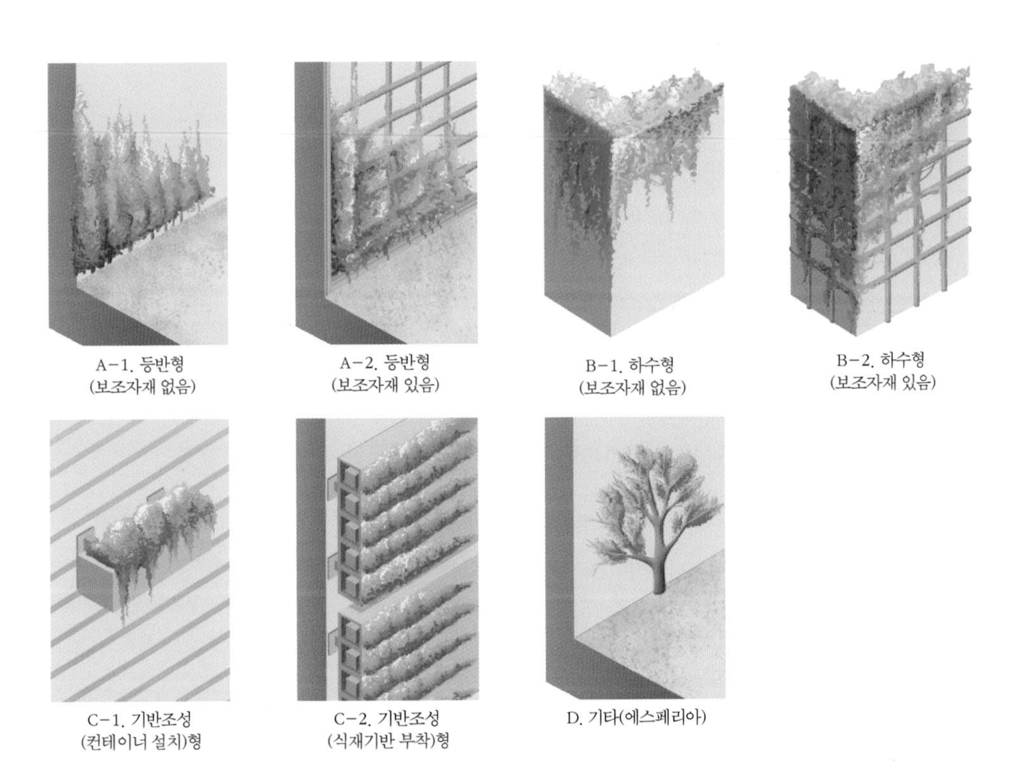


18-7 벽면녹화방법의 종류

자료: 김원태 · 윤용한 · 한규희 역(2009), 『알아야 할 벽면녹화의 Q & A』, 기문당, 56~57쪽.

⑤ 능소화의 꽃은 인체에 유해하므로 안전을 위해 사람의 손이 직접 닿지 않는 위치와 높이에서 자라도록 하고, 격자형 등반보조시설은 어린이들이 놀이에 이용하지 않도록 안전성에 유의해야 한다.

### 다. 방법

벽면녹화방법은 빛, 물, 토양 등 환경조건, 벽면 앞의 이용 가능한 공간의 유무 및 규모, 벽면녹화 효과, 시공비용, 유지관리 조건, 구조물의 특성 등을 고려하여 최적의 방법을 선택하는 것이 좋다. 대표적인 벽면녹화방법으로는 등반형(登攀型), 하수형(下垂型), 기반조성형(基盤造成型)이 있다. 등반

〈표 18-6〉 **벽면녹화방법의 특징**

| 벽면녹화방법 | 특징 |
|---|---|
| A-1. 등반형(보조자재 없음) | • 설치비용, 유지관리비용이 싸다. |
| | • 유지관리가 용이하다. |
| | • 피복에 시간이 걸린다. |
| | • 등반이나 피복 속도가 벽면의 소재에 좌우된다. |
| | • 강풍이나 자중에 의해 박리되어 버리는 경우가 있다. |
| A-2. 등반형(보조자재 있음) | • 각종 보조자재를 벽면에 부착하여 등반시킨다. |
| | • 보조자재의 사용으로 비용이 증가한다. |
| | • 의장성을 연출할 수 있다. |
| | • 피복속도를 빠르게 할 수 있으며, 박리를 억제·방제할 수 있다. |
| B-1. 하수형(보조자재 없음) | • 설치비용, 유지관리비용이 싸다. |
| | • 유지관리가 용이하다. |
| | • 피복에 시간이 걸린다. |
| B-2. 하수형(보조자재 있음) | • 각종 보조자재를 벽면에 부착하여 하수시킨다. |
| | • 보조자재의 사용으로 비용이 증가한다. |
| | • 피복속도를 빠르게 할 수 있다. |
| C-1. 기반조성(컨터이너 설치)형 | • 다양한 종류의 식물을 사용할 수 있다. |
| | • 녹화장소가 한정되어 있다. |
| | • 큰 면적에는 대응할 수 없다. |
| C-2. 기반조성(식재기반 부착)형 | • 설치비용, 유지관리비용이 비싸다. |
| | • 유지관리가 용이하지 않으며, 관수량도 많이 필요하다. |
| | • 큰 면적에는 불가능하다. |
| | • 조기녹화가 가능하다(준공 때 녹화도 완성된다). |
| | • 다양한 종류의 식물을 사용할 수 있다. |
| | • 의장성이 높다. |
| D. 기타(에스페리아) | • 녹화가 완성되기까지 긴 시간이 필요하다. |
| | • 설계자가 채용해 주지 않는다(모른다). |

자료: 김원태·윤용한·한규희 역(2009), 『알아야 할 벽면녹화의 Q & A』, 기문당, 56~57쪽.

형과 하수형에는 주로 덩굴식물이 이용되며, 식재기반을 벽면에 붙인 기반 조성형에는 다양한 초본류와 목본류를 사용할 수 있다. 이외에 철망 등으로 유인하여 목본류를 벽면을 따라서 설치하는 에스페리아 방법도 사용할 수 있다. 각 벽면녹화방법의 특징은 〈표 18-6〉과 같다.

### 라. 재료

#### 1) 식물재료

① 벽면녹화에 이용하는 식물은 부착형, 등반형, 하수형 등 수목의 특성, 물, 빛, 토양 등 환경조건, 그리고 녹화효과 및 개화시기 등을 충분히 고려하여 결정한다.

② 녹화식물은 송악, 줄사철, 담쟁이덩굴, 덩굴장미, 능소화 등 부착형과 인동덩굴, 으름덩굴, 노박덩굴, 등나무 등 줄기감기형으로 구분한다.

③ 열악한 식재지 환경에 적응이 가능하고 유지관리가 용이하며, 특히 뿌리의 발달이 충실한 수종이 바람직하다.

#### 2) 보조자재

식물의 부착 및 생육을 도와 피복률을 높이기 위해서는 와이어 메시, 철망, 네트 등의 등반보조자재를 설치해야 하는데, 덩굴식물의 종류, 벽면의 소재, 식물의 하중 및 풍압, 시공조건, 장기적인 내구성 등을 고려하여 설치한다. 보조자재의 종류와 특징은 〈표 18-7〉과 같다.

### 마. 시공

① 식재지의 공간이 협소하고 수목의 생육기반이 불량한 경우 사질양토로 객토하고, 필요할 경우 토양개량제를 사용하여 시공해야 한다.

② 등반보조시설은 녹화하는 목적 등을 고려하여 당김줄형과 격자형으로 구분하여 사용하고, 필요시 복합적으로 설치한다.

③ 당김줄형 등반보조시설은 벽면 상하에 앵커로 고정시킨 후 와이어 로프를 수직 연결하고 턴버클로 조정하여 설치한다.

④ 격자형 등반보조시설은 벽면에 일정 간격으로 결합구를 박아 고정시킨 후 와이어 로프 등을 연결하여 설치한다.

〈표 18-7〉 **덩굴성 식물 식재 시 필요한 녹화용 보조자재**

| 명칭 | 종류 | 특징 |
|---|---|---|
| 와이어 | 1×19 | • 선이 굵어 파단하중이 강하다. |
| | | • 신축성이 적어 쉽게 구부려지지 않는다. |
| | 7×7 | • 일반적인 와이어이다. |
| | | • 다양한 용도로 사용한다. |
| | 7×19 | • 부드러워 구부리기 쉽기 때문에 당김줄 등의 용도로 사용한다. |
| 철망 | 마름모형 철망 | • 망눈을 마름모형으로 짠 가장 일반적인 철망이다. |
| | | • 길이를 끝없이 늘일 수 있으며, 유연성이 풍부하다. |
| | 용접철망<br>(와이어 메시)<br>크림프철망 | • 선재를 종횡 직각으로 배열하여 장방형, 정방형의 망눈을 만들어 그 교점을 용접하여 만든다. |
| | | • 선을 균일한 파형으로 가공하여 종횡으로 짠다. |
| | | • 잘 풀리지 않는다. |
| | 귀갑철망 | • 철망 중에서 가장 오래되었으며 일반적으로 사용된다. |
| | | • 선재를 꼬아 망눈을 귀갑모양으로 짠 철망이다. |
| | 기타 철망 | • 직조철망, 플래트탑철망, 락크림프철망, 철망격자, 글라스 다이아몬드 메시, 후층철망 등의 종류가 있다. |
| 타공철망 | 둥근 구멍 | • 강판을 둥근 모양 금형으로 타공한 것이다. |
| | 긴 구멍 | • 강판을 긴 모양 금형으로 타공한 것이다. |
| | 각 구멍 | • 강판을 각형 금형으로 타공한 것이다. |
| | 기타 | • 다이아눈, 사각눈, 귀갑눈, 장식용 모양눈 등의 종류가 있다. |
| 네트 | 폴리에틸렌제(유결절) | • 폴리에틸렌을 주원료로 한 것을 세 겹으로 짜고, 망눈을 유결절로 만든 것이다. |
| | | • 독립적인 망눈구조로 잘 풀리지 않는다. |
| | 폴리에틸렌제(무결절) | • 폴리에틸렌을 주원료로 한 것을 세 겹으로 짜고, 망눈을 무결절로 만든 것이다. |
| | 플라스틱제 | • 폴리에틸렌 또는 폴리프로필렌을 주원료로 하여 용융착제법에 의한 연속 압출성형을 한 것이다. |
| 철망, 야자섬유<br>매트 병용형 | 등반매트 일체형<br>입체철망 | • 난연성과 내구성이 있는 야자섬유매트와 입체철망이 일체화되어 있다. |
| | | • 다양한 덩굴식물에 대응이 가능하다. 특히 부착근형 식물에 적합하다. |
| 헤고<br>(다공성 섬유) | – | • 헤고과의 목질계 양치식물로 줄기 주위의 부정근을 가공하여 난이나 덩굴성 식물의 보조자재로 이용한다. |
| 부직포 | 폴리에스테르,<br>폴리프로필렌 등 다양 | • 소재는 폴리에스테르 섬유, 폴리프로필렌 섬유, 합성섬유 등으로 만들어진 것이 많다. |
| | | • 최근 난연효과가 있는 것도 제고되고 있다. |

자료: 김원태 · 윤용한 · 한규희 역(2009), 『알아야 할 벽면녹화의 Q & A』, 기문당, 89쪽.

| A | B |
|---|---|

18-8 벽면녹화의 사례

A. 서울 용산구 리움미술관
B. 서울특별시청 신청사 수직정원

| A | B | C |
|---|---|---|

18-9 아이치 박람회의 바이오렁(Bio Lung)

A. 수직녹화 벽 바이오렁의 전경
B. 바이오렁의 상세한 모습
C. 바이오렁의 벽면과 입면

### ※ 연습문제

1. 도시에서 인공지반조경이 중요한 이유를 설명하시오.
2. 인공지반조경 자재 개발을 위한 주요 과제를 사례를 들어 설명하시오.
3. 인공지반의 토심과 식물 생육의 관계에 대해 기술하시오.
4. 옥상녹화 유형별 특성에 대해 설명하시오.
5. 옥상녹화시스템의 단면구조와 특성에 대해 설명하시오.
6. 벽면녹화의 방법별 특성에 대해 설명하시오.
7. 최근 도시녹화의 방법으로 적용되고 있는 수직정원(vertical garden)의 개념 및 특성에 대해 알아보고, 우리나라에 적용이 가능한지 검토하시오.
8. 우리나라의 계절적 기후 특성에 따른 인공지반조경의 제약과 가능성에 대해 설명하시오.
9. 인공지반조경과 관련된 최신 기술 개발 및 자재의 생산 동향을 파악하시오.

### ※ 참고문헌


김원태 · 윤용한 · 한규희 역. 『알아야 할 벽면녹화의 Q & A』. 서울: 기문당, 2009.

대한주택공사 주택연구소. 『조경시설물 상세설계 매뉴얼』, 1999, 68~83쪽.

삼성물산. 삼성건설기술 특집호 GREEN TOMORROW, 2009년 통권 제61호

삼손. 『인공지반 녹화기술에 관한 가이드 북(Ⅰ)』. 2000.

한국건설기술연구원. 2013 건설공사 표준품셈 토목부문. 2013, 12~13쪽.

한국조경사회. 『조경설계 상세자료집』, 1997, 84~94쪽.

한국조경신문. 『한국조경산업 자재편람』, 2011.

한국조경학회. 『조경공사 표준시방서』. 서울: 문운당, 2008.

한국조경학회. 『조경설계기준』, 2013, 117쪽.

한국조경학회. 『조경시공학』. 서울: 문운당, 2003, 422~425쪽, 489~514쪽.

한국토지주택공사 건설관리처. 『공사감독 핸드북 조경』. 서울: 도서출판 건설도서, 2013.

한설그린 부설 조경생태디자인연구소 역. 『입체녹화에 의한 환경공생』. 서울: 普文堂, 2006.

輿水 肇, 吉田 博宣 編集. 『緑ち創る植栽基盤』. 1998.

(財)都市緑化技術開發機構. 『特殊緑化空間の緑化』. アスユット, 1993.

(財)都市緑化技術開發機構. 『特集 特殊緑化①』. 都市緑化技術 1997년 10월, 1999년 10월.

Sedlbauer, Klaus; Schunck, Eberhard; Rainer, Barthel; Künze, Hartwig M.. *Flat Roof Construction Manual*, Basel: Birkhäuser, 2010.


### ※ 관련 웹사이트

국토교통과학기술진흥원(http://www.kicttep.re.kr)

(사)한국인공지반녹화협회(http://www.ecoearth.or.kr)

한국건설기술연구원(http://www.kict.re.kr)

한국건설신기술협회(http://www.kcnet.or.kr)
한국환경산업기술원(http://www.keiti.re.kr)
환경신기술정보시스템(http://www.koetv.or.kr)

**※ 관련 규정**

관련기준

국토교통부고시 제2013-46호 조경기준

한국산업규격

KS D 7017 용접 철망 및 철근 격자

KS F 4521 건축용 턴버클

# 19
# 생태환경복원

## 1. 개요

생태환경복원재는 인위적인 간섭에 의해 오염되거나 손상된 환경을 자연 상태로 복원하거나 환경적 오염을 줄이기 위해 활용하는 재료를 말하는데, 폐기된 재료의 재활용 등과 관련하여 사용되는 재료를 포함한다. 현재 생태환경복원을 위해 조경분야에서 제품 및 기술 개발 연구가 활발히 진행되고 있으며, 조경재료분야의 미래에 있어 중요한 영역이 될 것이다.

## 2. 식물 부산물 및 발생재

식물 부산물 및 발생재는 식물소재로부터 얻은 물질을 생태복원재료로 가공한 것과 폐기되는 식물 발생재를 재활용한 것을 말한다. 식물로부터 얻은 물질은 자연친화적인 성질을 지니므로 생태복원에 효과적이며, 이용 후에는 자연스럽게 자연으로 되돌려지는 장점을 가지고 있다.

### 가. 식물 부산물 재료

식물로부터 얻을 수 있는 재료로는 분쇄한 짚, 매트, 롤 등이 있다. 비탈면이나 하천 호안의 침식을 방지하고 식생을 도입하기 위해 사용되는 자연적인 재료로, 여기에 토양과 유기물이 더해져 식물의 생장에 도움을 준다.

1) 분쇄한 짚

벼, 보리, 밀 등의 짚을 잘게 분쇄한 것이다. 네트 및 매트를 만들어 비탈면이나 녹화 면에 덮어서 표토를 침식으로부터 보호하여 식물이 생육할 수 있도록 유도하는데, 안정적인 녹화 면을 조성하기 위해 사용한다. 자연재료이므로 자연스럽게 토양에서 분해되도록 하여 식생의 활착과 조화를 이루게 하는 것이 이상적이다. 일반적으로 분쇄한 짚은 합성수지로 만든 네트에 넣은 지오텍스타일로 사용되는데, 내구성이 높아 오랜 시간 동안 지표면의 침식을 방지할 수 있다.

2) 식물섬유 네트, 주머니, 롤

네트와 롤의 재료로 자연의 식물가공재료나 합성수지를 사용할 수 있는데, 생태적으로 민감한 지역이라면 식물섬유를 사용하는 것이 좋다. 네트와 롤을 만들기 위해 사용되는 재료는 주트(jute, 황마에서 얻는 섬유), 짚, 나무, 코코넛 섬유(야자나무 열매 중피층) 등인데, 코코넛과 주트 섬유로 만든 것이 많이 사용되고 있다.

코코넛 섬유 네트는 식생의 회복과 생육을 도모하기 위해 장기간 안정적인 식재지반을 만드는 데 사용된다. 섬유 사이의 간격이 적정한 것을 사용하고, 필요하다면 네트를 고정해야 한다. 코코넛 섬유 주머니는 호안 사면의 침식을 방지하고 식생을 도입하기 위한 것이다. 코코넛 섬유 롤 역시 원통형의 식생기반재로 수생식물을 이용한 녹화에 적합한데, 화학섬유를 사용하지 않기 때문에 수생식물이 활착할 수 있고 시간이 경과하면 저절로 분해되는 등 친자연적인 생태복원재료이다.

3) 폐지 멀칭재

폐지를 이용한 멀칭재는 비탈면을 녹화하기 위해 사용된다. 분쇄한 폐지에 종자와 종비토를 혼합한 후 미리 설치한 네트 위에 뿌려 녹화하는 방법으로, 종이를 재활용하는 친환경적인 공법이다. 그러나 폐지에서 발생하는 유해물질이 토양오염 등 환경오염을 유발할 수 있으므로 주의해야 한다.

## 나. 식물 발생재

자원의 효율적인 이용과 폐기물의 재활용은 에너지 절약 및 환경보호와 관련해서 주요한 관심사가 되고 있다. 조경분야에서도 공원이나 녹지에서 전정 및 벌채 등의 작업에 의해 대량으로 생겨나는 가지, 낙엽, 뿌리 등 식물 발생재 처리는 관리상의 주요한 문제가 되고 있다. 과거에는 식물 발생재 대부분을 일반적인 폐기물과 동일하게 소각하거나 매립지에 버려 왔으나, 최근에는 식물 발생재를 쓰레기로 처리하지 않고 유기물 자원으로 재활용하려는 다양한 시도가 이루어지고 있다.

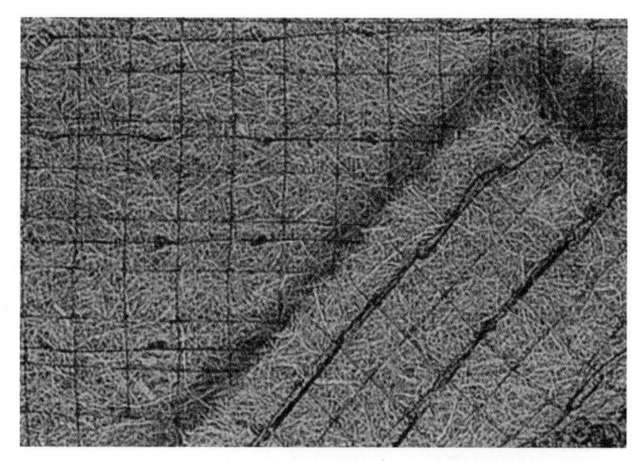

| A | B |
|---|---|
| C | D |
| E | F |

19-1 다양한 식물 부산물 재료

A. 벼, 보리, 밀 등의 짚 가공물
B. 섬유 매트
C. 코코넛 섬유 네트
D. 코코넛 섬유 주머니
E. 폐지 멀칭재
F. 갈대를 이용한 울타리

식물 발생재를 분쇄하여 재활용하는 것은 자연의 순환시스템을 따르고 자연에 순응하는 것으로, 대량 생산과 소비로 대표되는 현대사회에서 현장에서 생산되는 자재를 그곳의 자연으로 되돌리는 친환경적인 사고이다. 우리나라의 경우 일부 자치단체에서 식물 발생재를 분쇄하여 재활용하는 시스템을 도입하고 있다.

식물 발생재는 지엽부, 목질부, 수피부, 근계부, 잔디 및 초화류 등 다양한데, 매년 대량으로 발생하는 지엽부와 목질부가 주요한 관심의 대상이다. 지엽부는 공원, 녹지, 가로수, 주거지역에서 전정작업 후 발생하는데, 지엽부를 분쇄하는 것은 상대적으로 용이하다. 퇴비를 목적으로 하는 경우에는 30mm 이하로 분쇄하는 것이 바람직하며, 자연식 퇴비화법을 이용하여 부식토를 만들면 좋다. 한편 목질부는 전정이나 벌채 작업으로 인해 발생한다. 줄기는 직경이 20~30cm 되는 것도 분쇄할 수는 있지만, 목질부만으로 퇴비를 만들기는 곤란하므로 재활용 시에는 지엽부 분쇄물과 혼합하여 사용하는 것이 좋다.

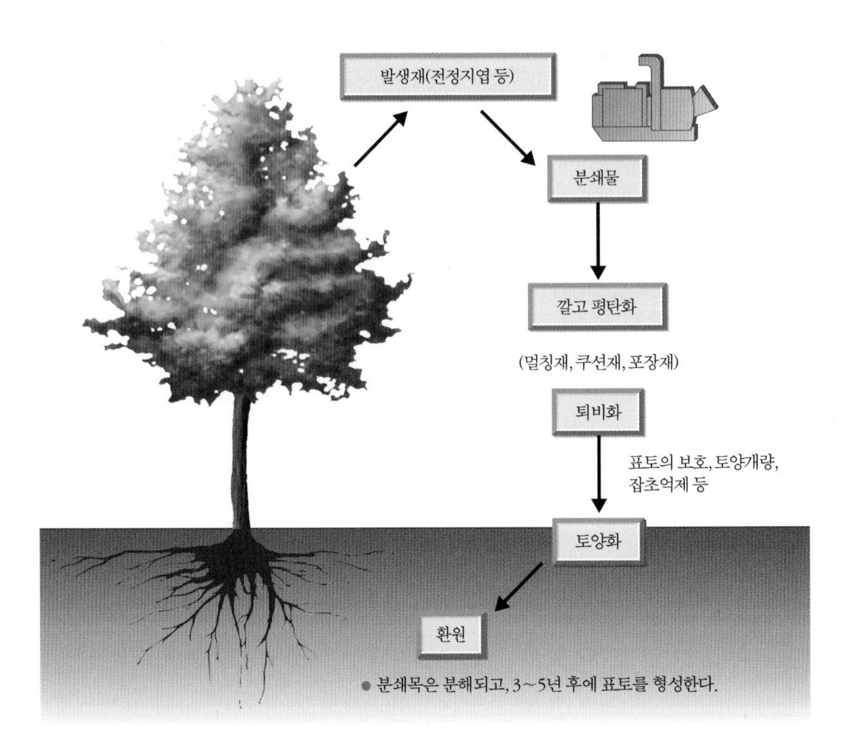


19-2 식물 발생재의 재활용 과정

## 3. 목재

목재는 구조적 성능에 비해 가벼우며, 가공 및 시공이 용이하다. 자연에서 얻을 수 있는 재료로, 당대에 재생산이 가능한 친환경적인 소재로 활용할 수 있다. 본래 자연상태의 목재는 자연생태계와 저절로 어울려 환경에 대한 위해성을 갖지 않으나, 방부처리를 할 경우 방부제에 인체와 환경에 유해한 성분이 많으므로 사용하는 데 주의해야 한다.

### 가. 목재의 방부와 환경위해성

방부목재의 안전성은 그동안 많은 논쟁을 불러일으켜 왔다. CCA(chromated copper arsenate) 방부제는 크롬, 구리, 비소가 혼합된 수용성 방부제로 조경용 목재의 주요한 방부법으로 사용되었으나, 2007년 환경부 및 목재보존협회에서 비소가 함유된 CCA 처리 목재에서 인체에 유해한 성분이 용출되고 환경에 악영향을 미치는 것을 이유로 사용을 금지했다. 그러나 이미 사용된 CCA, ACA(ammoniacal copper arsenate), ACC(acid copper chromate)는 처리과정에서 독성이 높고 유전적 문제를 야기할 수 있는 구리 및 비소의 산화물이 발생하여 사람들에게 피해를 주고 대기, 물, 토양을 오염시킬 수 있다. 더구나 옥외공간에서 어린이놀이시설에 사용되어 어린이의 안전을 위협할 수 있으며, 데크 및 벤치 등 사람과 직접적인 접촉이 있는 곳에 사용된 경우에는 더욱 주의해야 한다. 아울러 허가된 방부제일지라도 반드시 장갑을 끼고 작업을 해야 하고, 방부제가 목재 표면에 노출되지 않도록 주의해야 하며, 방부목재를 최종적으로는 안전하게 처리해야 한다.

### 나. 간벌재의 사용

간벌재는 육림과 수입 획득을 목적으로 숲의 밀도를 조절하기 위해 일부 입목을 남겨놓고 나무를 자르거나, 남은 나무가 햇볕을 받아 잘 성장할 수 있게 성장 면에서 장래성이 없는 나무나 재질이 불량한 나무 등을 잘라 발생한다. 국내에는 낙엽송 및 리기다소나무 간벌재가 많지만, 조경용 목재로 기피되고 있다. 그러나 하천 및 호수 등 수생태계 복원에 활용하면 산림자원을 순환 이용하고 하천의 건강성을 회복하는 등 생태계 복원에 크게 기여할 수 있다.

### 다. 목재 가공 제품

#### 1) 목재 멀칭재

목재 멀칭재는 수피나 목질부 등을 분쇄하여 만든 것으로, 빗물에 의한 침식 방지, 토양습도 유지, 이용의 편의성 확보, 잡초생육 방지, 미관 개선 등 다양한 효과가 있다. 보행로, 어린이놀이터, 화단에 사용하면 효과적이다.

2) 목재 침상

산림에서 얻는 간벌재를 이용하여 상자를 만들고 여기에 해당 지역에서 나는 돌을 채워 만든다. 하천 호안이나 비탈면의 생태복원을 위해 사용하는 친자연적인 공법으로, 조기에 비오톱을 형성할 수 있으며 공사비 절감효과가 높다. 간벌재는 이 밖에도 편책이나 소옹벽 등 다양한 용도로 사용할 수 있다.

3) 다공성 목편 콘크리트 블록

천연소재인 목편을 무기소재인 콘크리트와 혼합하여 경화시킨 친환경적 제품이다. 블록 내부에 목편을 삽입함으로써 공극률이 45% 정도에 달하여 수분함유 능력이 뛰어나고 건조 시에도 오랜 시간 수분을 함유할 수 있어

| A | B |
|---|---|
| C | D |

19-3 다양한 목재 가공 제품

A. 목재 멀칭재
B. 목재 침상
C. 다공성 목편 콘크리트 블록
D. 고사목을 절단하여 포장재료로 활용

식물의 식재기반으로 적합하며, 설치 후 조기에 생물이 서식할 수 환경을 만들 수 있다. 아울러 블록 내부의 목편은 시간이 지나면서 부패하여 자연으로 되돌려지며, 블록 내부의 공극은 더욱 커져 자연과의 친화성이 높아진다.

4) 목재 블록

자연재료인 원목이나 목재를 일정한 크기로 가공하여 블록을 만들고 이것을 조립하여 보행로의 포장에 사용하는데, 친환경적이며 이용자에게 친숙한 느낌을 줄 수 있다. 또한 목재의 연결홈으로 빗물이 침투되도록 할 수 있어 빗물 침투용 포장재로 이용할 수 있다.

## 4. 콘크리트

콘크리트는 구조적 성능이 뛰어나기 때문에 옹벽, 기초 등 구조재로 사용될 뿐만 아니라 미리 형틀에 넣어 만든 다양한 프리캐스트 콘크리트 제품이 생산되고 있다. 무기재료이고 차가운 느낌을 주어 반자연적이고 생태복원에 부적합한 재료로 인식할 수 있으나, 강도, 내구성, 경제성 등의 성질이 우수하여 생태복원에 유용한 다양한 형태의 제품이 만들어져 현장에서 사용되고 있다.

생태복원의 주요개념인 보전과 복원의 측면에서 콘크리트는 상반되게 사용되고 있다. 즉, 벽면녹화 및 옥상녹화와 같이 콘크리트가 생태복원의 대상이 되는 경우와 하천 호안 블록, 그린 옹벽, 투수성 콘크리트 블록 등 콘크리트 제품을 생태복원의 직접적 수단으로 사용하는 경우이다.

### 가. 콘크리트의 다공성

녹화콘크리트는 모르타르 부분을 적게 하고 입도가 균일한 굵은 골재를 상대적으로 많이 사용하여 연속적인 공극이 많게 만든 것이다. 예시적으로 일본에서 다공질 콘크리트를 제작하기 위해 사용하는 콘크리트 배합표를 보면, 보통콘크리트와 비교해 볼 때 세골재율, 물시멘트비, 물의 양이 상대

〈표 19-1〉 다공질 콘크리트의 시방배합 사례

| 콘크리트의 종류 | 굵은 골재의 최대치수(mm) | 세골재율 (%) | 물시멘트비 | 단위량(kg/m³) | | | |
|---|---|---|---|---|---|---|---|
| | | | | 시멘트 | 물 | 세골재 | 조골재 |
| 보통콘크리트 | 15 | 83 | 45 | 450 | 202 | 1,372 | 281 |
| 다공질 콘크리트 | 15 | 23 | 22 | 370 | 80 | 376 | 1,274 |

19-4 다공질 콘크리트의 구조와 뿌리의 활착

적으로 낮은 반면에 조골재량이 매우 높음을 알 수 있다.
연속공극률(연속공극률 용적/전공극률 용적)을 높게 하면 콘크리트 블록 내부로 식물의 뿌리가 생장할 수 있고 미생물의 번식도 가능하며 표면이 거칠어 흙이 쉽게 침적하므로 식물이 생육할 수 있어 생태복원재로 널리 사용되고 있다. 그러나 공극이 많아서 강도가 약하고 골재의 입자가 분리되는 구조적 단점이 있다.

### 나. 콘크리트 재료의 사용

#### 1) 콘크리트 구조체나 블록을 이용한 녹화

생태복원을 위해 가장 보편적으로 사용하는 방법으로, 비탈면 녹화, 벽면녹화, 옥상녹화, 하천생태복원을 위해 사용된다. 콘크리트를 이용하여 구조체를 만들거나 블록을 만들어 조립한 후, 여기에 흙을 채우거나 돌을 채워서 식물이 생육할 수 있는 식생기반 및 하천 호안 생태계의 기반을 제공할 수 있으며, 구조형 식생옹벽을 만들 수도 있다.
최근에는 다공질 콘크리트를 이용한 다기능형 콘크리트 볼(porous concrete cobble)이나 블록을 제작하고 이것을 구조적으로 연결하여 만든 응용제품이 개발되고 있다. 이와 같은 다공질 콘크리트를 조립한 구조체는 블록 사이에 추가적인 대공극을 만들 수 있어 식물의 생육과 어류의 생식에 훌륭한 환경을 조성할 수 있으며, 여기에 섬유재와 토양을 피복하면 조기에 녹화효과를 얻을 수도 있다.

#### 2) 다공질 콘크리트 블록

다공질 콘크리트 블록은 다양하게 사용되고 있다. 녹화가 가능한 다공질

| 19-5A | 19-5B |
|---|---|
| 19-5C | 19-5D |
| 19-6 | 19-7 |

19-5 다양한 콘크리트 재료

A. 콘크리트 식생 박스
B. 콘크리트 식생 옹벽
C. 콘크리트 식생 블록을 이용한 호안녹화
D. 섬유피복 다공질 콘크리트 블록

19-6 다공질 투수 콘크리트 볼

19-7 다공질 콘크리트 배수관

콘크리트의 연속공극률은 20%(목본류는 25%) 이상이며, 공극에는 토양을 충전하는 것이 좋다. 공극지름은 식물의 종류에 따라 달라지지만 10mm 이상이 바람직하며, 구조적인 문제만 없다면 가능한 큰 것이 좋다. 식물의 뿌리가 콘크리트 블록 아래의 토양으로 내려가 활착하도록 하기 위해서는 식물의 종류를 고려하여 이에 적합한 두께로 블록을 만들어야 한다. 다공질 콘크리트 블록을 이용한 다른 사례로 다공질 콘크리트 배수관은 토양층 내로 스며든 물을 집수하기 위해 사용되는 배수시설이다. 다공질 콘크리트 배수관으로 물이 스며들도록 했는데, 상대적으로 배수관이 가볍고 이로 인해 시공성이 뛰어나다.

### 3) 공동 콘크리트 투수 블록

공동 콘크리트 투수 블록은 다공질 콘크리트 블록과 다르게 콘크리트 블록의 형태에 구멍이 생기도록 하거나 블록의 연결 부위에 홈이나 공극이 생기도록 하여 빗물이 포장면 아래로 쉽게 침투되게 만든 것이다. 보행로나 주차장에 깔면 빗물의 유출을 줄일 수 있으며 식물이 자랄 수 있다.

공동 콘크리트 투수 블록을 사용함에 있어 다음 사항을 주의해야 한다.

① 블록의 연결홈은 10mm를 넘지 않도록 해야 한다.

② 강도를 보강하기 위해 블록을 두껍게 하거나 내부에 철물을 삽입해도 좋다.

③ 구멍이나 연결부에는 골재 등 투수성 재료를 충전할 수 있다.

④ 포장 면의 기층에는 큰 골재를 깔아 빗물이 토양으로 잘 침투되도록 한다.

⑤ 지반과 포장 면을 지나치게 많이 다지지 않도록 한다.

⑥ 블록, 구멍은 원하는 구조적 성질에 부합되는 크기, 형태를 가져야 한다.

| A | B |
|---|---|

19-8 공동 콘크리트 투수 블록

A. 콘크리트 블록 1
B. 콘크리트 블록 2

## 5. 석재

석재는 자연에서 풍부하게 얻을 수 있는 재료이지만, 가공 및 운반 과정에서 많은 노력과 비용이 요구된다. 생태복원을 위해서 석재를 사용할 경우 해당 지역에서 생산된 것을 사용하면 시공비용이 적게 들 뿐만 아니라 친환경적인 생태복원을 하는 데 있어 훌륭한 방안이 될 수 있다.

### 가. 석재의 친환경성

자연에서 얻는 식물 부산물, 목재, 석재는 매우 친환경적인 재료이다. 그러나 이러한 재료의 가공 및 운반 과정에서 들어가는 에너지가 크다면 이로 인한 환경 훼손 및 피해는 재료 자체가 주는 친환경성보다 더욱 큰 손해가 될 수 있다. 더구나 석재는 생산과정에서 환경훼손과 비용이 많이 발생하는 재료이다. 예를 들어, 채석과정에서 발생하는 분진과 먼지, 생태계 파괴, 그리고 운반과정에서 소요되는 에너지와 비용이 다른 재료보다 크기 때문에 석재의 친환경성은 생산, 운반, 가공 과정에서 에너지의 투입과 환경에 대한 피해를 최소화할 수 있을 때 그 목표를 달성할 수 있다. 결국 생태복원을 위해서는 지나치게 가공하지 않고 해당 지역에서 생산된 석재를

⬤ 가장 큰 영향
● 큰 영향
• 어느 정도 영향
· 약간 영향
○ 영향 없음

| | 에너지 사용 | 생물학적 자원 고갈 | 비생물학적 자원 고갈 | 지구온난화 | 오존층 파괴 | 유독성 | 산성비 | 광화학 산화제 | 기타 |
|---|---|---|---|---|---|---|---|---|---|
| **벽돌** | | | | | | | | | |
| 보통벽돌 | ● | ○ | ○ | ○ | ○ | • | • | • | • |
| 반건조 성형 영국식 벽돌 | · | ○ | ○ | ○ | ○ | ⬤ | ● | · | ● |
| 연한 점토벽돌 | ⬤ | ○ | ○ | ○ | ○ | • | • | • | • |
| 구멍벽돌 | • | ○ | ○ | ○ | ○ | · | · | ● | · |
| 시멘트벽돌 | ● | ○ | • | • | ○ | • | • | • | ● |
| 재활용 벽돌 | ○ | ○ | ○ | ○ | ○ | ○ | ○ | ○ | ○ |
| **석재** | | | | | | | | | |
| 지역생산 석재 | ○ | ○ | ○ | ○ | ○ | ○ | ○ | ○ | • |
| 수입 석재 | • | ○ | ○ | ○ | ○ | ○ | ○ | ○ | • |
| 재활용 석재 | ○ | ○ | ○ | ○ | ○ | ○ | ○ | ○ | ○ |
| 인공 석재 | • | · | ● | ⬤ | ○ | ● | • | • | ● |

19-9 벽돌과 석재의 환경적 영향 평가[1]
자료: Landscape design, 'A future vermacular', 1996. 2., P. 13.

1 Landscape design(1996. 2), 'A future vernacular', p. 13.
영국의 자연과 문화요소의 아름다움과 역사를 연구하고 이에 대한 공공의 관심을 유도하기 위한 조직인 ACTAC에서 월간으로 발행하는 「Green Building Digest 1」에 실린 석재의 환경위해성에 대한 평가에 나와 있는 내용이다.

사용하는 것이 바람직하다. 예시적으로 벽돌과 석재의 환경영향에 대한 평가를 보면 인공석재를 제외한 대부분의 석재가 친환경적이며, 특히 자연상태의 석재는 매우 높은 친환경성을 갖는 것을 알 수 있다.

### 나. 석재의 사용

#### 1) 개비온(gabion)

자연에서 석재를 사용하는 가장 보편적인 방법으로 개비온을 들 수 있다. 개비온은 금속망에 석재를 채워 옹벽이나 하천 호안에 사용하는 안정된 공법이다. 채우는 돌의 패턴에 의해 미적 효과를 얻을 수 있으며, 시간이 경과하면 식생이 도입됨으로써 녹화 효과를 얻을 수 있다. 개비온을 설치하면서 친환경성을 높이기 위해서는 현장에서 얻을 수 있는 돌을 사용해야 한다. 현장의 자연석, 야면석을 사용하고, 인근의 채석장 등에 버려진 잡석이

| A | B |
|---|---|
| C | D |

19-10 석재의 사용 사례
A. 개비온 옹벽
B. 개비온 옹벽
C. 자연석 연결공법
D. 화산석 부착공법

이차적인 환경오염을 일으키지 않는다면 이것을 사용하는 것도 환경적으로 권장할 만하다.

2) 돌망태

돌망태 역시 철물로 만든 그물에 돌을 넣어서 하천 호안의 침식을 방지하는 방법이다. 시간이 지나면서 점차적으로 흙이 퇴적되고 여기에 식생이 도입되면 친자연적인 분위기를 연출할 수 있다.

3) 자연석

자연석은 생태복원재로 매우 중요한 재료이다. 현장에 있는 재료를 이용함으로써 친환경적인 재료의 사용이 가능하며, 자연석 사이의 큰 공극을 통해 식물이 자랄 수 있어 식재 기반을 만드는 데 효과적이다. 최근에는 자연석과 자연석을 철물로 연결하여 고정하는 자연석 연결공법이 사용되고 있는데, 구조적으로 매우 뛰어난 생태복원방법이라고 볼 수 있다.

4) 화산석

화산석은 많은 공극을 함유하고 있어 표면에 식생이 쉽게 서식할 수 있다. 하천에 이용하면 이러한 돌의 특성 때문에 생물의 서식이 가능하며 덩굴식물이 쉽게 활착할 수 있는 환경을 제공할 수 있다.

## 6. 합성수지

합성수지는 고도의 화합물의 형태로 변환되는 생산과정을 거치므로 합성수지 자체로는 친환경적인 재료로 보기 어렵다. 그러나 경량성, 강인성, 가방성, 내수성 등의 특성으로 인해 생태복원재료로 활용 가능성이 높으며, 더욱이 재활용이 가능한 재료로 가치가 매우 높다고 할 수 있다. 최근에는 생분해성 플라스틱(biodegradable plastics)이 개발되어 사용되고 있다.

### 가. 합성수지의 환경위해성 및 재활용

합성수지는 생산과정에서의 에너지 비용뿐만 아니라 식물, 동물과는 다르게 쉽게 썩지 않기 때문에 환경오염의 주범이 되고 있다. 특히 열가소성 수지는 분해과정 중 환경적으로 위해한 성분을 방출하고, 불이 붙으면 다이옥신과 같은 독성이 많은 물질을 방출하므로 주의해야 한다. 예를 들어 미국 캘리포니아주에서는 정원에서 사용되는 모든 비닐 호스에 "이 제품은 암을 유발하고 기형의 아기를 출산하게 하는 해로운 물질을 함유하고 있습니다"라는 경고문을 붙이도록 요구하고 있다.

이와 같이 환경위해성을 고려한다면 합성수지의 사용을 자제하는 것이 바람직하지만, 재료가 갖는 뛰어난 성질과 저렴한 가격으로 인해 불가피하게 사용이 증대되고 있는 상황이다. 이러한 문제를 개선하기 위해서는 친환경적인 합성수지를 개발하고 재활용을 위해 적극적으로 노력해야 한다.

### 나. 합성수지 제품

#### 1) 합성수지 네트, 매트, 주머니

합성수지 매트 및 네트는 표토를 침식으로부터 보호하고 식물이 생육할 수 있는 안정적인 녹화 면을 조성하기 위한 것이다. 폴리프로필렌 네트에 짚을 분쇄하여 넣은 매트, 나일론 선을 이용하여 망형으로 만든 매트, 폴리에틸렌으로 만든 네트, 종자를 부착한 매트 등 다양한 종류가 사용되고 있다. 합성수지 매트 및 네트는 제방, 수로, 비탈면 등 침식이 우려되는 곳에 광범위하게 사용되고 있는데, 보통 매트를 설치하고 여기에 녹화용 토양을 뿌리면 식물종자가 발아하여 녹화 면을 만들 수 있다.

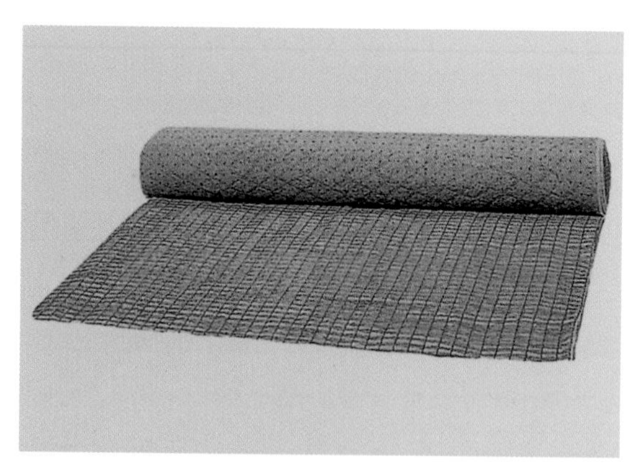

| A | B |
|---|---|
| C | D |

19-11 다양한 합성수지 제품

A. 합성수지를 재활용한 네트
B. 합성수지를 재활용한 주머니
C. 잔디보호 플라스틱
D. 잔디보호형 합성수지 매트

### 2) 잔디보호 플라스틱 포장재

잔디를 보호하고 빗물을 투수시키기 위해 다양한 합성수지 제품이 사용되고 있다. 대부분 보행로나 광장에서 사람의 답압에 의한 피해나 주차장에서 자동차에 의한 피해를 방지하기 위해 사용한다. 주로 폴리프로필렌, 폴리에틸렌, 폴리에스테르 등을 사용하며, 폐플라스틱을 사용할 수도 있다.

### ※ 연습문제

1. 코코넛 섬유를 이용한 생태복원 제품의 종류와 특성에 대해 알아보시오.
2. 식물 부산물 및 발생재를 활용한 제품을 5개 이상 들어 설명하시오.
3. 우리나라 간벌재 생산규모를 파악하고 생태복원재로 사용할 경우의 이점에 대해 설명하시오.
4. 다공성 콘크리트와 일반 콘크리트의 차이점에 대해 설명하시오.
5. 다공성 콘크리트의 식생 활착 효과에 대해 설명하시오.
6. 다공성 콘크리트에서 연속공극의 중요성에 대해 설명하시오.
7. 합성수지의 재활용 실태와 조경분야에서의 활용 가능성에 대해 설명하시오.
8. 잔디보호블록 사용 시 발생하는 문제점과 개선방안을 기술하시오.
9. 생분해성 합성수지의 효과 및 조경분야 적용방안에 대해 설명하시오.

### ※ 참고문헌


김귀곤 · 조동길. 『자연환경 · 생태복원학 원론』. 서울: 아카데미서적, 2004.

문석기 · 구본학 · 남상준. 「우리나라 생태복원분야 정착의 전망과 과제」. 『환경복원녹화』 Vol. 4 No. 1, 2001년 3월, 67~79쪽.

소양섭. 「폐건자재의 재활용 기술」. 『대한토목학회』 Vol. 46 No. 12(통권 224), 1998년 12월, 22~25쪽.

안홍규 監譯. 應用生態工學序說編集委員會, 廣 利雄 監修. 『생태공학』. 서울: 청문각, 2002.

에른스트 바이츠제커. '생태효율이란 경제-환경의 공생'. 중앙일보 1999년 10월 26일, 41쪽.

이상석. 「조경자재의 미래」. 한국조경학회 세미나, 2003년 7월, 21~36쪽.

輿水 肇. 吉田 博宣 編集. 『綠ち創る植栽基盤』. 1998, 146쪽.

Andrews, Oliver. *Living Materials*. Berkeley: University of California Press, 1983.

Elizabeth, Lynne; Cassandra, Adams. *Alternative Construction*. New York: John Wiley & Sons, 2000.

Harland, Edward. *Eco-Renovation(the ecological home improvement guide)*. Vermont: Chelsea Green Publishing Company, 1999, pp. 163-213.

Landscape design. 'Material effects'. 1994. 6., pp. 20-21.

Landscape design. 'A future vernacular'. 1996. 2., p. 13.

Mackenzie, Dorothy. *Design for the Environment*. New York: Rizzoli, 1991.

Morgan, R. P. C.; Rickson, R. J.(ed.). *Slope stabilization and erosion control:a bio-engineering approach*. New York: E & FN SPON, 1995, pp. 95-132, 221-248.

Thompson, J. William; Kim, Sorvig. *Sustainable Landscape Construction*. Washington D.C.: Island Press, 2000, pp. 99-132, 173-224.

Schmitz-Günther, Thomas(ed.). *Living Spaces(Sustainable Building and Design)*. Cologne: KÖNEMANN, 1998.

# 한글 찾아보기

《ㄱ》

《ㄴ》



《ㄷ》

《ㅅ》

《ㅇ》

《ㅈ》

《ㅊ》



《ㅋ》



《ㅌ》

《ㅍ》



《ㅎ》

# 영문 찾아보기

《D》



《E》



《F》



《G》

《H》



《I》



《J》



《K》



《L》



《M》



《N》

《T》



《U》



《V》



《W》



《Y》



《Z》

지은이 **이상석**

서울시립대학교 조경학과 졸업
서울대학교 환경대학원 환경조경학과 졸업(조경학 석사)
서울시립대학교 대학원 조경학과 졸업(공학 박사)
현재 서울시립대학교 도시과학대학 조경학과 교수
현대건설(주) 근무
순천대학교 조경학과 교수 역임
미국 캘리포니아대학교 버클리캠퍼스 교환교수 역임

조경기술사
한국조경학회 기술부회장
국가기술자격정책 전문위원

주요저서
『조경구조학』(일조각, 2002)
『경관, 조형 & 디자인』(도서출판 조경, 2005) - 한국조경학회 선정 2006 우수학술도서상 수상
『조경디테일』(도서출판 조경, 2006)
『정원만들기』(일조각, 2006) - 문화체육관광부 추천 2006년 우수학술도서 선정
『아름다운 정원』(일조각, 2007)

**조경재료학**
Materials for Landscape Design & Construction

초판 1쇄 펴낸날 2013년 8월 15일

**지은이** | 이상석
**펴낸이** | 김시연

**펴낸곳** | (주)일조각
**등록** | 1953년 9월 3일 제300-1953-1호(구: 제1-298호)
**주소** | 110-062 서울시 종로구 신문로2가 1-335
**전화** | 734-3545 / 733-8811(편집부)
733-5430 / 733-5431(영업부)
**팩스** | 735-9994(편집부) / 738-5857(영업부)

**이메일** | ilchokak@hanmail.net
**홈페이지** | www.ilchokak.co.kr

ISBN 978-89-337-0659-6 93520
값 42,000원

*이 도서의 국립중앙도서관 출판시도서목록(CIP)은 서지정보유통지원시스템 홈페이지(http://seoji.nl.go.kr)와
국가자료공동목록시스템(http://www.nl.go.kr/kolisnet)에서 이용하실 수 있습니다.
(CIP제어번호: CIP2013013972)